纳米酶材料及其应用

杨亚玲　陈志燕◎主　编
孟冬玲　杨德志◎副主编

化学工业出版社
·北京·

内容简介

基于纳米酶具有合成简便、稳定性好、催化活性易调控以及适用范围广等优势，本书从纳米酶的发现、发展，纳米酶的催化活性，所表现的过氧化物酶纳米酶、超氧化物歧化酶纳米酶、过氧化氢酶纳米酶、氧化酶纳米酶、水解酶纳米酶、碳基纳米酶及酶活性调控策略等，进行详细介绍，同时，总结了过渡金属基、贵金属基及碳基纳米酶表现的纳米酶活性的研究现状，并介绍了纳米酶在检测传感、新型抗菌剂及治疗药物等方面的应用。

本书主要适于从事环境、食品、医药、生物、烟草等行业分析检测的技术人员阅读，也可作为高等学校相关专业研究生和本科生的课外参考书。

图书在版编目（CIP）数据

纳米酶材料及其应用 / 杨亚玲，陈志燕主编；孟冬玲，杨德志副主编. -- 北京 ： 化学工业出版社，2024. 11. -- ISBN 978-7-122-44997-9

Ⅰ. TB383

中国国家版本馆 CIP 数据核字第 20244LP812 号

责任编辑：廉　静　　　　文字编辑：苏红梅　师明远
责任校对：王　静　　　　装帧设计：王晓宇

出版发行：化学工业出版社
（北京市东城区青年湖南街 13 号　邮政编码 100011）
印　　装：三河市双峰印刷装订有限公司
787mm×1092mm　1/16　印张 14¼　彩插 4　字数 368 千字
2025 年 1 月北京第 1 版第 1 次印刷

购书咨询：010-64518888　　　　售后服务：010-64518899
网　　址：http://www.cip.com.cn
凡购买本书，如有缺损质量问题，本社销售中心负责调换。

定　　价：98.00 元

编写人员名单

主　　编：杨亚玲　陈志燕

副 主 编：孟冬玲　杨德志

主　　审：刘　鸿

编写人员：杨亚玲　陈志燕　孟冬玲　杨德志

刘　鸿　李才昌　李志华　李秋兰

周　芸　吴　彦　何镇文　黄世杰

荀　春　王维刚　钟子涛

前言

天然酶由于容易受到诸如热稳定性差和 pH 范围窄等因素的限制，导致其变性，显著削弱或阻碍其酶活性。纳米酶是一类具有类酶活性的纳米材料，自 2007 年中国科学家阎锡蕴等首次发现 Fe_3O_4 纳米颗粒具有内在类过氧化物酶活性后，纳米酶研究领域迅速发展起来。中国科学家在纳米酶领域作出了巨大贡献：发现并命名了纳米酶，建立了研究纳米酶催化活性的方法，创立了纳米酶术语及标准化，解析了纳米酶的构效关系。截至目前，已有几百种不同组成、结构的纳米材料被发现具有类酶活性。相比天然酶，纳米酶结构更加稳定，制备和保存工艺更加经济，功能更加多样化，并且具有可调节的催化活性。纳米酶具有独特的物理化学特性、稳定的功能属性、可调节的催化活性、精确的结构组成以及大规模制备的可行性，已被广泛应用于分子检测、生物传感、疾病诊断及治疗、环境保护等领域。近 20 年来，随着纳米技术的发展，许多具有催化类酶活性的功能纳米材料被发现。纳米酶在许多方面是不寻常的，包括其尺寸可调的催化活性（形态、结构和组成）、可用于修饰和生物结合的巨大表面积、各种额外的活性以及对环境刺激的智能响应。越来越多的纳米材料被研究用于模拟一系列天然存在的蛋白质。

在过去的 5 年中，得益于纳米技术、生物技术、催化科学和计算设计的快速发展，高性能纳米材料在模拟新的酶活性、调控纳米酶活性、阐明催化机理和拓宽潜在应用等方面取得了重大进展。目前，全球已有 30 多个国家的 400 多个实验室从事纳米酶研究，其应用研究也涉及生物医学、农业、工业生产、环境保护等多个领域，逐渐形成了纳米酶研究新领域。近几年纳米酶相关领域的研究也进入了高速发展时期，论文数量逐年攀升。尽管自 2013 年以来，诸多研究人员发表了许多优秀的论文，但论文大多集中在纳米酶的某些特定主题上，而其余的都是简短的评论。因此，需要全面地总结和进一步分析所有的进展，尤其是就近五年发表的 1100 多篇研究论文成果的相关总结分析。这样的分析对于帮助研究者更好地理解纳米酶，进而推进这一领域的发展是必要的。在本论著中，我们将对纳米酶的类型、单原子纳米酶、纳米酶的活性和选择性调控以及纳米酶在生物医学传感、治疗和环境修复等方面的应用进行介绍。最后，本书还讨论了纳米酶目前面临的挑战和未来的研究方向。

尽管编写团队做了大量的工作，本书不足之处在所难免，敬请广大读者提出宝贵意见。

编者

2024 年 3 月

目录

第 1 章　纳米酶的发展与潜能 …… 001
1.1　纳米酶的定义 …… 001
1.2　纳米酶在模拟酶中的地位 …… 001
1.2.1　传统模拟酶 …… 002
1.2.2　纳米酶 …… 002
1.3　纳米酶的催化活性 …… 005
1.3.1　纳米酶催化活性接近或超越天然酶 …… 005
1.3.2　纳米酶的底物亲和力与选择性 …… 006
1.3.3　纳米酶催化类型 …… 007
1.4　纳米酶的发展及方向 …… 008
1.4.1　纳米酶的发展 …… 008
1.4.2　纳米酶的方向 …… 009
参考文献 …… 011

第 2 章　过氧化物酶纳米酶 …… 013
2.1　辣根过氧化物酶纳米酶 …… 014
2.2　过渡金属基过氧化物酶纳米酶 …… 014
2.2.1　铁基纳米酶 …… 014
2.2.2　铜基纳米酶 …… 016
2.2.3　锰基纳米酶 …… 016
2.3　贵金属基过氧化物酶纳米酶 …… 017
2.3.1　Au 基纳米酶 …… 018
2.3.2　Pt 基纳米酶 …… 019
2.3.3　Pd 基纳米酶 …… 019
2.3.4　贵金属合金 …… 019
2.4　金属有机框架过氧化物酶纳米酶 …… 020
2.5　过渡金属硫化物基过氧化物酶纳米酶 …… 022
2.6　碳基过氧化物酶纳米酶 …… 023
2.6.1　碳基纳米酶的催化机理 …… 024
2.6.2　碳点基过氧化物酶纳米酶 …… 026
2.6.3　单原子过氧化物酶纳米酶 …… 031
2.6.4　卤过氧化物酶模拟酶 …… 042
2.6.5　谷胱甘肽过氧化物酶模拟酶 …… 043
参考文献 …… 045

第 3 章　超氧化物歧化酶纳米酶 …… 051
3.1　碳基 SOD 纳米酶 …… 051
3.2　铈基 SOD 纳米酶 …… 054

3.2.1 铈基纳米酶的合成 ········· 054
3.2.2 铈基纳米酶的 SOD 活性及其调控因素 ········· 055
3.3 以卟啉环为配体的金属基 SOD 纳米酶 ········· 056
3.3.1 Mn（Ⅲ）（卟啉）配合物 ········· 057
3.3.2 铁基配合物 ········· 058
3.4 黑色素基 SOD 纳米酶 ········· 058
3.5 其他 SOD 模拟酶及其催化机制 ········· 059
参考文献 ········· 060

第 4 章 过氧化氢酶纳米酶 ········· 061
4.1 过氧化氢酶纳米酶研究进展 ········· 061
4.2 金属基过氧化氢酶纳米酶 ········· 062
4.2.1 贵金属基拟过氧化氢酶 ········· 062
4.2.2 过渡金属基拟过氧化氢酶 ········· 063
4.3 金属氧化物基过氧化氢酶纳米酶 ········· 065
4.4 MOF 的过氧化氢酶纳米酶 ········· 066
4.5 碳基拟过氧化氢酶纳米酶 ········· 066
4.6 其他具有过氧化氢酶活性的纳米材料 ········· 067
参考文献 ········· 067

第 5 章 氧化酶纳米酶 ········· 069
5.1 模拟多酚氧化酶 ········· 071
5.2 模拟漆酶氧化酶 ········· 071
5.3 其他模拟漆酶氧化物酶 ········· 077
5.4 葡萄糖氧化酶纳米酶 ········· 078
5.4.1 金基葡萄糖氧化酶模拟酶 ········· 078
5.4.2 其他模拟酶 ········· 082
5.5 细胞色素 c 氧化酶纳米酶 ········· 083
5.6 其他具有氧化酶纳米材料 ········· 083
参考文献 ········· 084

第 6 章 水解酶纳米酶 ········· 087
6.1 金属基水解酶纳米酶 ········· 087
6.1.1 过渡金属基水解酶纳米酶 ········· 087
6.1.2 贵金属基水解酶模拟酶 ········· 087
6.2 金属有机框架（MOF 基）水解酶纳米酶 ········· 090
6.3 金属氧化物基水解酶纳米酶 ········· 092
6.4 过渡金属硫化物（TMD）基水解酶纳米酶 ········· 092
6.5 碳基水解酶纳米酶 ········· 092
6.6 其他水解酶纳米酶 ········· 092
参考文献 ········· 094

第 7 章 不同组成成分的纳米酶 ········· 095
7.1 金属基纳米酶 ········· 095

7.1.1 过渡金属基纳米酶 …… 095
7.1.2 非过渡金属基纳米酶 …… 099
7.2 碳基纳米酶 …… 104
7.2.1 碳基纳米酶的发展 …… 104
7.2.2 碳基纳米酶分类 …… 105
参考文献 …… 108

第 8 章 酶活调控策略 …… 111
8.1 尺寸 …… 111
8.2 形状和形貌 …… 112
8.3 构成 …… 114
8.4 形成复合物或杂合体 …… 117
8.5 表面涂层及改性 …… 118
8.6 启动子和抑制剂 …… 122
8.7 pH 和温度 …… 122
8.8 光 …… 125
8.9 缺陷工程 …… 126
8.9.1 构建及表征 …… 126
8.9.2 缺陷工程构建的主要纳米酶 …… 127
参考文献 …… 131

第 9 章 纳米酶的应用 …… 136
9.1 纳米酶的传感应用 …… 136
9.1.1 体外传感 …… 136
9.1.2 体内传感 …… 160
9.2 纳米酶的生物应用 …… 174
9.2.1 生物成像 …… 174
9.2.2 治疗药物 …… 176
9.2.3 抗菌-纳米酶 …… 186
参考文献 …… 204

第 10 章 结论、挑战与展望 …… 218
10.1 抗菌领域 …… 218
10.2 传感领域 …… 219
10.3 医学领域 …… 219
参考文献 …… 219

第 1 章

纳米酶的发展与潜能

天然酶的内在局限性（如成本高、稳定性低、不易储存等）激发了各种酶模拟物（又称“人工酶”）的出现和发展。其中，自 2007 年具有类过氧化物酶活性的磁性 Fe_3O_4 纳米颗粒被意外发现以来，纳米酶已成为下一代酶模拟物[1]。

1.1 纳米酶的定义

纳米酶的发现，源于我国 2000 年以来学科交叉的积极推动。这不仅使纳米生物学与世界同步发展，还为纳米酶的问世提供了肥沃的土壤。“纳米酶”的概念于 2004 年被首次提出，最初是指基于纳米颗粒的酶模拟物[2]。直到 2007 年，阎锡蕴团队[1] 报道了 Fe_3O_4 纳米粒子蕴含着一种不可预见的生物效应，即具有辣根过氧化物酶（HRP）的催化活性，能够在温和的生理条件下，催化酶的底物并遵循酶促反应动力学将其转化为产物，并且可以作为酶的替代物用于生命科学与医学领域。自此打破了无机材料具有生物惰性的传统观念，激发了研究人员对探索其他新型酶样纳米材料的广泛兴趣。

在 2013 年发表的第一篇关于纳米酶的综合评论中，“纳米酶”被定义为“具有类酶特性的纳米材料”[3]。纳米酶，是一类能够在温和或极端条件下催化酶的底物并遵循酶动力学（如米氏方程）将其转化为产物的纳米材料。纳米酶是一类独特的催化剂，它既不同于天然酶，也不同于化学催化剂和传统的有机小分子模拟酶。它与天然酶的区别在于，天然酶是生物催化剂，蛋白质的精细结构赋予酶催化活性高和选择性强的特点。然而，也正是由于酶的属性主要是蛋白质，因此稳定性差、工业化生产成本高，从而限制了其应用范围。纳米酶作为一类新型催化剂，其催化活性来源于纳米材料的纳米效应，催化效率远高于金属离子或有机小分子催化剂，某些纳米酶的催化能力接近或超越天然酶。此外，纳米酶结构比较稳定，不仅能够在温和的生理条件下催化，也能够在极端环境中催化。例如，生物无机铁磁纳米粒子能够在极端 pH（0.2～12.9）和温度（4～97℃）条件下表现出内在的类似于 HRP（辣根过氧化物酶）的过氧化物酶活性。

1.2 纳米酶在模拟酶中的地位

天然酶有着专一性高、催化能力强等特点，但存在易失活、稳定性差、合成困难、纯化复杂、价格昂贵等缺点，阻碍了其大规模开发、利用。因此，科学家一直致力于天然酶结构特征模仿和人工模拟酶催化机制的研究，希望克服天然酶的一系列缺点，研发出具有类似天然酶的简单结构的模拟酶。目前，模拟酶的研究取得了很多成果，开发了不同类型的模拟酶，如环糊精模拟酶、卟啉模拟酶、纳米材料模拟酶等，已经在生物、医药、化工等领域得到了广泛的应用。以下就传统模拟酶和纳米酶的优缺点分别进行比较介绍。

1.2.1 传统模拟酶

模拟酶的化学成分是非蛋白类，但具有与天然酶相似的催化性能，其理论基础（主客体化学[4] 和超分子化学[5] 理论）主要是由诺贝尔化学奖获得者 Cram、Pedersen 与 Lehn 共同提出的。主客体化学的基本原理来源于酶和底物之间的相互作用，即主体和客体在结合部位的空间及电子排列的互补。这种互补作用与酶和它所识别的底物结合情况类似。超分子化学理论的形成源于底物和受体的结合，这种结合主要靠氢键、范德瓦耳斯力及静电力等非共价相互作用来维持。接受体与络合离子或分子结合，形成具有稳定结构和性质的实体，即形成“超分子”，它具有高效催化、分子识别及选择性输出等功能。根据酶催化反应机理，若合成出既能识别底物分子又具有酶活性部位催化基团的主体分子，同时主体分子能与底物发生多种分子间相互作用，那就能有效地模拟酶分子的催化过程。传统模拟酶主要有三种模拟方式：①模拟酶含有与天然酶相同的金属离子；②模拟天然酶的活性中心结构；③天然酶的整体模拟。

根据主客体化学和超分子理论，研究者们研究出了多种传统模拟酶。传统模拟酶不仅在耐酸碱、热稳定性方面优于天然酶，而且价格便宜，可大量应用于实际生产中。

（1）环糊精模拟酶

环糊精是由数个 D-呋喃葡萄糖残基通过 α-1,4-糖苷键连接而成的环状糖，每个残基均取无扭变变形的椅式构象。环糊精具有内部疏水、外部亲水的特性，能够更好地包络客体分子，对客体分子具有一定的选择性，是研究模拟酶很好的材料[12]。

（2）卟啉模拟酶

卟啉是一类由四个吡咯类亚基的 α-碳原子通过次甲基桥互联而形成的大分子杂环化合物，其主体为卟吩，有取代基的卟吩叫卟啉。卟啉上的两个吡咯质子被金属离子取代后，即为金属卟啉，根据取代基和取代金属离子的不同可以得到不同功能的配合物。金属卟啉及以金属卟啉为基础的衍生物一直是模拟酶研究的热点，它们以共轭大 π 键电子为体系，具有金属价态可变为基础稳定态的氧化还原特性；与此同时，其中心金属具有较强的配位能力。

（3）分子印迹聚合物模拟酶

以印迹分子为模板与功能单体在交联剂的作用下相结合制备成分子印迹聚合物（MIP），然后将印迹分子从 MIP 中除去，留下能与印迹分子相特异结合的分子结构。因此，得到的 MIP 具有对印迹分子及其相似结构的一类分子特异性识别的功能。

（4）胶束类模拟酶

表面活性剂在水溶液中超过一定浓度后能自发聚集成胶束。胶束可以为底物分子提供一个疏水环境，对底物分子具有包络作用，与酶的结合部位类似。若再将某些作用基团如咪唑、硫醇、羟基及一些辅酶连接到胶束上面，就能够制备具有催化活性的模拟酶。

（5）其他传统模拟酶

除以上介绍的几种重要的传统模拟酶外，冠醚类、环芳烃类、单核及双核配合物模拟酶亦受到人们的关注。

相比天然酶，传统模拟酶在耐酸、耐碱、热稳定性等方面都具有优势，而且价格便宜，能大规模用于实际应用中。但是，传统模拟酶也存在合成较为复杂、催化活性位点单一、催化效率低以及分离、回收和再生较困难等缺点。

1.2.2 纳米酶

纳米粒子是一类大小在 1～100nm 之间，具有独特的化学、电学、物理、力学和机械性能的粒子。由于纳米粒子具有尺寸效应、表面与界面效应和宏观量子隧道效应等不同于常规材料的特性，使其在农业生产、汽车工业、食品加工、药物传递、电子产品、医学成像、化妆品、分析检测、建筑材料等领域得到了广泛应用。2007 年，阎锡蕴团队[1] 发现 Fe_3O_4 纳米粒子具有 HRP 模拟酶作用，打破了以往认为纳米材料具有生物惰性的认识。近年来，随着对纳米材料研究的深入，大量文献报道证实纳米材料能够模拟多种天然酶活性。

纳米酶是一种新材料（图 1-1）。它的出现突破了以往人们视纳米材料为惰性物质的传统认知，使“纳米效应”从过去的光、声、电，拓展到“类酶催化”的生物效应。纳米酶作为一类新型人工酶，丰富了模拟酶领域的内涵，使其从以往的有机分子拓展到无机纳米材料。纳米酶的问世，改变了以往人们认为无机纳米材料是一种生物惰性物质的传统观念，揭示了纳米材料内在的生物效应及新特性。

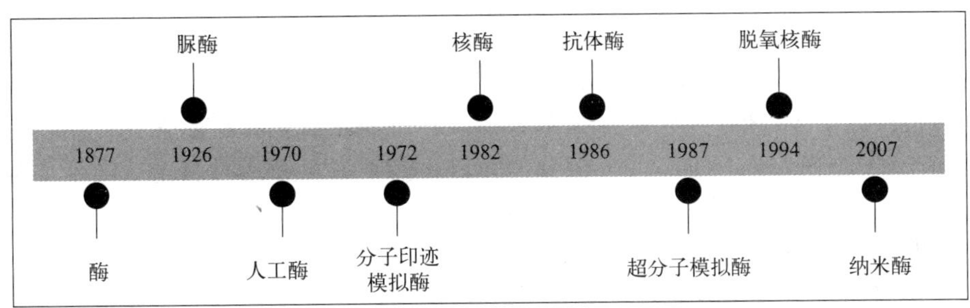

图 1-1　纳米酶是模拟酶领域的新成员[6]

与传统模拟酶相比，纳米酶具有催化活性高、反应条件温和、稳定性好、成本低、易于大规模生产等优点。作为一种全新的研究范式，纳米酶的出现不仅推动了多学科交叉，在纳米材料、化学催化和酶学之间架起了一座桥梁，而且有望突破天然酶不稳定的瓶颈，推动酶工程技术产业化，服务于人类健康。

(1) Fe_3O_4 磁性纳米材料

由于 Fe_3O_4 纳米粒子具有独特的磁性和生物相容性，备受各领域研究者们的青睐。大多数研究集中在其磁性的应用方面，如磁性分离、医学诊断、药物传递等。2007 年，阎锡蕴团队[1] 发现，Fe_3O_4 磁性纳米颗粒（MNPs）能够模拟 HRP，在过氧化氢存在的情况下，能够氧化 HRP 底物，如氧化 3,3′,5,5′-四甲基联苯胺（TMB）呈现蓝色、氧化 2,2′-联氮双二铵盐（ABTS）呈现绿色。其催化特性与 HRP 一致，符合酶催化动力学。Fe_3O_4 MNPs 对底物的亲和力高于天然酶 HRP，能承受高浓度过氧化氢，且能对抗恶劣的环境而不易失活。他们将 Fe_3O_4 MNPs 用于免疫检测，首先在模板上包覆乙肝病毒（Pre S1），然后将它与乙肝病毒抗体一起孵育，再将固定有蛋白 A 的 Fe_3O_4 MNPs 与 TMB 一起加入，再通过检测 Fe_3O_4 催化 TMB 显色的强度检测乙肝病毒，如图 1-2(a) 所示。类似地看，还可以用于检测心肌肌钙蛋白（Tn I），如图 1-2(b) 所示。

实际上，Fe_3O_4 MNPs 的粒径、形状及不同的表面修饰均会影响粒子的催化活性，这可能是由于粒子催化活性与粒子表面暴露的铁原子多少及表面电荷分布密切相关。此外，Fe_3O_4 MNPs 本身具有超顺磁性，能够实现快速分离与回收再利用；并且，将其与具有其他性质的物质结合，可得到多功能复合材料。

(2) 贵金属纳米材料

金属纳米粒子具有金属催化活性位点，在催化方面也有广泛应用。Jv 等[7] 和 Jin 等[8] 利用带正电荷的 Au 团簇和 BSA 稳定的 Au 团簇（BSA-Au 团簇）模拟过氧化物酶分别检测了过氧化氢和葡萄糖。对葡萄糖的最低检测限分别为 4×10^{-6} mol/L 和 5.0×10^{-6} mol/L，

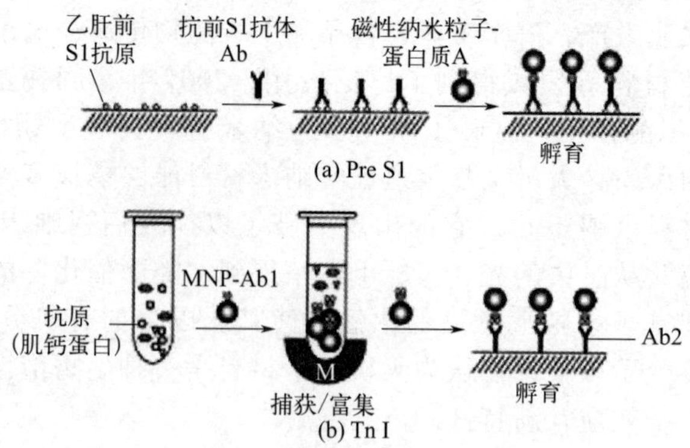

图 1-2　Fe_3O_4 MNPs 用于免疫检测[1]

线性检测范围分别为 $1.8\times10^{-5}\sim1.1\times10^{-3}$mol/L 和 $1.0\times10^{-5}\sim0.5\times10^{-3}$mol/L。Wang 等[9] 将 BSA-Au 团簇用于胰岛素的检测。BSA-Au 团簇具有光催化作用，由于胰岛素可以水解 BSA 蛋白，降低 BSA-Au 团簇的光催化活性，从而通过测定其活性的强弱来检测胰岛素的含量。对胰岛素的检测限达到 0.6μg/mL，检测范围为 0.9μg/mL～1.0mg/mL。

(3) 碳基纳米材料

碳基纳米材料是指其基本单元至少有一维是小于 100nm 的碳材料。碳基纳米材料的种类比较多，石墨烯、碳纳米管、碳点都是现阶段研究的热点。石墨烯是 Novoselov 等[10] 在 2004 年报道的一种新型材料，它由单原子层晶体构成，所有碳原子排列于蜂窝状结构单元中，其厚度为单个碳原子厚度，如图 1-3 所示。

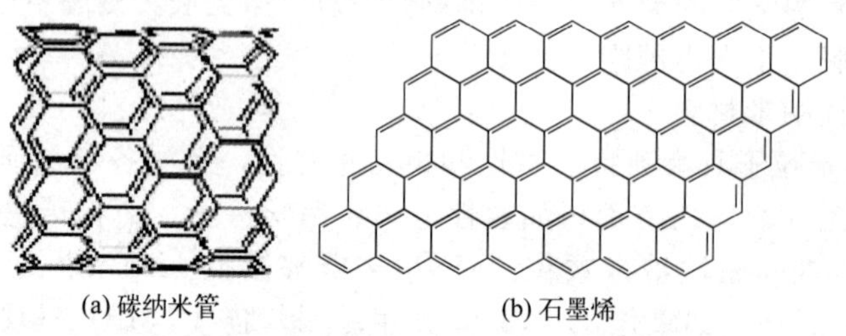

图 1-3　碳基纳米材料

Song 等[11] 报道 GO（石墨烯）具有 HRP 活性，在 H_2O_2 的存在下能氧化 TMB 显蓝色，因此可以用于检测 H_2O_2 和葡萄糖。检测葡萄糖的线性范围为 $1\times10^{-6}\sim2\times10^{-5}$mol/L，最低检测限为 1×10^{-6}mol/L。Li 等[12] 报道一种 rGO-铜复合物可超灵敏检测多巴胺，结合此复合物电催化与模拟酶催化的特性，建立了新型电化学仿生传感器，对多巴胺的检测限为 3.48nmol/L，检测范围为 0.01～40μmol/L。此外，还有关于石墨烯用于检测谷胱甘肽[13]、石墨烯血红素复合物用于检测单核苷酸多态性[14]、石墨烯金复合物用于检测金属蛋白酶[15] 的报道。

碳点是 2004 年报道的一种新型荧光纳米材料[16]，它来源于蜡烛灰，不仅具有碳基纳米材料的特性，又具有传统量子点的发光特性。Qu 等[17] 发现碳点具有内在的 HRP 活性，基于此实现了对葡萄糖及真实生物样本的检测，最低检测限达到 2×10^{-5}mol/L。

(4) 其他纳米材料

除以上介绍的纳米材料外，还有其他一些纳米材料应用于天然酶的模拟。此外，还发现氧化铜、硫化镉、铁酸钴、二氧化锰等纳米材料均具有过氧化物酶活性。

1.3 纳米酶的催化活性

纳米酶研究已经从早期的随机合成逐渐发展为理性设计，其催化活性和选择性也与天然酶可比，甚至超越。其催化类型也从最初单一的氧化还原发展为如今的四类。

第一，通过调控纳米酶的构效关系提升其催化活性，如纳米酶的尺寸、组分、晶面、掺杂、形貌、表面修饰等，这也是目前大多数纳米酶理性设计的经典方式（图 1-4）[18]。鉴于这方面已经有许多综述，本文不再赘述。第二，通过模拟天然酶的催化活性中心的结构，及其周边氨基酸残基、辅酶、辅基等来提升催化活性。例如，单原子纳米酶具有明确的催化活性中心位点以及高原子利用率，其催化活性已经接近甚至超越天然酶。本文重点介绍这方面的研究进展。

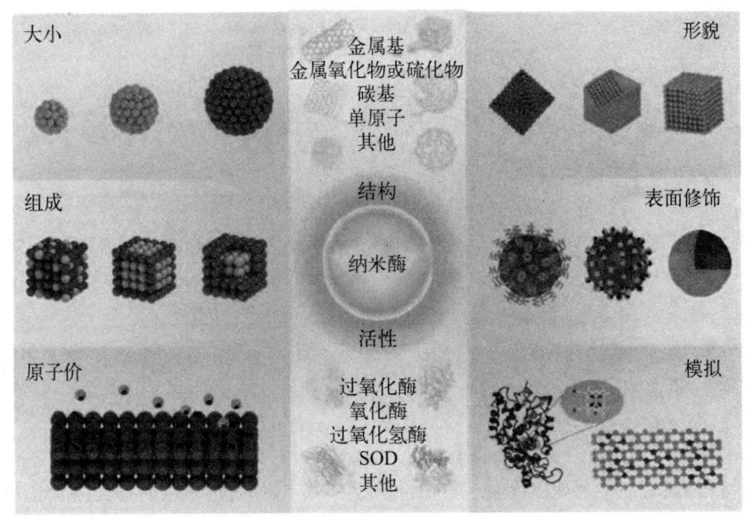

图 1-4　纳米酶构效关系示意图[18]

1.3.1 纳米酶催化活性接近或超越天然酶

自从单原子合成引入纳米酶的设计之后，仿照天然酶活性中心结构，理性设计纳米酶成为近几年的研究热点。尤其是模拟天然金属酶，因为这类酶的活性中心含有金属配位，如天然过氧化物酶的活性中心含有铁卟啉，使其成为纳米酶设计可参考的理想模型。2019 年，阎锡蕴和范克龙[18] 合作设计了锌卟啉单原子纳米酶，模拟过氧化物酶铁卟啉催化活性中心。同年董绍俊院士团队[19] 设计了能够模拟铁卟啉的单原子纳米酶，模拟细胞色素 P450 五氮配位铁核心结构，结合单原子设计方法合成了氧化纳米酶，其催化活性是商业化催化剂的 70 倍［图 1-5(a)］。2021 年，李亚栋、阎锡蕴与梁敏敏[20] 合作，在仿天然过氧化物酶活性中心（铁卟啉 Fe-N4 配位）的基础上又引入磷和氮，设计了一种以 Fe N3P 为活性中心的单原子过氧化物酶纳米酶（Fe N3P-SAzyme）［图 1-5(b)］。这种设计使催化活性中心的 Fe 原子和 P 原子协同作用，降低了 OH 和 O 形成的自由能，催化效率比天然酶高 10 倍，活力与天然酶相当。这项工作也是在单原子纳米酶中，首次证明纳米酶表面单一活性位点（而非整个纳米酶分子）的催化效率也可以超越天然酶。这为调控单原子纳米酶的几何结构和电子配位，在原子水平上模拟天然酶的金属活性中心，获得能够替代天然酶、催化活性高的纳米酶开辟了新途径。

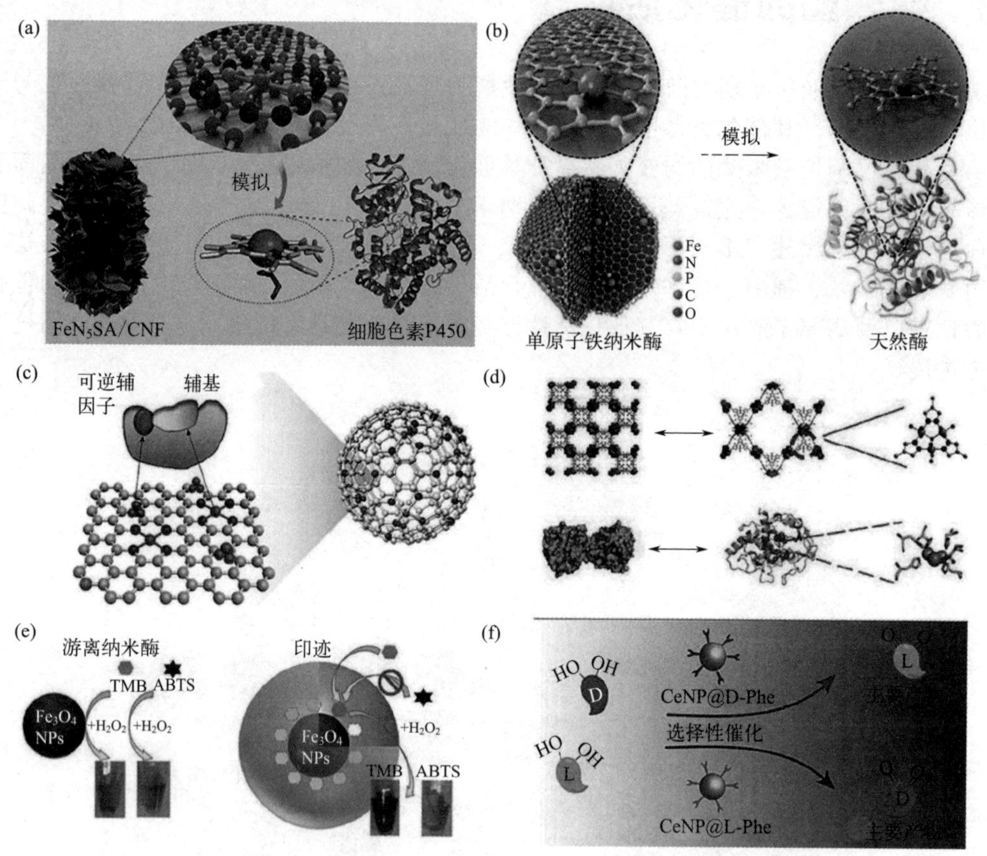

图 1-5　提升纳米酶催化活性、底物亲和力及选择性的新策略

（a）模拟天然酶铁卟啉活性中心的铁氮配位结构，设计铁氮配位单原子纳米酶[18]；（b）构建铁磷配位优化单原子纳米酶催化活性中心[20]；（c）利用铁氮配位和铁原子簇模拟天然酶辅因子，设计纳米酶[21]；（d）利用 MOF-818 模拟天然氧化酶活性中心，构建具有氧化酶活性纳米酶[22]；（e）分子印迹构建底物结合口袋提升纳米酶选择性[23]；（f）手性修饰提升纳米酶选择性[24]

此外，高利增课题组模拟天然酶辅基和辅因子特点，开发了具有过氧化氢酶（catalase，CAT）、超氧化物歧化酶（superoxide dismutase，SOD）、过氧化物酶（peroxidase，POD）、氧化酶（oxidase，OXD）以及尿酸氧化酶（urate oxidase，UOD）多种酶活性的铁氮掺杂碳球纳米酶体，其中 SOD 酶活力高达 1200U/mg，达到天然 SOD 酶水平[21]。在该纳米酶体中，单独的 Fe 簇和 Fe-N4 配位都具有多酶活性，而两者结合时以类似于天然酶辅基和辅因子的形式发挥作用，二者协同提升纳米酶的催化活性，多酶活性综合最优［图 1-5(c)］。程冲课题组[25] 通过在水溶液中构筑具有精确结构的杂原子配位聚合物纳米前驱体，成功制备出 20 种具有类似尺寸、相同形貌但金属中心不同的单原子纳米酶，模拟天然酶中的 $M-N_4$ 结构，发现 Fe 掺杂纳米酶表现出最高的氧化酶和卤素过氧化物酶活性，而铜掺杂表现出最好的过氧化物酶活性。

1.3.2　纳米酶的底物亲和力与选择性

纳米酶催化位点与底物的亲和力，也是影响其催化效率的关键因素。2017 年，研究团队[26] 模拟过氧化物酶活性中心（铁卟啉）与其周边组氨酸的配位结构，在 Fe_3O_4-过氧化物酶纳米酶表面修饰组氨酸，这一改变使其对底物双氧水的亲和力提高了 10 倍。随后，通过模拟辅因子，在 FeS_2-过氧化物酶纳米酶结构中形成铁硫簇活性位点，对底物双氧水的亲和力提升了 252 倍，其催化效率也比天然过氧化物酶提高 3086 倍。理论计算分析表明，底物双氧水在 FeS_2（100）表面形成的 Fe-O 键具有较低的吸附能，是亲和力提升的主要原因。类似地，张袁健团队[27] 发现在过渡金属-氮碳配位的过氧化物酶纳米酶中，特定金属-氮配位决定了其对双氧水的选择性，形成结合态氧（M ═O）原子转移及相应的底物氧化，Fe-N-C 和 Co-N-C 分别选择性催化 TMB 和鲁米诺。当然，依据 Sabatier 原则，纳米酶的催化活性并不会随其对底物亲和力的增强而提高。因此，在纳米酶的设计中，要根据具体材料和催化反应类型而定。

2020 年，董绍俊院士团队[22] 利用金属有机框架材料 MOF-818 模拟儿茶酚氧化酶活性位点（三核铜中心位点），不仅提高了氧化纳米酶的催化活性，还提高了选择性［图 1-5(d)］。这种金属有机框架化合物-氧化物纳米酶对邻苯二酚底物有选择性，表现出专一的氧化酶活性，而不具有过氧化物酶活性。2017 年，刘珏文团队[23] 利用分子印迹聚合物构建底物结合口袋，设计了三种具有底物选择性的纳米酶［图 1-5(e)］。其中印迹修饰的 Fe_3O_4-过氧化物酶纳米酶较裸 Fe_3O_4-过氧化物酶纳米酶的特异性提高了近 100 倍。张袁健团队[28] 在微流控装置中构建纳米酶催化级联反应体系，将具有氧化酶活性的碳氮纳米粒和具有过氧化物酶活性的普鲁士蓝纳米酶联合，发现其能够选择催化抗坏血酸，与干扰物反应相比选择性高达 2000 倍。

最近，纳米酶选择性也有从手性的角度入手，曲晓刚团队[24] 通过模拟天然酶手性氨基酸对底物的选择性，将手性氨基酸（如丙氨酸、苯丙氨酸、色氨酸、组氨酸等）引入纳米酶的设计中［图 1-5(f)］。结果表明，以手性苯丙氨酸修饰的 CeO_2-氧化物纳米酶对手性多巴胺底物具有选择性。这种选择性源于手性多巴胺底物与作为手性识别位点的苯丙氨酸具有不同的亲和力。天然的手性分子除氨基酸外，还有组成 DNA 的核糖。因此也可以 DNA 为配体修饰纳米酶，以实现纳米酶的对映体选择性。以随机螺旋如单链 DNA 等不规则折叠的 DNA 链包裹的金-葡萄糖氧化纳米酶倾向于氧化 L 型葡萄糖，而规则 DNA 如双链 DNA、G-四联体等包裹的金-葡萄糖氧化纳米酶倾向于氧化 D 型葡萄糖。这种选择性可能来自 DNA 碱基的堆叠与排列以及 DNA 螺旋结构的沟槽，并受 DNA 的序列、长度、浓度及环境温度与 pH 等多种因素的影响。以手性配体修饰实现手性选择性是较容易操控的方式，然而对其他类型底物的选择性依旧难以实现。

1.3.3 纳米酶催化类型

模拟天然酶的活性中心，不仅能提高纳米酶的催化活性，还能增加新的催化类型。董绍俊团队[29] 通过模拟酶催化活性中心，相继开发出具有碳酸酐酶活性、儿茶酚氧化酶活性、细胞色素 c 氧化酶活性的纳米酶。这些结果证实了模拟天然酶活性中心，不仅可加深纳米酶催化机制的理解，还可增加纳米酶的催化类型。例如，天冬氨酸蛋白酶利用一对天冬氨酸残基的羧基激活水分子进行亲核攻击实现水解作用。2021 年，Bose 等[30] 通过模拟天冬氨酸酶的催化基序，合成一种能够高效水解乙酸对硝基苯酯（PNPA）的纳米酶。董绍俊院士团队[31] 以聚乙烯亚胺包裹沸石咪唑啉框架（PEI/ZIF）为基架并修饰黄素单核苷酸（FMN），构建了一种以细胞色素 c 为辅酶的 NADH 氧化纳米酶。该纳米酶能够与 NADH 结合并将电子传递到细胞色素 c 上，实现对 NADH 的氧化。

研究者们通过研究各种纳米酶材料模拟天然酶抗氧化的性能，发现这些纳米材料虽然都具有优异的酶催化活性，但其酶学性质不同。对于大多数已经报道的纳米酶，它们可以用作过氧化物酶（POD）模拟物、氧化酶（OXD）模拟物、超氧化物歧化酶（SOD）模拟物、过氧化氢酶（CAT）模拟物、水解酶模拟物或者是其他的一些类酶活性模拟物。

对于这些纳米酶的催化性能而言，氧化酶可以催化底物，在氧气（O_2）的帮助下氧化生成氧化产物和过氧化氢（H_2O_2）。过氧化物酶则是可以利用 H_2O_2 作为电子受体催化底物氧化的一种酶。过氧化氢酶作为过氧化物酶体的标记酶，能催化 H_2O_2 分解为 O_2 和水。过氧化氢酶存在于动物体内，特别是肝脏中。超氧化物歧化酶作为一种抗氧化金属酶，在机体的氧化和抗氧化平衡中起关键作用，它可以催化 $O_2^{\cdot -}$ 歧化生成 O_2 和 H_2O_2。水解酶是可以催化化学键水解的酶，作为一类特殊的转移酶，它以水作为转移基团的受体。拥有类酶催化活性的纳米酶解决了天然酶在使用时受到各种限制的问题，在各种领域被广泛使用，除了以上各种常见的纳米酶类酶活性以外，也有越来越多的具有其他类酶活性的新型纳米酶被开发出来，如漆酶模拟酶、光解酶模拟酶、消旋酶模拟酶等，为人类生活提供了各种便利。

根据天然酶的功能，通常将它们分类为氧化还原酶、还原酶、水解酶、裂合酶以及异构酶。然而对于新兴的纳米酶来说，虽然自从 2007 年阎锡蕴院士发现 Fe_3O_4 纳米颗粒具有类过氧化物酶活性以来，科学家们对纳米酶的研究有着井喷式地增长，但当前发现的纳米酶类型仍旧太少，主要集中在氧化还原酶上，因此需要加强探索发现新的纳米酶。到目前为止，纳米材料已经被证实可以成功模拟包括过氧化物酶（POD）、氧化酶（OXD）、过氧化氢酶（CAT）和超氧化物歧化酶（SOD）在内的四类氧化还原酶。然而其他种类的酶活性模拟情况鲜有提及，因此新型纳米酶的探索被作为该领域的重要课题提出。自此，人们不仅致力于氧化还原反应这一酶促反应的研究，更进一步致力于水解等其他酶促反应的探索。目前已经发现了数百种具有类酶活性的纳米材料，这里我们只讨论了每一类酶促反应中具有代表性的几种纳米材料，主要介绍具有过氧化物酶、氧化酶、过氧化氢酶、超氧化物歧化酶、漆酶、多重酶活性的纳米酶。

1.4 纳米酶的发展及方向

1.4.1 纳米酶的发展

相对于天然酶来说，纳米酶通常具备成本低廉、性质稳定、可大量生产的优势。此外，纳米材料独特的物理化学性质不仅赋予了纳米酶功能多元化，也为其理性设计和未来应用发展提供了更多可能。在对纳米酶研究领域进行简要综述的基础之上为了呈现纳米酶领域可视化的知识图谱和发展态势与规律特点，对纳米酶相关的论文数据进行了系统研究。对纳米酶的研究，可大致分为以下三个阶段（图 1-6）。

第一阶段：萌芽期（1993～1999 年）。在 2007 年纳米酶的发现及其概念提出之前，纳米生物催化领域已经逐渐开始有论文发表，但仅限于纳米催化或者纳米生物催化，没有上升至酶的层面甚至纳米酶新概念的层面。基于本研究检索发现，纳米生物催化领域的研究论文自 1993 年开始出现，这一阶段纳米生物催化或者纳米酶相关的发文量较少，每年一般不多于 3 篇。

第二阶段：发展期（2000～2007 年）。纳米酶相关研究进入缓慢发展、在摸索中曲折前进的时期。这一时期鲜有较大影响力的高被引论文发表，缺乏重大原创性成就，一般仅就纳米生物催化的现象本身开展实验研究，较少涉及纳米材料的催化机制，尤其是纳米酶的催化机理。这个阶段的年发文量仍然很少，一般不多于 5 篇。

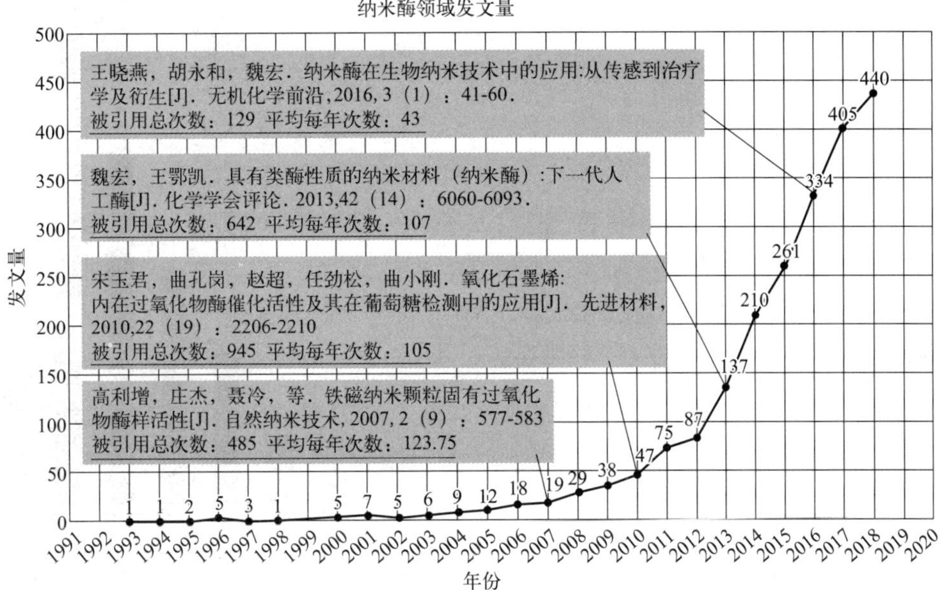

图 1-6　纳米酶领域发文量随时间的变化

第三阶段：井喷期（2007 年以后）。2007 年是纳米酶研究的重要转折年。这一年，中国科学家打破传统学科界限，通过生物、化学、材料、物理、医学等领域研究人员的多年精诚合作，首次发现纳米酶，引入酶学方法，提出纳米酶的概念。此后，中国科学家从酶学角度系统地研究了无机纳米材料的酶学特性（包括催化的分子机制和效率以及酶促反应动力学），建立了一套测量纳米酶催化活性的标准方法，并将其作为天然酶的替代品应用于疾病的诊断。2007 年以后纳米酶研究领域的发文量大幅增加（发文量平均每年增加 38.27 篇），且连续出现了大量高被引论文（被引量在 500 次以上的有 5 篇，在 100 次以上的有 104 篇）。

在过去的几年中，得益于纳米技术、生物技术、催化科学和计算设计的快速发展，高性能纳米材料在模拟新的酶活性、调控纳米酶活性、阐明催化机理和拓宽潜在应用等方面取得了重大进展。目前，全球已有 30 多个国家的 400 多个实验室从事纳米酶研究，其应用研究也涉及生物医学、农业、工业生产、环境治理等多个领域，逐渐形成了纳米酶研究新领域。近几年纳米酶相关领域的研究也进入了高速发展时期，论文数量逐年攀升（图 1-7）。

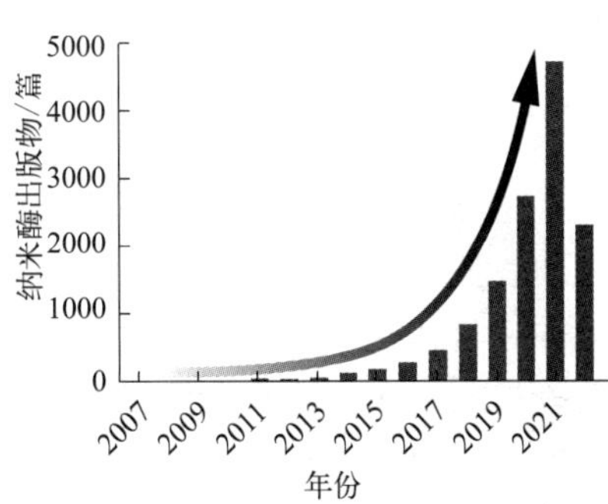

图 1-7　截止到 2022 年底发表的纳米酶相关领域的论文数量趋势（数据来自 Web of Science）

纳米酶的诞生推动了化学、材料学以及生物学等学科的发展。在纳米技术基础上发展的纳米酶克服了天然酶的诸多缺点，如成本高昂、稳定性差和对储存条件要求苛刻等，在生物传感、免疫分析、癌症诊断和治疗、环境监测等领域应用广泛。自此也诞生了许多纳米酶相关的期刊出版物（图 1-8）。

1.4.2　纳米酶的方向

纳米酶的应用研究是最引人关注、最活跃的研究方向。纳米酶作为从临床诊断、环境监

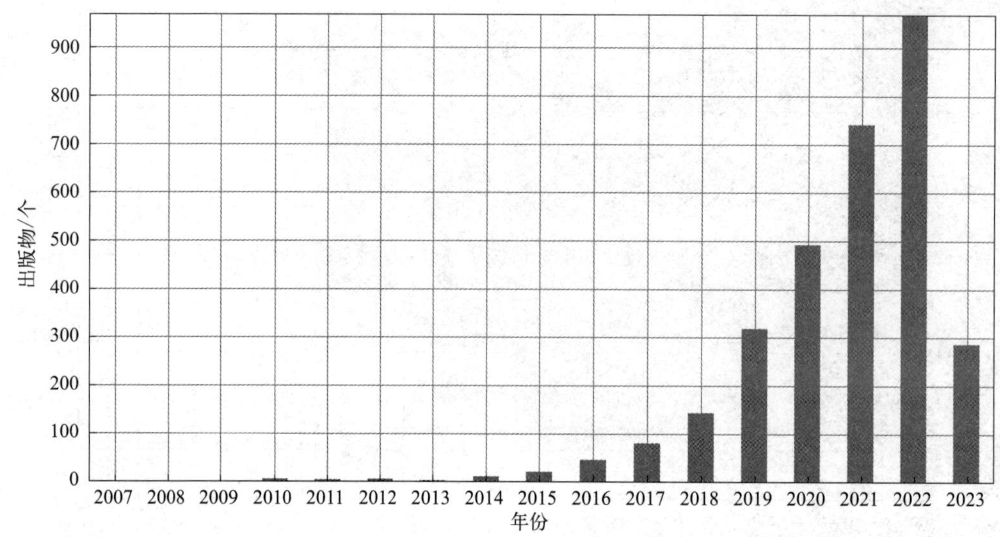

图 1-8　截止到 2023 年 3 月底与纳米酶相关的期刊数量趋势（数据来自 Web of Science）

测到废水处理的一种有前途的工具，随着纳米技术与生物学、物理、化学等学科日益紧密的交叉融合，纳米酶及其催化机制的研究与发展将日渐在生物医学、环境健康、能源材料等领域发挥更加广泛的作用，并为整个物质科学与经济社会的发展带来深远的影响。逐步凝聚专家共识，结合文献计量学的研究结果，判断纳米酶领域未来的优先发展方向包括：

① 纳米酶新活性及其新材料。当前，对于纳米酶催化活性的研究主要集中在氧化还原酶和水解酶这两大类型，而对于转移酶、异构酶、裂合酶和合成酶类的活性研究及其新材料的发现仍然很少。为了系统深入地理解纳米酶的催化机理，挖掘新型的纳米酶材料并研究其催化特性十分必要。

② 纳米酶的催化行为、催化动力学和多酶协同机制。纳米酶的催化机制具有多样性，催化机理因纳米材料的不同而异，因此需要针对多种类型的纳米酶建立完整的催化理论体系。未来，这方面工作的研究思路与方向包括理论计算和实验验证相结合，借鉴能源化学领域的限域效应理论，发展原位、实时、动态的表征技术等。

③ 纳米酶的优化设计、可控制备与标准化。为减少纳米酶研发中的试错次数、节约研发成本、提升研发效率，未来关于纳米酶的优化设计、可控制备与标准化仍然是本领域的优先方向，具体工作包括多尺度计算和模拟的方法、模块化与质量可控制备、纳米酶结构形貌的精确控制、多功能复合纳米酶的制备与标准化等。

④ 纳米酶在生物体内的免疫相容性、代谢规律与量化研究。深入了解纳米材料在生物体内的命运，能够帮助科学家对纳米颗粒的体内行为进行监测，促进对纳米体系的优化设计，拓展纳米材料与技术在疾病诊断和治疗领域的应用广度。而且，由于纳米材料潜在的环境、健康和安全问题，纳米酶作为一类具有酶活性的纳米材料也面临着同样的挑战。未来，纳米材料在生物体内的共性代谢规律与动态量化研究、纳米酶的生物安全性评价、纳米酶的生理效应及其与细胞的交互作用、纳米酶与生物体免疫系统的作用规律、纳米酶对细胞能量调控和分配的影响等研究工作，可以帮助我们掌控纳米酶在人体内代谢的主动权。

⑤ 纳米酶的应用研究。纳米酶催化的应用早期聚焦于体外检测和环境治理，近年来逐渐向体内诊断和治疗领域拓展，因此纳米酶具有广阔的生物医学和环境健康应用价值。为贯彻实施健康中国战略，未来该领域应加快发展：生化检测和生物传感，癌症与重大疾病的诊

断和治疗，抗菌、抗氧化和消除生物膜，环境监测与治理，纳米酶与基因编辑，纳米机器人等。

参考文献

[1] Gao L Z, Zhuang J, Nie L, et al. Intrinsic peroxidase-like activity of ferromagnetic nanoparticles. Nature Nanotechnology, 2007, 2 (9): 577-583.

[2] 宋光春，程楠，黄荟娴，等．单原子纳米酶及其在食品检测中的研究进展．食品科学，2022，43（11）：186-196.

[3] Wei H, Wang E K. Nanomaterials with enzyme-like characteristics (nanozymes): next-generation artificial enzymes. Chemical Society Reviews, 2013, 42 (14): 6060-6093.

[4] Cram D J, Cram J M. Host-Guest Chemistry: Complexes between organic compounds simulate the substrate selectivity of enzymes. Science, 1974, 183 (4127): 803-809.

[5] Lehn J-M. Supramolecular Chemistry-Scope and perspectives molecules, supermolecules, and molecular devices (Nobel Lecture). Angewandte Chemie International Edition, 1988, 27 (1): 89-112.

[6] Zhao Y, Meng X Q, Yan X Y, et al. Nanozyme: a new type of biosafety material. Chinese Journal of Applied Chemistry, 2021, 38 (5): 524-545.

[7] Jv Y, Li B X, Cao R. Positively-charged gold nanoparticles as peroxidiase mimic and their application in hydrogen peroxide and glucose detection. Chemical Communications, 2010, 46 (42): 8017-8019.

[8] Jin L H, Shang L, Guo S J, et al. Biomolecule-stabilized Au nanoclusters as a fluorescence probe for sensitive detection of glucose. Biosensors and Bioelectronics, 2011, 26 (5): 1965-1969.

[9] Wang X X, Wu Q, Shan Z, et al. BSA-stabilized Au clusters as peroxidase mimetics for use in xanthine detection. Biosensors and Bioelectronics, 2011, 26 (8): 3614-3619.

[10] Novoselov K S, Geim A K, Morozov S V, et al. Electric field effect in atomically thin carbon films. Science, 2004, 306 (5696): 666-669.

[11] Song Y J, Qu K G, Zhao C, et al. Graphene oxide: intrinsic peroxidase catalytic activity and its application to glucose detection. Advanced Materials, 2010, 22 (19): 2206-2210.

[12] Li Y, Gu Y, Zheng B, et al. A novel electrochemical biomimetic sensor based on poly (Cu-AMT) with reduced graphene oxide for ultrasensitive detection of dopamine. Talanta, 2017, 162: 80-89.

[13] Zheng A X, Cong Z X, Wang J R, et al. Highly-efficient peroxidase-like catalytic activity of graphene dots for biosensing. Biosensors and Bioelectronics, 2013, 49: 519-524.

[14] Guo Y J, Deng L, Li J, et al. Hemin-Graphene hybrid nanosheets with intrinsic peroxidase-like activity for label-free colorimetric detection of single-nucleotide polymorphism. ACS nano, 2011, 5 (2): 1282-1290.

[15] Nguyen P D, Cong V T, Baek C Y, et al. Fabrication of peptide stabilized fluorescent gold nanocluster/graphene oxide nanocomplex and its application in turn on detection of metalloproteinase-9. Biosensors and Bioelectronics, 2017, 89: 666-672.

[16] Xu X Y, Ray R, Gu Y L, et al. Electrophoretic analysis and purification of fluorescent single-walled carbon nanotube fragments. Journal of the American Chemical Society, 2004, 126 (40): 12736-12737.

[17] Wang X H, Qu K G, Xu B L, et al. Multicolor luminescent carbon nanoparticles: Synthesis, supramolecular assembly with porphyrin, intrinsic peroxidase-like catalytic activity and applications. Nano Research, 2011, 4 (9): 908-920.

[18] Wang Z R, Zhang R F, Yan X Y, et al. Structure and activity of nanozymes: Inspirations for de novo design of nanozymes. Materials Today, 2020, 41: 81-119.

[19] Huang L, Chen J X, Gan L F, et al. Single-atom nanozymes. Science Advances, 2019, 5 (5).

[20] Ji S F, Jiang B N, Hao H G, et al. Matching the kinetics of natural enzymes with a single-atom iron nanozyme. Nature Catalysis, 2021, 4 (5): 407-417.

[21] Xi J Q, Zhang R F, Wang L M, et al. A nanozyme-based artificial peroxisome ameliorates hyperuricemia and ischemic stroke. Advanced Functional Materials, 2021, 31 (9): 2007130.

[22] Li M H, Chen J X, Wu W W, et al. Oxidase-like MOF-818 nanozyme with high specificity for catalysis of catechol oxidation. Journal of the American Chemical Society, 2020, 142 (36): 15569-15574.

[23] Zhang Z J, Zhang X H, Liu B W, et al. Molecular imprinting on inorganic nanozymes for hundred-fold enzyme specificity. Journal of the American Chemical Society, 2017, 139 (15): 5412-5419.

[24] Sun Y H, Zhao C Q, Gao N, et al. Stereoselective nanozyme based on ceria nanoparticles engineered with amino acids. Chemistry-A European Journal, 2017, 23 (72): 18146-18150.

[25] Cao S J, Zhao Z Y, Zheng Y J, et al. A library ofros-catalytic metalloenzyme mimics with atomic metal centers. Advanced Materials, 2022, 34 (16): 2200255.

[26] Meng X Q, Li D D, Chen L, et al. High-performance self-cascade pyrite nanozymes for apoptosis-ferroptosis synergistic tumor therapy. Acs Nano, 2021, 15 (3): 5735-5751.

[27] Chen X H, Zhao L F, Wu K Q, et al. Bound oxygen-atom transfer endows peroxidase-mimic M-N-C with high substrate selectivity. Chemical Science, 2021, 12 (25): 8865-8871.

[28] Ma J, Peng X X, Zhou Z X, et al. Extended conjugation tuning carbon nitride for non-sacrificial H_2O_2 photosynthesis and hypoxic tumor therapy. Angewandte Chemie-International Edition, 2022, 61 (43): e202210856.

[29] Chen J X, Huang L, Wang Q Q, et al. Bio-inspired nanozyme: a hydratase mimic in a zeolitic imidazolate framework. Nanoscale, 2019, 11 (13): 5960-5966.

[30] Bose I, Zhao Y. Selective Hydrolysis of aryl esters under acidic and neutral conditions by a synthetic aspartic protease mimic. Acs Catalysis, 2021, 11 (7): 3938-3942.

[31] Chen J X, Ma Q, Li M H, et al. Coenzyme-dependent nanozymes playing dual roles in oxidase and reductase mimics with enhanced electron transport. Nanoscale, 2020, 12 (46): 23578-23585.

第2章

过氧化物酶纳米酶

自2007年发现氧化铁纳米粒子具有过氧化物酶（peroxidase，POD）活性以来[1]，目前已有超过700余种不同材料的过氧化物酶纳米酶被发现，占所有氧化还原纳米酶的63%，涵盖贵金属、金属氧化物、碳基材料等多种材料。过氧化物酶纳米酶能够将 H_2O_2 催化分解产生·OH，根据这一特性，过氧化物酶纳米酶一方面可通过产生毒性·OH介导的损伤作用杀伤对机体有害的细胞如肿瘤细胞以及侵袭的病原微生物，另一方面可通过催化显色反应替代稳定性较差的天然酶（如辣根过氧化物酶）用于检测诊断。

如图2-1所示（书后附彩图），Fe_3O_4 MNPs本身具有磁性，在完成催化反应后，很容易通过磁铁分离回收，可实现催化剂的循环利用。科学工作者通过在 Fe_3O_4 MNPs表面偶联抗体，可以使 Fe_3O_4 MNPs实现替代HRP进行免疫分析检测，作为肿瘤显色的纳米探针，利用表面电荷吸附降解污染物等多种功能，为体外诊断试剂盒、肿瘤诊断与治疗、环境污染物快速分析检测、污水降解与处理等众多领域开辟了新途径。此外，一系列基于磁性 Fe_3O_4 的双金属氧化物 MFe_3O_4（M=Co、Zn、Mg、Ni、Cu、Mn）先后被报道具有过氧化物酶活性，其POD活性高低取决于表面的 Fe^{2+}、Fe^{3+} 及 MP^+（M=Co、Zn、Mg、Ni、Cu、Mn）之间的相互转化速率。

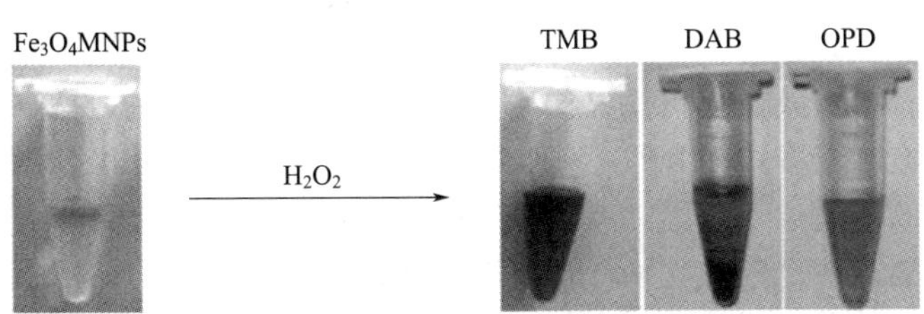

图2-1　Fe_3O_4 MNPs在 H_2O_2 作用下催化不同过氧化氢酶底物产生不同颜色[2]

抗菌是过氧化物酶纳米酶的另一重要功能，例如，Fe_3O_4-过氧化物酶纳米酶可以催化 H_2O_2 原位生成ROS降解口腔龋齿变异链球菌（*Streptococcus mutans*，*S. mut ans*）生物膜，并杀死内部细菌。临床研究也表明，经美国食品药品监督管理局（FDA）批准用于治疗铁缺乏症的氧化铁纳米颗粒（FerIONP）与天然葡萄糖氧化酶耦联构建的纳米平台，能够利用 *S. mutans* 微环境高糖、低pH的特点，将葡萄糖原位分解并产生 H_2O_2，然后进一步将 H_2O_2 催化生成·OH，实现口腔生物膜内S. mutans的靶向清除，对龋齿的治疗具有良好的效果。与抗菌类似，过氧化物酶纳米酶同样可利用ROS对抗病毒的侵袭，除了细菌外，过氧化物酶纳米酶还能灭活新冠病毒（SARS-CoV2）。例如，王大吉和聂国辉等[3]发现，负载银单原子的二氧化钛-过氧化物酶纳米酶（$AgTiO_2$SAN）能够与SARS-CoV2的spike 1蛋白受体结合，被巨噬细胞吞噬进入到溶酶体后，在其过氧化物酶活性作用下催化产生ROS杀灭病毒，这项工作展示了纳米酶对新冠病毒的防治也具有一定的潜力。

2.1 辣根过氧化物酶纳米酶

辣根过氧化物酶（HRP）是商品化较早且应用广泛的酶试剂，常用于临床化学、环境化学、生物分析和食品工业等领域。开发稳定便宜的 HRP 模拟酶成为一个有吸引力的领域，是近来模拟酶领域中发展迅速的一个研究方向。

早在 1982 年，Ikarlyama[4] 就用氯化血红素模拟 HRP 的催化反应，并成功地对人血影蛋白进行了酶联免疫分析。近十年来，HRP 模拟酶研究进展显著，已成为研究热点。Saito[5] 1985 年最先报道了一种人工卟啉用作 HRP 模拟酶。他们系统研究了 MP 吸附在离子交换树脂上的生色反应，并进一步研究了基于这些反应对一些物质的分析检测。Tang 等以 Fe-2-羟基-1-萘醛硫代缩氨基脲（Fe-Ⅲ-HNT）为模拟酶，发现它的催化活性与 HRP 相近[6]。并比较了不同金属中心组成的 HNT 配合物的活性，发现 Mo-HNT、Fe-HNT、Zn-HNT、Ni-HNT、Mn-HNT 的活性依次减小。

以游离的金属卟啉作为 HRP 的辅基模型，只实现了对酶催化中心的模拟。虽其催化活性已接近甚至超过天然酶，但选择性欠佳。这与其缺乏蛋白质的三维空间结构有关，实质上是缺乏酶对底物的定向的超分子包合作用，而这对酶与底物之间的靠近是非常必要的。当前，既模拟酶的催化部位又模拟结合部位、疏水环境的模拟酶研究已受到重视。对催化中心和协同作用进行了研究，提出了多点配位与结合以及结合中心的适度刚性有利于催化等重要观点，相继出现了双核金属配合物、环糊精（CD）及其简单衍生物、α-CD 共价连接的亚铁血红素等。

由于包含铁卟啉的 β-CD 具有三维结构，因此其模拟效果较好。研究表明，以 β-CD 共价修饰的氯化血红素比氯化血红素对底物具有更高的选择性，催化活性、反应的活化能较低。沈含熙等[7-8] 研究了 β-CD 聚合物（β-CDP）包合 $FeTPPS_4$、MnTAPP、MnTAPP-β-CDP 形成的固相超分子作为 HRP 模型。结果表明，固载化的包合物不仅十分稳定，而且呈现出较高的 HRP 活性。接着他们又研究了包合 $FeTPPS_4$ 的 β-CDP 模拟酶对苯酚等 20 种底物的分子识别作用，发现这样的 β-CDP 能与底物形成超分子，具有天然酶的催化活性和一定的专一性，既无背景吸收，又可反复使用。

然而，以氯化血红素模拟 HRP，不论在催化活性还是选择性方面都存在一定差距。氯化血红素催化反应的最适 pH 接近 11，与 HRP 有很大不同，这主要是由于催化部位所处微环境的不同。为了提高 MP 的催化活性和更准确地设计血红素蛋白酶的模型，一般将 MP 固定在有机膜上或无机基质上构建生物模拟系。以支持基质模拟天然酶活性中心周围的蛋白质骨架。Yang 等[9] 以低聚 N-异丙基丙烯酰胺-FeTSPc 作为 HRP 模拟酶，能在 32℃下和中性溶液中催化对羟基苯丙酸和 H_2O_2 反应，活性高于游离 FeTSPc。Li 等连接氯化血红素到 N-异丙基丙烯酰胺（NIPAAm）的水凝胶上构建新型的模拟酶（NIPAAm/MBA/氯化血红素）[10]，可在水相催化反应，对温度要求低，活性高于氯化血红素。

除此之外，还有许多纳米酶具有拟 HRP 活性，这在接下来的几节进行简单的介绍。

2.2 过渡金属基过氧化物酶纳米酶

2.2.1 铁基纳米酶

铁基过氧化物酶模拟物的发现与发展源于 2007 年，首次发现了 Fe_3O_4 磁性纳米颗粒（MNP）具有内在过氧化物酶活性，在 H_2O_2 的存在下，可以将三种无色的过氧化物酶底物即3,3′,5,5′-四甲基联苯胺（TMB）、重氮氨基苯和邻苯二胺（OPD）氧化为相应的有色产物。动力学研究进一步验证MNP纳米酶的乒乓催化机理，测得的米氏常数表明纳米酶对TMB的亲和力高于辣根过氧化物酶（HRP），但对H_2O_2的亲和力低于HRP。后来，Wei和Wang基于Fe_3O_4 MNP的过氧化物模拟酶性质建立了H_2O_2和葡萄糖的检测方法[11]。受此开创性工作的启发，基于氧化铁的系列过氧化物模拟酶被广泛探索和研究，例如Fe_3O_4（磁铁矿）、Fe_2O_3（赤铁矿）和掺杂铁氧体。对于铁氧化物类过氧化物酶的催化反应机制，目前普遍认为其催化遵循Fenton和/或Haber-Weiss反应机理，·OH/HO_2·参与其中。自由基与铁氧化物独特的磁学性质相结合，纳米酶可用于有机污染物的降解、磁共振成像、抗生物污损和癌症治疗等。因此，在过去的五年中，氧化铁纳米酶的应用已经从生物医学传感领域扩展到环境修复和疾病治疗，这将在应用部分进一步讨论。

除氧化铁纳米材料外，铁硫族化合物（如FeS、Fe_3S_4、FeSe、FeTe等）、磷酸铁和普鲁士蓝（PB）及其氰基金属结构类似物｛如$Cu_{1.33}[Fe(CN)_6]_{0.667}$、$Fe[Co_{0.2}Fe_{0.8}(CN)_6]$和$FeCo_{0.67}(CN)_4$｝也表现出优异的过氧化物酶活性。PB｛$[Fe(Ⅲ)Fe(Ⅱ)(CN)_6]^-$｝就是一个有力的证明。在早期的研究中，Karyakin等比较了PB和HRP的催化活性，将PB用于构建电化学葡萄糖生物传感器[12]。后来，他们在1998年提出PB是一种“人工过氧化物酶”。最近，Gu课题组报道了PB可以通过包覆在Fe_2O_3表面（PBNPs）来提高其过氧化物酶催化活性[13]。在进一步的研究中，他们发现PBNPs本身在酸性条件下也具有类似过氧化物酶的活性，带负电荷的PBNPs（Zeta电位26.1mV）对TMB的亲和力高于ABTS（2,2′-连氮-双（3-乙基苯并噻唑啉-6-磺酸），并且以TMB为底物时，PBNPs的k_{cat}是Fe_3O_4 NPs的4倍。根据不同的氧化还原电位（图2-2），模拟过氧化物酶的催化机理如下：由于在酸性条件下，PB首先被H_2O_2氧化生成PY/BG，然后将电子从TMB转移到H_2O_2，完成整个催化反应，如方程（1）～（3），PY为普鲁士黄，$[Fe(Ⅲ)(CN)_6]$；$\{Fe(Ⅲ)_3[Fe(Ⅲ)(CN)_6]_2[Fe(Ⅱ)(CN)_6]\}^-$。一个有趣的现象是，PB作为过氧化物模拟酶会清除·OH而不是通过Fenton反应生成·OH［方程（4）］。除过氧化物酶活性外，PB还具有过氧化氢酶和SOD活性。而多种类酶活性主要取决于pH值，这对治疗有利[14]。

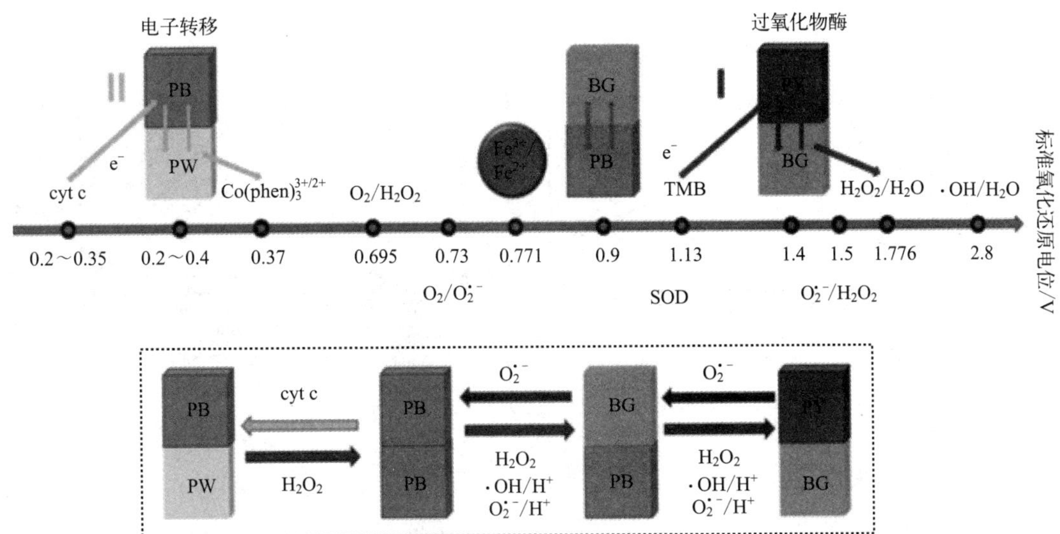

图2-2 根据不同化合物在反应体系中的标准氧化还原电位和参与过氧化物模拟酶活性的反应提出的PBNPs多重类酶活性机理[14]

$$H_2O_2+2e^-+2H^+\longrightarrow 2H_2O \tag{1}$$

$$3PB\rightarrow BG+2e^- \ PB\xrightarrow{PY}PY+e^- \tag{2}$$

$$TMB+H_2O_2+2H^+\xrightarrow{PY}TMB(\text{氧化后})+2H_2O \tag{3}$$

$$PB+H^++\cdot OH\longrightarrow PY+H_2O \tag{4}$$

2.2.2 铜基纳米酶

铜作为许多天然酶的活性中心，在模拟酶领域也有着一定的研究潜能。如 $Cu(OH)_2$ 超笼基团被报道具有类过氧化物酶活性。以具有非晶态 $Cu(OH)_2$ 纳米颗粒为前驱体，加入氨水将 Cu^{2+} 从纳米颗粒转化为一维纳米带，然后将纳米带组装成三维纳米笼［图 2-3(a)］。这种纳米笼结构的表面积大（$172m^2/g$），使得更多的催化位点被暴露可供 H_2O_2 利用，从而导致对 H_2O_2 具有更好的亲和力和更高的 V_{max}［图 2-3(c)］。进一步测定了材料的催化活性对 pH 和温度的依赖性。结果表明，在 pH 为 3～5、温度为 20～50℃范围内，$Cu(OH)_2$ 的催化活性均可达到 90%，最佳条件为 pH4.5、温度 25℃。此外，这种纳米笼可以循环使用，在 3 次循环后仍保留 75%的催化效率。

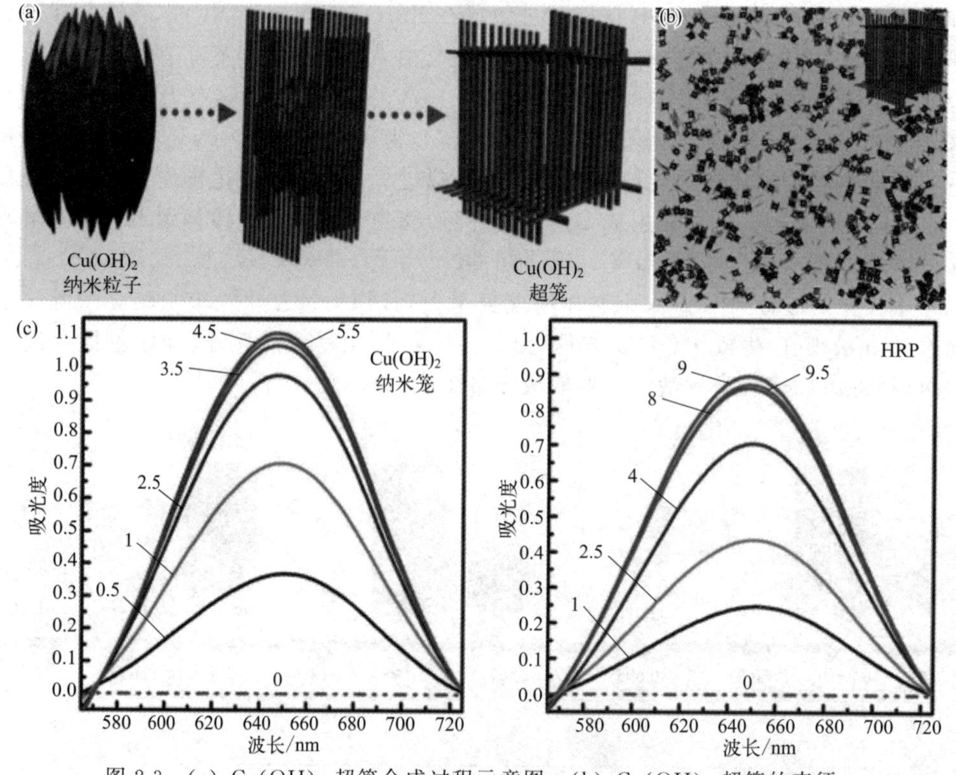

图 2-3 (a) $Cu(OH)_2$ 超笼合成过程示意图；(b) $Cu(OH)_2$ 超笼的表征；(c) $Cu(OH)_2$ 纳米笼和 HRP 氧化催化过程的吸收光谱（min）[15]

2.2.3 锰基纳米酶

MnO_2 纳米片作为典型的纳米酶之一具有拟过氧化物酶活性。Mn 类纳米材料通过表面改性和负载提高其过氧化物酶活性的研究逐渐深入。例如，Li 等人建立了一种基于 MnO_2 NPs 和酪胺触发反应的免疫传感器，用于扩增检测非人类血清样品中的甲胎蛋白

(AFP)[16]。简而言之，超顺磁性（MBs）-Ab_1-结合珠可以特异性捕获样品溶液中的 AFP，通过特异性抗体-抗原相互作用，与 Ab_2-MnO_2 NPs 形成免疫复合物。在引入 H_2O_2 后，多个 MnO_2 NPs 可以通过酪胺信号放大介导的反应结合到免疫复合物表面，导致信号放大。因此，具有过氧化物酶样活性的 MnO_2 NPs 可以通过反复的分解反应循环将 TMB 从无色氧化为蓝色。同样 Zhang 的团队开发了基于 MnO_2 NRs 的比色免疫测定法，用于检测人绒毛膜促性腺激素（HCG）[17]。他们使用 EDTA 作为模板的水热法合成了具有类似过氧化物酶活性的 MnO_2 NRs。首先将 MnO_2 NRs 固定在 BSA 修饰的 96 孔塑料微孔板的壳聚糖基质中，然后通过链霉亲和素和生物素化的 β-HCG 抗体进一步修饰微孔板。在 HCG 抗原存在的情况下，传感平台上 HCG 抗体之间的特异性识别通过链阻效应抑制了 MnO_2 NRs 的过氧化物酶样活性。基于这一原理，随着 HCG 浓度的增加，MnO_2 NRs 催化 TMB-H_2O_2 底物产生的蓝色逐渐褪色，因此建立了 HCG 的定量比色检测方法。

综上所述，锰基纳米材料在模拟过氧化物酶及其在传感方面的应用具有可行性。

2.3　贵金属基过氧化物酶纳米酶

许多贵金属纳米材料，如 Au、Ag、Pt、Pd 及其多金属纳米粒子，作为过氧化物酶模拟物被报道，并且广泛用于生物传感器构建、抗菌剂研发和疾病治疗等领域。

与 PbNPs 类似，金属纳米材料在不同条件下也具有多种类酶活性，如在酸性条件下具有类过氧化物酶活性，而在碱性条件下具有类过氧化氢酶活性。为了更好地理解相关机制，详细的计算研究是必不可少的。以 Au｛111｝为例，不同 pH 条件下 H_2O_2 的吸附和分解如图 2-4 所示。在中性环境中，H_2O_2 可以很容易地吸附到金属纳米颗粒表面而不受 H_2O 的干扰，有利于以能量最低的方式碱式分解金属纳米颗粒表面的 H_2O^* 和 O^* 过程［图 2-4(a)］。值得注意的是，1.42eV 的高能垒使得该条件下无法将吸附的 O^* 转化为 O_2。对于酸性条件，H 预吸附在金属纳米材料表面的过程，H_2O_2 仍可被吸附，并采取类碱分解途径产生吸附态的 H_2O^* 和 OH^*，随后 OH^* 在金属纳米颗粒表面转化为 H_2O^* 和 O^*。当 O^* 攻击底物中的 H 原子，完成了模拟过氧化物酶催化的过程［图 2-4(b)］。另一方面，对于预吸附 OH 的基本条件，H_2O_2 首先将一个 H 转移到预吸附的 OH 上，形成 HO_2^* 和 H_2O^*；随后，HO_2^* 将一个 H 转化为另一个 H_2O_2 最后生成 H_2O^* 和 O_2^*［图 2-4(c)］。因此，在碱性条件下可以观察到材料类过氧化氢酶活性。

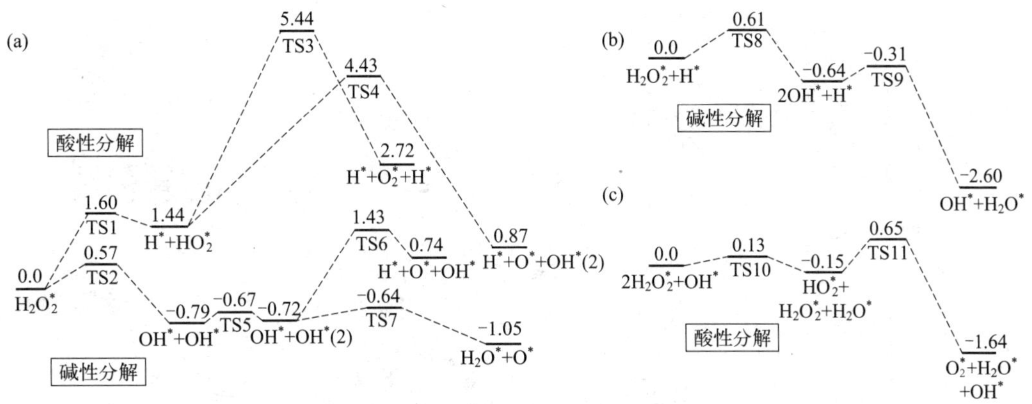

图 2-4　不同 pH 条件下贵金属基纳米酶对 H_2O_2 的吸附和分解［以中性（a）、酸性（b）和碱性（c）条件下 H_2O_2 在 Au｛111｝表面分解的计算反应能剖面为例（单位：eV）[18]］

对 Au（例如 Au{110} 和 Au{211} ）和其他金属（即 Ag、Pt 和 Pd）的更多计算表明了非常相似的反应途径和 pH 依赖的酶活性。计算得到的这些贵金属对过氧化物酶和类过氧化氢酶反应的吸附能和活化能均遵循 Au{111}＜Ag{111}＜Pt{111}＜Pd{111} 的顺序。进一步合成了 Au@Ag、Au、Au@Pd 和 Au@Pt 四种纳米棒，并且对它们的催化活性进行研究。结果发现 Au{111}、Ag{111}、Pt{111}、Pd{111} 纳米棒酶催化活性的 pH 依赖性顺序与计算结果相符合。值得注意的是，由于 Ag 的易氧化性和 Pt 的大表面，实验中纳米棒的类过氧化物酶活性遵循 Au@Ag＜Au＜Au@Pd＜Au@Pt 的顺序。

贵金属纳米材料极具稳定性，它们的催化活性主要通过表面吸附和快速电子转移来实现。已知的贵金属基纳米酶从材料构成来看，可以分为贵金属单质纳米材料、贵金属合金纳米材料以及贵金属复合纳米材料。目前文献报道的贵金属基纳米酶涵盖了金、银、铂、钯、钌、铑、锇和铱等贵金属，其中涉及单质金和单质铂的报道较多。此外，贵金属的各种纳米合金（银钯合金、金钯合金和银铂合金等）也显示出多种类酶活性。且贵金属纳米材料可与铁基纳米材料（四氧化三铁、氧化铁等）、铜基纳米材料（氧化铜、硫化铜等）、碳纳米材料（碳点、石墨烯）及其他纳米材料形成复合纳米材料。故而贵金属纳米材料具有一定合成调控价值，但因其价格原因限制了大量生产。

2.3.1 Au 基纳米酶

近年来，AuNPs 因其制备简单、生物相容性好、光电性能好等优点而受到越来越多的关注。2010 年，Jv 等人发现带正电荷的 AuNPs 具有过氧化物酶活性，在 H_2O_2 存在下，可以催化 TMB 氧化，使无色 TMB 变成蓝色 oxTMB。基于该研究，开发了一种基于 AuNPs 的 H_2O_2 和葡萄糖比色传感器，检测限分别达到 0.5μmol/L 和 4μmol/L[19]。最近，通过在纸上修饰 AuNPs 制备的纸基传感器在提高比色均匀性和灵敏度方面引起了极大关注。例如，Han 等人报道了一种基于负载 AuNPs 的纸芯片用于汞离子的比色识别[20]。Hg^{2+} 与 AuNPs 结合形成 Au-Hg 合金，激发了 AuNPs 的氧化酶活性。更进一步，固定在纤维素上的显色底物 TMB 被氧化成蓝色，而适配体偶联的 AuNPs 传感器实现了比色分析的特异性。随后，该课题组通过将 AuNPs 固定在双醛纤维素纳米纤维（DACNF）上，成功制备了可重复使用的纳米酶[21]。以 ABTS 为底物对 AuNPs@DACNF 纸基传感器进行修饰，而胆固醇氧化酶（ChOx）催化胆固醇氧化成 4-胆甾烯-3-酮和 H_2O_2，生成的 H_2O_2 在 AuNPs@DACNF 纸基传感器存在下进一步将无色的 ABTS 氧化成蓝色产物。因此，该比色传感器被应用于胆固醇的检测，并可使用智能手机来直观地记录和观察（图 2-5）。

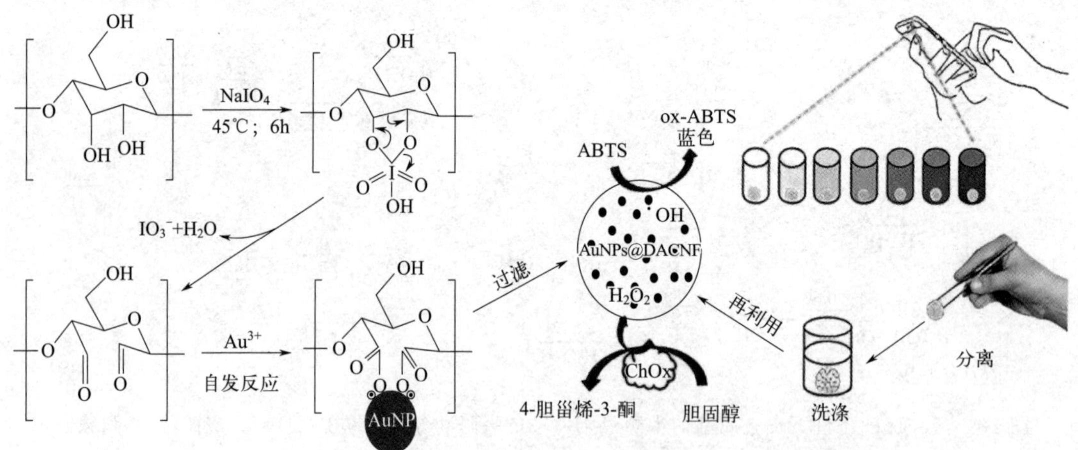

图 2-5　AuNPs@DACNF 纸基传感器的制备及智能手机辅助下胆固醇的比色检测示意图[21]

2.3.2 Pt 基纳米酶

除了 Au 纳米材料，大量的研究证明 Pt 纳米材料也可以作为过氧化物酶模拟物用于比色分析。与其他金属纳米酶相比，PtNPs 具有更强的与 H_2O_2 相互作用的活性。然而，由于制备成本高、易失活等缺点，极大地限制了 PtNPs 的进一步应用。为了克服这些问题，Jin 等人[22] 通过水热法一步制备了具有优异催化能力和良好生物相容性的超小 PtNCs 用于葡萄糖分析检测。除了精确控制 Pt 纳米材料的尺寸和形貌外，还可以通过表面修饰来增强类过氧化物酶的催化活性。Li 等人[23] 选用牛血清白蛋白（BSA）作为稳定剂合成了 Pt 基纳米酶，BSA 使得 Pt 金属纳米晶定向生长而得以克服其易聚集失活的缺陷。且合成的 Pt 基纳米酶具有很高的过氧化物酶活性。此外，该课题组还发现 *N*-乙酰-L-半胱氨酸（NAC）对过渡金属离子具有很强的亲和性[24]。因此他们采用 NAC 作为模板合成 PtNCs，并基于纳米酶的催化活性建立了灵敏度高、传感时间短的比色传感平台。

2.3.3 Pd 基纳米酶

一些 Pd 基纳米材料也展现了过氧化物酶模拟活性。例如 Fu 等人[25] 使用还原型谷胱甘肽（GSH）合成的 Pd 基纳米酶具有显著过氧化物酶活性，且被成功开发用于 Ag^+ 的比色检测。随后，该课题组受到 GSH 包裹的 PdNPs 的启发，再次开发了寡核苷酸稳定的 PdNPs 用于生物硫醇的比色检测。Xia 等人合成了具有优异类过氧化物酶活性的 Pd-IrNPs，其催化效率比 HRP 高出近 28 倍。基于其优异的拟酶活性，他们进一步利用 Pd-Ir 纳米酶构建了一种酶联免疫吸附法（ELISA）检测疾病标志物——人前列腺表面抗原，且传感灵敏度达到了飞克/毫升级别[26]。因此，具有模拟过氧化物酶活性的 Pd 基纳米酶在定量比色检测方面显示出广阔的应用前景。

2.3.4 贵金属合金

由于合金基纳米酶的协同作用，其催化活性通常比单一金属纳米材料更强。在各种合金纳米材料中，Pt 基合金纳米酶被认为是比色分析的有力候选者。例如，Sun 和同事合成了具有高过氧化物酶模拟活性的 Au_xPt_y 纳米酶[27]。他们首次报道了 DNA 稳定的双金属 Au_xPt_y 纳米酶，用于使用 TMB 作为指示剂比色检测生物硫醇。Sun 等[28] 在激光照射下使得 Au-NR 表面均匀快速生长 Pt，成功制备了具有优异过氧化物酶活性和表面增强拉曼活性的 Au/Pt 纳米棒（NRs），实现了 H_2O_2 的高灵敏度（LOD 为 0.04μmol/L）比色检测。Ag-Au 基纳米酶的拟过氧化物酶活性也被证明用于可视化比色分析。Liu 等人通过 EDC-NHS 化学键将 Hemin（Hem）共价交联到三聚氰胺（MA）上，制备了 Hem-MA 聚合物基质[29]。通过双金属 Au-Ag 原位合成到 Hem-MA 聚合物基体中，制备了 MA-Hem/Au-Ag 纳米复合材料［图 2-6(a)］。此外，研究了 MA-Hem/Au-Ag 纳米酶与葡萄糖氧化酶（GOx）复合得到的复合酶的催化活性。如图 2-6(b) 所示，MA-Hem/Au-Ag-GOx 复合酶催化葡萄糖-TMB 的氧化产生蓝色信号。由于将 Au-Ag 双金属引入到 Hem-MA 聚合物基质中，复合酶表现出显著增强的催化活性。它不仅可以加速电子转移，而且对基底具有高的吸附能力和亲和力。因此，两种贵金属合金在酶催化增强与应用方面具有可观的发展前景。

除此以外，过渡金属和贵金属合金也有类似的增强效果。最近，具有强大催化能力的 CuPt 纳米酶被广泛研究。Lu 等人通过电化学置换和化学脱合金制备了三维（3D）层状多孔 CuPt 枝晶（HPPtCuD）[30]，由于电子效应和几何效应，HPPtCuDs 表现出显著的过氧化物酶样活性。

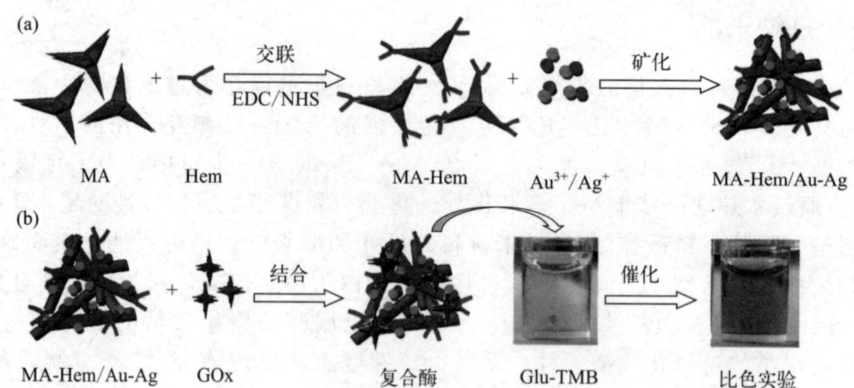

图 2-6 (a) 通过 MA-Hem 交联和 Au-Ag 矿化制备的 MA-Hem/Au-Ag 纳米酶的示意图；(b) 通过与 GOx 连接的 MA-Hem/Au-Ag 纳米酶获得的复合酶的示意图（用于比色检测葡萄糖）[29]

2.4 金属有机框架过氧化物酶纳米酶

金属有机骨架（MOFs）由有机配体和金属离子构成，因具有优秀的化学稳定性和热稳定性、大比表面积、均匀的空腔结构而引起了极大的关注，已被广泛应用于催化、传感等领域。同时，不同的有机基团和金属离子构建的 MOFs 具有不同的结构及可调节的孔隙度。通过将金属离子/簇合物（例如，Fe 和 Cu）与有机配体［例如对苯二甲酸（H_2BDC）］和 1,3,5-苯三甲酸（H_3BTC）配位，可以构建具有类过氧化物酶催化活性的 MOFs。目前，许多研究机构已对 MOF 材料进行了深入探索，如 Lavoisier 材料研究所（Mil）MOFs（如 Mil-53、Mil-88、Mil-101）、香港科技大学（HKUST）MOFs（例如 HKUST-1）和其他 MOFs（例如 Cu-MOFs、Co-MOFs、Co/2Fe-MOFs 等），并证实了其类过氧化物酶催化过程遵循类 Fenton 途径产生·OH 机理。

目前铁基 MOF（如 MIL-53、MIL-68、MIL-100 和 MIL-88）被证实具有类过氧化物酶活性并优于其他金属离子。如 Fe-TCPP［TCPP＝四（4-羧基苯基）卟啉］和血红素、2DM-TCPP(Fe) 纳米片可以制备 MOFs(M＝Co,Zn,Cu) 和 Cu-heminMOFs。在 2DM-TCPP(Fe) MOFs 制备与性能比较中，TCPP 与其他金属离子（如 Zn、Co、Mn、Ni、Cu 等）的对照实验证实了 Fe 在 TCPP(Fe) 发挥过氧化物酶活性中的重要作用［图 2-7(a) 和 (b)］（书后附彩图）。且得益于更大的表面积、更多暴露的活性位点和更小的扩散能垒，2DMOFs 表现出比 3D 类似物更高的催化活性，为生物分子传感提供了更好的灵敏度［图 2-7(c)］。

而且金属原子与 MOF 之间的协同作用是其发挥过氧化物酶催化活性必不可少的。一个例子是 Cu^{2+}-NMOFs（UiO 型 MOFNPs，UiO＝University of Oslo）作为过氧化物模拟酶。选择 2,2′-联吡啶-5,5′-二羧酸配体桥联 Zr^{4+} 形成 MOFs。然后用 Cu^{2+} 对配体上的联吡啶进行后功能化以提供催化中心［图 2-7(d)］。如图 2-7(e) 所示，Cu^{2+} 单独或 Cu^{2+} 和联吡啶的混合物催化氧化多巴胺的效率远远低于 Cu^{2+}-NMOFs，证明催化活性来自 Cu^{2+}-联吡啶复合物的协同作用。这可能是由于 MOF 的多孔结构，使得多巴胺集中在催化位点，进而其活性达到最大发挥。

除了对有机配体的修饰，还可以通过对金属节点进行修饰实现其过氧化物酶活性的调节。例如将脂肪族二胺结合到不饱和 MIL-100(Fe) 上的 Fe 节点，使 MOFs 表面带负电荷，从而对带正电荷的 TMB 有更高的亲和力，导致 MIL-100(Fe) 的类过氧化物酶活性提高。

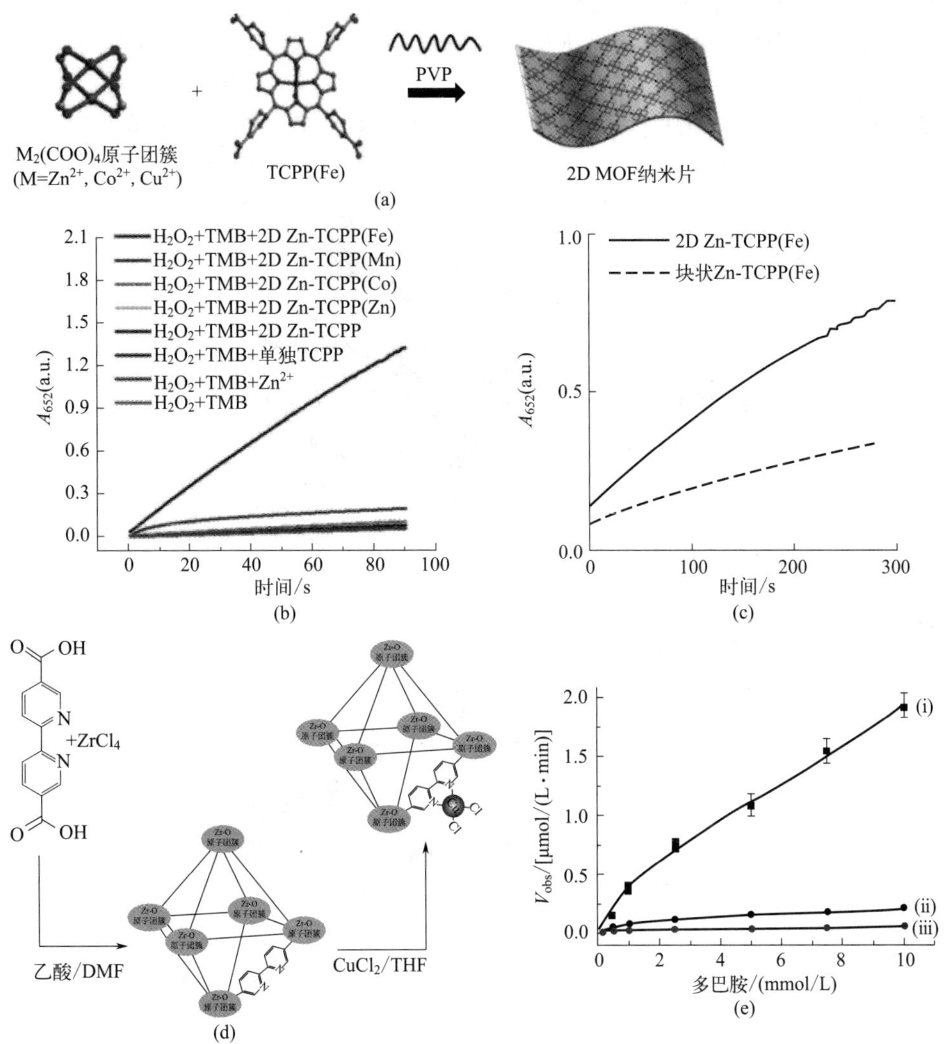

图 2-7　(a) 表面活性剂辅助自下而上合成二维 MOF 纳米片的示意图[31]；(b) 不同二维 MOFs 催化的反应在 652nm 处的吸光度随时间变化的动力学曲线[31]；(c) 绘制了 2D 和 3D 块状 Zn-TCPP(Fe)MOFs 催化反应在 652nm 处随时间变化的紫外-可见吸收动力学曲线，显示了不同的催化性能[32]；(d) NPS 的 Cu^{2+} 功能化 Zr^{4+}-5,50-联吡啶羧酸桥连 M 的合成[33]；(e) Cu^{2+}-NMOFs 和各自控制系统对多巴胺氧化为氨基铬的速率随多巴胺浓度的变化[34]

一些研究也报道了纳米颗粒和 MOFs 的复合材料作为 MOF 基纳米酶。一方面，MOF 只作为载体来支撑纳米颗粒，如 PtNPs@UiO-66-NH_2 和 AuNPs@MIL-101(Cr)，另一方面，MOF 不仅可以作为载体，还可以与 Fe_3O_4/MIL-101(Fe) 和 PdNPs@MIL-88-NH_2(Fe) 等纳米粒子一起催化过氧化物酶底物。与单独的 MOF 材料或纳米粒子相比，这两种情况都被证明增强了复合材料的活性。这一方面源于协同作用，另一方面源于协同作用导致的材料本身稳定性的提高和对底物吸附能力的增强。

MOF 材料 MOF 作为多种酶的载体被进一步应用。目前，已经出现将 MOFs 作为纳米酶载体的研究，ZIF-8 就是 MOF 用于酶固定化的最典型的例子。Zheng 等[35] 首次发现了一种基于锆 (Zr) 的 MOF-808，该材料可以在较宽的 pH (3～10) 范围内保持较高的类过氧化物酶活性，在生物系统中有很广阔的应用前景 [图 2-8(a)]。许多实验研究表明，双金属 MOFs 比相应的单金属 MOFs 更能改善其催化性能。如图 2-8(b) 所示，Wang 等[36] 构建了一种具有双功能的铁镍双金属有机骨架（GOx/FeNi-MOF），该材料既具有类过氧化物酶活性，又具有天然 GOx 酶的生物活性。Fe 与 Ni 之间的协同作用导致 FeNi-MOF 的催化活性增强，从而表现出对 H_2O_2 更高的亲和力。将葡萄糖氧化酶固定化在 FeNi-MOF 上，实现了葡萄糖的一步检测。

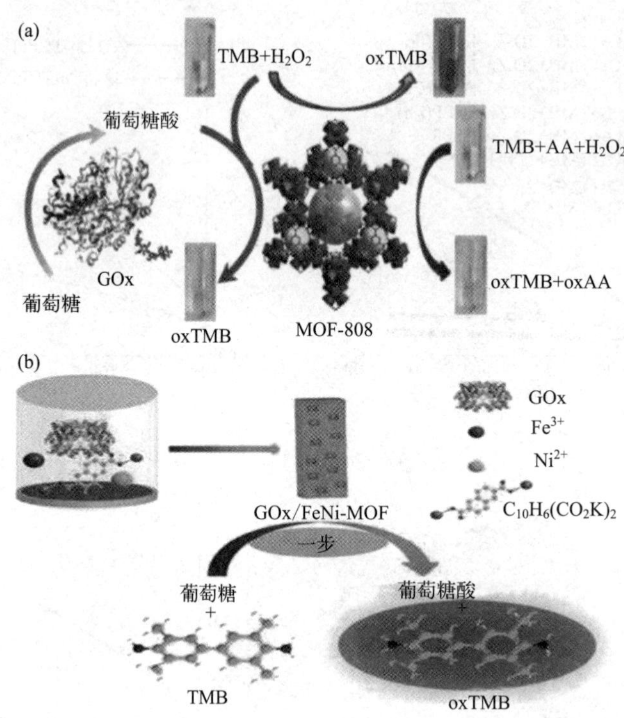

图 2-8 (a) MOF-808-TMB-H_2O_2 比色体系检测葡萄糖、H_2O_2、AA 的示意图[83]；
(b) 基于合成 GOx/FeNi-MOF 复合材料的葡萄糖比色法示意图[36]

2.5 过渡金属硫化物基过氧化物酶纳米酶

类石墨烯二维层状过渡金属二硫化物（例如 MoS_2 和 WS_2 纳米片）也被证明是过氧化物模拟酶，进一步修饰血红素或一些金属纳米颗粒（如 PtAg、PtCu 和 PtAu 等）将有助于提高它们的催化活性和扩大生物医学应用。二硫化钼（MoS_2）是一种典型的二维层状过渡金属二卤代烃（2D-TMDs），由于具有独特的 2D 结构和光学、电学性能而在生物传感器、催化、发光器件等领域有着广泛的应用。Lin 等[37] 在 2014 年发现了层状结构的 MoS_2 纳米薄片（MoS_2NSs）具有类过氧化物酶活性。他们发现 MoS_2NSs 可以通过分解 H_2O_2 产生·OH，催化显色底物 OPD、ABTS 和 TMB 氧化为相应的显色产物，证明其具有内在类过氧化物酶活性。在此反应过程中，由于静电作用，TMB 分子被吸附在 MoS_2NSs 表面并将氨基中一对电子转移给 MoS_2NSs，从而加快 MoS_2NSs 与 H_2O_2 之间的电子转移，提高反应速率。基于 MoS_2NSs 的类过氧化物酶活性，研究者研制了一种 H_2O_2 和葡萄糖比色生物传感器［图 2-9(a)］。研究表明，H_2O_2 的线性范围为 $5.0\times10^{-6}\sim1.0\times10^{-4}$ mol/L，LOD 为 1.5×10^{-6} mol/L；葡萄糖的线性范围为 $5.0\times10^{-6}\sim1.5\times10^{-4}$ mol/L，LOD 为 1.2×10^{-6} mol/L。

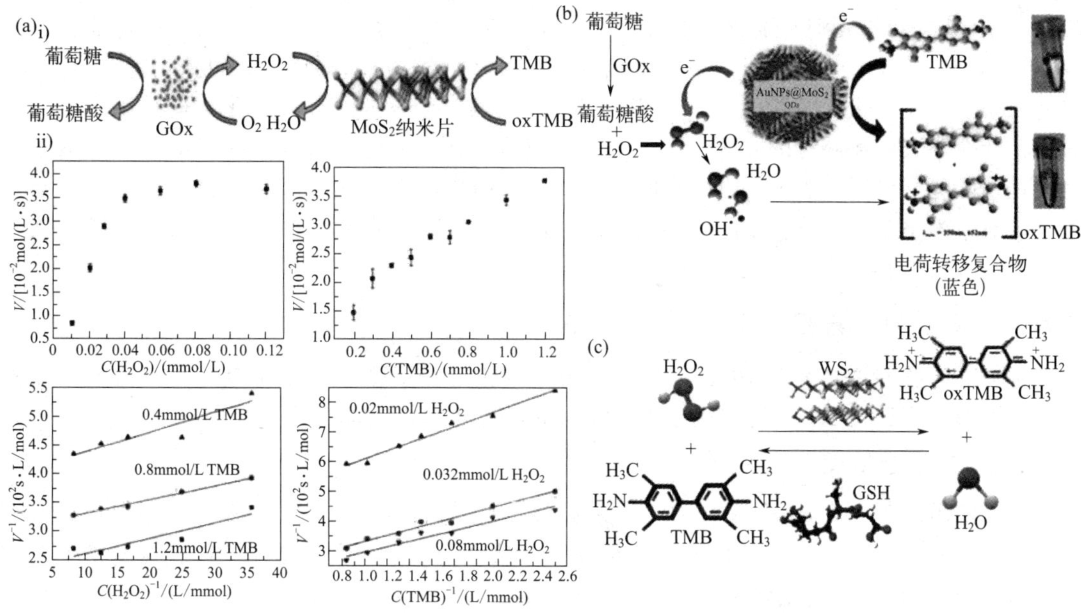

图 2-9　(a) i. 用葡萄糖氧化酶和 MoS_2 纳米片催化比色反应检测葡萄糖的示意图，ii. MoS_2 纳米片的稳态动力学分析及催化机理；(b) AuNPs@MoS_2-QDs 在 H_2O_2 存在下催化 TMB 氧化的催化机理示意图；(c) WS_2 TMB-H_2O_2 比色体系检测 GSH 示意图[41]

近年来，基于 MoS_2 NSs 的类过氧化物酶活性，还有许多关于金属负载的 MoS_2 纳米材料的研究。Cai 等[38] 在水热条件下，用甲醛（HCHO）还原金属前体，制得 MoS_2-$Pt_{74}Ag_{26}$BNPs。BNPs 由两种金属组成，由于协同效应的作用，其催化性能往往比单金属的同类物更高。制得的 MoS_2-$Pt_{74}Ag_{26}$BNPs 不仅有较大的比表面积，还为 TMB 的吸附提供更多的活性位点，MoS_2 与 $Pt_{74}Ag_{26}$ 的协同作用提高了复合物的催化活性。与 MoS_2NSs 相比，MoS_2-$Pt_{74}Ag_{26}$ 对底物 TMB 的最大反应速率（V_{max}）更高，具有更好的灵敏性。如图 2-9(b) 所示，Vinita 等[39] 将金纳米粒子（AuNPs）负载在 MoS_2 量子点（MoS_2QDs）上，制得的 AuNPs@MoS_2-QDs 与其他 MoS_2 纳米结构相比，有更大的比表面积和更好的电子输运性能。AuNPs 与 MoS_2QDs 的协同作用使该材料具有较低的 K_m 值、较高的 V_{max} 值，并且在更宽的温度（25～80℃）和 pH（2.0～12.0）范围内保持良好的催化活性。

还有许多具有类过氧化物酶活性的其他金属硫化物，如 VS_2、VS_4、WS_2、CuS、FeS、ZnS 等。Huang[40] 等通过水热法制备了二维结构的层状二硫代钒纳米薄片（VS_2NSs），可以作为过氧化物酶模拟物。与 MoS_2 等材料相比，VS_2 纳米材料对底物 H_2O_2 的亲和力更强，具有更低的检测限。Li[41] 等报道了二硫化钨（WS_2）作为一种二维材料具有良好的类过氧化物酶活性 [图 2-9(c)]，可以实现对 GSH 的高灵敏度和选择性检测，有广泛的检测范围和较低的检测下限。

2.6　碳基过氧化物酶纳米酶

碳基纳米材料，例如碳点、碳纳米管、富勒烯和石墨烯及其衍生物，在实际应用中表现出卓越的物理化学性能，日益受到人们的青睐。碳基纳米材料模拟天然酶活性的能力也受到了广泛关注。Song[42] 课题组发现，羧基修饰的氧化石墨烯（GO-COOH）有类酶活性。

在过氧化氢的存在下，GO-COOH 可以催化 TMB 氧化生成蓝色产物，该研究发现—C ═O 和—O ═CO—基团分别是催化剂的催化活性中心和底物结合位点。与天然辣根过氧化物酶（HRP）相比，GO-COOH 对过氧化物酶底物的催化活性更高，显示纳米材料替代天然酶的潜力。Song[43] 等人的研究表明，单壁碳纳米管（SWNTs）也有过氧化物模拟酶活性。它的催化活性与天然酶相似，依赖于 H_2O_2、温度和 pH。并且碳纳米管在浓硫酸和硝酸中超声处理，去除金属元素 Co 后，仍然保持了较高的催化活性，这证实了其催化活性源于碳纳米管本身，而不是其中微量的金属催化剂。还有许多碳基纳米材料，如碳点、N 掺杂碳纳米片等都被报道具有类过氧化物酶活性，并在生物传感中广泛应用。

2.6.1 碳基纳米酶的催化机理

一方面，碳基纳米酶类 POD 活性来源于其催化过程中产生的自由基。另一方面，碳基纳米酶类 POD 活性来源于其催化过程中产生的高氧化活性的非自由基中间体。

2.6.1.1 自由基机理

碳基纳米酶具有类 POD 活性是由于其能催化 H_2O_2 产生羟基自由基（·OH），进而催化 TMB 氧化变色。Zhao 等[44] 通过理论计算，从分子水平研究了羧基功能化碳基纳米酶的类 POD 活性，认为碳基纳米酶的类 POD 催化循环可分为两个阶段，第一步是碳基纳米酶的羧基（—COOH）被氧化为过氧羧基（—COOOH），同时 H_2O_2 分解；然后过氧羧基均裂生成·OH 将 TMB 氧化，引起颜色变化［图 2-10(a)］。Sun 等[45] 认为石墨烯量子点（GQDs）的类 POD 活性来源于其催化 H_2O_2 分解产生·OH 的能力。对苯二甲酸（TA）与·OH 反应后的产物具有荧光［图 2-10(b)］，因此他们通过检测 GQDs 与 H_2O_2 反应后体系的荧光强度变化证实反应生成·OH［图 2-10(c)］。Lou 等[46] 用 TA 和二氢乙锭（DE）分别作为·OH 和 $O_2^{\cdot-}$ 的荧光探针，研究 N 掺杂碳纳米酶（CP600-6）的催化机理。发现含有 TA、H_2O_2 和 CP600-6 的体系荧光强度高［图 2-10(d)］，而 DE 则没有检测到 $O_2^{\cdot-}$ 的存在［图 2-10(e)］。实验结果表明，在催化过程产生的·OH 是反应的催化中间体；同时通过电子顺磁共振（EPR）波谱进一步证实了·OH 是参与类 POD 催化反应的唯一中间体。

2.6.1.2 非自由基机理

许多文献通过非自由基机理解释碳基纳米酶类 POD 活性。Song 等[47] 发现 GO 具有类 POD 活性，且认为催化机制是由 GO 充当电子载体，电子从 GO 的价带顶端转移到 H_2O_2 的最低未占据分子轨道上，并且底物分子 TMB 上的氨基与 GO 结合后，由于氨基的给电子效应，从而增加 GO 的电子密度和迁移率。Hu 等[48] 用第一性原理方法计算研究了 N 掺杂碳纳米酶（N-pyrene）的催化反应机制，催化反应位点从 H_2O_2 夺取一个氧原子，经过结构的转变得到更稳点的反应中间态，形成吸附态的氧进而氧化 TMB，使溶液颜色发生变化反应路径可以简单地描述为 H_2O_2 被 N-pyrene 夺取一个氧原子，形成结构式 int11，由于氧原子可以在石墨烯平面上自由移动，进而形成更稳定的结构式 int14。TMB 分子被形成的 int14 氧化生成氧化态 TMB（oxTMB），同时 int14 结合两个 TMB 的氢原子后，脱去一分子的 H_2O 恢复成催化剂的初始状态，完成一次催化过程。Wu 等[49] 也报道了类似的催化机理，并利用理论计算对 GO 反应机理进行了深入的研究。结果表明，羰基是催化活性中心而不是羧基，并且环氧、羟基和内过氧化物都不是催化中心，但可以与 TMB 反应生成蓝色的 oxTMB，最终被消耗掉。Kim 等[50] 研究发现，B、N 共掺杂的石墨烯纳米片（NB-rGO）具有很高的类 POD 活性，并结合第一性原理方法计算研究反应的催化过程。首先，NB-rGO 吸附 H_2O_2 并且将其分解成两个吸附态 OH^*，其中一个吸附态 OH^* 脱去一个氢原子，

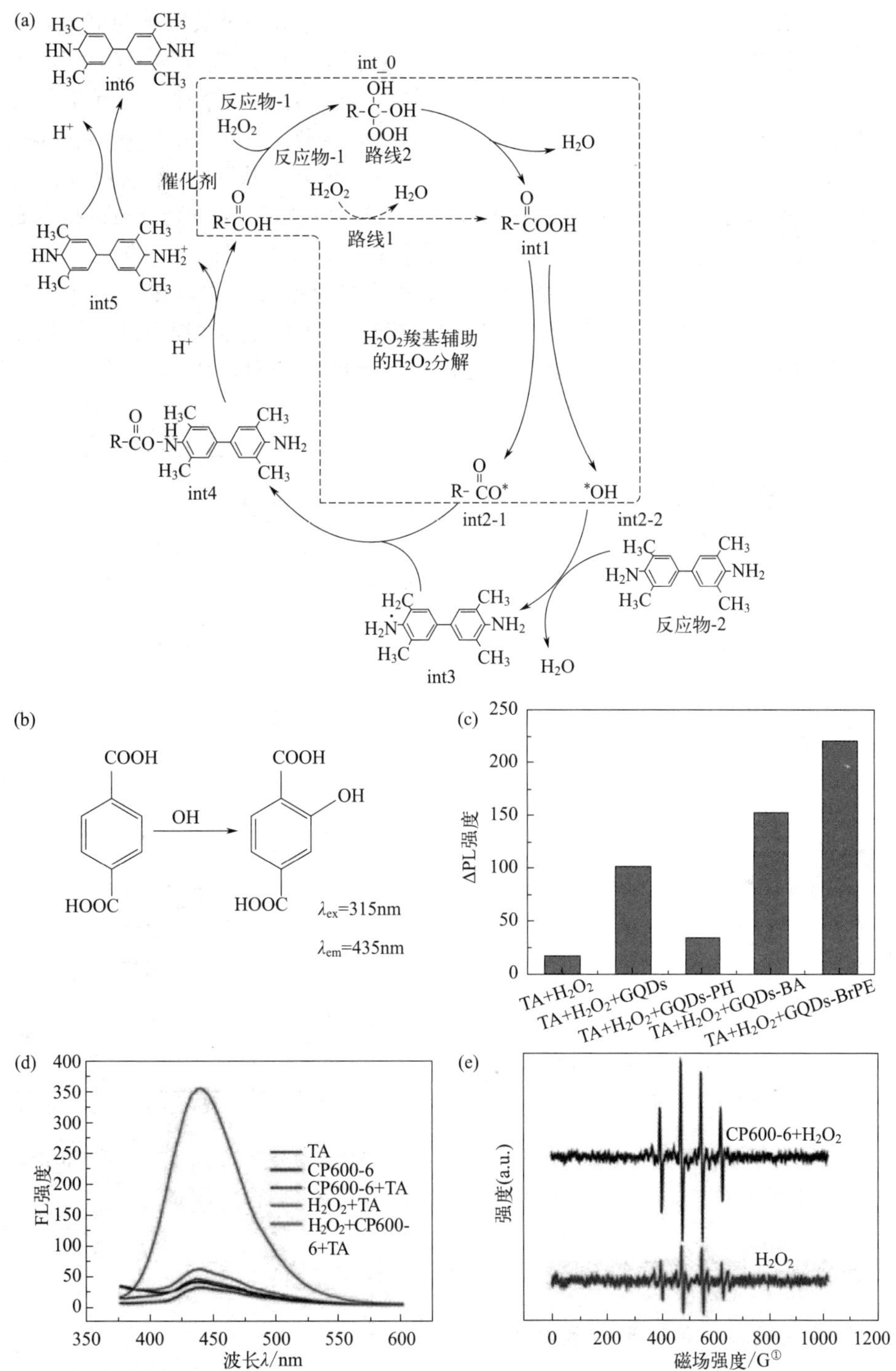

图 2-10　(a) 羧基功能化碳纳米酶催化 TMB 氧化的催化循环示意图[44]；(b) ·OH 与 TA 反应示意图[45]；(c) 不同体系荧光强度的变化[45]；(d) CP600-6 类 POD 活性产生·OH 的荧光光谱及其 (e) EPR 谱图[46]

该氢原子被另一个吸附态 OH^* 结合，形成吸附态的氧和吸附态的水分子［图 2-11(a) 和 (b)］(书后附彩图)。然后吸附态的水分子脱去，吸附态的氧从 TMB 中夺取氢离子和电子，

❶ $1G=10^{-4}T$

形成一分子吸附态 OH^*，进而吸附态 OH^* 再从 TMB 中夺取一个氢离子和电子，生成一分子水脱去，并使得 TMB 分子被氧化。Yan 等[51] 通过调节 N 掺杂碳纳米酶中不同 N 的含量，对碳材料纳米酶类 POD 活性进行了深入的研究，并结合第一原理方法提出了可能的反应路径［图 2-11(c)］。首先，纳米酶吸附一分子 H_2O_2 再脱去一分子水，形成吸附态的氧，然后材料分两步从 TMB 分子中夺取 H 原子并脱去一分子水，从而形成 oxTMB。为了进一步阐明活性位点和催化机制，作者通过密度泛函理论计算模拟了 3 种类型的氮掺杂石墨烯类 POD 酶反应过程中的能量变化［图 2-11(d)］。结果表明，步骤 3 即 H_2O 分子的脱附是催化过程中的关键吸热步骤，而吡啶氮的掺杂显著降低了临近碳活性位点在步骤 3 的吸热反应能。3 种模型的差分电荷密度进一步证实了吡啶氮掺杂有利于反应过程中碳活性位点生成的 H_2O 分子在关键吸热步骤 3 中的脱附。总之，吡啶氮的掺杂对增强 N 掺杂碳纳米酶的类 POD 催化活性发挥了关键性作用。

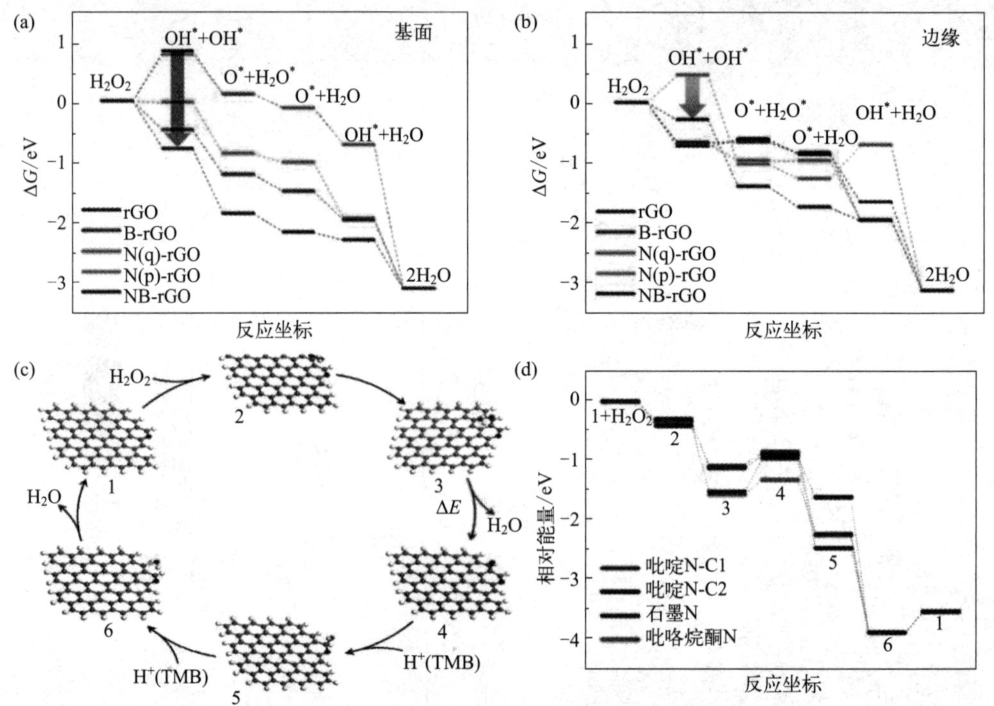

图 2-11 不同异原子掺杂碳纳米酶在（a）平面上和（b）边缘上的类 POD 反应吉布斯自由能图[50]；（c）吡啶 N 掺杂石墨烯模型类 POD 活性催化反应路径和（d）能量分布[51]

2.6.2 碳点基过氧化物酶纳米酶

2.6.2.1 碳点的来源、存在形式及结构

碳点（CDs）是一种新型的碳纳米材料，其尺寸在 1～10nm，具有很大的比表面积。因为碳点中的共轭 π 电子效应与量子尺寸效应的存在，CDs 具有特殊的发光特征，类似可调的发射光谱及激发依赖多色发射特征。CDs 与量子点类似，但是 CDs 的前体材料的来源主要是碳，而量子点的来源是金属氧化物、金属硫化物等。

其中，从化学相关材料到生物医学，包括生物成像、油墨、光催化和传感器的许多应用中，GQDs 显示出巨大的潜力。CDs 的生产和使用迅速增加，增加了其在环境介质之间释放和传输的可能性。各种方法已被用于合成 CDs，例如①自上而下的途径，例如激光烧蚀技术、电化学剥离（ECE）和化学氧化法（大的碳材料的破坏）；②自下而上的途径（小的前体成分）：微波相关合成、等离子体以及水热/溶剂热处理。CDs 已被记录为根据包括电荷密度在内的尺度降低抗菌性能和效力，这可以通过表面改性方便地调节（例如，—COOH、—OH、氨基、环氧树脂、NH_2 等）。CDs 导致膜解体以及活性氧（reactive oxygen species，简称 ROS）产生，两者都是抗菌作用的合适研究领域。增强的 ROS 水平和氧化暴露会改变遗传物质以及蛋白质的形状，并且 CDs 与氧化石墨烯、单壁碳纳米管和富勒烯相容。碳纳米材料的抗菌作用已经深入研究，需要进一步综合研究来阐明表面化学、CDs 和杀菌作用之间的相互作用。CDs 的最新应用是在化学试剂领域，特别是用于检测危险化学品。

2.6.2.2　碳点的合成方法

CDs 最常见的合成方法有两种：自上而下和自下而上的合成方法。激光烧蚀（ablation，简称 LA）、电弧放电（arc discharge，简称 AcD）、电化学技术和等离子处理都是使用碳纳米材料切割碳材料的自上而下方法。热解法、模板法、辅助合成法、微波合成法、化学氧化法、反胶束法等都是自下而上方法的实例。

（1）激光烧蚀法

激光烧蚀法是一种涉及使用激光作用于碳源来合成碳点的合成方法。Zhang 等人使用一种产生荧光 CDs 的方法，使用激光源和氩气蒸气流从表面剥离出碳纳米颗粒，以获得碳纳米颗粒（CNPs）[52]。Kaczmarek A 等[53] 通过纳秒激光烧蚀浸入聚乙烯亚胺（PEI）和乙二胺（EDA）中的石墨靶材进行，并通过透析分离合成发光 CDs。

（2）电弧放电法（AcD）

电弧放电法是首次制备出碳点的合成方法。Zuo 等人[54] 用 3.3mol/L 硝酸氧化原油烟尘，引入—COOH 基团；之后，他们加入 NaOH 提取产生一种浓黑色混合悬浮液。碳点在 365nm 紫外光下发出不同的荧光，表明该碳点也是一种混合物，可以被分成若干组分。Bottini 等人[55] 使用电子闪光法将 PL 纳米材料从清洁和硝酸氧化的碳纳米结构中分离出来。疏水性、窄分布的碳纳米管发光纳米材料似乎无可挑剔。当氧化碳管分布在水中时，荧光纳米材料会积聚。电弧放电产生了极少量的碳纳米材料。Li 等人[56] 将石墨棒作为电极和碳源，与不同比例的水混合的离子液体作为电解质合成了可用于细菌荧光成像的 CDs。

（3）微波合成法

微波辐照合成法可以利用家用微波炉或科学微波炉在微波辐照下，均匀加热前体从而合成 CDs，其特点是时间短、加热均匀。前体吸收微波辐射后，通过电介质加热产生热量。

（4）热分解法

材料或化合物在普通热分解过程中通过热作用进行化学分解。这种方法的优点包括易于使用、耗时少、价格便宜和大规模制造。

（5）碳化合成法

各种前体分子很容易碳化。因此，碳化合成法被公认是最便宜、方便和快速的一步合成的方法。碳化是一种化学过程，在保证惰性气体环境下，有机物质通过连续热解转化成含碳量较高的固体物质。

（6）水热/溶剂热法

水热/溶剂热法是合成各种 CDs 应用最广泛的方法之一。具体操作是将反应前驱体加入到高压反应釜中，并同时施加高温高压，加热前驱体使其充分碳化的过程，被研究人员广泛地采用。其缺点是该方法合成的 CDs 不够均匀、副产物较多，故而在之后清洗产物的过程比较复杂，因此往往获得的产率偏低，给实验增加了一定的难度。但其仍是主流合成 CDs 的方法。

(7) 超声处理法

超声波也被认为是一种开发各种 CDs 的有效技术，其原理是利用超声波在局部快速产生较高的温度，从而让反应前驱体碳化获得 CDs。许多文献都与用这种方法合成 CDs 有关。在这项技术中，碳前驱体与酸、碱和其他氧化剂被保存在高超声波下，因此碳颗粒会破碎成非常小的纳米颗粒。分子有持续的空化现象。利用高能超声波，避免了复杂的后续处理过程，从而实现了小尺寸 CDs 的简易合成。

2.6.2.3 碳点的性能

(1) 光学性质

① 紫外-可见吸收。通过紫外-可见分光光度计对碳点进行光学性质分析时会发现碳点在紫外光区有较强的吸收峰，并且在可见光区具有长拖尾现象。大多数碳点的吸收带集中在 260～320nm 之间，不同碳点的吸收带位置会有不同，主要是因为碳源和合成方法的不同导致碳点的紫外-可见吸收有所变化。但大多数都是归因于碳点上 C═C 键的 π-π^* 跃迁和 C═O 键的 n-π^* 跃迁。由于 sp^2 原子框架中的 p 共轭电子和边缘连接的化学基团的影响，碳点通常在 UV 区（230～320nm）处显示出吸收，其尾部可延伸到可见光区域。230nm 处的宽峰可以归因于芳族 C—C 键的 π-π^* 跃迁，而在大约 300nm 处的吸收峰可以归因于具有孤对电子的官能团的 n-π^* 跃迁，包括氨基发色团等。长波长区的吸收被认为是共轭 π 结构的能级跃迁。在碳点制备过程中引入的各种官能团（C—OH，C═O，O—C═O，C═N 等）可能形成 π 和 π^* 能级之间的跃迁，并由于其中一个或几个基团中的电子跃迁而引起吸收带。此外，碳点掺杂和表面钝化后，碳点中的紧凑结构增强了各组之间的相互作用，使能隙发生变化，也可以导致吸收变化。

② 荧光性质。碳点的研究进程主要集中在碳点的荧光性质方面，碳点具有荧光归因于光致发光特性。光致发光是指物体依赖外界光源进行照射，从而获取能量，产生激发导致发光的现象。碳点富含羟基、羧基等亲水基团而具有良好的水溶性，在紫外光照射下会发出明亮的不同颜色的荧光，而且光稳定性很好（图 2-12）。

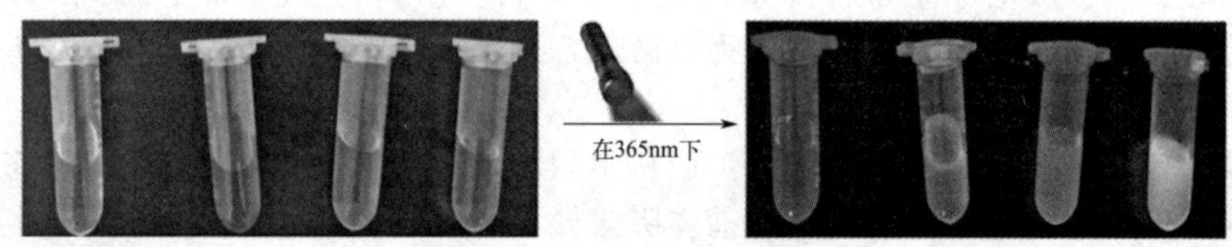

图 2-12　不同颜色的荧光碳点

目前，人们认为碳点的荧光来源于其大的刚性平面、边缘/表面效应、发光小分子等。从深紫外到红色甚至到近红外颜色的荧光已经成功地被人们合成出来，但是大多数的碳点呈现出的荧光是蓝色或者绿色。在整个波长范围内，碳点的激发光谱和发射光谱呈现镜像对称的状态，并且半峰宽较大，斯托克斯位移较大。半峰宽较大可能是由碳点的粒径分布不均匀导致，斯托克斯位移较大可能是由电子的跃迁多样性导致。

③ 激发依赖性。由于碳点的表面缺陷状态多，发射陷阱多和尺寸分布广等原因，碳点的发射峰呈现出激发依赖现象，即发射波长随着激发波长的改变而改变。碳点的激发波长常见在 400nm 左右，在最大激发波长附近，随着激发波长的不断增加，发射波长会出现红移现象。反之，随着激发波长的减少，发射波长则会出现蓝移现象。

如 Zhao 等[57] 的研究，前期以猪肉为碳源，通过水热法制备碳点。图 2-13(a) 显示了 CDs 的紫外-可见吸收和荧光光谱，所制备的 CDs 在约 235nm 处显示出一个小峰，在 281nm

处显示了一个明显的强峰。235nm 处的峰值归因于 C═C 键的 π-π* 跃迁，281nm 附近的峰值归因于 C═O 键的 π-π* 跃迁。此外，在 310nm 激发光下，CDs 的最大发射波长在 412nm。图 2-13(b) 为 CDs 在不同激发波长下的发射光谱。可以观察到，当激发波长以 10nm 的增量从 270nm 到 330nm 变化时，发射峰向长波方向移动。

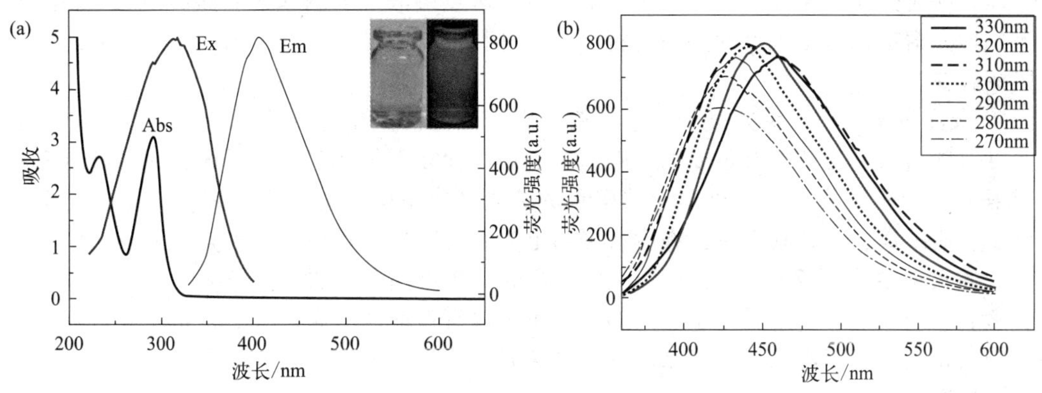

图 2-13　碳点的光学性质（a）和碳点的激发依赖性（b）[57]

无独有偶，Hua 等以聚丙烯酰胺为前体，通过水热法合成了绿色荧光碳点[58]。如图 2-14 所示，碳点的特征 UV-Vis 强吸收峰位于 290nm［图 2-14(a)］。光学吸收峰通常归因于 n-π* 跃迁和表面基团。在制备的碳点中，具有氮原子的不饱和基团的富电子性质改变

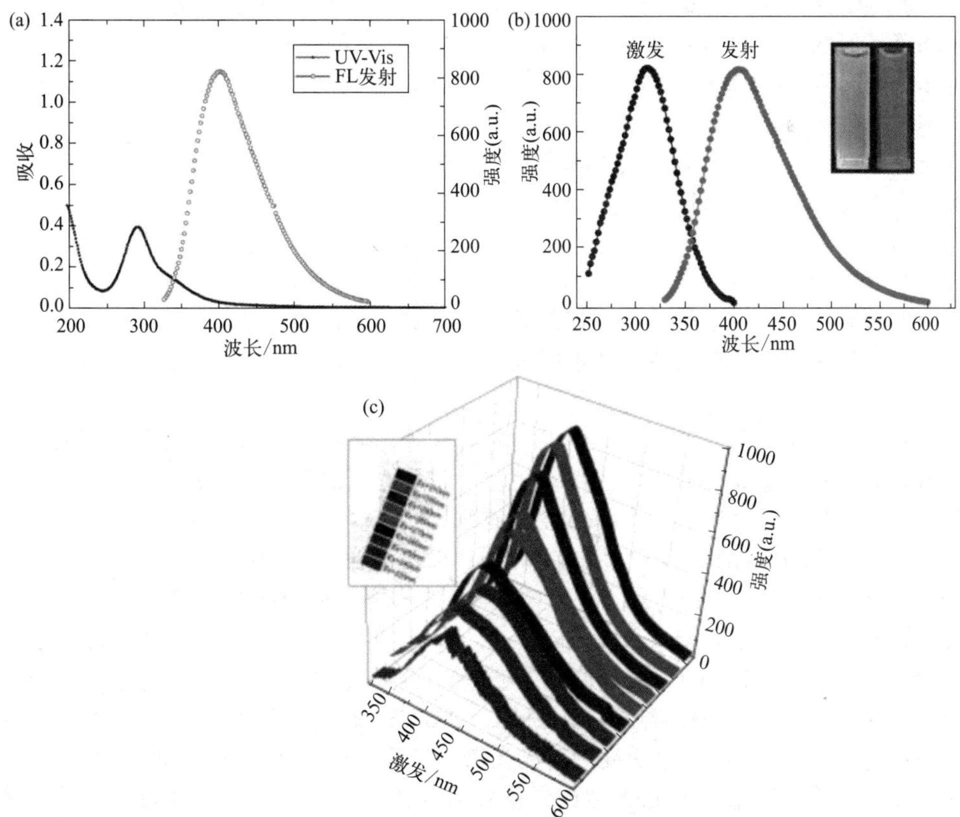

图 2-14　(a) 碳点的 UV-Vis 吸收和荧光发射光谱；(b) 碳点的荧光激发和发射光谱；(c) 碳点的荧光光谱随激发波长的变化[58]

了碳点的电荷密度，导致能量转移到碳点的 sp^2 簇的激发 π^* 态。同时，如图 2-14(b) 所示，最大发射强度（QY=7.26%）集中在 410nm，激发波长为 310nm。所制备的碳点在日光下呈淡黄色，并在 365nm UV 光的激发下发出强烈的蓝色荧光。此外，碳点表现出激发依赖性。如图 2-14(c) 所示，当激发波长从 310nm 降低到 230nm 时，荧光发射峰明显向更长波长移动，同时荧光强度发生变化，这可能归因于碳点溶液中碳纳米颗粒的不同尺寸，激发可调谐发射光谱被认为是碳点的多功能特性，这种特性可能是由于量子限制、尺寸分布或表面缺陷的存在。

④ 荧光量子产率。荧光量子产率是衡量碳点性能的一个重要指标。碳点表面的 π 电子云密度对碳点的荧光产率有重要的影响。碳点表面存在大量的吸电子基团会充当碳点表面的非辐射电子-空穴复合中心，进而导致碳点的荧光产率下降。为了提高碳点的量子产率，强给电子官能团被引入到碳点中。在含有强给电子官能团的碳点中非辐射重组减少，受限电子和空穴的辐射复合增多，进而导致碳点荧光量子产率增加。此外，杂原子（氮、硫、氧、硼、磷、硅、卤素以及金属元素等）的掺杂也可以有效地调节碳点电子云密度和带隙，增加碳点的荧光量子产率，例如氮掺杂的碳点其荧光量子产率最高可达 99.3%。

(2) 类酶活性

目前，碳点、石墨烯、富勒烯、碳纳米管等作为碳纳米酶是研究与开发的主要材料，并且，近几年来，碳点也被发现具有模拟生物酶的活性，成为潜力巨大的纳米酶之一。

总的来说，不经修饰或者掺杂的碳点主要具有过氧化物酶的活性。在 Shi 等人的工作中，发现了 HNO_3 氧化蜡烛烟灰制备而成的碳点具有过氧化物酶活性，能显著催化 TMB-H_2O_2 体系的显色反应，在 654nm 处的吸光度变化证实了碳点的过氧化物酶的活性[59]。在 Narsingh 等人研究合成的碳纳米酶（E-GQDs）中，具有的过氧化物酶活性在 pH 为 1～10、温度为 25～75℃范围内都有很高的催化活性。而辣根过氧化物酶在 pH 低于 4 或者温度高于 50℃时催化活性会被严重抑制[60]。

在研究不同含氧官能团对碳纳米酶类酶性质的影响中，发现了“活性位点”和“底物结合位点”影响类酶活性。当选择性地使一些特定的含氧官能团失活，碳纳米酶表现出的类酶活性差异明显。碳纳米酶中的—C═O 官能团是催化 H_2O_2 转化为·OH 的活性位点，而 O═C—O—是底物 H_2O_2 的结合位点，—C—OH 的存在则会导致碳纳米酶催化活性的降低。这两项研究在对碳纳米酶催化机理的研究中提供了理论的指导，基于此可以进一步针对碳纳米酶的高催化活性和靶向特异性进行设计。

(3) 检测应用

总的来说，不经修饰或者掺杂的碳点主要具有过氧化物酶的活性，而且其活性不如含金属的纳米酶活性高，而其他的类酶活性都比较微弱，这一缺点是限制其在其他方面应用的主要原因。因此，为了改进碳点的类酶活性，借助其材料本身的性质，对碳点进行表面修饰或者内部掺杂是目前重要的实现途径。Li 等[61] 以乙二胺四乙酸铜二钠盐 {Na_2[Cu(EDTA)]} 为原料，采用一步热解法制备了 Cu-CDs 纳米酶。利用铜掺杂碳点（Cu-CDs）的过氧化物酶模拟活性，无色邻苯二胺（OPD）在 H_2O_2 存在下被氧化为具有黄色荧光的 2,3-二氨基吩嗪（DAP），发现 Cr（Ⅲ）降低了 Cu-CD 介导的 OPD 氧化系统的荧光强度。采用 2,2′-叠氮基双（3-乙基苯并噻唑啉-6-磺酸酯）（ABTS）作为还原剂，将 Cr（Ⅵ）物种还原为 Cr（Ⅲ），并开发了一种高灵敏度的荧光光谱法检测 Cr（Ⅵ）和 Cr（Ⅲ）（图 2-15）。

Dhamodiran 等[62] 以乙二胺四乙酸二钠锌盐和抗坏血酸为前体，通过管式炉一步热解合成了 N/Zn-CDs，量子产率为 27.52%。再以深共晶溶剂（DES）作为前体合成了表现出具有过氧化物酶样活性的 N/Cl-CDs，可催化 H_2O_2 氧化邻苯二胺（OPD），形成黄色产物

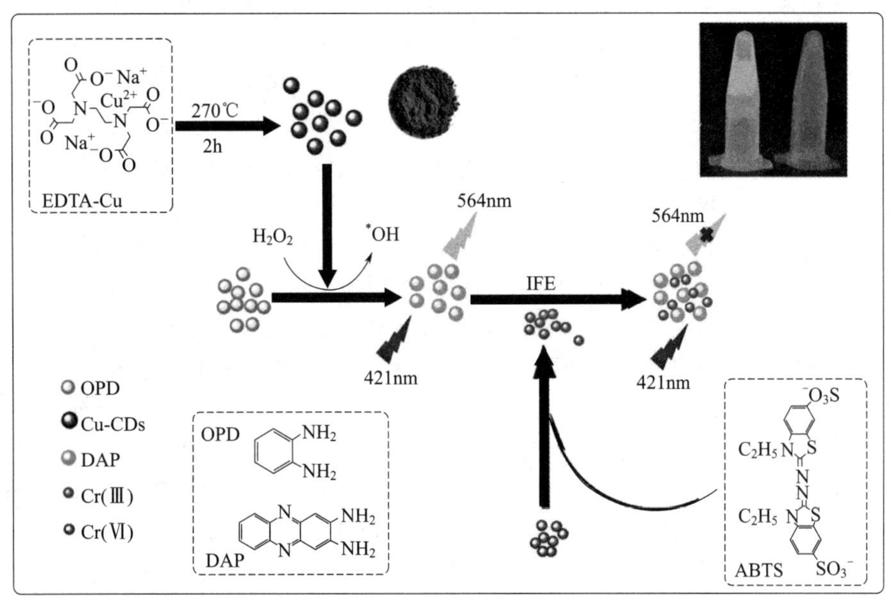

图 2-15　基于 Cu 掺杂碳点的过氧化物酶活性的检测探针[61]

DAP。DAP 通过内过滤效应（IFE）直接猝灭 N/Zn-CDs 荧光（图 2-16），因此，获得了一种新的双碳点系统作为酶模拟物和荧光研究用来检测 OPD 和 H_2O_2。

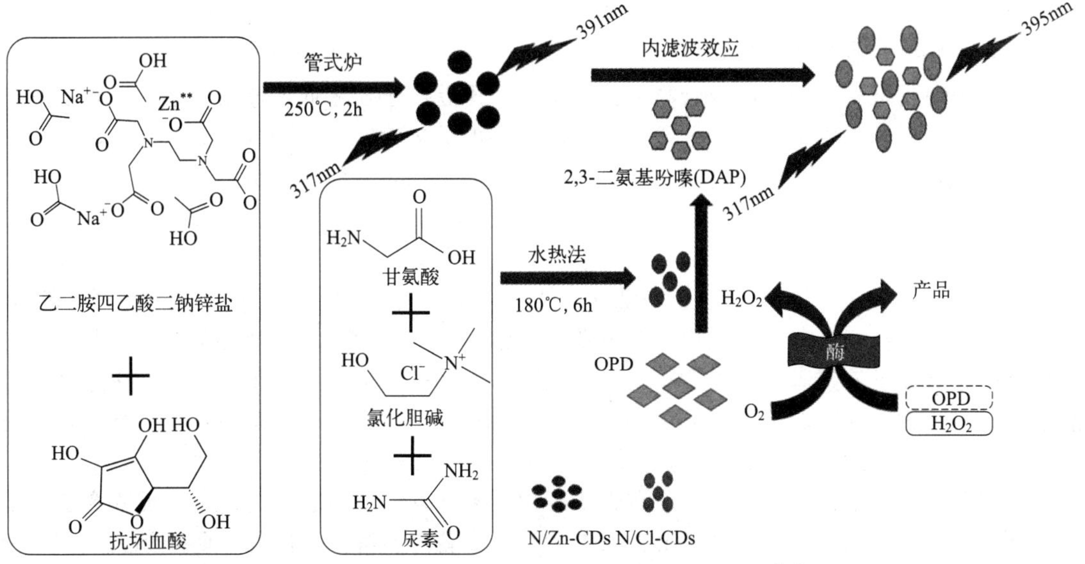

图 2-16　基于双碳点系统酶活和荧光性能的检测[62]

2.6.3　单原子过氧化物酶纳米酶

2.6.3.1　单原子纳米酶的发展与结构特征

传统纳米酶的有效活性位点绝大部分均位于材料的表面，如何有效地降低颗粒尺寸以尽可能暴露出足够多的活性位点是提升活性的关键。为此，单原子纳米酶这一种新型的酶模拟物被发展起来，单原子纳米酶指的是具有原子级分散金属活性位点的纳米酶。单原子纳米酶由于其稳定性和最大原子利用率的特殊特性，在碳基纳米酶家族的催化活性和选择性方面表现出明显的优势，且单原子纳米酶作为载体材料易于修饰。从本质上讲，单原子纳米酶可以归属为单原子催化剂，其具有最大化的金属原子利用效率、高催化活性和高稳定性等优势。

诸多的研究表明单原子纳米酶具有显著的类 POD 活性，单原子纳米酶作为一类新型的纳米酶，将具有催化活性的孤立金属原子锚定在固体载体上，活性位点分布均匀，相互之间没有明显的相互作用，极大地提高了原子利用率和活性中心密度，从而显著提高了类酶性能，许多研究结果表明其活性可比传统纳米酶高 10～100 倍。此外，孤立的金属原子牢固地固定在载体骨架中，金属与载体之间强烈的相互作用使单原子纳米酶具有优异的稳定性，典型结构如金属-氧化物（M-氧化物）、金属-金属（M-M）、金属-N_4（M-N_4）和金属-N_5（M-N_5）等，更有利于对催化机理的研究。更重要的是，单原子纳米酶具有精确设计的配位结构，能够模拟出天然酶的催化活性中心，因此被认为是理想的纳米酶。到目前为止，单原子纳米酶在其设计开发、机理研究和应用探索方面已经取得了一定突破。

现阶段发展的单原子纳米酶大部分以碳基材料作为载体，通过氮对金属原子进行锚定，形成 M-N-C 型单原子纳米酶。这类 M-N-C 型单原子纳米酶具有 M-N 的活性位点，该位点与天然金属蛋白酶的活性位点非常类似，因此，很多研究者专注于发展各种类型的 M-N-C 型单原子纳米酶用于仿生类酶催化。另外，这一类具有 M-N_x 明确活性结构的单原子纳米酶在阐述纳米酶类酶催化机制方面也有先天优势，克服了传统基于试错策略制备的纳米酶催化机制不明确的缺点。通过调控金属原子种类、配位原子类型等，还可以对单原子纳米酶活性位点的几何结构和电子结构进行优化，实现对类酶催化活性的可控调节，因此，单原子纳米酶近几年来已越来越受到研究者的关注。

2.6.3.2 单原子纳米酶的制备

由于单原子催化剂的表面能较高，分散的单原子趋向于迁移而形成聚集态。因此，如何阻止金属单原子的聚集是单原子催化剂合成所面临的关键性问题。如今已有很多策略被报道用于有效合成单原子催化剂，这些方法可分为自下而上和自上而下两类。

自下而上的策略主要有原子层沉积技术（atomic layer deposition，ALD），该技术可以制备均匀一致、厚度可控的薄膜；高能球磨：利用球体的转动或者振动的方法，把粉末进一步粉碎成纳米级微粒；质量分离-软着陆法；光化学方法等；自上而下的策略主要有高温热解和气相迁移。在合成单原子催化剂或者单原子纳米酶的过程中，选择合适的基底材料将各个孤立的金属原子连接起来，以防止它们聚集，这对制备的成功至关重要。这是由于在模拟酶催化的过程中，材料的表面能会急剧增加，同时热力学性质也会变得不稳定，导致原本分散良好的金属原子发生聚集而失去催化活性。

虽然单原子纳米酶（SAzymes）在生物医学领域具有广泛的应用，但由于孤立金属原子的表面能较高，在制备过程中容易聚集成纳米簇，制备并不容易。因此，防止制备过程中金属原子的聚集成为制备策略发展的重中之重。科学家们开发了多种合成策略，包括热解、缺陷工程、原子层沉积、光化学还原等。

（1）热解

热解作为一种广泛使用的碳载 SAzymes 的制备方法，通常是将负载活性物种前驱体的载体在指定的气体氛围中进行热裂解制备 SAzymes，可以实现对结构的精确控制和原子级分散金属原子的高负载量。经典热解通常包括三个步骤，首先将活性中心前驱体负载到载体上，然后在气体气氛中热解；裂解过程中，碳载体转化为 N 掺杂的碳材料，活性中心与 N 或 C 原子配位形成 M-N/C 结构（M 代表过渡金属），最后除去模板或未反应的原料。

例如，Zhu 等[63] 使用苯胺、过硫酸铵和 SiO_2 合成载体，然后在其上加入活性中心前驱体 Pd（CH_3CN）$_2Cl_2$。在 Ar 中热解后，用 NaOH 洗去模板，得到以原子级分散的 Pd 原子为活性中心的 Pd-CSAzyme，Pd-CSAzyme 在酸性条件下表现出较强的类 POD 活性和优异的光热性能。Cheng 等[64] 将氧化碳纳米管与吡咯混合，加入过硫酸铵诱导吡咯聚合成聚吡咯，再加入 $Fe(NO_3)_3$ 和 NaCl 促进 Fe 物种在碳纳米管表面的附着，然后在 900℃氮气气氛下热解，用 H_2SO_4 除去 NaCl 和未反应的 Fe 物种后在 NH_3 气氛下退火，最终得到以 Fe 为活性中心，碳纳米管为载体（记为 CNT/FeNC）的 SAzyme［图 2-17(A)］。CNT/FeNC 表现出优异的 POD 活性，可实现对 H_2O_2、葡萄糖和抗坏血酸（AA）的灵敏检测。

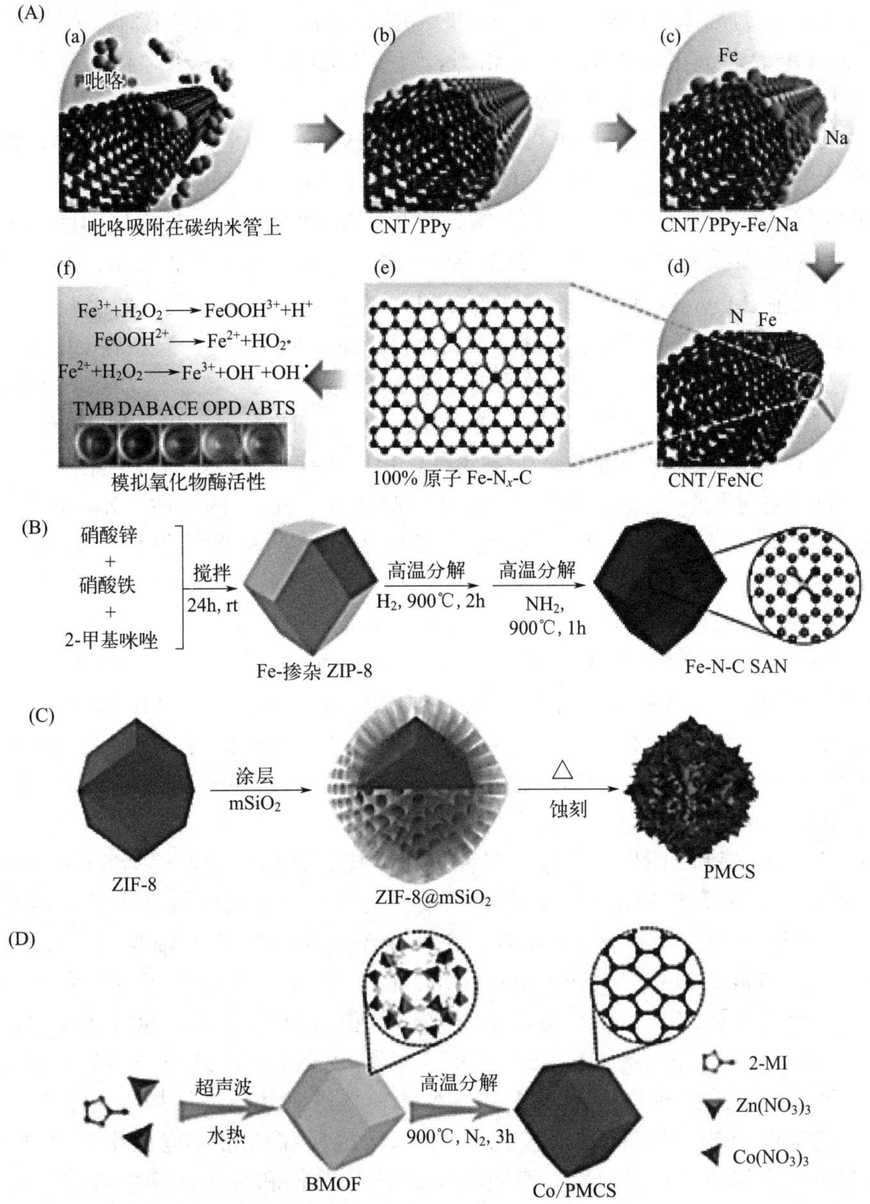

图 2-17　热解法制备 SAzymes：(A) CNT/FeNC，(a) 吡咯吸附在 CNT 上，(b) 聚吡咯包覆在 CNT 上形成 CNT/PPy，(c) 金属阳离子在 CNT/PPy 上的吸附，(d) 热解形成 CNT/FeNC，(e) Fe-N_x-C 的结构，(f) CNT/FeNC 的类 POD 活性[64]；(B) Fe-N-CSAN[65]；(C) PMCS[66]；(D) Co/PMCS[67]

此外，金属有机骨架材料（MOFs）也是一种重要的支撑材料，被广泛应用于热解制备SAzymes。MOFs由金属节点和有机配体组成，是一种多孔晶体材料，具有高比表面积、结构明确、可灵活设计等优点。更重要的是，MOFs中分散的金属节点是明确的，在热解过程中由于有机配体的碳化，可以直接在载体上转化为孤立的金属位点。因此，MOFs是制备SAzymes的优良载体。含有活性中心的前驱体也可以很容易地通过离子交换等方式固定在MOF中，然后活性中心的金属原子在热解过程中与N或C配位，转化为N掺杂的碳材料（M-N/C）。

以Zn为金属节点、2-甲基咪唑为有机配体的ZIF-8具有较大的比表面积、众多的孔道和丰富的N原子，是热解制备SAzyme的首选MOF。Niu等[65] 在合成过程中加入Fe^{3+}得到Fe掺杂的ZIF-8，随后在900℃的N_2和NH_3中热解得到以原子级分布的Fe为活性中心、N掺杂碳材料为载体（记为Fe-N-CSAN）的SAzyme［图2-17(B)］。Fe-N-CSAN表现出良好的类POD活性，其活性与HRP相当，且更加稳定，可实现对有机磷农药暴露典型生物标志物丁酰胆碱酯酶的高灵敏检测。

卟啉及其衍生物在适当的光照下可以产生具有细胞毒性的单线态氧（$^1O_2$），常用作光敏剂应用于癌症的光动力治疗。Liu课题组利用介孔二氧化硅（m-SiO_2）包覆ZIF-8后热解制备了含有类卟啉锌中心（记为PMCS）的单分散介孔碳纳米球［图2-17(C)］，其中Zn原子呈原子级分散。m-SiO_2作为保护层，可以通过NaOH刻蚀去除，有效防止热解过程中金属原子活性中心聚集，保证SAzymes的成功合成[66]。PMCS在近红外区域有较强的吸收，在808nm激光照射下可以产生$^1O_2$。采用类似的策略，Cao等[67] 通过将Co物种封装在ZIF-8中制备双金属MOFs，然后在N_2中热解得到以原子级分散的Co为活性中心［记为Co/PMCS，图2-17(D)］的PMCS，Co/PMCS可以模拟超氧化物歧化酶（SOD）、过氧化氢酶（CAT）和谷胱甘肽过氧化物酶（GPx）快速清除活性氧和氮物种，用于治疗细菌诱导的脓毒症。

通过控制热解过程中的温度和气体气氛可以调节SAzymes的活性。Xu等[68] 通过热解ZIF-8制备了以原子级分散的Zn为活性位点的PMCS，并将热解温度从600℃调节到1000℃，得到一系列SAzymes（分别记为c-ZIF-600、c-ZIF-700、PMCS、c-ZIF-900和c-ZIF-1000）。发现c-ZIF-600和c-ZIF-700几乎不具有POD活性，c-ZIF-900和c-ZIF-1000具有较弱的POD活性，只有PMCS具有较高的POD活性。这是由于当温度升高时，热解ZIF-8的结构缺陷增加。缺陷可以加速底物向活性位点的扩散，从而提高催化活性，但热解温度的升高也导致活性中心Zn的减少。综合来看，800℃热解得到的PMCS类POD活性最高，热解气体氛围对SAzymes的活性也有较大影响。不同的热解气氛可以改变活性中心的配位环境，从而影响SAzymes的活性。

细胞色素P450酶和HRP参与体内多种生化反应，其活性中心是含Fe的血红素基团，其中Fe在平面上有4个N原子配位，同时在轴向也与一个S或N原子配位。因此，科学家们通过模仿细胞色素P450酶的结构，在FeSAzymes中引入轴向N配位，制备了FeN_5 SAzymes。与常见的Fe-N_4 SAzymes相比，FeN_5 SAzymes的类酶活性大大提高。将酞菁铁（FePc）封装到Zn-MOF中，形成Fe@Zn-MOF主客体结构，随后在N_2中热解得到五配位的FeSAzyme（记为FeN_5 SA/CNF）（图2-18）。通过X射线吸收近边光谱（XANES）和扩展X射线吸收精细结构（EXAFS）光谱对其精细结构进行了表征。结果证实了Fe-N_5结构的形成，FeN_5 SA/CNF的类OXD活性和初始反应速率远高于FeN_4 SA/CNF及其与不同金属离子的复合物，表明轴向N配位结构和金属活性中心类型对其活性同样重要。类似地，Xu等[68] 利用三聚氰胺介导的两步热解法制备了FeN_5 SAzyme，其中三聚氰胺起到了提供轴向N配位的作用。FeN_5 SAzyme比FeN_4 SAzyme具有更高的POD活性，表明轴向N的引入显著增强了SAzyme的活性。

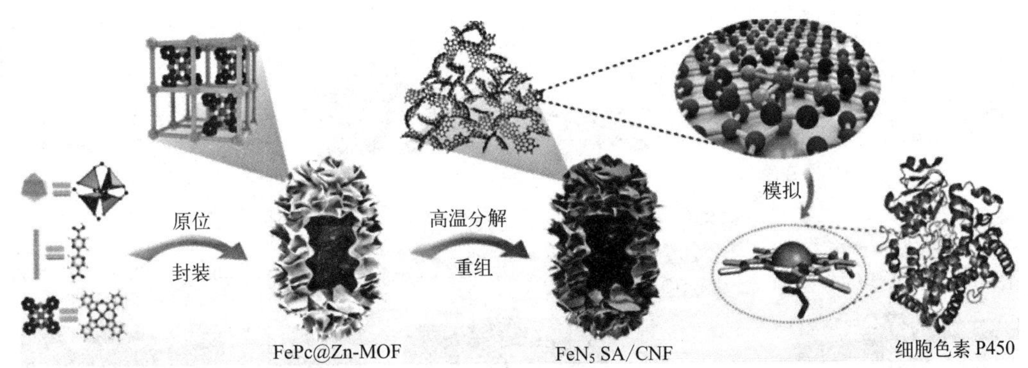

图 2-18　作为模拟细胞色素 P450 酶的活性中心，碳纳米骨架限制的轴向五氮配位、原子分散的 Fe 位点形成过程图[69]

热解过程中特定元素的掺杂可以有效改变 SAzymes 中活性金属中心的配位环境，从而对其活性产生较大影响。例如，Jiao 等[70] 以 $FeCl_2$ 为 Fe 源，双氰胺为 N 源，硼酸为 B 源，通过热解制备了 B 掺杂的 FeSAzyme（记为 FeBNC）。B 的掺入引发了电荷转移，改变了 Fe 的配位环境，从而大大提高了 FeBNC 的类 POD 活性，这为调控 SAzyme 的活性提供了新的思路。Feng 等[71] 也通过类似的方法制备了 B 掺杂的 ZnSAzyme（记为 ZnBNC）。B 的掺入提高了 ZnBNC 的 N 和 O 含量、水分散性和类 POD 活性，同时发现 B 的掺入可以通过增加缺陷来调节催化活性。

综上所述，改变热解温度和气氛，在热解过程中引入轴向配位或掺杂的策略，本质上是改变活性中心的配位环境。因此，只要是能够改变 SAzymes 活性中心协调环境的策略，其活性原则上是可以调控的，这为开发更多的 SAzymes 活性调控奠定了基础。

热解已被证明是制备 SAzymes 的有效方法，其活性也可以通过调节温度和气氛、引入轴向配位和掺杂特定元素进行表面调控。因此，该策略被广泛用于制备各种应用的 SAzymes。然而，通过这种方法制备的 SAzymes 通常是疏水的，因此进一步的表面改性对于潜在的生物医学应用是必要的，并且在高温下热解颗粒可能会烧结在一起。因此，如何控制获得的 SAzymes 的尺寸对于特定的应用也是一个很大的挑战。此外，热解过程也会消耗大量的能量。

（2）缺陷工程

Christian 等[72] 发现有序 Si 空位的存在显著增强了 SSZ-74 的催化活性，而弛豫铁电体中纳米尺度铁电畴的形成也与缺陷诱导材料中某种形式的结构无序有关。因此，控制材料中缺陷的产生，可以最大限度地利用有益缺陷来改善其性能，即“缺陷工程”。Wan 等[73] 合成了基于 TiO_2 纳米片（记为 Au-SA/Def-TiO_2）的单原子金催化剂［图 2-19(A)］，通过电子顺磁共振（EPR）测量发现其表面存在丰富的氧空位缺陷［图 2-19(B)］。Ti-Au-Ti 的形成有效地稳定了 Au，Au-SA/Def-TiO_2 催化 CO 氧化的完全转化温度低于无缺陷的 TiO_2 合成的单原子金催化剂，说明缺陷带来的催化活性更高。

MOFs 作为一种多孔晶体，具有固有的缺陷和复杂的结构，因此也具有缺陷工程制备 SAzymes 的潜力。然而，缺陷的引入不可避免地会导致 MOFs 的结构不稳定。2008 年，Jasmina 等[74] 发现锆基 MOFs(Zr-MOFs) UiO66、UiO67 和 UiO68。由于羧酸-Zr 键的高强度和金属簇的高连接性，Zr-MOFs 与其他 MOFs 相比具有优异的热稳定性、溶剂稳定性和高压稳定性。因此，Zr-MOFs 成为缺陷工程制备 SAzymes 的首选材料。MOFs 中的缺陷主要有两类［图 2-19(C)］：连接子缺失型缺陷和团簇缺失型缺陷[75]。引入缺陷的方式多种

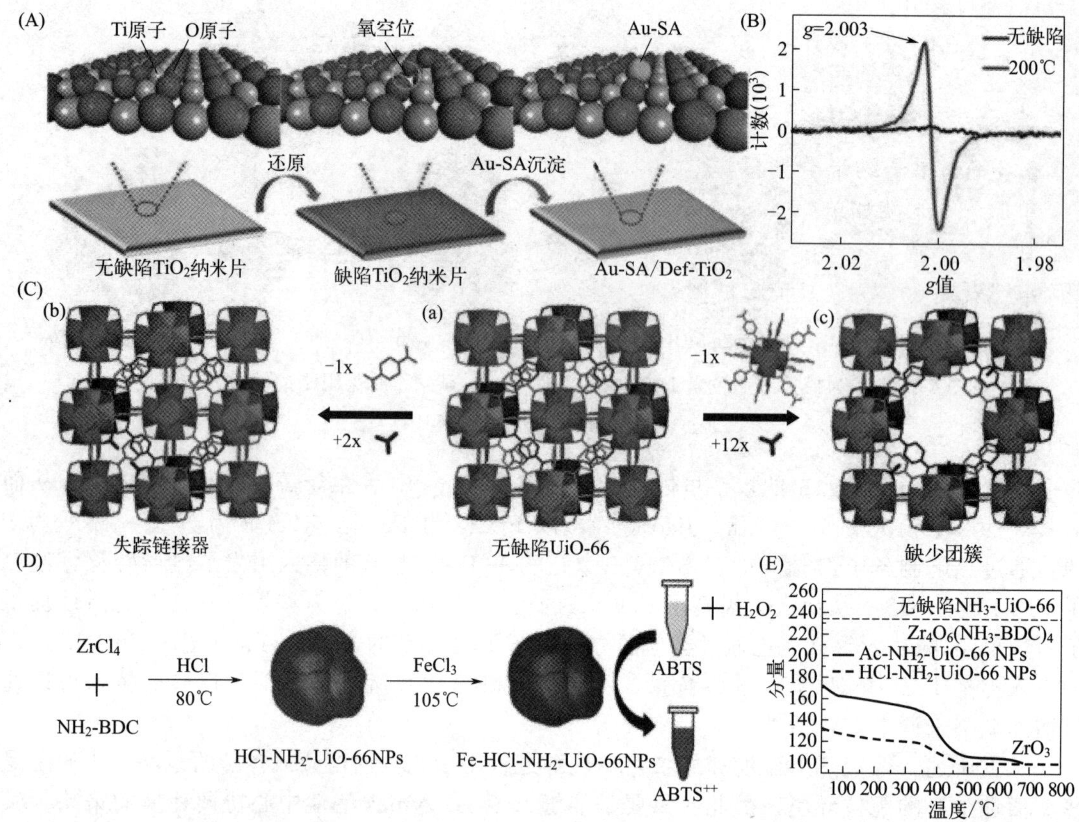

图 2-19 缺陷工程制备 SAzymes：(A) Au-SA/Def-TiO_2 的制备[73]；(B) Per-TiO_2 和 Def-TiO_2 的 EPR[73]；(C) MOFs 中两种缺陷的形成：(a) 无缺陷 UiO-66，(b) 用两个单羧酸基团（蓝色）替换一个连接子，每个晶胞产生一个连接子缺失型缺陷，(c) 将一个簇替换为 12 个单羧酸基团，在每个晶胞中产生一个团簇缺失型缺陷[75]；(D) Fe-HCl-NH_2-UiO66NPs 的制备[76]；(E) Fe-HCl-NH_2-UiO66NPs 和 Fe-Ac-NH_2-UiO66NPs 的 TGA[76]

多样，可分为两大类："从头合成"和"合成后处理"。从头合成法通过改变反应条件直接合成具有缺陷的 MOFs。其中应用最广泛的是添加调节剂，包括水、HAc、三氟乙酸盐（TFA）等。这些调节剂对团簇的配位能力远大于有机配体，因此会与有机配体竞争配位，产生缺陷。通过改变调节剂的用量或种类，可以进一步调控 MOFs 中缺陷的含量。合成后处理包括合成后交换（PSE）、蚀刻剂的使用等。PSE 又称溶剂辅助交换，是指 MOFs 中金属离子或连接体的交换。刻蚀法利用一些酸、碱、盐作为刻蚀剂，在 MOFs 中引入缺陷甚至介孔或大孔结构，可以显著调节 MOFs 的性能。

在缺陷工程策略中，首先通过"从头合成"或"合成后处理"在 MOFs 中引入缺陷，然后在缺陷中嵌入活性离子或原子。金属节点之间的距离增加了缺陷之间的距离；因此，嵌入的离子或原子不易聚集，保证了原子分布活性中心的产生。Li 等[76] 以 HCl 和 HAc 为调节剂，制备了缺陷 NH_2-UiO66NPs（分别记为 HCl-NH_2-UiO66NPs 和 Ac-NH_2-UiO66NPs），然后在缺陷中嵌入 Fe^{3+}，制备了以原子级分散的 Fe 为活性中心（分别记为 Fe-HCl-NH_2-UiO66NPs 和 Fe-Ac-NH_2-UiO66NPs）的 SAzymes［图 2-19(D)］。热重曲线（TGA）［图 2-19(E)］表明 Fe-HCl-NH_2-UiO66NPs 和 Fe-Ac-NH_2-UiO66NPs 均存在"配体缺失"缺陷，而 Fe-HCl-NH_2-UiO66NPs 存在更多的缺陷，与 Fe-Ac-NH_2-UiO66NPs 相比，

Fe-HCl-NH_2-UiO66NPs 具有更高的类 POD 活性，可用于癌细胞中痕量 H_2O_2 的监测。

（3）其他方法

除了上述的最常用的热解法和缺陷工程方法以外，人们还发展了多种制备 SACs 的策略，包括物理和化学沉积法、石墨烯空穴定向合成法、球磨法、湿化学法和光化学合成法等。

2.6.3.3　单原子纳米酶的分类

单原子纳米酶如单原子概念中所提及的，单个原子需要基底进行衬托。金属的尺寸越小，其表面能越大，在没有基底的前提下很容易发生聚集，再次形成金属颗粒。因此，一个能固定金属原子的衬底是值得被探索的。根据近几年的研究，单原子催化剂大概可被分为三大类，分别为金属氧化物载体、碳基载体以及金属基载体。

如图 2-20（书后附彩图）：

① 金属基载体[77]。金属基载体会与金属单原子形成金属-金属键，增强金属单原子与载体的相互作用力，防止了金属单原子聚集形成金属颗粒。而且，不同的金属基载体会有不同的电子配位环境和电子性质，同一催化反应会因不同的金属基载体有不同的催化活性。

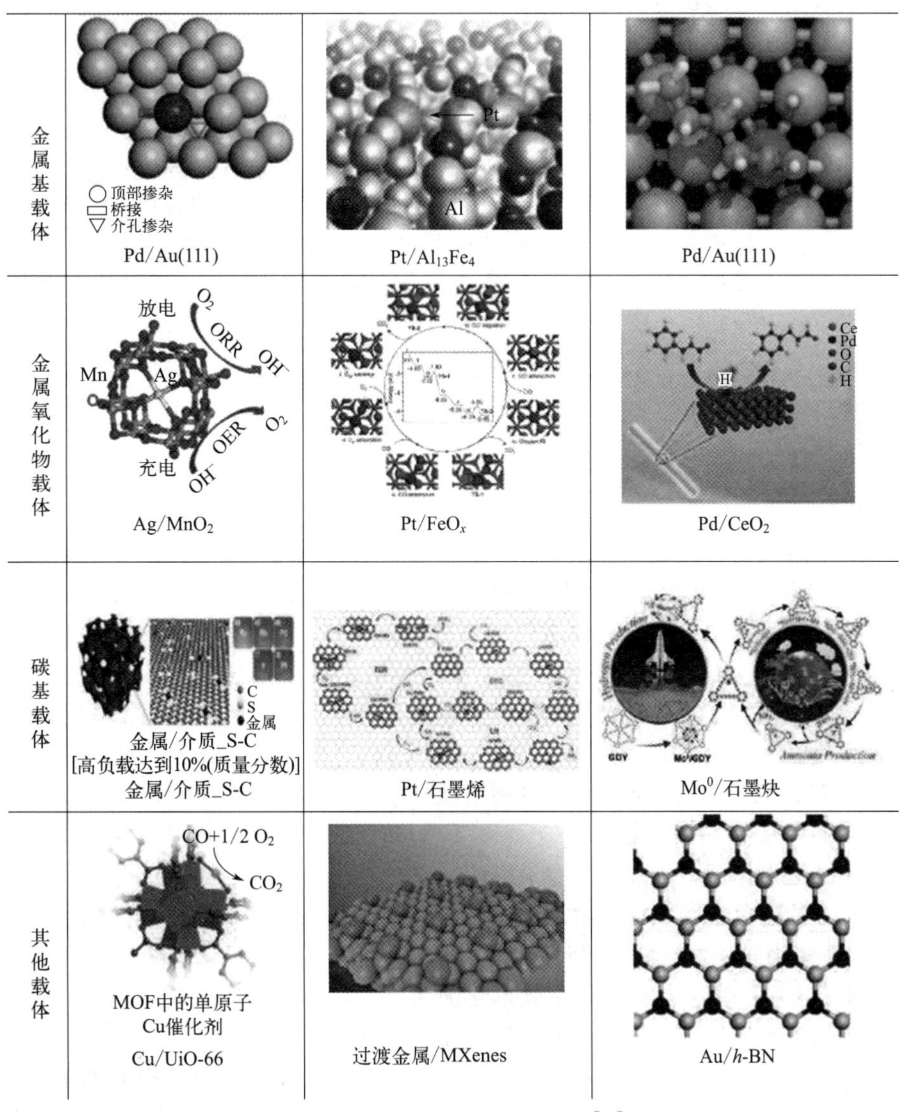

图 2-20　单原子催化剂的分类[77]

② 金属氧化物载体。金属氧化物载体因其配位环境既可以提高金属-金属氧化物载体之间的相互作用力，也可以提高所负载的单原子的热稳定性和机械稳定性，并且因金属氧化物载体的特定性质，例如氧化还原性、酸碱性、不同的晶相表面等，其与所负载的金属单原子也会产生不同的催化性能。

③ 碳基载体[78]。2013 年 Sun 等人首次利用原子层积法合成出催化剂：Pt 原子被负载在石墨烯上，其催化性能高于商业的 Pt/C 催化剂。自此以后，碳基载体的合成与研究越发火热，碳基载体与金属单原子形成金属离子共价键，稳定了金属原子，防止了金属原子的团聚。而且，碳基载体具有孔隙的可裁剪性、表面的多孔性、表面的可掺杂性、经济性、高温下的稳定性、可变的电子性质等优点。这些优点对于研究反应机制、调节催化性能以及明确催化活性位点具有重要意义。

④ 其他载体材料。例如二硫化钼、氮化硼、MXene、MOF 等。这些不同的单原子纳米酶在各个领域方兴未艾，在纳米酶催化领域也是毫不例外。

由于金属氧化物本身具有诸多优势，比如，金属氧化物具有高的比表面积、丰富的金属和氧空位以及表面活性基团等。因此，金属氧化物易于捕获单个的金属原子，成为最具潜力的单原子催化剂载体。其中，以 FeO_x、CeO_2、TiO_2 及 Al_2O_3 最具代表性。研究表明，单个的金属原子容易与非填隙的 Fe 原子周围的两个 O 原子进行配位，或者占据氧空位的位置，与金属 Fe 结合，形成高稳定性的结构。另外，一些贵金属原子，如 Pt、Au 等，倾向于分布在 CeO_2 纳米材料中的 Ce 空位中，并与周围的 O 离子结合，形成较为稳定的单原子结构。此外，TiO_2 和 Al_2O_3 作为传统工业催化剂中应用较为广泛的金属氧化物载体，在单原子催化剂中也被积极探索，但由于并不具有类似 FeO_x 和 CeO_2 等材料的氧化还原活性，故其单原子的负载率较低。目前，有关金属-金属氧化物载体类型的单原子催化剂种类繁多，包括 Pt/CeO_2、Pt/FeO_x、Cu/TiO_2 以及 Ag/Al_2O_3 等。Nie 和 Wang 等人合成并研究了 Pt/CeO_2 单原子催化剂对 CO 的低温氧化效果[79]。Lee 等人设计了一种 Cu/TiO_2 单原子催化剂，并对其可逆协同的光活化过程进行了研究。Zeng 课题组则对 Ag/Al_2O_3 单原子催化剂具有高催化活性的原因进行了深入分析[80]。

2.6.3.4 单原子纳米酶过氧化物酶活性及其应用

随着单原子纳米酶的蓬勃发展，多种金属元素组成的 M-N-C 结构（M＝Fe、Co、Ni、Cu、Zn、Mn、Ru、Ir、Pd 等）被用于模拟天然酶的活性中心位点。近几年的研究报道表明，传感检测是单原子纳米酶的重要应用场景之一，例如，对农药残留、抗氧化剂、过氧化氢、Cr^{6+} 等进行检测。这些研究主要利用了单原子纳米酶高效的催化性能，从而缩短了检测时间、提高了检测灵敏度和稳定性，使所构建的检测方法和器件非常适用于现场即时检测。

受 HRP 结构的启发，Li 课题组通过利用盐模板策略和自组装方法制备了负载氯化血红素（hemin）的锌-氮-碳单原子纳米酶（Zn-N-C@hemSAzymes）。其中 hemin 显示出对过氧化物酶样活性的增强作用，不仅可以催化 H_2O_2 将 TMB、ABTS、OPD 等常见过氧化物酶底物氧化为相应的颜色产物，还能将无色的没食子酸丙酯（PG）氧化为黄色产物。且材料本身遵循 HRP 催化的一般机制，通过产生羟基自由基发挥其过氧化物酶活性（如图 2-21 所示）[81]。要知道 PG 作为四大常用食品抗氧化剂之一，具有较强的抗氧化能力，这也进一步证实了碳基纳米酶在 HRP 模拟酶活性方面具有巨大潜力。

其中 Cu 元素作为多种天然酶（如漆酶、超氧化物歧化酶等）活性中心的组成部分，其价格低廉，获取渠道广泛，用于制备 Cu 单原子纳米酶，在多个领域取得了显著的成果。如

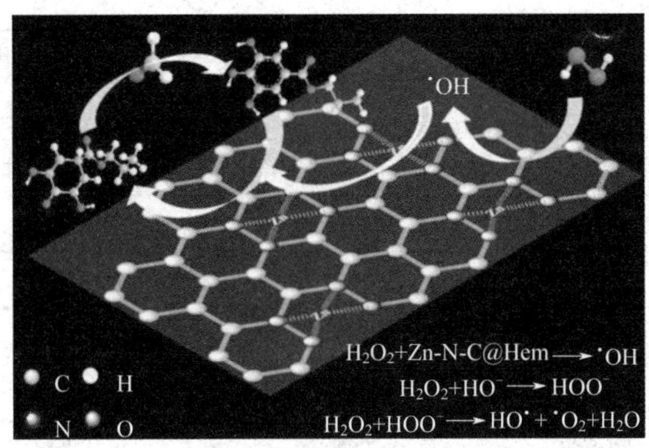

图 2-21　Zn/hem 掺杂单原子纳米酶催化机制[81]

闫琨等[82] 利用叶绿素铜钠具备与天然叶绿素相同的金属卟啉结构特点，通过盐模板法合成了铜基单原子纳米酶（Cu-N-C），铜基单原子纳米酶拥有优良的过氧化物酶和氧化酶活性。在有或无 H_2O_2 存在条件下，Cu-N-C 均能催化 4-氨基安替比林和挥发酚偶联生成橙色产物（图 2-22）。

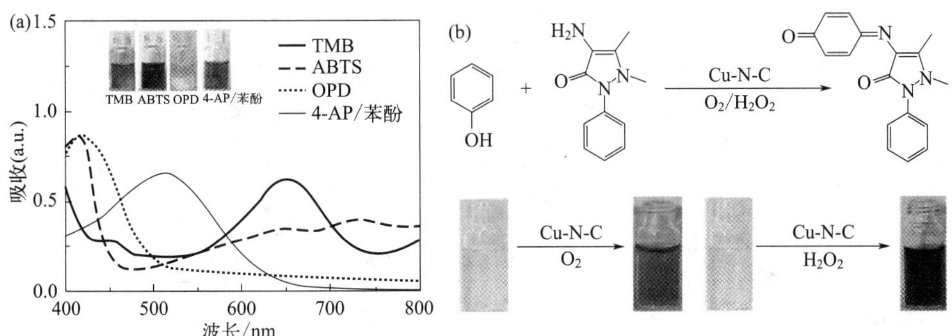

图 2-22　Cu-N-C 氧化不同底物的紫外光谱图（a）和 Cu-N-C-H_2O_2 氧化苯酚体系（b）[82]

除了上文提及的类过氧化物酶（peroxidase，POD）外，单原子纳米酶还具有多种类酶特性，包括类过氧化氢酶（catalase，CAT）、类氧化酶（oxidase，OXD）、类超氧化物歧化酶（superoxide dismutase，SOD）和类谷胱甘肽过氧化物酶（glutathione peroxidase，GPx）活性。其中绝大部分报道发现单原子纳米酶普遍具有过氧化物酶活性，如表 2-1 所示。

表 2-1　具有类酶活性的代表性 SAzyme 及其应用

纳米酶	活性位点	模拟酶	应用	文献
Fe-N-C	$Fe-N_4$	POD	H_2O_2 比色生物传感	[83]
Fe-N-rGO	Fe	POD	乙酰胆碱及 H_2O_2 比色生物传感	[84]
IIM-Fe-SASC	Fe	POD	H_2O_2 比色生物传感	[85]
$Fe-N_5$	$Fe-N_5$	POD	肿瘤催化治疗	[86]
$Fe_{SA}-Pt_C$	$Fe+Pt_C$	POD	PSA 比色生物传感	[87]
Cu SASs/NPC	$Cu-N_4$	POD	光热治疗	[88]
PMCS	$Zn-N_4$	POD	伤口消毒	[89]

续表

纳米酶	活性位点	模拟酶	应用	文献
NO_2-MIL-101	Fe-N_5	POD	AChE 比色生物传感	[90]
FeBNC	Fe-N_4B_1	POD	OPs 和 AChE 比色生物传感	[91]
FeSNC	Fe-N_3S_1	POD	OPs 比色生物传感	[92]
FeN_3P	FeN_3P	POD	抑制肿瘤细胞生长	[93]
Pt_{TS}-SAzyme	Pt_1-N_3PS	POD	抗菌应用	[94]
ZnBNC	Zn-BN_4	POD	对苯二胺的比色生物传感	[95]
SA Co-MoS_2	SA-Co	POD	H_2O_2 比色和电化学生物传感	[96]
$(Fe,Pt)_{SA}$-N-C	Fe-N_3/Pt-N_4	POD	肿瘤催化治疗	[97]
Zn/Mo DSAC-SMA	Zn/Mo 位点	POD	H_2O_2、葡萄糖、胆固醇和 AA 的比色生物传感	[98]
Fe_3C@C/Fe-N-C	Fe-N_4+Fe_3C 团簇	POD	H_2O_2 电化学生物传感	[99]
MoSA-N_x-C	Mo-N_3	POD	H_2O_2 和黄嘌呤比色检测	[100]
Cu-N-C	Cu-N_4	POD	AChE 活性和 OPs 的比色生物传感	[101]
Ce-N-C	Ce-N_4	POD	农药残留的比色生物传感	[102]
FeSAC/Cu_2O/$Ti_3C_2T_x$	Fe	POD	AChE 活性和 OPs 的光电化学生物传感	[103]
Fe_2NC	Fe_2 位点	POD	S^{2-} 比色生物传感	[104]
Fe-N/C-CNTs	Fe-N_3	POD	GSH 比色生物传感	[105]
FeN_5 SA/CNF	Fe-N_5	POD	抗菌应用	[106]
Cu/Fe-DACs	Cu/Fe	POD	肿瘤治疗	[107]
PdSAzyme	Pd-N_4	POD	抗氧化能力的比色生物传感	[108]
Fe-N-C	Fe-N_4	POD	AA 的比色生物传感	[109]
Cu-SAzyme	Cu-N_4	POD	脓毒症的治疗	[110]
Mn/PSAE	Mn-N_3	POD,OXD,CAT	光热治疗	[111]
Ru SAEs	Ru	POD,GSHOx,OXD	肿瘤治疗	[112]
Pt/CeO_2	Pt	POD,CAT,SOD,GPx	神经创伤的无创治疗	[113]
人工过氧化物酶体	Fe-N_4+Fe 纳米簇	POD,OXD,CAT,SOD,UOD	高尿酸血症的治疗及对神经元的保护作用	[114]
PdSAzyme	PdN_4 位点	POD,GSHOx	温和光热治疗	[115]

受 HRP 中活泼的以 Fe 为中心的血红素物种的启发，设计了几种 SACs 作为具有类似 POD 活性和选择性的关键酶。Zhu 和同事提出了一种通用的盐模板策略来合成超薄片状单原子 Fe-N-C 纳米酶[116]。这些含有密集孤立 Fe-N_4 位点的 SAzymes 由于其结构与天然 HRP 相似，表现出很好的 POD 样活性。在此策略的指导下，Lee 和同事采用 Fe-N_4 单位点嵌入石墨烯（Fe-N-rGO）来模拟天然 HRP 的血红素辅因子结构[117]，合成的 Fe-N-rGO

SAzyme 具有优于未掺杂 rGO 和商业 Fe_3O_4 纳米颗粒的本征类过氧化物酶催化特性。Lyu 和同事通过简单的离子印迹材料方法制备了另一种典型的孤立 Fe-N-C 单原子位点催化剂（IIM-Fe-SASC），其表现出增强的类 POD 活性［图 2-23(a)］[118]。所制备的 IIM-Fe-SASC 可作为理想的纳米探针实现对 H_2O_2 的选择性检测。最近，Zhang 等人通过三聚氰胺介导的热解活化策略成功制备了由 Fe 单原子和 5 个 N 原子（FeN_5）配位组成的 Fe 基 SAzymes［图 2-23(b)］[119]，制备的 FeN_5 SAzymes 表现出优异的类 POD 活性和催化效率，分别是传统 FeN_4 SAzymes 和 Fe_3O_4 纳米酶的 7.64 和 3.45×10^5 倍。实验和理论研究均表明，生物启发的原子级分散的 FeN_5 基团可以促进 H_2O_2 底物的活化和电荷转移，从而增强 POD 活性。Chen 等报道了另一种 Fe 基 SAzymes 的设计策略，即 Pt 团簇与 Fe-N-C SACs［图 2-23(c)］[120] 的耦合，由于原子级分散的 Fe-N-C 载体和 Pt 团簇之间的协同作用，Fe_{SA}-Pt_C 纳米酶表现出增强的 POD 模拟活性。

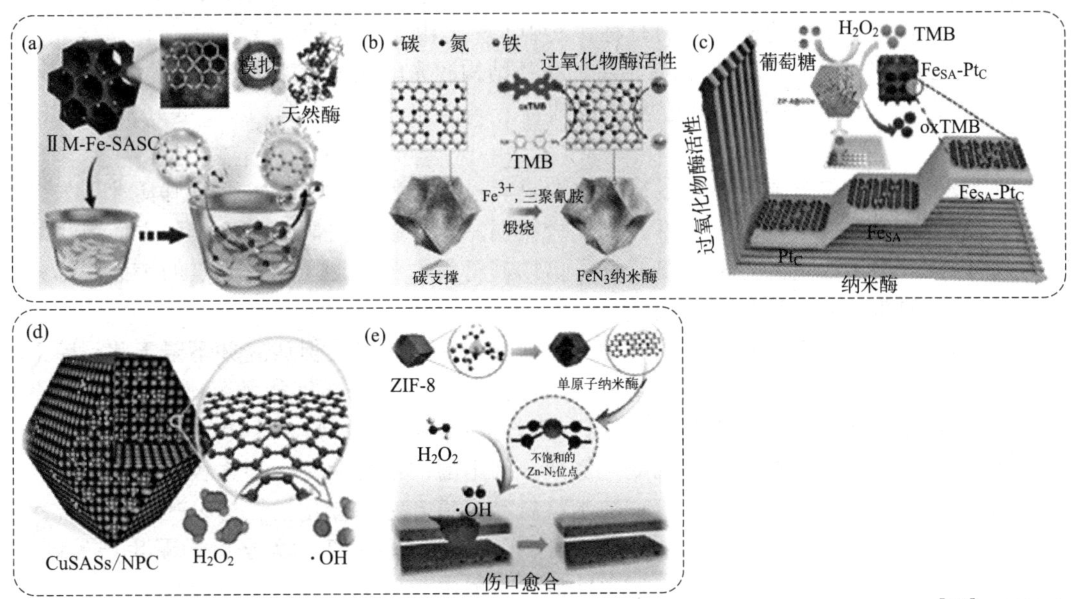

图 2-23　(a) 具有类 POD 活性的孤立 Fe-N-C 单原子位点催化剂（IIM-Fe-SASC）对 H_2O_2[118] 的检测；(b) 具有荧光配位结构的 Fe 单原子类 POD 纳米酶（FeN_5 SAzyme）[119]；(c) Fe-N-C SACs 耦合 Pt 团簇（Fe_{SA}-Pt_C）作为高活性类 POD 纳米酶[120]；(d) Cu 单原子位点锚定在氮掺杂多孔碳（CuSASs/NPC）上[121]；(e) 以沸石咪唑酯骨架（ZIF-8）衍生的原子级分散的锌中心原子作为单原子 POD 模拟物[122]

更多基于除 Fe 以外的过渡金属的 SACs 也被报道具有 POD 性质。Wang 课题组通过热解-刻蚀-吸附-热解的方法在 N 掺杂多孔碳载体（CuSASs/NPC）上设计合成了 Cu 单原子位点［图 2-23(d)］[121]。所制备的 CuSASs/NPC 具有类 POD 催化活性，在 H_2O_2 底物存在的条件下能够高效产生丰富的 ·OH 物种。Xu 和同事[122] 给出了另一个有趣的锌基 SAzymes 的例子，他们利用 ZIF-8 衍生的 Zn-N-CSACs 构建了以 Zn 为中心的类叶啉结构［PMCS，图 2-23(e)］。这些具有原子级分散和不饱和锌单原子（$Zn-N_4$）的 PMCSSAzymes 表现出类似 POD 的性能，并显著促进伤口愈合，具有较高的治疗效果。

2.6.3.5　单原子纳米酶面临的挑战

尽管纳米酶在合成、表征和催化机理的研究方面已经有许多突破，但是单原子纳米酶的应用仍处于起步阶段。单原子纳米酶领域仍存在很多问题和挑战：

① 选择性。与报道的纳米酶类似，现报道的单原子纳米酶至少可以模拟两种酶，因此在选择性上不如天然酶，制备选择性良好的单原子纳米酶仍有不少困难。

② 金属负载量。单原子纳米酶的主要活性位点就是单原子金属，与传统的纳米酶不同的地方在于，单原子纳米酶中的金属原子主要通过强相互作用与基底相结合，目前广泛应用于催化领域的单原子催化剂中金属的负载量很低，不利于实际的应用，因此提高金属的负载量一直是单原子纳米酶需要研究的问题。

③ 机理研究。纳米酶的机理研究报道尚有不少，但关于单原子纳米酶的机理研究却报道较少。关于单原子纳米酶的机理研究仍是一大挑战。

④ 应用。目前的单原子纳米酶的研究主要集中于生物传感、治疗和环境保护领域的理论方法上，但实际应用于生物医学和传感设备上还需要走很长的一段路。

除了上面着重介绍的碳点和单原子纳米酶外，碳基纳米酶还包括石墨烯、碳纳米管和富勒烯等。富勒烯自1985年被发现以来，开拓了低维碳同素异形体和碳纳米技术领域的发展。富勒烯是一系列纯碳组成的原子簇的总称，其中 C_{60} 是由60个碳原子经 sp^2 杂化而构成、具有高度对称结构的球形分子。C_{60} 拥有独特的拓扑结构和光电化学性能，例如较宽的紫外-可见光吸收、良好的光电转换能力和光热转换效应、长寿命的三重态，以及良好的电子接受能力。

总的来说，不经修饰或者掺杂的碳点主要具有过氧化物酶的活性，而且其活性不如含金属的纳米酶活性高，而其他的类酶活性都比较微弱，这一缺点是限制其在其他方面应用的主要原因。因此，为了改进碳点的类酶活性，借助其材料本身的性质，对碳点的表面修饰或者内部掺杂是目前重要的实现途径。

尽管本综述介绍了上述具有过氧化物酶样活性的纳米材料，但研究并不限于此。除上述代表性纳米材料外，大量其他纳米材料也被报道具有类过氧化物酶活性，如钴氧化物（CoO）、钼氧化物（MoO_3）、四氧化物（Co_3O_4）和 3DC/CeO_2 HNFs 等。

但纳米酶的发展依旧存在一些挑战，例如，纳米酶的催化活性在很大程度上取决于暴露的晶体表面、大小、形状和外界环境；纳米材料易聚集，它的催化活性容易受到不同批次间差异的影响；另外，纳米酶还有活性中心密度低、原子利用率低和无法大批量生产等缺点。因此，我们仍然需要进一步探索更多催化性能好、成本低、容易制备的模拟酶。

2.6.4 卤过氧化物酶模拟酶

加卤过氧化物酶（Haloperoxidase）简称 HPO。钒卤过氧化物酶（V-HPO）在氧化剂 H_2O_2 的存在下，可以催化卤化物 X^- ［例如氯离子（Cl^-）或溴离子（Br^-）等］氧化为相应的次氯酸（HOCl）或次溴酸（HOBr）等次卤酸（HOX）。由于次卤酸能够引起生物体的严重损伤，可防止细菌在某些海藻的表面定殖（这一过程称为生物膜形成），因此被用作防污涂料的添加剂。

钒和铈基纳米材料显示出作为仿卤过氧化物酶的巨大潜力。五氧化二钒纳米线可以有效地促进卤化物氧化为相应的次卤酸，从而防止生物污染。同时，具有卤过氧化物酶模拟活性的氧化铈纳米棒也用于制备防污涂层。He 等[123] 制备了具有卤过氧化物酶活性的 CeO_{2-x}，所制备的 CeO_{2-x} 纳米棒都显示出一定含量的 Ce^{3+} 位点和氧缺陷，导致比大部分 CeO_2 的带隙能量更小。值得注意的是，Ce^{3+} 位点含量较高，CeO_{2-x} 纳米棒的{110}面暴露较多，确实导致了更高的卤过氧化物酶样活性。同时，所有制备的 CeO_{2-x} 纳米棒都显示出对大肠杆菌的细胞毒性，CeO_{2-x} 纳米杆显示出最佳的抗菌活性。已经证实，抗菌活性与它们的卤过氧化物酶样活性直接相关，使用天然中间体（HOBr）实现了高的抗菌效率（图2-24）。

这项研究为控制 CeO_{2-x} 纳米棒的合成以提高其类似卤过氧化物酶的抗菌活性提供了新的见解。

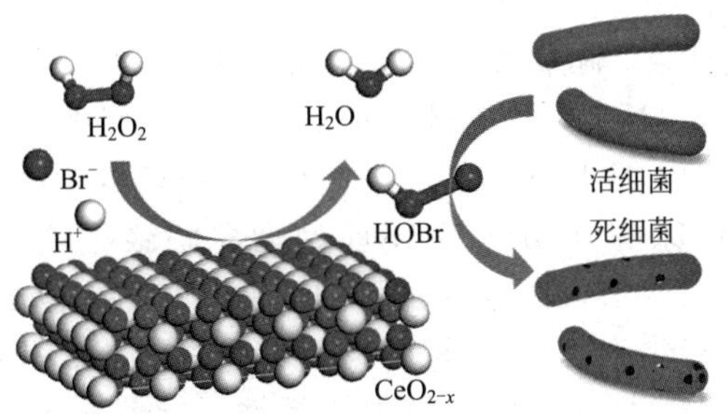

图 2-24 基于 CeO_{2-x} 纳米棒的卤过氧化物酶活性的抑菌作用[123]

2.6.5 谷胱甘肽过氧化物酶模拟酶

谷胱甘肽过氧化物酶是生物体内抗氧化酶系的重要组成成员之一，在机体的活性氧(ROS) 代谢中起着十分重要的作用。它能有效清除体内自由基，防止脂质过氧化反应发生，维持组织细胞内的氧代谢平衡。谷胱甘肽过氧化物酶 (GPx) 有防止畸变、预防衰老及参与前列腺素合成等重要生理作用。由于天然 GPx 分子量大、不易纯化、半衰期短以及难于用基因工程方法获得等不利因素，严重限制了其应用。因此，对该酶的人工模拟目前成为开发治疗药物的研究热点。在 GPx 模拟酶方面人们已经做了很多工作，为对此酶的进一步模拟提供了宝贵的参考。

迄今为止，科学家们还没有发现 GPx 的过渡态或其类似物结构。因而人们在模拟 GPx 的想法和设计上存在着差异。具体来说，一部分科学家侧重于催化基团的氧化还原特性，而另一部分科学家利用酶和底物的分子识别为突破口来构建 GPx 模拟物，他们的共同点是都需要考虑催化中心的微环境。目前，除硒 (Se) 原子外，钒、碲 (Te) 原子也能有效地模拟 GPx 的催化基团，并且大量的含有硒/碲原子的化合物已经被设计合成来模拟 GPx。

2.6.5.1 含硒模拟酶

GPx 于 1957 年被 Mills 首次发现，但直到 1973 年才由 Flohé 和 Rotruck 两个研究小组确立了 GPx 与硒之间的联系[124]。故而现目前大部分谷胱甘肽过氧化物酶模拟酶以硒基为主。如 Huang 等报道了 Se 掺杂 GO 纳米酶类谷胱甘肽过氧化物酶 (GSH) 的活性，其中硒首先被 H_2O_2 氧化，然后与巯基反应[125]。

除了模拟 GPx 的催化中心以外，模拟天然酶催化中心附近的结构也是一种新的思路。Wang 等人将硒/碲化合物修饰 α-环糊精和 β-环糊精，增强了人工酶与疏水底物结合效率的同时，还具备良好的水溶性，在医药应用中具有广阔的前景[126]。后来人们开始尝试通过设计众多主体分子，例如环糊精衍生物和硒硫作为抗体催化中心的分子来模拟天然 GPx 的催化功能。

2.6.5.2 钒基谷胱甘肽过氧化物酶模拟酶

最近，Vernekar 研究小组发现 V_2O_5 具有内在谷胱甘肽过氧化物酶 (GPx) 活性[127]。他们发现单晶线状 V_2O_5 纳米棒可在谷胱甘肽 (GSH) 的辅助下分解 H_2O_2，保护细胞免受氧化损伤。此外，V_2O_5 纳米酶的 GPx 模拟活性不受一些卤过氧化物酶底物的影响，这归因于其对 GSH 具有更强的结合力和亲和力（相较于卤化物而言）。而且 V_2O_5 纳米酶的催化活性遵循典型的米氏动力学，计算的 H_2O_2 和 GSH 的 K_m 和 V_{max} 分别为 0.11 和

2.22mmol/L，0.43 和 0.83mmol/（L·min）。进一步系统的实验研究了其分子机制并推测如下［图 2-25(a)］：第一，V_2O_5 暴露的｛010｝晶面纳米线可能作为吸附和还原 H_2O_2 的活性位点用于生成钒过氧化物中间体 1；然后，通过 GS 对配合物 1 的亲核进攻，形成第二个与硫酚酸盐结合的中间体 2，随后发生快速水解反应，将 2 转化为谷胱甘肽次磺酸（3，GSOH）和二氢肟中间体 4；最后，中间体 4 被 H_2O_2 氧化回中间体 1。着眼于 GSH 参与部分，在上述 GS 攻击后和 GSOH 形成后，在另一分子 GSH 的帮助下生成谷胱甘肽二硫化物（GSSG）。加入谷胱甘肽还原酶（GR）和还原型烟酰胺腺嘌呤二核苷酸磷酸（NADPH）后，GSSG 可被还原成 GSH。值得注意的是，中间体 2 的裂解类似于拟卤过氧化物酶催化反应，将反应中的 HOBr 转化为 V-OBr 复合物，这与之前 Natalio 和同事的报道一致[128]。此外，V_2O_5 纳米酶表现出硫醇过氧化物模拟酶活性，能催化 H_2O_2 氧化硫醇类如半胱氨酸、半胱胺和巯基乙醇。

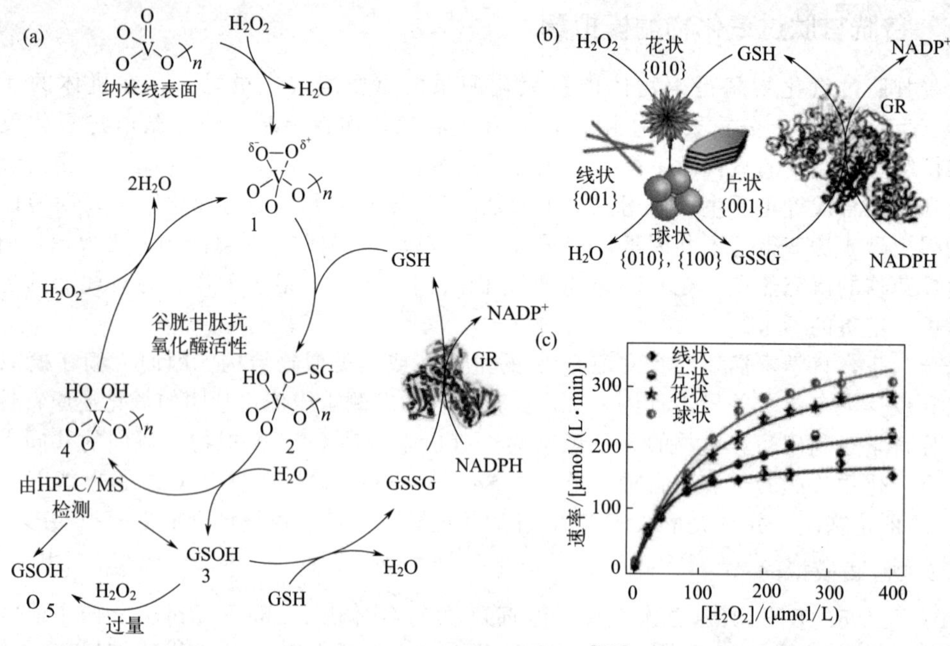

图 2-25 (a) V_2O_5 纳米线模拟 GPx 活性的分子机理[127]；(b) 4 种 V_2O_5 纳米酶类 GPx 反应方案[129]；(c) 4 种 V_2O_5 纳米酶在不同 H_2O_2 浓度下的米氏图[129]

在进一步的研究中，他们通过实验研究和计算模拟相结合的方法确定了 V_2O_5 纳米酶表面的催化晶面。合成了 4 种不同形貌、不同晶面的 V_2O_5 纳米酶，其类 GPx 活性顺序为：只有｛001｝晶面结合的纳米线＜大｛001｝和小｛010｝晶面结合的纳米片＜大｛010｝和小｛001｝晶面结合的纳米花＜两个大｛100｝和｛010｝晶面结合的纳米球［图 2-25(b) 和 (c)］。如上所述，与 H_2O_2 相互作用形成钒过氧化物中间体 1 是整个过程的第一步，也是至关重要的一步，因此通过原位拉曼光谱和理论计算对中间体 1 的形成速率进行了实际监测和理论计算比较。结果表明，由于表面钒原子的不饱和配位，｛010｝和｛100｝晶面比｛001｝晶面具有更高的催化活性[129]。

2.6.5.3 其他谷胱甘肽过氧化物酶

近 20 年来，随着超分子化学和纳米科学的蓬勃发展，各种各样的 GPx 纳米酶模型被设计出来（图 2-26），包括超支化聚硒化物、胶束、囊泡、纳米管等[130]。

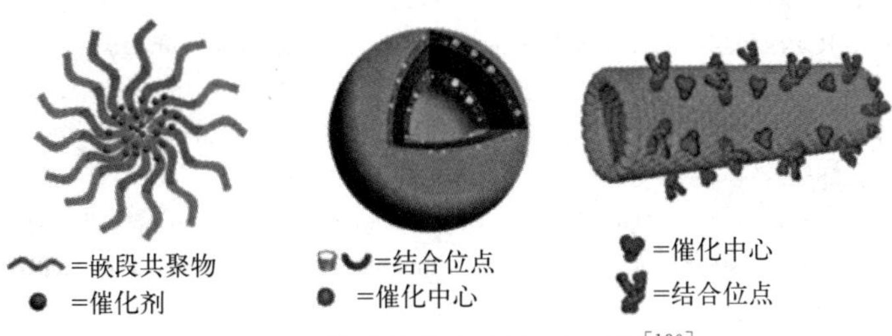

图 2-26　纳米结构的 GPx 人工酶[130]

参考文献

[1] Gao L Z, Zhuang J, Nie L, et al. Intrinsic peroxidase-like activity of ferromagnetic nanoparticles. Nature Nanotech, 2007, 2 (9): 577-583.

[2] Shen X M, Wang Z Z, Gao X F, et al. Density functional theory-based method to predict the activities of nanomaterials as peroxidase mimics. ACS Catalysis, 2020, 10 (21): 12657-12665.

[3] Wang D J, Zhang B, Ding H, et al. TiO_2 supported single Ag atoms nanozyme for elimination of SARS-CoV2. Nano Today, 2021, 40: 101243.

[4] Ikariyama Y, Suzuki S, Aizawa M. Luminescence immunoassay of human serum albumin with hemin as labeling catalyst. Analytical Chemistry, 1982, 54 (7): 1126-1132.

[5] Saito Y, Nakashima S, Masaki M, et al. Determination of hydrogen peroxide by use of an anion-exchange resin modified with manganese tetrakis (sulfophenyl) porphine as a mimesis of peroxidase. Analytica Chimica Acta, 1985, 172: 285-287.

[6] Tang B, Du M, Sun Y, et al. The study and application ofbiomimic peroxidase ferric 2-hydroxy-1-naphthaldehyde thiosemicarbazone (Fe(Ⅲ)-HNT). Talanta, 1998, 47 (2): 361-366.

[7] 毛陆原，朱敏，黄雪梅，等．包合铁卟啉的环糊精聚合物作为过氧化物朊酶模型物的研究．高等学校化学学报，1997，10：1611-1615.

[8] 李荣，毛陆原，朱敏，等．包合锰卟啉的环糊精聚合物作为过氧化物朊酶模型物的研究．分析科学学报，1998，02：7-10.

[9] Yang H H, Zhu Q Z, Li D H, et al. Temperature modulated solubility and activity alteration for oligo-(N-isopropylacrylamide)-iron tetrasulfonatophthalocyanine conjugates as a new mimetic peroxidase. Analyst, 2000, 125 (4): 719-724.

[10] Li Y Z, He N, Ci Y X. Mimicry of peroxidase by immobilization of hemin on N-isopropylacrylamide-based hydrogel. Analyst, 1998, 123 (2): 359-364.

[11] Wei H, Wang E K. Fe_3O_4 magnetic nanoparticles as peroxidase mimetics and their applications in H_2O_2 and glucose detection. Analytical Chemistry, 2008, 80 (6): 2250-2254.

[12] Karyakin A A, Gitelmacher O V, Karyakina E E. Prussian Blue-Based First-Generation Biosensor. A sensitive amperometric electrode for glucose. Analytical chemistry, 1995, 67: 2419-2423.

[13] Zhang X Q, Gong S W, Zhang Y Y, et al. Synergistic effect of well-defined dual sites boosting the oxygen reduction reaction. Journal of Materials Chemistry, 2010, 24 (20): 5110-5116.

[14] Zhang W, Hu S L, Yin J J, et al. Prussian blue nanoparticles as multienzyme mimetics and reactive oxygen species scavengers. Journal of the American Chemical Society, 2016, 138 (18): 5860-5865.

[15] Cai R, Yang D, Peng S J, et al. Size-dependent electrocatalytic reduction of CO_2 over Pd nanoparticles. Journal of the American Chemical Society, 2015, 137 (43): 13957-13963.

[16] Li Y R, Wu J, Zhang C, et al. Manganese dioxide nanoparticle-based colorimetric immunoassay for the detection of alpha-fetoprotein. Microchimca Acta, 2017, 184: 2767-2774.

[17] Zhang Z, Xu G L, Xie L, et al. Colorimetric immunoassay for human chorionic gonadotropin by using peroxidase-mimicking MnO_2 nanorods immobilized in microplate wells. Microchimca Acta, 2019, 186 (8): 581.

[18] Li J N, Liu W Q, Wu X C, et al. Mechanism of pH-switchable peroxidase and catalase-like activities of gold,

silver, platinum and palladium. Biomaterials, 2015, 48: 37-44.

[19] Jv Y, Li B X, Cao R. Positively-charged gold nanoparticles as peroxidiase mimic and their application in hydrogen peroxide and glucose detection. Chemical Communications, 2010, 46 (42): 8017-8019.

[20] Han K N, Choi J S, Kwon J. Gold nanozyme-based paper chip for colorimetric detection of mercury ions. Scientific Reports, 2017, 7: 2806.

[21] Alle M, Bandi R, Sharma G, et al. Gold nanoparticles spontaneously grown on cellulose nanofibrils as a reusable nanozyme for colorimetric detection of cholesterol in human serum. International Journal of Biological Macromolecules, 2022, 201: 686-697.

[22] Jin L H, Meng Z, Zhang Y Q, et al. Ultrasmall Pt nanoclusters as robust peroxidase mimics for colorimetric detection of glucose in human serum. ACS Applied Materials & Interfaces, 2017, 9 (11): 10027-10033.

[23] Li W, Chen B, Zhang H X, et al. BSA-stabilized Pt nanozyme for peroxidase mimetics and its application on colorimetric detection of mercury (Ⅱ) ions. Biosensors and Bioelectronics, 2015, 66: 251-258.

[24] Li X X, Huang Q W, Li W, et al. N-Acety-L-Cysteine-stabilized Pt nanozyme for colorimetric assay of Heparin. Journal of Analysis and Testing, 2019, 3: 277-285.

[25] Fu Y, Zhang H X, Dai S D, et al. Glutathione-stabilized palladium nanozyme for colorimetric assay of silver (Ⅰ) ions. Analyst, 2015, 140 (19): 6676-6683.

[26] Ye H H, Yang K K, Tao J, et al. An enzyme-free signal amplification technique for ultrasensitive colorimetric assay of disease biomarkers. ACS Nano, 2017, 11 (2): 2052-2059.

[27] Sun Y H, Wang J, Li W, et al. DNA-stabilized bimetallic nanozyme and its application on colorimetric assay of biothiols. Biosensors and Bioelectronics, 2015, 74: 1038-1046.

[28] Sun Y, Wang R, Liu X, et al. Ratiometric detection of hydroxy radicals based on functionalized europium (Ⅲ) coordination polymers. Microchimica Acta, 2018, 185 (9): 445.

[29] Liu H, Hua Y, Cai Y Y, et al. Mineralizing gold-silver bimetals into hemin-melamine matrix: A nanocomposite nanozyme for visual colorimetric analysis of H_2O_2 and glucose. Analytica Chimica Acta, 2019, 1092: 57-65.

[30] Lu Y, Ye W C, Yang Q, et al. Three-dimensional hierarchical porous PtCu dendrites: A highly efficient peroxidase nanozyme for colorimetric detection of H_2O_2. Sensors and Actuators B: Chemical, 2016, 230: 721-730.

[31] Feng D W, Gu Z Y, Li J R, et al. Zirconium-metalloporphyrin PCN-222: mesoporous metal-organic frameworks with ultrahigh stability as biomimetic catalysts. Angewandte Chemie International Edition, 2012, 51 (41): 10307-10310.

[32] Cheng H J, Liu Y F, Hu Y H, et al. Monitoring of Heparin activity in live rats using metal-organic framework nanosheets as peroxidase mimics. Analytical chemistry, 2017, 89 (21): 11552-11559.

[33] Chen W H, Vázquez G M, Kozell A, et al. Cu^{2+}-modified metal-organic framework nanoparticles: A peroxidase-mimicking nanoenzyme. Small, 2018, 14 (5): 1703149.

[34] Tang J, Qin J, Li J J, et al. Cu^{2+}@NMOFs-to-bimetallic CuFe PBA transformation: An instant catalyst with oxidase-mimicking activity for highly sensitive impedimetric biosensor. Biosensors and Bioelectronics, 2023, 222: 114961.

[35] Zheng H Q, Liu C Y, Zeng X Y, et al. MOF-808: A metal-organic framework with intrinsic peroxidase-like catalytic activity at neutral pH for colorimetric biosensing. Inorganic Chemistry, 2018, 57 (15): 9096-9104.

[36] Wang J N, Bao M Y, Wei T X, et al. Bimetallic metal-organic framework for enzyme immobilization by biomimetic mineralization: Constructing a mimic enzyme and simultaneously immobilizing natural enzymes. Analytica Chimica Acta, 2020, 1089 (15): 148-154.

[37] Lin T R, Zhong L S, Guo L Q, et al. Graphite-like carbon nitrides as peroxidase mimetics and their applications to glucose detection. Nanoscale, 2014, 20 (6): 11856-11862.

[38] Cai S F, Han Q S, Qi C, et al. $Pt_{74}Ag_{26}$ nanoparticles-decorated ultrathin MoS_2 nanosheets as novel peroxidase mimics for highly selective colorimetric detection of H_2O_2 and glucose. Nanoscale, 2016, 8 (6): 3685-3693.

[39] Nirala N R, Vinita R P. One step synthesis of AuNPs@MoS_2-QDs composite as a robust peroxidase-mimetic for instant unaided eye detection of glucose inserum, saliva and tear. Sensors and Actuators B: Chemical, 2018, 263: 109-119.

[40] Huang L J, Zhu W X, Zhang W T, et al. Layered vanadium (Ⅳ) disulfide nanosheets as a peroxidase-like nanozyme for colorimetric detection of glucose. Microchimica Acta, 2018, 185 (1): 7.

[41] Li L, Wang Q N, Chen Z B. Colorimetric detection of glutathione based on its inhibitory effect on the peroxidase-mimicking properties of WS_2 nanosheets. Microchimica Acta, 2019, 186 (4): 1.

[42] Song Y J, Qu K G, Zhao C, et al. Graphene oxide: intrinsic peroxidase catalytic activity and its application to glucose detection. Advanced Materials, 2010, 22 (19): 2206-2210.

[43] Song Y J, Wang X H, Zhao C, et al. Label-free colorimetric detection of single nucleotide polymorphism by using single-walled carbon nanotube intrinsic peroxidase-like activity. Chemistry: A European journal, 2010, 16 (12): 3617-3621.

[44] Zhao R S, Zhao X, Gao X F, et al. Frontispiece: Molecular-level insights into intrinsic peroxidase-like activity of nanocarbon oxides. Chemistry: A European journal, 2015, 21 (3): 960-964.

[45] Sun H J, Zhao A D, Gao N, et al. Inside back cover: Deciphering a nanocarbon-based artificial peroxidase: chemical identification of the catalytically active and substrate-binding sites on graphene quantum dots. Angewandte Chemie International Edition, 2015, 54 (24): 7176-7180.

[46] Lou Z P, Zhao S, Wang Q, et al. N-doped carbon as peroxidase-like nanozymes for total antioxidant capacity assay. Analytical Chemistry, 2019, 91 (23): 15267-15274.

[47] Song Y J, Qu K G, Zhao C, et al. Graphene oxide: Intrinsic peroxidase catalytic activity and its application to glucose detection. Adanced Materials, 2010, 22 (19): 2206-2210.

[48] Hu Y H, Gao X J, Zhu Y Y, et al. Nitrogen-doped carbon nanomaterials as highly active and specific peroxidase mimics. Chemistry of Materials, 2018, 18 (30): 6431-6439.

[49] Wu J X, Li S R, Wei H. Multifunctional nanozymes: enzyme-like catalytic activity combined with magnetism and surface plasmon resonance. Nanoscale Horizons, 2018, 4 (3): 367-382.

[50] Kim M, Cho S, Joo S H, et al. N- and B-Codoped graphene: A strong candidate to replace natural peroxidase in sensitive and selective bioassays. ACS Nano, 2019, 13 (4): 4312-4321.

[51] Yan H Y, Wang L Z, Chen Y F, et al. Fine-tuning pyridinic nitrogen in nitrogen-doped porous carbon nanostructures for boosted peroxidase-like activity and sensitive biosensing. Research, 2020: 8202584.

[52] Zhang H, Sun C H, Li F, et al. Purification of multiwalled carbon nanotubes by annealing and extraction based on the difference in van der waals potential. The Journal of Physical Chemistry B, 2006, 110 (19): 9477-9481.

[53] Kaczmarek A, Jacek H, Jerzy M, et al. Luminescent carbon dots synthesized by the laser ablation of graphite in polyethylenimine and ethylenediamine. Materials, 2021, 14 (4): 729.

[54] Zuo P L, Lu X H, Sun Z G, et al. A review on syntheses, properties, characterization and bioanalytical applications of fluorescent carbon dots. Microchimica Acta, 2016, 183 (2): 519-542.

[55] Massimo B, Lutz T, Huong H, et al. Covalent decoration of multi-walled carbon nanotubes with silica nanoparticles. Chemical Communications, 2005, 6: 758-760.

[56] Li X H, Zhao Z W, Pan C. Ionic liquid-assisted electrochemical exfoliation of carbon dots of different size for fluorescent imaging of bacteria by tuning the water fraction in electrolyte. Microchimica Acta, 2016, 183 (9): 2525-2532.

[57] Zhao C X, Jiao Y, Hu F, et al. Characterization of melittin binding to Euplotes octocarinatus centrin. Spectrochimica Acta Part A: Molecular and Biomolecular Spectroscopy, 2018, 190: 360-367.

[58] Hua J H, Yang J, Zhu Y, et al. Highly fluorescent carbon quantum dots as nanoprobes for sensitive and selective determination of mercury (Ⅱ) in surface waters. Spectrochimica Acta Part A: Molecular and Biomolecular Spectroscopy, 2017, 187: 149-155.

[59] Shi W B, Wang Q L, Long Y J, et al. Carbon nanodots as peroxidase mimetics and their applications to glucose detection. Chemical Communications, 2011, 47 (23): 6695-6697.

[60] Narsingh R N, Gaurav K, Kumar B. et al. One step electro-oxidative preparation of graphene quantum dots from wood charcoal as a peroxidase mimetic. Talanta, 2017, 173: 36-43.

[61] Li Q L, Yang D Z, Yang Y L. Spectrofluorimetric determination of Cr (Ⅳ) and Cr (Ⅲ) by quenching effect of Cr (Ⅲ) based on the Cu-CDs with peroxidase-mimicking activity. Spectrochimica Acta Part A: Molecular and Biomolecular Spectroscopy, 2021, 244: 118882.

[62] Dhamodiran M, Sai K T, Wang X L, et al. Dual emission carbon dots as enzyme mimics and fluorescent probes for the determination of o-phenylenediamine and hydrogen peroxide. Microchimica Acta, 2020, 187 (5): 292.

[63] Zhu D M, Chen H, Huang C Y, et al. H_2O_2 self-producing single-atom nanozyme hydrogels as light-controlled oxidative stress amplifier for enhanced synergistic therapy by transforming "Cold" tumors. Advanced Functional Materi-

als，2022，32（16）：2110268.

[64] Cheng N，Li J C，Liu D，et al. Single-atom nanozyme based on nanoengineered Fe-N-C catalyst with superior peroxidase-like activity for ultrasensitive bioassays. Small，2019，15（48）：1901485.

[65] Niu X H，Shi Q R，Zhu W L，et al. Unprecedented peroxidase-mimicking activity of single-atom nanozyme with atomically dispersed Fe-N_x moieties hosted by MOF derived porous carbon. Biosensors and Bioelectronics，2019，142：111495.

[66] Wang S H，Shang L，Li L L，et al. Metal-organic-framework-derived mesoporous carbon nanospheres containing porphyrin-like metal centers for conformal phototherapy. Advanced Materials，2016，28（38）：8379-8387.

[67] Cao F F，Zhang L，You Y W，et al. An enzyme-mimicking single-atom catalyst as an efficient multiple reactive oxygen and nitrogen species scavenger for sepsis management. Angewandte Chemie International Edition，2020，59（13）：5108-5115.

[68] Xu B L，Li S S，Zheng L R，et al. A bioinspired five-coordinated single-atom iron nanozyme for tumor catalytic therapy. Advanced Materials，2022，34（15）：2107088.

[69] Wang H，Wang Y，Lu L L，et al. Reducing valence states of Co active sites in a single-atom nanozyme for boosted tumor therapy. Advanced Functional Materials，2022，32（28）：2200331.

[70] Jiao L，Xu W Q，Zhang Y，et al. Boron-doped Fe-N-C single-atom nanozymes specifically boost peroxidase-like activity. Nano Today，2020，35：100971.

[71] Feng M，Zhang Q，Chen X F，et al. Controllable synthesis of boron-doped Zn-N-C single-atom nanozymes for the ultrasensitive colorimetric detection of p-phenylenediamine. Biosensors and Bioelectronics，2022：210：114294.

[72] Christian B，Xie D，Lynne B M，et al. Ordered silicon vacancies in the framework structure of the zeolite catalyst SSZ-74. Nature Materials，2008，7（8）：631-635.

[73] Wan J W，Chen W X，Jia C Y，et al. Defect effects on TiO_2 nanosheets：stabilizing single atomic site Au and promoting catalytic properties. Advanced Materials，2018，30（11）：1705369.

[74] Jasmina H C，Soren J，Unni O，et al. A new zirconium inorganic building brick forming metal organic frameworks with exceptional stability. Journal of the American Chemical Society，2008，130（42）：13850-13851.

[75] Fang Z L，Bueken B，Dirk E D，et al. Defect-engineered metal-organic frameworks. Angewandte Chemie，2015，54（25）：7234-7254.

[76] Li T，Bao Y H，Qiu H Q，et al. Boosted peroxidase-like activity of metal-organic framework nanoparticles with single atom Fe（Ⅲ）sites at low substrate concentration. Analytica Chimica Acta，2021，1152：338299.

[77] 王小立．石墨炔基单原子纳米酶的计算研究．南昌：江西师范大学，2022.

[78] Xiong Y，Dong J C，Huang Z Q，et al. Single-atom Rh/N-doped carbon electrocatalyst for formic acid oxidation. Nature Nanotechnology，2020，15（5）：390-397.

[79] Nie L，Mei D H，Xiong H F，et al. Activation of surface lattice oxygen in single-atom Pt/CeO_2 for low-temperature CO oxidation. Science，2017，358（6369）：1419-1423.

[80] Wang F，Ma J Z，Xin S H，et al. Resolving the puzzle of single-atom silver dispersion on nanosized γ-Al_2O_3 surface for high catalytic performance. Nature Communications，2020，11（1）：529.

[81] Li H，Li Q L，Shi Q，et al. Hemin loaded Zn-N-C single-atom nanozymes for assay of propyl gallate and formaldehyde in food samples. Food Chemistry，2022，389：132985.

[82] 闫琨，冯晖，祝艳，等．铜基单原子纳米酶结合酸碱诱导分散液液微萃取分光光度法测定地表水中挥发酚．分析科学学报，2022，38（05）：599-604.

[83] Jiao L，Wu J B，Zhong H，et al. Densely isolated FeN_4 sites for peroxidase mimicking. ACS Catalysis，2020，10（11）：6422-6429.

[84] Kim M S，Lee J S，Kim H S，et al. Synthesis of biomass-based porous carbon nanofibre/polyaniline composites for supercapacitor electrode materials. Advanced Functional Materials，2020，30（1）：1905410.

[85] Lu Z Y，Ding S C，Wang M Y，et al. Enhanced potassium-ion storage of the 3D carbon superstructure by manipulating the nitrogen-doped species and morphology. Nano-Micro Letters，2021，13（1）：146.

[86] Xu B L，Li S S，Zheng L R，et al. A bioinspired five-coordinated single-atom iron nanozyme for tumor catalytic therapy. Advanced Materials，2022，34（15）：2107088.

[87] Chen Y F，Jiao L，Yan H Y，et al. Hierarchically porous S/N Co-Doped carbon nanozymes with enhanced peroxidase-like activity for total antioxidant capacity biosensing. Analytical Chemistry，2021，93（36）：12353-12359.

[88] Wang X W, Shi Q Q, Zha Z B, et al. Copper single-atom catalysts with photothermal performance and enhanced nanozyme activity for bacteria-infected wound therapy. Bioactive Materials, 2021, 6 (12): 4389-4401.

[89] Xu B L, Wang H, Wang W W, et al. Single-atom nanozyme for wound antibacterial applications. Angewandte Chemie, 2019, 131 (15): 4965-4970.

[90] Xu W Q, Kang Y K, Jiao L, et al. Tuning atomically dispersed Fe sites in metal-organic frameworks boosts peroxidase-like activity for sensitive biosensing. Nano-Micro letters, 2020, 12: 1-12.

[91] Jiao L, Xu W Q, Zhang Y, et al. Boron-doped Fe-N-C single-atom nanozymes specifically boost peroxidase-like activity. Nano Today, 2020, 35: 100971.

[92] Jiao L, Kang Y K, Chen Y F, et al. Unsymmetrically coordinated single Fe-N_3S_1 sites mimic the function of peroxidase. Nano Today, 2021, 40: 101261.

[93] Ji S F, Jiang B, Hao H G, et al. Matching the kinetics of natural enzymes with a single-atom iron nanozyme. Nature Catalysis, 2021, 4 (5): 407-417.

[94] Chen Y J, Wang P X, Hao H G, et al. Thermal atomization of platinum nanoparticles into single atoms: an effective strategy for engineering high-performance nanozymes. Journal of the American Chemical Society, 2021, 143 (44): 18643-18651.

[95] Feng M, Zhang Q, Chen X F, et al. Controllable synthesis of boron-doped Zn-N-C single-atom nanozymes for the ultrasensitive colorimetric detection of p-phenylenediamine. Biosensors and Bioelectronics, 2022, 210: 114294.

[96] Wang Y, Qi K, Yu SS, et al. Recent progress on engineering highly efficient porous semiconductor photocatalysts derived from metal-organic frameworks. Nano-Micro Letters, 2019, 11: 1-13.

[97] Wang S, Hu Z F, Wei Q L, et al. Precise design of atomically dispersed Fe, Pt dinuclear catalysts and their synergistic application for tumor catalytic therapy. ACS Applied Materials & Interfaces, 2022, 14 (18): 20669-20681.

[98] Zhou Q, Yang H, Chen X H, et al. Cascaded nanozyme system with high reaction selectivity by substrate screening and channeling in a microfluidic device. Angewandte Chemie, 2022, 61 (2): e202112453.

[99] Wei X Q, Song S J, Song W Y, et al. Fe_3C-Assisted single atomic Fe sites for sensitive electrochemical biosensing. Analytical Chemistry, 2021, 93 (12): 5334-5342.

[100] Wang Y, Jia G R, Cui X Q, et al. Coordination number regulation of molybdenum single-atom nanozyme peroxidase-like specificity. Chem, 2021, 7 (2): 436-449.

[101] Wu Y, Wu J B, Jiao L, et al. Cascade reaction system integrating single-atom nanozymes with abundant Cu sites for enhanced biosensing. Analytical Chemistry, 2020, 92 (4): 3373-3379.

[102] Song G C, Zhang J J, Huang H X, et al. Single-atom Ce-N-C nanozyme bioactive paper with a 3D-printed platform for rapid detection of organophosphorus and carbamate pesticide residues. Food Chemistry, 2022, 387 (1): 132896.

[103] Qin Y, Wen J, Wang X S, et al. Iron single-atom catalysts boost photoelectrochemical detection by integrating interfacial oxygen reduction and enzyme-mimicking Activity. ACS Nano, 2022, 16 (2): 2997-3007.

[104] Jiao L, Ye W, Kang Y K, et al. Atomically dispersed N-coordinated Fe-Fe dual-sites with enhanced enzyme-like activities. Nano Research, 2022, 15: 959-964.

[105] Wang Y, Zhang Z W, Jia G R, et al. Elucidating the mechanism of the structure-dependent enzymatic activity of Fe-N/C oxidase mimics. Chemical Communications, 2019, 55 (36): 5271-5274.

[106] Huang L, Chen J X, Gan L F, et al. Single-atom nanozymes. Science advances, 2019, 5 (5): eaav5490.

[107] Lu X Y, Gao S S, Lin H, et al. Bridging oxidase-and oxygen reduction electro-catalysis by model single-atom catalysts. National Science Review, 2022, 9 (10): nwac022.

[108] Li Z, Liu F N, Jiang Y Y, et al. Single-atom Pd catalysts as oxidase mimics with maximum atom utilization for colorimetric analysis. Nano Research, 2022, 15 (5): 4411-4420.

[109] Shen L H, Muhammad A K, Wu X Y, et al. Fe-N-C single-atom nanozymes based sensor array for dual signal selective determination of antioxidants. Biosensors and Bioelectronics, 2022, 205 (1): 114097.

[110] Yang J, Zhang R F, Zhao H Q, et al. Bioinspired copper single-atom nanozyme as a superoxide dismutase-like antioxidant for sepsis treatment. Exploration, 2022, 2 (4): 20210267.

[111] Zhu Y, Wang W Y, Cheng J J, et al. Stimuli-responsive manganese single-atom nanozyme for tumor therapy via integrated cascade reactions. Angewandte Chemie, 2021, 133 (17): 9566-9574.

[112] Wang W Y, Zhu Y, Zhu X R, et al. Biocompatible ruthenium single-atom catalyst for cascade enzyme-mimicking

therapy. ACS Applied Materials & Interfaces, 2021, 13 (38): 45269-45278.

[113] Yan R J, Sun S, Yang J, et al. Nanozyme-based bandage with single-atom catalysis for brain trauma. ACS Nano, 2019, 13 (10): 11552-11560.

[114] Xi J Q, Zhang R F, Wang L M, et al. A nanozyme-based artificial peroxisome ameliorates hyperuricemia and ischemic stroke. Advanced Functional Materials, 2021, 31 (9): 2007130.

[115] Chang M Y, Hou Z Y, Wang M, et al. Single-atom Pd nanozyme for ferroptosis-boosted mild-temperature photothermal therapy. Angewandte Chemie International Edition, 2021, 60 (23): 12971-12979.

[116] Jiao L, Wu J B, Zhong H, et al. Densely Isolated FeN_4 Sites for Peroxidase Mimicking. ACS Catalysis, 2020, 10 (11): 6422-6429.

[117] Kim M S, Lee J S, Kim H S, et al. Heme cofactor-resembling Fe-N single site embedded graphene as nanozymes to selectively detect H_2O_2 with high sensitivity. Advanced Functional Materials, 2020, 30 (1): 1905410.

[118] Lyu Z Y, Ding S C, Wang M Y, et al. Iron-imprinted single-atomic site catalyst-based nanoprobe for detection of hydrogen peroxide in living cells. Nano-Micro Letters, 2021, 13 (1): 146.

[119] Zhang H N, Li J, Xi S B, et al. A graphene-supported single-atom FeN_5 catalytic site for efficient electrochemical CO_2 reduction. Angewandte Chemie, 2019, 131 (42): 15013-15018.

[120] Chen Y F, Yan J Y, et al. Fe-N-C Single-atom catalyst coupling with Pt clusters boosts peroxidase-like activity for cascade-amplified colorimetric immunoassay. Analytical Chemistry, 2021, 93 (36): 12353-12359.

[121] Wang X W, Shi Q Q, Zha Z B, et al. Copper single-atom catalysts with photothermal performance and enhanced nanozyme activity for bacteria-infected wound therapy. Bioactive materials, 2021, 6 (12): 4389-4401.

[122] Xu B L, Wang H, Wang W W, et al. Single-atom nanozyme for wound antibacterial applications. Angewandte Chemie, 2019, 131 (15): 4965-4970.

[123] He X Y, Tian F, Chang J F, et al. haloperoxidase mimicry by CeO_{2-x} nanorods of different aspect ratios for antibacterial performance. ACS Sustainable Chemistry & Engineering, 2020, 8 (17): 6744-6752.

[124] Rotruck J T, Pope A L, Ganther H E, et al. Selenium: biochemical role as a component of glutathione peroxidase. Science, 1973, 179 (4073): 588-590.

[125] Huang Y Y, Liu C Q, Pu F, et al. A GO-Se nanocomposite as an antioxidant nanozyme for cytoprotection. Chemical Communications, 2017, 53 (21): 3082-3085.

[126] Wang L W, Qu X N, Xie Y, et al. Study of 8 types of glutathione peroxidase mimics based on β-cyclodextrin. Catalysts, 2017, 7 (10): 289.

[127] Vernekar A A, Sinha D, Srivastava S, et al. An antioxidant nanozyme that uncovers the cytoprotective potential of vanadia nanowires. Nature communication, 2014, 5: 5301.

[128] Natalio F, André R, Aloysius F H, et al. Vanadium pentoxide nanoparticles mimic vanadium haloperoxidases and thwart biofilm formation. Nature Nanotechnology, 2012, 7 (8): 530-535.

[129] Ghosh S, Roy P, Karmodak N, et al. Nanoisozymes: crystal-facet-dependent enzyme-mimetic activity of V_2O_5 nanomaterials. Angewandte Chemie-International Edition, 2018, 57 (17): 4510-4515.

[130] 贾文龙 . pH 敏感性智能谷胱甘肽过氧化物酶的构建及其 pH 响应性研究 . 沈阳：沈阳化工大学，2020.

第3章

超氧化物歧化酶纳米酶

目前已发现70余种纳米酶具有SOD活性，这些材料以CeO_2和一些碳材料如富勒烯为主，还包括Pt、Au、Cu、Mn、Ni、Co、Mo、Rh、Fe和V等金属及其氧化物、碳化物、氮化物和硫化物等。与过氧化物酶纳米酶相反，超氧化物歧化酶纳米酶参与的主要功能是催化$O_2^{\cdot -}$产生O_2和H_2O_2，因此其可应用于ROS的清除和抗氧化治疗。大多数超氧化物歧化酶纳米酶也同时具有过氧化氢酶活性，两者协同可以更加彻底地清除ROS，因此比天然SOD酶或其他抗氧化小分子更具优势。

ROS的累积会导致多种氧化损伤，如在脑卒中缺血再灌注过程中产生大量ROS，延缓病情恢复，但临床缺乏有效的抗氧化治疗药物。ROS累积还会导致炎性介质和细胞因子的表达增加，进而引发炎症；炎症进一步刺激ROS的产生从而加剧氧化应激，以此恶性循环。由于超氧化物歧化酶活性仅能将$O_2^{\cdot -}$转化为H_2O_2而不能彻底清除H_2O_2，因此常被用来与过氧化氢酶活性级联清除ROS、减轻氧化应激，从而进行各类抗氧化治疗。Singh团队[1]发现，$CeVO_4$-超氧化物歧化酶纳米酶可以完全替代SOD酶在神经细胞内工作，并通过恢复神经元细胞中的线粒体功能和完整性来调节ATP水平。其他抗氧化治疗还包括细胞保护、肠炎、耳炎、胰腺炎、肝/肾损伤、肺损伤、口腔溃疡、脓毒症等炎性疾病的治疗；改善动脉粥样硬化、缺血再灌注等心脑血管疾病治疗以及缓解阿尔兹海默病等。

由于SOD酶活性主要是清除$O_2^{\cdot -}$，因此其未来主要应用方向仍聚焦于生物领域，如参与人工细胞器甚至人工细胞的构建，以及调控整个生物体内元素循环等。

活性氧（ROS）的失调会对生命体系造成氧化损伤。在天然酶中，超氧化物歧化酶（superoxide dismutase，SOD）通过将超氧阴离子（$O_2^{\cdot -}$）歧化为H_2O_2和O_2来清除ROS中的$O_2^{\cdot -}$。SOD作为抗氧化系统的重要组成部分，与人类的生存和健康息息相关，常用于相关疾病的预防和治疗。SOD作为抗氧化系统的重要组成部分，与人类的生存和健康息息相关，常用于相关疾病的预防和治疗。然而，天然酶的活性易受外界因素（温度、pH）的干扰且分子量大难以被细胞摄取等问题极大影响了治疗效果。为了克服天然SOD的局限性，更好地对抗氧化应激，多种纳米材料被用来模拟SOD。其中部分化合物不仅可以清除$O_2^{\cdot -}$，还可以清除其他自由基，增强了与ROS损伤和炎症有关保护作用。下面讨论几种具有代表性的纳米材料。

3.1 碳基SOD纳米酶

（1）富勒烯及其衍生物

富勒烯作为最早报道的具有类SOD活性的材料，富勒烯［C_{60}］被证实是一种强大的抗氧化剂，因与自由基发生独特的化学反应，且比目前主要的抗氧化剂维生素E与自由基的反应更加迅速，因而被称为自由基海绵。由于共轭双键夺取电子能力强，富勒烯［C_{60}］对活性氧自由基（reactive oxygen species，ROS）的清除能力十分出色。

目前由于富勒烯［C_{60}］不溶于水的特性，人们想办法增加其水溶性从而生产了一系列的富勒烯［C_{60}］衍生物。如丙二酰羧基化富勒烯［图 3-1(a)］、六磺酰化富勒烯［图 3-1(b)］和多羟基化富勒烯（富勒醇）等。

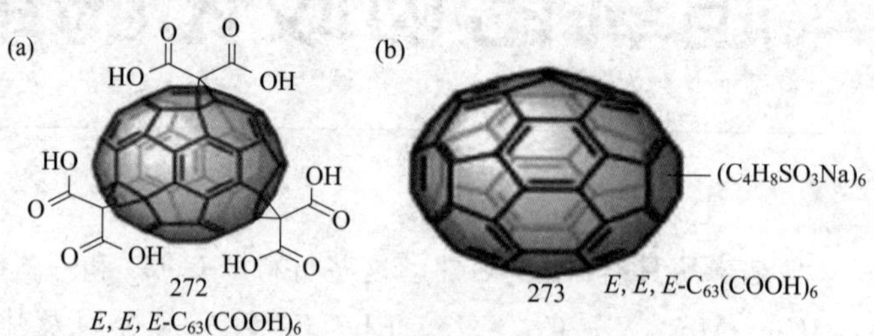

图 3-1　丙二酰羧基化富勒烯（a）和六磺酰化富勒烯（b）

为了解决富勒烯难溶的问题，Dugan 等人用羟基对富勒烯进行改性，以提高其溶解度。他们发现改性的富勒烯仍然保持着类似 SOD 的活性[2]。为了进一步研究富勒烯等碳材料产生 SOD 活性的机制，他们对 C_{60}-C_3 材料进行了深入研究。研究表明富勒烯的 SOD 样活性是由超氧阴离子发生突变引起的，而不是简单的化学计量清除。C_{60}-C_3 表面具有的电子缺陷区促进了 $O_2^{\cdot -}$ 的吸附，并借助羧基和水分子中的质子使 $O_2^{\cdot -}$ 发生解离。而且材料的分子对称性影响材料的极性，进一步有助于材料类 SOD 活性提高。此外，该材料的类 SOD 活性还与材料上羧基的数量有关。

自富勒烯作为自由基海绵被发现以来，富勒烯及其衍生物已被用于清除自由基和保护神经元免受氧化损伤，尤其是具 C_3 对称性的 $C_{60}[C(COOH)_2]_3$（C_{60}-C_3）被证明具有比 C_{60} 更好的抗氧化活性和更高效的保护作用，这种抗氧化活性是由于超氧阴离子 $O_2^{\cdot -}$ 的清除。进一步详细的机理研究证实了 C_{60}-C_3 在催化反应后形态与催化活性没有发生变化，且随着催化进行伴随着 $O_2^{\cdot -}$ 的减少、氧气和过氧化氢的产生。

（2）富勒烯及其衍生物的抗氧化作用机制

从富勒烯［C_{60}］的结构来看，30 个共轭双键的存在可以结合 60 个自由基，改性的富勒烯［C_{60}］衍生物则能够通过附加化学基团数量和位置或少或多地结合自由基。这类似于 SOD 催化反应。整个过程分两步进行：首先，未配对的电子从 $O_2^{\cdot -}$ 转移到 C_{60}-C_3，同时伴随着氧气的产生；随后，另一个 $O_2^{\cdot -}$ 进入并吸引电子返回，随后 C_{60}-C_3 被氧化至初始状态并产生过氧化氢。在此过程中，富勒烯衍生物接受电子的第一步是控速步骤。另一项使用树枝状 C_{60} 衍生物的研究也提出了上述的两步歧化机理。此外，对树枝状结构进行工程改造合成的 C_{60} 衍生物还原电位较高，这提高了材料的 SOD 模拟催化活性。其中一个树突 C_{60} 单基团加成衍生物活性最高，比 C_{60}-C_3 提高了一个数量级。

（3）亲水性碳团簇（HCC）

除了富勒烯及其衍生物，亲水性碳团簇（HCC）也被证明是 SOD 模拟物（图 3-2）[3]。通过硫酸和硝酸处理单壁碳纳米管制备 HCC，进一步用聚乙二醇（PEG）对 HCC 进行修饰，有助于增加 HCC 的水溶性。合成的 PEG-HCC 可将 $O_2^{\cdot -}$ 转化为氧气和过氧化氢，但对活性氮物种如一氧化氮（·NO）和过氧亚硝酸根（$ONOO^-$）不敏感。由于 PEG-HCC 具有较多的未配对电子和平面结构，更容易从 $O_2^{\cdot -}$ 中接受电子，使得 PEG-HCC 具有更高的催化效率。这具体表现为在 PEG-HCC 为纳摩尔浓度时，其催化活性比微摩尔浓度的 C_{60}-C_3 高几个数量级，甚至与 CuZn 超氧化物歧化酶相当。这种高 SOD 活性的 PEG-HCC 将在治疗方面有巨大潜能。

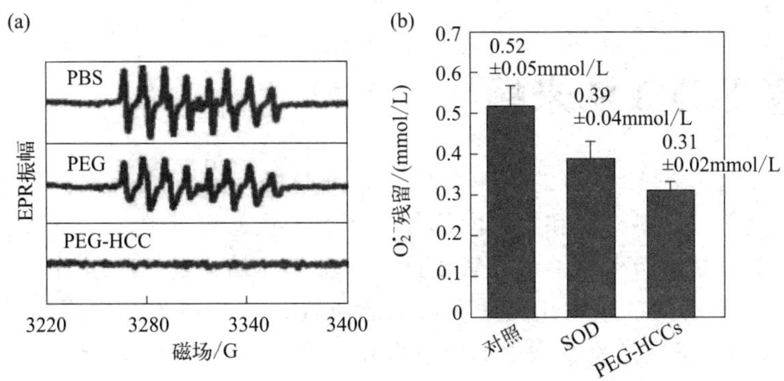

图 3-2　PBS（磷酸钾缓冲液）、PEG 和 PEG-HCC 对 $O_2^{\cdot -}$ 自由基的影响（a）和比较 SOD 和 PEG-HCCs 在生理 pH（pH＝7.7）条件下的 $O_2^{\cdot -}$ 淬灭活性（b）[3]

（4）氮化碳纳米材料

最近，PEG 化苝二酰亚胺作为 PEG-HCC、氮化碳纳米片和氮掺杂多孔碳纳米球的分子类似物，也被发现具有 SOD 催化活性。然而对于一些其他形式的碳，如碳纳米管和氮掺杂碳点，仍然需要更多的机理研究来检查它们的 ROS 清除能力是否仅仅是由于 SOD 样活性。

（5）石墨烯

与 HCC 对 $ONOO^-$ 不具备清除能力不同，血红素功能化的还原氧化石墨烯（H-rGO）具有清除 $ONOO^-$ 的能力[4]，而这源自 H-rGO 对 $ONOO^-$ 的异构化和还原的协同作用（图 3-3）。首先，$ONOO^-$ 会与 H-rGO 的中心 Fe(Ⅲ) 发生相互作用，导致 Fe(Ⅲ)-O-ONO 物种的形成；其次，通过均裂 Fe（Ⅲ)-O-中的 O—O 键生成 Fe(Ⅳ)＝O · NO_2 中间体；然后，由于 rGO 的存在，笼状自由基中间体的加速重组形成了 Fe（Ⅲ)-硝酸基络合物，它将

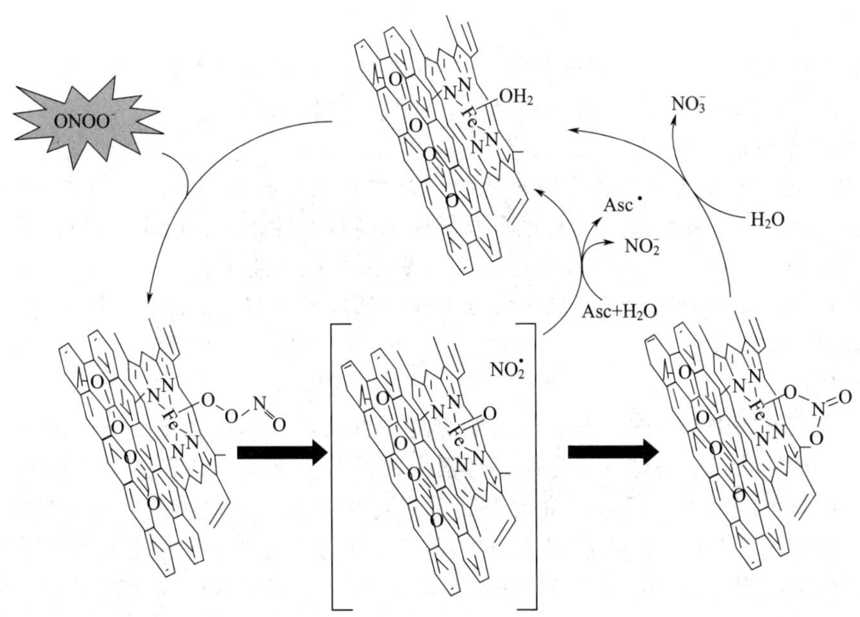

图 3-3　H-rGO 杂化纳米片异构化还原过氧亚硝酸盐和清除 · NO_2 的机理[4]（Asc＝抗坏血酸）

水解回 Fe(Ⅲ) 中心，并伴随着 $ONOO^-$ 异构化为 NO_3^-。值得注意的是，血红素和 rGO 的协同作用也可以催化 $ONOO^-$ 还原为 NO_2^-。而抗坏血酸的加入会使其催化活性提高 12%，这是因为抗坏血酸促进笼状自由基中间体 Fe(Ⅲ) 中心的再生且有助于 $ONOO^-$ 还原为 NO_2^-。

3.2 铈基 SOD 纳米酶

铈是镧系元素中具有 4f 电子的第一个元素，并且是所有稀土元素中含量最高的元素，引起了生物学、化学、材料科学和物理学等领域研究人员的极大关注。当铈纳米颗粒与氧结合时便形成具有萤石晶体结构的纳米二氧化铈，这种晶体结构极具吸引力。二氧化铈纳米颗粒（CeO_2 NPs）具有良好的生物相容性和低细胞毒性，使其成为最常用的类 SOD 纳米酶。CeO_2 通过失去氧和电子在晶格结构中形成氧空位，提供储存和释放氧气的能力，从而具有 SOD 活性。

3.2.1 铈基纳米酶的合成

氧化铈纳米酶的合成方法包括用氧化剂如过氧化氢、氢氧化铵或 NaOH 去氧化 $Ce(NO_3)_3 \cdot 6H_2O$，另一种方法是诱导 $(NH_4)_2Ce(NO_3)_6$ 与 CH_3COONa 发生反应。从方式方法看，目前合成 CeO_2 材料的方法较多，包括溶剂热法、阳极氧化铝模板法、溶胶-凝胶法、沉淀法、水热法、沉淀滴定法、表面活性剂辅助水热法、络合剂辅助水热法、反相微乳液法等。

（1）沉淀法

沉淀法是最常见的制备方法。其特点是所需成本低、制作工艺简单、产品纯度高，因而在工业生产中常用此法来制备稀土元素氧化物。该方法的具体步骤是：先向含有铈盐的溶液中加入沉淀剂（如碳酸氢钠、氢氧化钠、碳酸氢钾等）和少量分散剂进行沉淀反应，然后将得到的沉淀产物依次进行分离、洗涤、干燥和灼烧，最后便可得到纳米 CeO_2。该法包括共沉淀法、直接沉淀法、水解沉淀法、均相沉淀法、浸渍沉淀法等。

（2）燃烧法

燃烧法是指在制备过程中添加燃烧剂，利用其燃烧释放出的热量合成纳米材料。该法具有实验操作简单、实验成本低、环境污染小、耗时短等优点。

（3）溶胶-凝胶法

溶胶-凝胶法是在低温下制备金属氧化物纳米材料的一种常用方法，该法制得的产物比表面积大、不易团聚、纯度高。但是也有原料成本高且毒性较大、反应耗时长的缺点。在湿化学沉积技术中，溶胶-凝胶法已被广泛用于沉积各种不同的薄膜、含有阳离子的金属氧化物以及尖晶石等较复杂的氧化物。该法可以方便且低成本地制造大面积涂层，并具有控制薄膜组成和微观结构的优势。

（4）水热法

在上述合成方法中，水热法是一种优异的制备方法，尤其在制备不同形貌如八面体状、棒状、花状、蝴蝶状、空心球状等方面具有很大的优势。该法是指在高温高压的反应釜中，金属或沉淀物与水溶剂发生反应，常用来制备氧化物粉末。所得到的粉末分散性好、纯度高、晶型好且对环境友好。但是高温高压的反应条件对设备要求较高且操作较危险。Zhou 等人通过水热法，用 $Ce(NO_3)_3 \cdot 6H_2O$ 作原料、PVP 作表面活性剂合成 CeO_2 纳米球[5]。张学青等人使用水热法制得具有介孔结构的 CeO_2 中空纳米粒子[6]。

3.2.2　铈基纳米酶的 SOD 活性及其调控因素

（1）Ce^{3+}/Ce^{4+} 的比例及其催化机制

纳米氧化铈作为最早报道的具有 SOD 模拟活性的纳米材料之一，尽管氧化铈清除超氧阴离子能力的详细机制仍有待验证，但多项研究表明，其催化活性归因于其氧化态（Ce^{3+} 和 Ce^{4+}）之间的电子转换。每个氧空位中心是一个被 Ce^{4+} 包围的 Ce^{3+}，其催化活性取决于 Ce^{3+}/Ce^{4+} 的比值，比率越高，氧空位越多，活性越强（图 3-4）[7]。

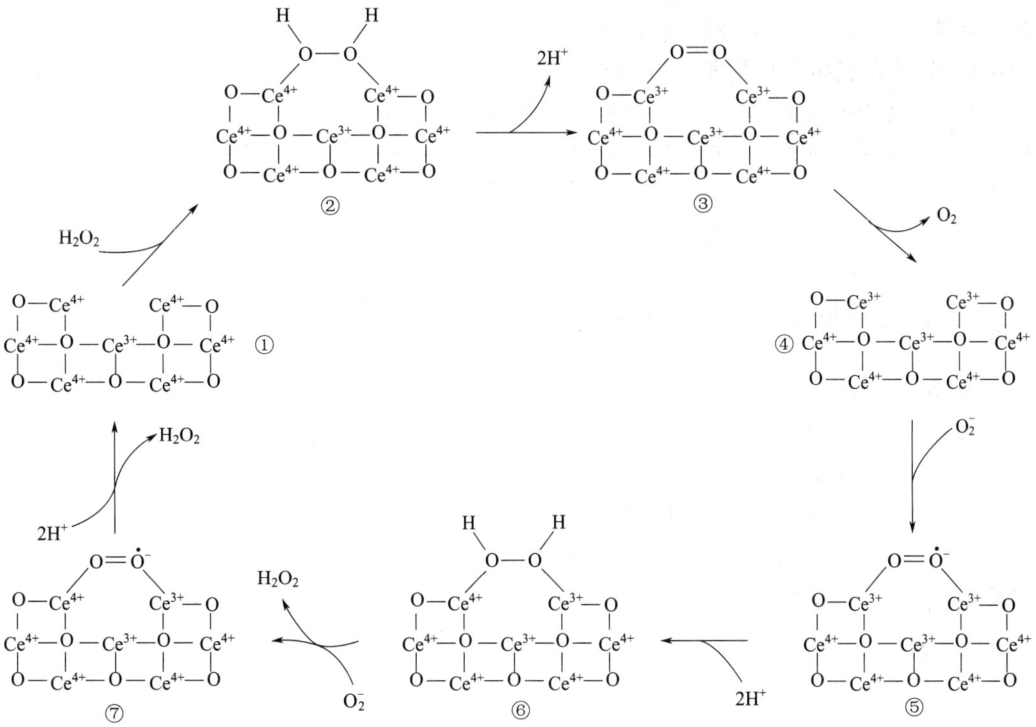

图 3-4　CeO_2 催化机理[7]

氧化铈纳米颗粒的类 SOD 活性主要与 Ce^{3+} 和 Ce^{4+} 之间的转化有关。由于氧化铈价态的变化，氧化铈通过失去氧和电子，在晶格结构中形成氧空位或缺陷。这些氧空位是氧化铈纳米颗粒发挥类 SOD 活性的关键结构特征。这种氧空位的迅速形成和消失提供了储存和释放氧气的能力。氧空位使氧化铈在表面释放氧，形成稳定的线性氧空位团簇，这是强还原剂表面的主要缺陷结构。

（2）纳米酶尺寸大小

此外，纳米颗粒的大小对氧化铈纳米颗粒的类 SOD 活性有很大影响。一方面，尺寸的减小使比表面积增大；另一方面，尺寸的减小暴露了氧化铈纳米颗粒表面更多的氧空位。每个氧空位中心都是 Ce^{4+} 包围 Ce^{3+}，因此增加 Ce^{3+} 的比例也会增加空位丰度，从而增加类 SOD 活性。

考虑到 Ce^{3+} 与氧空位之间的关联，通过减小氧化铈的尺寸并形成更多的表面氧空位来保证 Ce^{3+} 的高含量。因此，小尺寸的氧化铈（通常小于 5nm）被广泛用作 SOD 模拟物。通过 Zr/La 原子掺杂氧化铈产生更多的氧空位，可以实现类 SOD 活性的进一步增强。

值得一提的是，不同于富勒烯基 SOD 模拟物，氧化铈的抗氧化性能不仅来自 SOD，还来自其类过氧化氢酶活性和氧化铈对·NO和·OH的清除能力。氧化铈的多重模拟酶活性在治疗方面显示出良好的应用前景，这将在应用部分进行描述。为了提高氧化铈在生物应用方面的可能性，引入了表面包覆和形成水凝胶等几种策略来提高氧化铈在细胞环境中的稳定性、分散性和定位。同时考察了这些包覆层和胞内分子对材料催化活性的影响。除磷酸根对活性有抑制作用外，其余均无影响，这是由于 Ce^{3+} 与磷酸根特异性作用，阻断了 Ce^{3+} 和 Ce^{4+} 之间的转换。另一个有趣的发现是，尺寸较大的氧化铈（大于5nm）暴露于天然的CuZn-SOD或其他电子供体时可以被赋予类似SOD的活性。CuZn-SOD/其他电子供体传递给氧化铈的电子有助于将 Ce^{4+} 还原为 Ce^{3+}，从而促进超氧阴离子的歧化。这一意想不到的发现对其他尺寸和形貌的氧化铈普遍适用，这使得 Ce^{3+} 的调控和再生更加容易，从而更有希望将铈基SOD模拟酶应用于实际生物医学。

CeO_2 的尺寸对其类SOD活性也有明显影响，尺寸越小，比表面积越大，暴露的氧空位越多，活性越强。此外，对 CeO_2 纳米颗粒进行包层或修饰也会影响其催化活性，如包裹PEG可保护 CeO_2 免于失活；配体（如磷酸三乙酯）修饰的氧化铈纳米粒子能够通过提高材料表面 Ce^{3+} 和 Ce^{4+} 的比例，介导氧化还原反应并调控其类SOD活性。

3.3 以卟啉环为配体的金属基SOD纳米酶

由于SOD活性与金属离子有关，配位化学家主张，用合成方法将小分子化合物与 Cu^{2+}、Mn^{2+}、Fe^{3+} 配位，制成模拟SOD。采用模拟SOD可以研究金属离子催化 $O_2^{\cdot -}$ 歧化为 O_2 和 H_2O_2 的作用机理，并有可能作为药物应用于临床，因此近20年来对模拟SOD进行了较多研究，其中尤其是模拟Mn-SOD和Fe-SOD。而其配体的选择成为关键因素。

Güngor 等[8] 以磷酸二甲基苯酯、4-甲基水杨酸和3,5-二碘水杨酸为原料，合成了3种不对称Schiff碱卟啉配体（HL1～HL3），并与金属离子Cu(Ⅱ)、Fe(Ⅲ)、Mn(Ⅲ)和Zn(Ⅱ)进行配位得到了一系列配合物（图3-5），活性测试结果见表3-1。

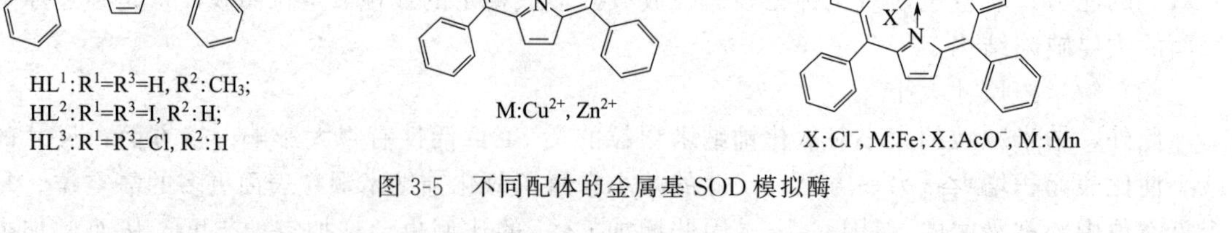

HL^1: $R^1=R^3=H$, R^2: CH_3;
HL^2: $R^1=R^3=I$, R^2: H;
HL^3: $R^1=R^3=Cl$, R^2: H

M: Cu^{2+}, Zn^{2+}

X: Cl^-, M: Fe; X: AcO^-, M: Mn

图3-5 不同配体的金属基SOD模拟酶

表3-1 不同配体的金属基SOD模拟酶的 IC_{50} 和 k_{cat} 对比

模拟酶	IC_{50}/(mmol/L)	k_{cat}/$M^{-1}\cdot s^{-1}$
$Mn_2L^1(AcO)_3(H_2O)_2$	1.04	1.54×10^6
$Fe_2L^1Cl_3(H_2O)_2$	0.89	1.80×10^6

续表

模拟酶	IC_{50}/(mmol/L)	$k_{cat}/M^{-1}\cdot s^{-1}$
$Cu_2L^1Cl(H_2O)$	0.59	2.71×10^6
$Mn_2L^2(AcO)_3(H_2O)_2$	0.88	1.82×10^6
$Fe_2L^2Cl_3(H_2O)_2$	0.83	1.93×10^6
$Cu_2L^2Cl(H_2O)$	0.53	3.02×10^6
$Mn_2L^3Cl_3(AcO)_3(H_2O)_2$	0.83	1.98×10^6
$Fe_2L^3Cl_3(H_2O)_2$	0.73	2.19×10^6
$Cu_2L^3Cl(H_2O)$	0.63	2.54×10^6
$Mn(ClO_4)_2$	—	1.3×10^6
$Mn(CLO_4)_2$+EDTA	—	3.4×10^4
MnSOD	—	5.2×10^8
CuZnSOD	—	2×10^9

从表 3-1 可以看出，Cu(Ⅱ) 配合物的 SOD 活性略高于 Fe(Ⅲ)/Mn(Ⅲ) 配合物，导致这种 SOD 活性差异的原因可能为：配体酚环上的取代基不同。

卟啉化合物为重要的天然色素类物质，具有良好的化学和热稳定性。卟啉环上的氮原子可与酶活中心的金属离子结合，从而稳定其空间结构。卟啉环金属配合物与天然 SOD 的空间结构有一定相似性。1997 年，Ines 等[9] 合成并表征了 Mn(Ⅱ)OBTMPyP 和 Cu(Ⅱ)OBTMPy[OBTMPy=β-八溴-间四（N-甲基-吡啶鎓-4-基）卟啉] 两种以卟啉为配体的 SOD 模型化合物，其 IC50 分别为 12nmol/L 和 0.88μmol/L，SOD 活性分别为天然 SOD 的 11.0%和 0.15%。殷晓春等[10] 利用两种难溶于水的金属卟啉（MP），合成了 4 种以 Zn(Ⅱ) 和 Co(Ⅱ) 为酶活中心的配合物：四苯基卟啉金属配合物（TPP）和四（p-羟基苯基）卟啉金属配合物（Tp HPP），并与牛血清蛋白（BSA）结合制得水溶性金属卟啉白蛋白结合体。4 种金属卟啉配合物与 BSA 结合后，对超氧阴离子的清除能力得到了显著提高，其中 CoTpHPP-BSA 的 IC50 为 1.5μmol/L，对天然 SOD 的模拟度为 2.73%。

所以 SOD 的化学合成需要从天然 SOD 的结构入手，使其具有与天然 SOD 活性中心和结合位点相似的结构，才能达到高效的催化效果，而配体的选择是关键之一。

3.3.1 Mn(Ⅲ)(卟啉)配合物

1981 年，Pasternack 等人首先报道了锰卟啉配合物具有 SOD 活性。后来 Weinraub 等人发现超氧化物可与这类化合物反应将 Mn(Ⅲ) 还原为 Mn(Ⅱ)，并合成了其它一些 Mn(Ⅲ)（卟啉）配合物。Duke 大学的一个研究小组发现，这些含多个阳离子的化合物可以在水溶液中被可逆还原，加入 EDTA 仍能够保持活性，说明这类化合物较稳定。Riley 等人研究发现在 pH=7.4～7.8、温度为 21℃时，这类化合物的催化活性大约为 1×10^7 mol/(L·S)，当催化剂的浓度由 $(0.5\sim2.0)\times10^{-6}$ mol/L 升高到 1×10^{-5} mol/L 时，催化活性消失。研究表明在强氧化介质中，Mn(Ⅲ)（卟啉）配合物形成了氧桥或羟基桥联的二聚体，这些二聚体不具有 SOD 催化活性。人们设想可以在卟啉上连接立体障碍物，使得金属中心无法靠近，从而防止二聚体形成。

Mn(Ⅲ)[四(4-苯甲酸)卟啉]配合物，简称Mn(TBAP)，具有SOD活性及破坏过氧亚硝酸盐的催化活性。另外，肋膜炎小鼠模型表明该配合物可以减少胸膜分泌物以及中性粒细胞向肺组织的迁移，经过给药治疗，器官损伤明显减少。给药小鼠体内没有硝基酪氨酸生成，说明在体内配合物破坏了过氧亚硝酸盐，或阻碍了过氧亚硝酸盐的生成。可见，这种配合物的抗炎症效果可能来自多重的清除作用。

许多实验证明Mn(Ⅲ)(卟啉)化合物是真正的SOD模拟酶，并有生物活性，可以说此类配合物是非常有前途的模拟酶化合物。但是有些配合物可以参与体内的其它氧化还原反应或与RNA/DNA键合而产生包括光毒性、肝毒性等引起可能致死的副作用。这种副作用可通过改变卟啉配体的结构来减小。另外卟啉配体合成的低收率也不利于它的广泛利用。但是金属卟啉配合物在磁共振成像(MRI)以及光动力学疗法等方面已取得了相当大的进展，相信也会在清除过量活性氧方面有所表现。

3.3.2 铁基配合物

所有具有SOD活性的厌氧原核生物都含大量Fe-SOD，而兼性厌氧菌同时含有Fe-SOD和Mn-SOD，而且Fe(Ⅲ)配合物的稳定性比Mn(Ⅱ)或Cu(Ⅱ)配合物更大，利用Fe配合物作为SOD模拟酶是很有吸引力的。但是水合Fe(Ⅱ)和Fe(Ⅲ)倾向和过氧化氢发生反应生成羟基自由基，这是合成含Fe的SOD模拟配合物的最大障碍。

Riley在研究Mn(Ⅲ)(卟啉)配合物的同时，也研究了Fe(Ⅲ)(卟啉)配合物[11]。他们对合成的配合物做SOD活性分析发现，它的活性相当于天然Cu/Zn-SOD的3%。这种配合物能够与H_2O_2发生反应生成羟基自由基，是一种有效的DNA切割试剂。显然这种配合物不能作为SOD模拟酶应用于人体。

SOD模拟酶的研究，不仅使我们加深了对超氧化物、过氧亚硝基及NO的生物作用的理解，还可以通过过量的活性氧对机体的损害以及发病机理的研究，帮助我们利用模拟化合物控制体内的活性氧，并逐渐过渡到利用模拟酶对相关疾病进行有效的预防和治疗。

3.4 黑色素基SOD纳米酶

与前述SOD模拟物对$O_2^{\cdot -}$特异性清除不同，最近Shi等开发的黑色素基纳米颗粒(MeNPs)对多种自由基(如$O_2^{\cdot -}$、·OH、·NO和$ONOO^-$)都有清除能力。通过将盐酸多巴胺与氨水混合在乙醇-水中合成MeNPs，然后用端氨基PEG对其进行功能化以提高其稳定性。该PEG-MeNPs(B120nm)具有清除$O_2^{\cdot -}$的SOD模拟活性。推测该清除过程包含类似C_{60}-C_3的两个连续反应[图3-6(a)]。由于由$O_2^{\cdot -}$转化而来的次级·OH和$ONOO^-$也会导致氧化损伤，因此从有效的抗氧化治疗角度看，SOD模拟酶应该具备清除这些活性氧和氮物种的能力。如图3-6(b)所示，PEG-MeNPs可以消除H_2O_2和Cu^+发生Fenton反应产生的·OH。值得注意的是，由于黑色素对Cu^+的螯合能力，在H_2O_2之前预先加入的PEG-MeNPs会阻止·OH生成(即在反应中没有产生·OH的信号)。这结果得益于黑色素中残留的儿茶酚等官能团，PEG-MeNPs还可以通过硝基化和亚硝基化[图3-6(c)和(d)]有效地清除·NO和$ONOO^-$。尽管反应确切的分子机制仍有待验证，但其强大的多重抗氧化特性使得PEG-MeNPs有望用于治疗一系列自由基引发的相关疾病[12]。

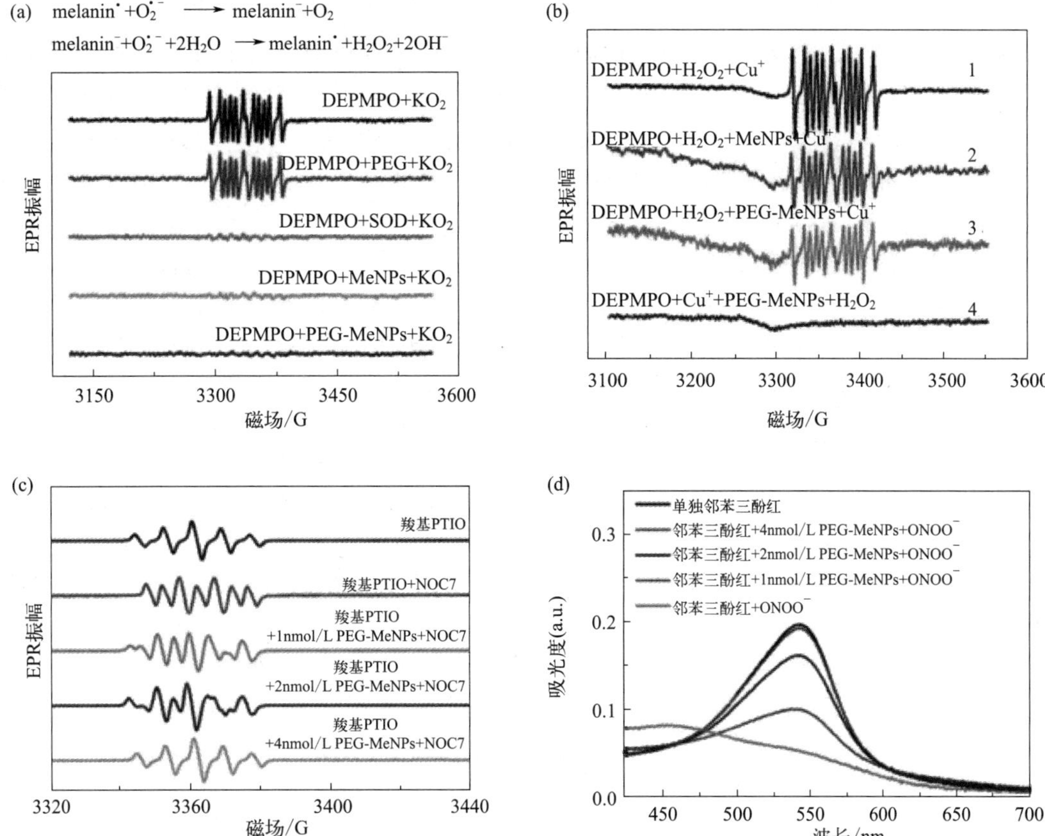

图 3-6 (a) PEG、SOD、MeNPs 和 PEG-MeNPs 对 $O_2^{\cdot -}$ 自由基的影响，以及黑色素模拟 SOD 活性的反应（melanin 为黑色素）；(b) MeNPs 和 PEG-MeNPs 对 ·OH 自由基的影响，·OH 由 H_2O_2 与 Cu^+ 发生 Fenton 反应生成，对于反应（2）和（3），将 MeNPs 和 PEG-MeNPs 分别加入 DEPMPO（自旋捕获剂 5-二乙氧基磷酰基-5-甲基-1-吡咯啉 N-氧化物）和 H_2O_2 的混合液中，随后加入 Cu^+，在反应（4）中，PEG-MeNPs 与 DEPMPO 和 Cu^+ 预孵育，然后加入 H_2O_2；(c) PEG-MeNPs 对 ·NO 的影响，以羧基 PTIO 为指示剂，NOC7 为 ·NO 供体；(d) PEG-MeNPs 对 $ONOO^-$ 的清除作用[12]

3.5　其他 SOD 模拟酶及其催化机制

除上述几类较为常用的类 SOD 纳米酶之外，一些贵金属纳米颗粒也表现出类 SOD 活性，如 Pt、Au、Rh 等。这类纳米酶的主要催化机制包括 $O_2^{\cdot -}$ 的质子化及 $HO_2\cdot$ 在金属表面的吸附和重排两个步骤，$O_2^{\cdot -}$ 容易从水中捕获质子形成 $HO_2\cdot$ 和 OH，HO· 在 Au、Pt 等贵金属表面的吸附是一个可能发生的高度放热的过程，并且其重排势能曲线非常低，这意味着 $HO_2\cdot$ 一旦吸附在这些贵金属表面，极易转变为 O_2^* 和 $H_2O_2^*$，随后进一步转变为 O_2 和 H_2O_2。

其他一些金属如 Pt、Au、Cu、Mn、Ni、Co、Mo、Rh、Fe 和 V 的氧化物、碳化物、氮化物和硫化物也显示出类似 SOD 的活性。金属纳米酶较多，其合成方法也多样化。一些金属元素纳米颗粒通常是通过还原法制备的。例如，在一项研究中，乙醇作为还原剂，通过还原 H_2PtCl_6 制备纳米 Pt，PVP 作为保护试剂，控制 Pt 纳米颗粒的尺寸。一些金属氧化物通常是通过含金属盐的氧化或还原制备的。例如，在一项研究中，Co_3O_4 是通过氨水和过氧化氢氧化 $Co(NO_3)_2\cdot 6H_2O$ 形成的。在另一项研究中，将油酸加入 $KMnO_4$ 中，然后在空气中煅烧得到

Mn_3O_4。水热法也是将 $Mn(OAc)_2 \cdot 4H_2O$ 和无水乙醇一起加入 Mn_3O_4 的合成中。

而金属纳米酶类 SOD 活性的主要机制包括 $O_2^{\cdot -}$ 质子化和 $HO_2 \cdot$ 在金属表面的吸附和重排。通过对各种金属纳米粒子类 SOD 活性机制的研究表明，$O_2^{\cdot -}$ 容易捕获水中的质子形成 $HO_2 \cdot$ 和 OH^-。$HO_2 \cdot$ 在 Au、Ag、Pd 和 Pt 表面的吸附是一个很可能发生的高放热过程。$HO_2 \cdot$ 在 Au 和 Pt 表面具有很低的重排势能。这意味着，一旦 $HO_2 \cdot$ 吸附在表面，很容易转化为 O_2^* 和 $H_2O_2^*$。之后，O_2^* 和 $H_2O_2^*$ 最终转变为 O_2 和 H_2O_2。

同时，开发了一些由 Au、Pt 或 Fe、Cu 等两种或两种以上金属组成的材料，一些高分子材料如 PLGA、PEG 和水凝胶以及不同形状的材料如石墨状氮化碳纳米片和 NiO 纳米花等。然而，目前对催化机理的研究并不深入。目前正在开发几种探索机制的新方法。例如，密度泛函理论（DFT）和微动力学模型被用来确定反应路线。Guo 的研究小组用这种方法评价了一系列纳米材料的催化机理是否类似 Langmuir-Hinshelwood（LH）或 Eley-Rational（ER）过程[13]。以 $(Fe_3O_4)_n$ 为例，他们分别列出了 LH 和 ER 两种反应路线中的各种中间过渡态，计算了每种过渡态生成的反应能量剖面。然后，他们评估了两种机制势能面的放热情况，最终证明 Fe_3O_4 和 $(Fe_3O_4)_2$ 均通过 LH 途径发生反应。此外，他们还通过微动力学模型对反应过程中的一系列动力学参数进行了评价，进一步证明了 Fe_3O_4 和 $(Fe_3O_4)_2$ 都是通过 LH 途径进行反应的。以类似的方式，他们的团队也对 $(Co_3O_4)_n$ 纳米酶和 $Co_nFe_{3-n}O_4$（$n=1\sim2$）纳米酶的 SOD 机制进行了评价。结果表明，与 $(Fe_3O_4)_n$ 不同，$(Co_3O_4)_n$ 通过 ER 途径被催化，$CoFe_2O_4$ 表现出比 Co_2FeO_4 更好的 SOD 拟酶活性。

参考文献

[1] Singh N，Mugesh G. $CeVO_4$ nanozymes catalyze the reduction of dioxygen to water without releasing partially reduced oxygen species. ACS Nano，2019，58：7797-7801.

[2] Dugan L L，Gabrielsen J K，Yu S P，et al. Buckminsterfullerenol free radical scavengers reduce excitotoxic and apoptotic death of cultured cortical neurons. Neurobiology of Disease，1996，3：129-135.

[3] Wang M，Wang D G，Chen Q，et al. Recent advances in glucose-oxidase-based nanocomposites for tumor therapy. Small，2019，15（51）：1903895.

[4] Hayat A，Andreescu S. Nanoceria Particles As catalytic amplifiers for alkaline phosphatase assays. Analytical Chemistry，2013，85（21）：10028-10032.

[5] Zhou F，Zhao X M，Xu H，et al. CeO_2 spherical crystallites：synthesis，formation mechanism，size control，and electrochemical property study. The Journal of Physical Chemistry，2007，111（4）：1651-1657.

[6] 张学青．中空及蛋黄—蛋壳结构金属氧化物纳米材料的制备及性能研究．长春：东北师范大学，2014.

[7] Hou J W，Margarita，González V M F，et al. Catalyzed and electrocatalyzed oxidation of L-Tyrosine and L-Phenylalanine to dopachrome by nanozymes. Nano Letters，2018，18（6）：4015-4022.

[8] Güngör S A，Köse M，Tümer F，et al. Photoluminescence，electrochemical，SOD activity and selective chemosensor properties of novel asymmetric porphyrin-Schiff base compounds. Dyes and Pigments，2016，130：37-53.

[9] Ines B H，Stefa L，Ivan S，et al. A potent superowide dismutase mimic：Manganese β-octabromo-meso-tetrakis-（*N*-methylpyridinium-4-yl）porphyrin. Archives of Biochemistry and Biophysics，1997，343（2）：225-233.

[10] 殷晓春，李刚，王荣民，等．金属叶啉白蛋白结合体模拟 SOD 酶性能研究．中国科学：化学，2013，43（2）：171-177.

[11] Riley D P. Functional Mimics of Superoxide Dismutase Enzymes as Therapeutic Agents. Chemical Reviews，1999，99（9）：2573-2588.

[12] Wang J H，Huang R L，Qi W，et al. Construction of a bioinspired laccase-mimicking nanozyme for the degradation and detection of phenolic pollutants. Applied Catalysis B：Environmental，2019，254：452-462.

[13] Guo S B，Guo L. Unraveling the multi-enzyme-like activities of iron oxide nanozyme via a first-principles microkinetic study. The journal of physical chemistry，C. Nanomaterials and interfaces，2019，123，50：30318-30334.

第4章

过氧化氢酶纳米酶

自2012年Chen等[1]发现氧化铁纳米粒子具有类过氧化氢酶活性以来，至今已发现超过100种过氧化氢酶纳米酶，主要包括Au、Pt、Ag、Pd、Ir等材料以及Ce、Fe、Mn、Ru、Cu、Mo的氧化物、硫化物、碳氮化物等。纳米酶的过氧化氢酶活性主要是催化过氧化氢分解产生氧气和水，因此该活性主要应用于两方面，一方面通过清除H_2O_2来减轻氧化应激从而治疗炎症，另一方面通过产生氧气来改善肿瘤乏氧环境从而促进肿瘤治疗。

过氧化氢纳米酶可以通过清除H_2O_2发挥抗氧化作用，减轻细胞和组织氧化应激引起的炎症和损伤。Zhang等[2]发现Fe_3O_4-过氧化氢酶纳米酶可用于保护细胞免受H_2O_2诱导的氧化应激和细胞凋亡，延缓衰老。此外，这些纳米酶在帕金森细胞模型中也发挥神经保护作用从而预防神经退行性疾病。黄兴禄团队开发了MnO_2-超氧化物歧化酶/过氧化氢酶纳米酶来治疗心脏缺血再灌注引发的自由基损伤，同时该纳米酶可以靶向线粒体。该纳米酶可以清除自由基，避免由高细胞毒性·OH和·O_2^-的产生引起的二次损伤，减轻线粒体氧化损伤并增强心脏功能的恢复。此外该活性还被用来缓解白内障，保护成骨细胞，调节炎症、血栓微环境等[3]。

4.1 过氧化氢酶纳米酶研究进展

过氧化氢酶（catalase，CAT），是一类具有催化H_2O_2分解为O_2和H_2O能力的酶[式(1)]，通常在生物体内与GPx、SOD及一些清除自由基的物质共同组成抗氧化防御系统，共同维持体内ROS的平衡。过氧化氢酶经常被用来清除多余的活性氧H_2O_2或提供按需的O_2用于癌症治疗和细胞保护。

自1937年Sumner等得到牛肝过氧化氢酶的结晶之后，人们开始利用不同的方法从各种动物组织和微生物中提纯过氧化氢酶，经过几十年对CAT的深度研究，人们合成了各种酶对CAT进行模拟，并且渐渐掌握了CAT的反应机理以及诸多化学性质。许多纳米材料如金属、金属氧化物、PB等具有类过氧化氢酶活性。目前，在一些Fe、Cu、Co和贵金属材料中已经发现了类似过氧化氢酶的催化活性。

$$2H_2O_2 \longrightarrow O_2 + 2H_2O \tag{1}$$

通常情况下，这些已报道的纳米材料具有类过氧化氢酶活性和其他模拟酶活性，pH或温度条件会使某些模拟酶活性占主导地位。在碱性条件下，H_2O_2有利于金属纳米材料（即金属纳米材料充当过氧化氢酶模拟物）表面的类酸分解为H_2O^*和O_2^*。此外，Pt和Pd比Au和Ag具有更好的模拟过氧化氢酶活性。利用Pt高效的产氧能力，发展了生物传感和光动力疗法（PDT），这将在下文中应用部分进行更多的讨论。

类似地，金属氧化物纳米材料（如 Co_3O_4、ZrO_2 等）和 PB 在较高 pH 条件下也表现出类过氧化氢酶活性。Wang 和他的同事在研究过氧化物酶活性时发现 Co_3O_4 NPs 的过氧化氢酶活性很弱[4]。进一步地，他们证明了将 pH 从酸性改变到中性甚至碱性条件会增强模拟过氧化氢酶的性质。深入的机理研究表明：一方面，Co(Ⅱ）会活化吸附的 H_2O_2 分解为 ·OH；另一方面，H_2O_2 与 OH^- 反应生成 OOH^-，再与 Co(Ⅲ）作用生成 O_2H；随着两种自由基的反应，最终会产生 H_2O 和 O_2。由于 PB 具有多种氧化还原形式，在较高的 pH 条件下 H_2O_2/O_2 的氧化还原电位较低，H_2O_2 容易将 PB（普鲁士蓝）氧化成 BG/PY（柏林绿/普鲁士黄），随后将 PY/BG 还原为 PB，并伴随着 O_2 的产生。

Wang 及其同事在研究 Co_3O_4 NPs 的过氧化物酶活性时发现随着温度和 pH 值的升高，POD 酶活性逐渐降低，CAT 酶活性逐渐增强。通过深入的机理研究表明，整个催化过程分为三步：①Co^{2+} 激活吸附的 H_2O_2 将其分解成 · OH；②H_2O_2 与 · OH 反应生成 · OOH，然后与 Co^{3+} 作用生成 · O_2H；③ · OH 与 · O_2H 这两个自由基反应，最终生成 H_2O 和 O_2[5]。Gao 课题组进行了详细的计算研究[6]，以 Au 为例，在 H 预吸附在 Au（111）表面的酸性溶液中，H_2O_2 可以进一步吸附在 Au（111）表面，并且吸附的 H_2O_2 发生类碱分解途径，形成吸附的 OH^* 和 H_2O^*，随后吸附的 OH^* 转化为 O^* 和 H_2O^*。当活性物种 O^* 进一步攻击底物时，完成了模拟过氧化物酶催化过程。相反，当 OH 预吸附在 Au（111）表面的碱性条件下，基底分子 H_2O_2 首先将一个 H 原子转移到预吸附的 OH 上，产生 H_2O^* 和 $HO_2{}^*$，之后，被吸附的 $HO_2{}^*$ 将一个 H 原子给另一个 H_2O_2，最终生成 $O_2{}^*$ 和 H_2O^*。因此，在碱性溶液中贵金属基过氧化氢模拟酶活性最高。

受上述例子的启发，其他具有类过氧化物酶活性的纳米材料也可以用来检测其类过氧化氢酶活性。为了进一步拓宽其应用范围，需要对其涉及的分子机制进行阐明。

就目前已经发现的具有内在 CAT 样活性的大量纳米材料进行分类。我们将介绍基于不同纳米材料的具有 CAT 活性的纳米酶，包括金属、金属氧化物、金属有机框架（MOF）、碳基纳米材料和其他具有 CAT 活性的纳米材料［如金属硫化物和普鲁士蓝（PB）等］。

4.2 金属基过氧化氢酶纳米酶

纳米级金属材料虽然通常被认为具有生物惰性，但由于其独特的结构和电子特性，也被发现具有类似于天然酶的内在酶学特性。由于价格低廉、具有一定程度的生物相容性、易于合成和活性可控，这些金属纳米材料有望在许多应用领域广泛用作天然酶的替代品。

4.2.1 贵金属基拟过氧化氢酶

正如之前介绍，金属基材料能模拟过氧化物酶和氧化酶活性，但同样也具备 CAT 模拟活性。因此，近年来，基于金属的拟 CAT 纳米酶引起了人们的广泛关注，例如 Au、Ag、Pt、Pd 纳米粒子（NPs）及其纳米复合材料。使用电子自旋共振光谱，He 等发现 Au NPs 在碱性条件下具有类似 CAT 的活性，能催化 H_2O_2 快速分解形成 O_2[7]。此外，据报道，胺末端 PAMAM 树枝状大分子包裹的 Au 纳米团簇（AuNCs-NH_2）在生理条件下出人意料地仍保留其 CAT 样活性[8]。他们认为 Au NPs 之所以具有类 CAT 活性，是由其表面金属原子或离子的氧化态变化引起的。

Ag NPs 根据不同的 pH 值具有可调的催化活性，因此可应用于生物医学和风险评估。研究人员提出，在酸性条件下观察到羟基自由基的形成，并伴随着 Ag NPs 的溶解。相反，

在含有 H_2O_2 和 Ag NPs 的碱性溶液中观察到 O_2 含量的增加，表明 Ag NPs 在碱性条件下表现出类 CAT 活性。Pt NPs 及其化合物也被发现具有类 CAT 活性。Li 等人提出多孔 Pt NPs 作为一种新的纳米医学平台，用于解决肿瘤治疗中辐射能量沉积不足和缺氧相关的辐射抗性问题。便携式溶解氧计用于测量混合了不同浓度多孔 Pt NPs 水溶液中的溶解氧浓度。不仅发现多孔 Pt NPs 可以有效地将 H_2O_2 转化为 O_2，而且样品溶液中 O_2 的浓度随时间的增长迅速增加。结果表明，多孔 Pt NPs 具有良好的类 CAT 活性，且活性对多孔 Pt NPs 浓度具有依赖性[9]。Pt@PCN222-Mn 由 Wei 及其同事制备，用于催化体内 ROS 清除以进行抗炎治疗。材料中掺入 Pt NPs 的作用是借助其过氧化氢酶活性去催化 H_2O_2 歧化为 H_2O 和 O_2。Pt NPs 是 CAT 模拟酶有前途的候选者，展现了显著的 CAT 催化活性，能够降低细胞内 ROS 水平并阻断导致炎症的下游途径。结果表明，Pt NPs 是生物相容性良好的纳米酶，可以作为 SOD、CAT 和 POD 类酶清除 ROS，具有与天然酶相似甚至更优的性能，同时对环境条件的变化具有更高的适应性。

通常，金属及其配合物具有 pH 依赖性行为。此外，将理论计算与能量势垒结果相比，Pt 和 Pd 具有优于 Au 和 Ag 的 CAT 酶活性。金属基纳米酶因其优异的类似 CAT 的活性已广泛应用于许多领域，这将在应用部分进行更多讨论。

4.2.2　过渡金属基拟过氧化氢酶

（1）锰基过氧化氢模拟酶

锰是人体内必需的微量元素之一，例如以金属离子的形式作为酶的活性中心和酶蛋白牢固结合、作为激素和维生素的载体或催化剂参与其生理作用、在生物氧化还原反应中起到电子传递和运载作用、维持核酸的正常代谢等。许多生物酶的活性中心都含有锰辅基，例如锰超氧化物歧化酶（MnSOD）、锰过氧化氢酶（MnCAT）、核苷酸还原酶等。其中，MnCAT 能够有效催化降解高浓度 H_2O_2，从而阻止其被还原为自由基，保护机体的正常细胞和组织免受自由基的攻击与破坏。此外，过氧化氢酶除了能分解带有过氧基的底物，如过氧化氢、叔丁基过氧化氢之外，还能催化氧化许多化合物，如对甲酚、联苯三酚、对苯二胺等。因此，MnCAT 被广泛用于食品工业、造纸、有机物降解及一切需快速清除 H_2O_2 的领域。但天然酶在使用过程中存在分离纯化难，催化活性易受到外界环境如温度、pH 值、有机溶剂等因素抑制，使用成本高等问题。

基于上述原因，模拟酶应运而生，大量研究者开始尝试合成不同类型的含锰酶模型配合物来模拟天然酶的结构和功能并取得一些成绩，这方面的工作不但有利于加深人们对含锰酶的认识，同时也会推动其在食品、化学、工业等方面应用的进步。

在生物体系中，与金属锰配位的原子一般为蛋白质中的 O 和 N 原子，这些原子主要来自羧基、烷氧基、苯氧基、组氨酸中的咪唑基。因此关于 MnCAT 模型化合物的合成通常先设计并制备合适的配体，再将配体与锰进行络合反应，以此来合成在结构、光谱学、功能等方面有相似性的模型化合物。按照配体的结构类型，分以下几种类型介绍已知的两类锰过氧化氢酶模型化合物。

① 卟啉环类为配体。Naruta 等合成出一系列的二卟啉-双锰（Ⅲ）化合物，结构见图 4-1[10]，并证实了在水相中能催化 H_2O_2 分解。其结构特点在于具有被卟啉环包围的空腔，且两个锰离子之间的间距可变，在催化过程中双锰价态由三价转变为四价，表现出较好的类似过氧化氢酶的催化活性。但不足之处在于必须有甲基咪唑参与的情况下催化活性才能表现出来，并且所合成的配合物的配位环境与天然 MnCAT 也不相同，而后者则被认为直接决定催化剂的催化特性。

② 大环配合物。大环配合物具备高稳定性，且其自身能够通过模板缩合反应形成双核、多核配合物，在催化、模拟、材料科学领域受到关注。尤其是双酚亚氨基大环配体，两个氧原子能够形成独特的双室配位结构，有利于形成稳定的双核配位化合物而呈现高催化活性。Robson 等首次合成了席夫碱双酚形式大环配体，实验结果证明该配体能够与 Mn(Ⅱ)、Fe(Ⅱ)、Cu(Ⅱ)、Ni(Ⅱ)、Co(Ⅱ) 等多种金属形成多核配合物且具有较高的稳定性和选择性。Okawa 等则在此基础上合成出一系列闭环和开环配体。结果见图 4-2[11]。

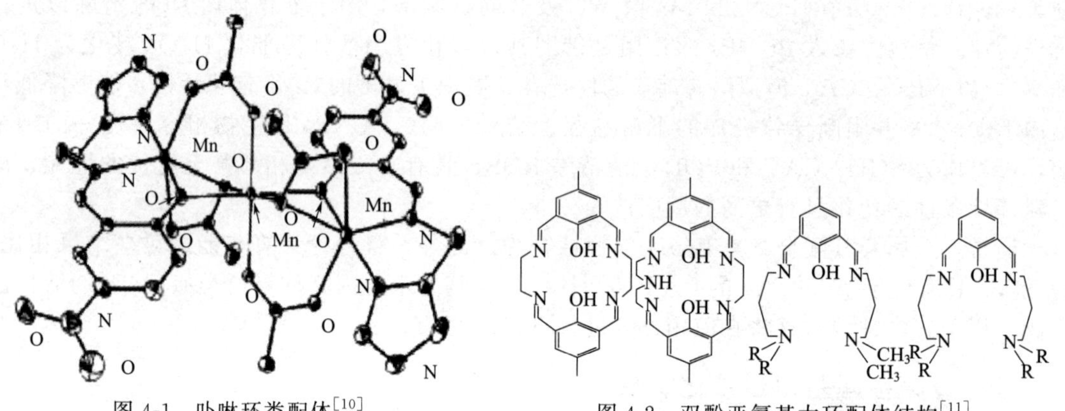

图 4-1 卟啉环类配体[10]

图 4-2 双酚亚氨基大环配体结构[11]

（2）铁基过氧化氢模拟酶

Prieto[12] 小组对从两种细菌中提取出来的过氧化氢酶 HPC（helicobacter pylori catalase）和 PVC（penicillium vitale catalase）进行了模拟研究。发现其活性中心为一个含血红素辅基的亚基，该辅基的形式为铁卟啉结构。

研究发现，整个反应过程包括两步（如图 4-3），首先第一个 H_2O_2 与过氧化氢酶接触，氧化成 Cpd Ⅰ；动力学研究表明 Cpd Ⅰ一生成就会立刻与第二个 H_2O_2 反应放出氧气与水。对于 HPC 与 PVC，活性中心的分子结构是有所区别的。Prieto 等人分别用 heme b 和 heme d 来表示 HPC 和 PVC 中活性位点的结构（如图 4-4）。

$$\text{Enz(Por-Fe}^{\text{III}}\text{)}+H_2O_2 \longrightarrow \text{Cpd I (Por}^{\cdot +}\text{-Fe}^{\text{IV}}\text{=O)}+H_2O \quad (1)$$

$$\text{Cpd I (Por}^{\cdot +}\text{-Fe}^{\text{IV}}\text{=O)}+H_2O_2 \longrightarrow \text{Enz(Por-Fe}^{\text{III}}\text{)}+H_2O+O_2 \quad (2)$$

图 4-3 反应过程[13]

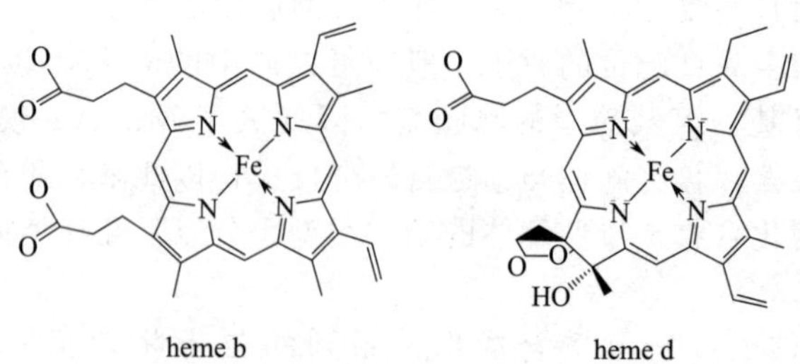

图 4-4 heme b 与 heme d 的分子结构[13]

研究者通过计算发现在第二步反应中存在两种机理，一种遵循 Fita-Rossmann[14] 提出的组氨酸媒介机理（His-mediated mechanism）。组氨酸残基含有一个咪唑环，实际反应中咪唑协助了质子的转移，如图 4-5(a)。反应还可以按照第二种直接转移的机理（direct mechanism）进行，如图 4-5(b)。在 PVC 中，只证实了组氨酸媒介机理存在，而在 HPC 中，当组氨酸残基被移除以后，反应可以沿着直接转移机理进行。

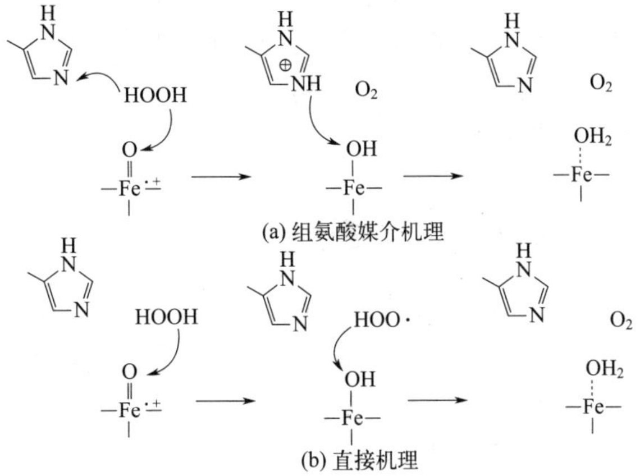

(a) 组氨酸媒介机理

(b) 直接机理

图 4-5　Cpd Ⅰ还原的两种可能机理[14]

4.3　金属氧化物基过氧化氢酶纳米酶

除了基于金属 NPs 及其纳米复合材料外，金属氧化物纳米材料也被证明具有拟 CAT 活性。最初，发现的最典型的金属氧化物 CAT 模拟物是二氧化铈（CeO_2）NPs。研究人员发现，CeO_2 NPs 表现出 CAT 模拟活性在很大程度上取决于 Ce 的氧化还原状态，尤其是 Ce^{3+} 的氧化还原态，这与表面电荷和清除超氧化物特性之间的关系形成对比。通过调整 Ce 的价态比例，我们可以改变 CeO_2 NPs 的催化活性。据研究报道结果显示，Ce^{3+}/Ce^{4+} 比例较低时，CeO_2 NPs 表现为类 CAT 活性。然而，当 Ce^{3+}/Ce^{4+} 比例较高时，CeO_2 NPs 表现出 SOD 催化活性。因此，CeO_2 NPs 因其氧化还原态依赖性和类 CAT 特性而被广泛使用。另一种通过氧化还原态调节金属氧化物活性的是 Mn_3O_4 NPs。报告显示，Mn_3O_4 NPs 可以模拟三种主要的酶活性，即 SOD、CAT 和 GPx，并且多酶活性取决于材料本身的大小和形态。在被发现是 SOD 模拟物后，Fe_3O_4 NPs 被认为可以具有多种酶活性，包括 CAT 样活性。Song 及其同事报告说，Fe_3O_4 NPs 可以模拟 CAT 并分解 ROS。这些 NPs 对衰老、代谢紊乱和神经退行性疾病具有潜在的治疗用途，其中 ROS 的产生、增加与此密切相关。Fe_3O_4 NPs 的拟 POD 和拟 CAT 活性具有 pH 依赖性。结果表明，Fe_3O_4 NPs 在模拟中性胞质溶胶条件下表现为 CAT 模拟酶活性，而在模拟酸性溶酶体条件下则表现为 POD 模拟活性。

此外，还发现氧化钴（Co_3O_4）NPs 具有内在的 POD 和 CAT 催化活性。研究人员合成了包括纳米板、纳米棒和纳米立方体在内的不同形貌的 Co_3O_4 纳米粒子，来研究它们类 CAT 催化活性的不同，发现 Co_3O_4 NPs 的 CAT 催化活性高低与其形貌有关，根据 CAT 活性大小排序为纳米板＞纳米棒＞纳米立方体。还有对 pH 调控 Co_3O_4 NPs 的酶活类型和形状依赖性研究，以及 CAT 和 SOD 模拟活性机制研究。Hao 和同事们合成了模拟 POD、SOD、CAT 和 GPx 的 CuxO 纳米粒子簇，这些纳米簇在生物医学、生物传感和生物催化应用中具有巨大潜力。超小型铜基（$Cu_{5.4}O$ US）NP 由 Liu 等人开发，同时具有 CAT、SOD 和 GPx 模拟酶特性，在极低剂量下对 ROS 介导的细胞损伤表现出阻碍作用，并可显著改善炎症相关疾病的治疗效果[15]。Zhen 等人提出的牛血清白蛋白氧化铱（BSA-IrO_2）NPs，可以作为过氧化氢酶保护正常细胞免受 H_2O_2 诱导的活性氧压力和炎症的影响，同时通过基于微泡的惯性空化显著增强光声成像[16]。此外，他们还提出氧化铱（IrOx）NPs 具有酸激活的 OXD 和 POD 模拟活性以及广泛 pH 依赖的 CAT 模拟特性[17]。通过快速简便的一锅法合成了 VOx 纳米薄片，并研究了它们的芬顿反应和酶模拟活性。据报道，VOx 表现出出色的内在 POD 模拟活性和 CAT 催化活性[18]。Li 等还证明了 V_6O_{13} 纳米织物在功能上模拟了 OXD、POD 和 CAT 的多酶催化活性[19]。

4.4 MOF 的过氧化氢酶纳米酶

MOF 及其衍生物由于其定义明确的配位网络、介孔结构和可调孔隙率，有望作为酶促反应中天然酶的直接替代物。同样，基于 MOF 基的纳米材料也因其孔隙率、功能性、比表面积和化学/热稳定性而广泛用于 CAT 模拟物。Liu 等人提出的 PtNPs 装饰的 MOFs（PCN-224-Pt MOFs）具有高度稳定性和类 CAT 活性[20]。由 Tang 等人设计合成的具有 CAT 活性的 MnTCPP-Hf-FA MOF NPs，可以增强缺氧癌症的 RT（放射疗法）并防止癌症复发。Li 等通过逐步原位生长方法将黑磷量子点和过氧化氢酶封装到 MOF 中[21]，合成了具有类 CAT 活性的 BQ-MIL@cat-MIL，可将 H_2O_2 催化分解成 O_2。Liu 等人合成了卟啉 MOFs-AuNPs 纳米杂化物[22]，基于其 CAT 催化活性，能显著增强放疗效果，抑制肿瘤生长。

一些研究人员提出了一种基于 MOF 的介孔纳米酶，称为 MCOPP NE，包含源自 $Mn_3[Co(CN)_6]_2$ MOF 的介孔氧化钴锰（$Mn_{1.8}Co_{1.2}O_4$＝MnCoO），并用聚多巴胺和聚乙二醇（PEG）进一步修饰，具有良好的类 CAT 活性，可有效地将内源性 H_2O_2 分解为 O_2。且催化过程不损耗催化剂本身亦不依赖于外部激活，表明其具有持久的催化能力。Zeng 等人制造了一种新型 MOF 基纳米酶 Mn_3O_4-PEG@C&A，它的内在 CAT 催化活性可将 H_2O_2 分解为 O_2，并同时消耗谷胱甘肽，以增强光动力疗法（PDT）的功效[23]。此外，You 等人提出了具有显著拟 CAT 活性的 ICG-PtMGs@HGd 纳米平台，促进内源性 H_2O_2 连续分解为 O_2，以增强缺氧肿瘤微环境（TME）下的 PDT 效果。Sun 等设计并构建了一种可控性的新型 MOF 基的药物递送系统（BSA-MnO_2/Ce_6@ ZIF-8）。在该体系中，BSA-MnO_2 NPs 具有类 CAT 活性，在酸性溶液中的 H_2O_2 存在下具有自供氧能力，可缓解癌细胞缺氧情况，从而大大提高 PDT 效率。

综上所述，MOF 基纳米材料可作为 CAT 模拟酶被进一步应用，这将在应用部分被讨论。

4.5 碳基拟过氧化氢酶纳米酶

碳基材料由于其独特的电子特性、明确的电子结构以及高孔隙率和高催化中心的机械性能，也被报道为生物医学应用的 CAT 模拟物。碳量子点、石墨烯、碳纳米管、碳纳米球等各种碳基纳米材料的酶学性质得到了广泛的研究。Fan[24] 等人充分利用纳米材料的类似 CAT 的活性，开发了氮掺杂的多孔碳纳米球（N-PCN）纳米酶。该纳米球具有包括 OXD、POD、CAT 和 SOD 酶在内的多种酶催化活性。此外，Gao 等报道了具有 SOD、CAT、POD、OXD 和尿酸酶（UOx）多种酶样活性的金属配位氮杂环 Fe-N_4-C 基质。Fe-N_4-C 基质过氧化物酶体是一种新型的人工过氧化物酶体，可为人工细胞器生物医学应用提供新的策略。

由此可见，纳米材料的酶催化活性不仅局限于一种，往往都具备多种酶活性，但是在某一条件下最大概率表现为其中一种酶催化活性，具体将在下文多重酶活性材料与应用两部分详细描述。

4.6　其他具有过氧化氢酶活性的纳米材料

还有许多其他具有内在类 CAT 活性的纳米材料被发现，例如 PB、金属硫化物等。Zhang 等人最初发现 PB 纳米颗粒是具有 CAT 和 SOD 样活性的多酶活模拟物。他们提出，由于 PB 纳米颗粒的不同形式具有丰富的氧化还原电势，使它们成为有效的电子转运体，因此具有模拟多酶活的能力[25]。Cai 等人合成了聚乙二醇化 HA 功能化的 PHPBNs 负载 GOx（PHPBNs-S-S-HA-PEG@GOx），其中 PHPBNs 具有类 CAT 活性，能催化瘤内 H_2O_2 分解成 O_2。为了提供更合适的诊断治疗候选物，通过一锅法制备了尺寸小于 50nm 的 PB/MnO_2 杂化 NPs（PBMn)。PBMn 纳米材料可作为 CAT 模拟酶用于光声成像（PAI)。Zhang 等开发了具有多酶活性的中空 PB 纳米酶（HPBZs)，以清除缺血性中风大鼠模型中的 ROS。简单地说，HPBZs 因其类 CAT 活性可以通过将 H_2O_2 分解为 H_2O 和 O_2 来清除 H_2O_2。研究人员提出的 PB 修饰铁蛋白纳米颗粒（PB-Ft NPs）可以作为 POD 和 CAT 模拟物。PB-Ft NPs 在 pH 高于 5.0 时表现出类似 CAT 的催化活性，产生的氧气通过溶解氧电极测量[26]。当然，还有许多其他纳米材料表现出 CAT 模拟活性，例如 IMSN-PEG-TI、SP94-PB-SF-Cy5.5 NPs、DOX/CP-NI NPs。

参考文献

[1] Chen Z W, Yin J J, Zhou Y T, et al. Dual enzyme-like activities of iron oxide nanoparticles and their implication for diminishing cytotoxicity. ACS Nano, 2012, 6 (5): 4001-4012.

[2] Zhang Y, Wang Z Y, Li X J, et al. Dietary iron oxide nanoparticles delay aging and ameliorate neurodegeneration in drosophila. Advanced Materials, 2016, 28 (7): 1387-1393.

[3] Cao C Y, Zou H, Yang N, et al. $Fe_3O_4/Ag/Bi_2MoO_6$ photoactivatable nanozyme for self-replenishing and sustainable cascaded nanocatalytic cancer therapy. Advanced Materials, 2021, 33 (52): 2106996.

[4] Mu J S, Wang Y, Zhao M, et al. Intrinsic peroxidase-like activity and catalase-like activity of Co_3O_4 nanoparticles. Chemical Communications, 2012, 48 (19): 2540-2542.

[5] Guo J J, Wang Y, Zhao M. A label-free fluorescence biosensor based on a bifunctional MIL-101 (Fe) nanozyme for sensitive detection of choline and acetylcholine at nanomolar level. Sensors and Actuators B: Chemical, 2019, 297: 126739.

[6] Li J, Liu W Q, Wu X C, et al. Mechanism of pH-switchable peroxidase and catalase-like activities of gold, silver, platinum and palladium. Biomaterials, 2015, 48: 37-44.

[7] He W W, Zhou Y T, Wamer W G, et al. Intrinsic catalytic activity of Au nanoparticles with respect to hydrogen peroxide decomposition and superoxide scavenging. Biomaterials, 2013, 34 (3): 765-773.

[8] Liu C P, Wu T H, Lin Y L, et al. Tailoring enzyme-like activities of gold nanoclusters by polymeric tertiary amines for protecting neurons against oxidative stress. Small, 2016, 12 (30): 4127-4135.

[9] Li Y, Yun K H, Lee H, et al. Porous platinum nanoparticles as a high-Z and oxygen generating nanozyme for enhanced radiotherapy in vivo. Biomaterials, 2019, 197: 12-19.

[10] Naruta Y, Sasayama M A, Sasaki T. Oxygen evolution by oxidation of water with manganese porphyrin dimers. Angewandte Chemie-International Edition in English, 1994, 33 (18): 1839-1841.

[11] Okawa H, Sakiyama H. Dinuclear Mn complexes as functional models of Mn catalase. Pure and Applied Chemistry, 1995, 67 (2): 273-280.

[12] Prieto M A, Biarnés X, Vidossich P, et al. The molecular mechanism of the catalase reaction. Journal of the American Chemical Society, 2009, 131 (33): 11751-11761.

[13] 张婷，卢楠．过氧化氢模拟酶的理论研究进展．山东化工，2011，40（2）：36-41.

[14] Fita I, Rossmann M G. The active-center of catalase. Journal of Molecular Biology, 1985, 185 (1): 21-37.

[15] Liu T F, Xiao B W, Xiang F, et al. Ultrasmall copper-based nanoparticles for reactive oxygen species scavenging and alleviation of inflammation related diseases. Nature Communications, 2020, 11 (1): 2788.

[16] Zhen W Y, Liu Y, Lin L, et al. BSA-IrO_2: Catalase-like nanoparticles with high photothermal conversion efficiency and a high x-ray absorption coefficient for anti-inflammation and antitumor theranostics. Angewandte Chemie, 2018, 130: 10466-10470.

[17] Zhen W Y, Liu Y, Wang W, et al. Specific "unlocking" of a nanozyme-based butterfly effect to break the evolutionary fitness of chaotic tumors. Angewandte Chemie-International Edition, 2020, 59 (24): 9491-9497.

[18] Zeb A, Xie X, Yousaf A B, et al. Highly efficient fenton and enzyme-mimetic activities of mixed-phase VO_x nanoflakes. ACS Applied Materials & Interfaces, 2016, 8 (44): 30126-30132.

[19] Duan C X, Li F E, Yang M H, et al. Rapid synthesis of hierarchically structured multifunctional metal-organic zeolites with enhanced volatile organic compounds adsorption capacity. Industrial & Engineering Chemistry Research, 2018, 57 (45): 15385-15394.

[20] Liu Y F, Cheng Y, Zhang H, et al. Integrated cascade nanozyme catalyzes in vivo ROS scavenging for anti-inflammatory therapy. Science Advances, 2020, 6 (29): 1-10.

[21] Li S S, Shang L, Xu B L, et al. A nanozyme with photo-enhanced dual enzyme-like activities for deep pancreatic cancer therapy. Angewandte Chemie-International Edition, 2019, 58 (36): 12624-12631.

[22] Liu J T, Liu T R, Du P, et al. Metal-Organic Framework (MOF) hybrid as a tandem catalyst for enhanced therapy against hypoxic tumor cells. Angewandte Chemie-International Edition, 2019, 58 (23): 7808-7812.

[23] Zeng X M, Yan S Q, Chen P, et al. Modulation of tumor microenvironment by metal-organic-framework-derived nanoenzyme for enhancing nucleus-targeted photodynamic therapy. Nano Research, 2020, 13 (6): 1527-1535.

[24] Fan K L, Xi J Q, Fan L, et al. In vivo guiding nitrogen-doped carbon nanozyme for tumor catalytic therapy. Nature Communications, 2018, 9: 1440.

[25] Zhang W, Hu S L, Yin J J, et al. Prussian blue nanoparticles as multienzyme mimetics and reactive oxygen species scavengers. Journal of the American Chemical Society, 2016, 138 (18): 5860-5865.

[26] Xu R, Yao L, Kang J, et al. Preparation and photocatalytic activity of CTAB and La^{3+} Co-doped nanometer TiO_2 thin films. Rare Metal Materials and Engineering, 2012, 41: 615-618.

第5章

氧化酶纳米酶

天然氧化酶（oxidase，OXD）由于在需氧生物的进化中发挥关键作用而备受关注。天然氧化酶可以在分子氧 O_2（或其他氧化试剂）的辅助下催化底物氧化为相应氧化产物并产生 $H_2O/H_2O_2/O_2^{\cdot -}$，其中底物作为电子供体，氧气作为电子受体。作为电子受体的分子氧（O_2）本身被还原为水（H_2O）或过氧化氢（H_2O_2）。

$$O_2 + AH \longrightarrow H_2O + A$$

$$O_2 + AH + H_2O \longrightarrow H_2O_2 + A$$

类 OXD 纳米酶根据电子供体的作用基团可分为氨基类、CH—OH 类（葡萄糖氧化酶 GOx)、Ph—OH 类（多酚氧化酶)、硫类（亚硫酸氧化酶、SuOx）和亚铁离子类（铁氧化酶和细胞色素 c 氧化酶）等。各种氧化酶如葡萄糖氧化酶、尿酸氧化酶等，作用于不同的底物，其共同特征是氧化底物的同时将氧还原成过氧化氢。迄今为止，已经报道了多种纳米材料可以作为氧化酶模拟物的最新进展，特别是除模型底物（即 TMB 和 ABTS）外的其他特定氧化酶底物的探索。目前，研究人员已经发现铁基、锰基、金基等纳米酶具有氧化酶活性。表 5-1 为将不同种类纳米酶作为氧化酶模拟酶的催化动力学参数及不同底物的比较。

表 5-1　氧化酶模拟酶的动力学参数

材料		底物	K_m/(mmol/L)	V_{max}/[nmol/(L·s)]	K_{cat}/s^{-1}	参考文献
金属	银	TMB	0.69	1.8×10^2		[1]
		TMB	0.119	2.14×10^2		[2]
	金	葡萄糖	4.73±0.37	$(6.8\pm0.3)\times10^2$	47.33±2.00	[3]
			17.67±2.07	$(1.8\pm0.4)\times10^2$	12.00±2.00	
			6.98±0.69	$(5.3\pm0.4)\times10^2$	35.33±2.67	
		葡萄糖	7.54	2.6×10^2	26.46	[4]
		葡萄糖	6.97	6.3×10^2	18.52	[5]
	铂	TMB	0.63	2.7×10^3		[6]
		槲皮素	5.437×10^{-2}	5.79×10^3	2.4482×10^3	[7]
	Pt-Se	TMB	2.9×10^{-2}	1.169×10^4	1.3×10^{-2}	[8]
金属氢氧化物	钴-铁层状双氢氧化物	TMB	0.05	3.87×10^2		[9]

续表

材料		底物	K_m/(mmol/L)	V_{max}/[nmol/(L·s)]	K_{cat}/s^{-1}	参考文献
金属氧化物	氧化铈	TMB	3.8	7.0×10^2		[10]
			1.9	6.0×10^2		
			1.8	5.0×10^2		
			0.8	3.0×10^2		
		TMB	0.42			[11]
		多巴胺	2.5×10^{-4}			[12]
		邻苯二酚	0.18			
		ABTS	6.2×10^{-2}	5.5×10^2	12.84	[13]
		TMB	0.14	63	1.47	
		TMB	0.22	4.8×10^2		[14]
		TMB	2.01			[15]
			0.79			
			0.27			
			0.23			
			0.15			
	Co_3O_4	ABTS	3.7×10^{-2}	32		[16]
	Mn_3O_4	TMB	2.5×10^{-2}	50.7		[17]
	Tb_2O_3	TMB	0.123	2.6×10^3		[18]
	二氧化钛	TMB	0.107	1.565×10^2		[19]
MOF	$Co/2FeH_3BTC$	TMB	0.199	3.9		[20]
	Ce-MOF	TMB	3.7×10^{-4}	5.5×10^3		[21]
其他	Se	TMB	8.3	5.07		[22]
	$CeVO_4$	TMB	9.859×10^{-2}	39.4		[23]
	混合价态钴	TMB	8.8×10^{-4}	18		[24]
复合材料	$Ag@Ag_3PO_4$	TMB	0.11			[25]
		邻苯二胺	1.23			
	Au@Ag@ICPs（无限配位聚合物）	亚甲基蓝	4.31×10^{-3}	1.27×10^2		[26]
			6.75×10^{-3}	97		
			1.3×10^{-2}	88		
			3.55×10^{-2}	81		
	Au@C	TMB	0.17	49.2		[27]
	$CNF/MnCo_2O_{4.5}$	TMB	0.04	64.5		[28]
	$FeSe\text{-}Pt@SiO_2$	葡萄糖	2.45	5.1×10^{-3}		[29]
	叶酸-聚氧乙烯酯类	TMB	2.6×10^{-3}	1.33×10^3		[30]
			3.2×10^{-4}	1.46×10^4		
	HRP-Au 纳米簇	TMB	0.125	35.7		[31]

以上具有氧化酶活性的纳米酶，不论是具有拟葡萄糖氧化酶还是拟多酚氧化酶等活性，其主要催化机理是纳米酶作为电子转移的桥梁，实现电子从氧化剂到还原剂的转移，从而实现了对氧化还原反应的催化作用。以下将对多酚氧化酶中的漆酶模拟酶以及葡萄糖氧化酶模拟酶进行重点介绍。

5.1 模拟多酚氧化酶

多酚氧化酶（PPO）是一种活性中心含铜的单氧酶，首先，将单酚羟基氧化成邻二酚，这称为甲酚酶活性；其次，邻二酚被氧化成邻醌类，称为儿茶酚酶活性。这样形成的醌聚合成棕色或黑色色素。这些色素就是导致水果和蔬菜酶促褐变的原因。这些酶通常被称为酪氨酸酶、漆酶、酚氧化酶或者多酚氧化酶。多酚氧化酶是一种高活性酶，底物范围广，是催化酚类生物转化的良好选择。这些酶已在真菌、高等植物、节肢动物、两栖动物、哺乳动物中被发现，并表现出不同的底物特异性，甚至在含有腐烂植物的土壤中也检测到了其活性。

近年来，由于多酚氧化酶越来越受人们关注，纳米酶模拟多酚氧化酶活性的研究被广泛探索。一个有趣的发现是多酚［如槲皮素、L-多巴、r(－)-表儿茶素和咖啡酸］能通过 Pt 的儿茶酚氧化酶模拟活性氧化成相应的邻醌。与蘑菇酪氨酸酶相比，虽然槲皮素与 PtNPs 的亲和力较低，但 PtNPs 的催化效率是蘑菇酪氨酸酶的 20 倍。这些结果表明，PtNPs 对多酚类化合物抗氧化活性具有重大影响，因此 PtNPs 在未来应用中值得被考虑。最近，Hou 和同事报道了在抗坏血酸和 H_2O_2 存在下，某些纳米材料（例如 CuFe-PB 模拟酶纳米材料、Fe_3O_4 NPs 和 AuNPs）也可以作为酪氨酸酶模拟物，将 L-酪氨酸氧化为 L-多巴，随后将 L-多巴氧化为多巴色素。抗坏血酸和 H_2O_2 的混合物被证明在氧化反应中是必不可少的[32]。

经历漫长的研究，将多酚氧化酶从广义上分为三大类：单酚单氧化酶（酪氨酸酶）、双酚氧化酶（儿茶酚氧化酶）和漆酶。漆酶作为一种含四个铜离子的多酚氧化酶，发生反应后唯一的产物就是水，从本质上是一种环保型酵素，因此近年来漆酶也成为众多学者的研究对象。接下来将对漆酶进行讲解。

5.2 模拟漆酶氧化酶

漆酶以其独有的环境友好特性成为众多纳米酶中热门的研究对象，利用纳米材料模拟天然漆酶活性的研究也被广泛探索，并广泛应用于生物传感、食品分析等领域。研究者们不仅追求在催化活性上进行模拟，同时还在结构模拟上不断向天然漆酶进行靠近，最终实现了在生物传感、食品分析和工业加工中的应用。如 2017 年 Liang 等人首次报道了具有漆酶活性的纳米酶，如利用鸟苷一磷酸（GMP）和铜通过配位形成的漆酶模拟物，该工作表明纳米酶的活性来源于鸟苷和 Cu^{2+}，这也成为漆酶模拟酶研究的开端[33]。随后又有研究者更换配体合成多种漆酶模拟酶，例如，Zhang 等人以二价的铜为催化中心，谷胱甘肽（GSH）作为配体合成了具有较高催化活性的漆酶类似物（LM 纳米酶）。它是由大量的一价铜和二价铜与硫醇/氨基配位构成的。之后，LM 纳米酶被用作传统酶联免疫吸附测定（ELISA）中天然酶的强大替代品。该工作不仅丰富了纳米酶的多样性，也拓宽了纳米酶在生物传感领域的应用前景[34]。

天然漆酶的活性中心是铜离子。近年来，已经陆续开发了一些铜基纳米材料，如铜核苷酸/DNA 配位化合物、铜-氨基酸/肽/蛋白质配位化合物等铜基纳米材料，成功模拟了漆酶活性。同时，除含铜的纳米材料外，其他金属基纳米材料也被发现具有漆酶活性，如铂纳米颗粒、锰氧化物等。下面几节将详细介绍这些内容。

漆酶可以将几种底物（例如，多酚、多胺和芳基二胺）利用氧气氧化为相应的氧化产物和 H_2O。由于 Cu^{2+} 是天然漆酶中的活性中心，因此研究多以铜基纳米材料为主合成漆酶模拟酶。

2015 年，Wang 和同事选择[35] 聚甲基丙烯酸钠盐通过一步水热法合成含铜碳点（Cu-CDs）作为漆酶模拟物。合成的 Cu-CDs 尺寸在 10nm 左右，具有荧光特性，在 460nm 处发射出蓝色荧光。且可以利用氧气氧化漆酶底物对苯二胺（PPD），如图 5-1(A) 所示（书后附彩图）。通过比较 Cu-CDs 和 CDs 的催化活性，证明了铜中心原子在催化反应中的重要作用［图 5-1(B)］。Cu-CDs 纳米酶进一步应用于 PPD 的去除和对苯二酚的检测［图 5-1(C)］，这为此漆酶模拟物在环境修复和生物检测方面[36] 的应用提供了有力支持。

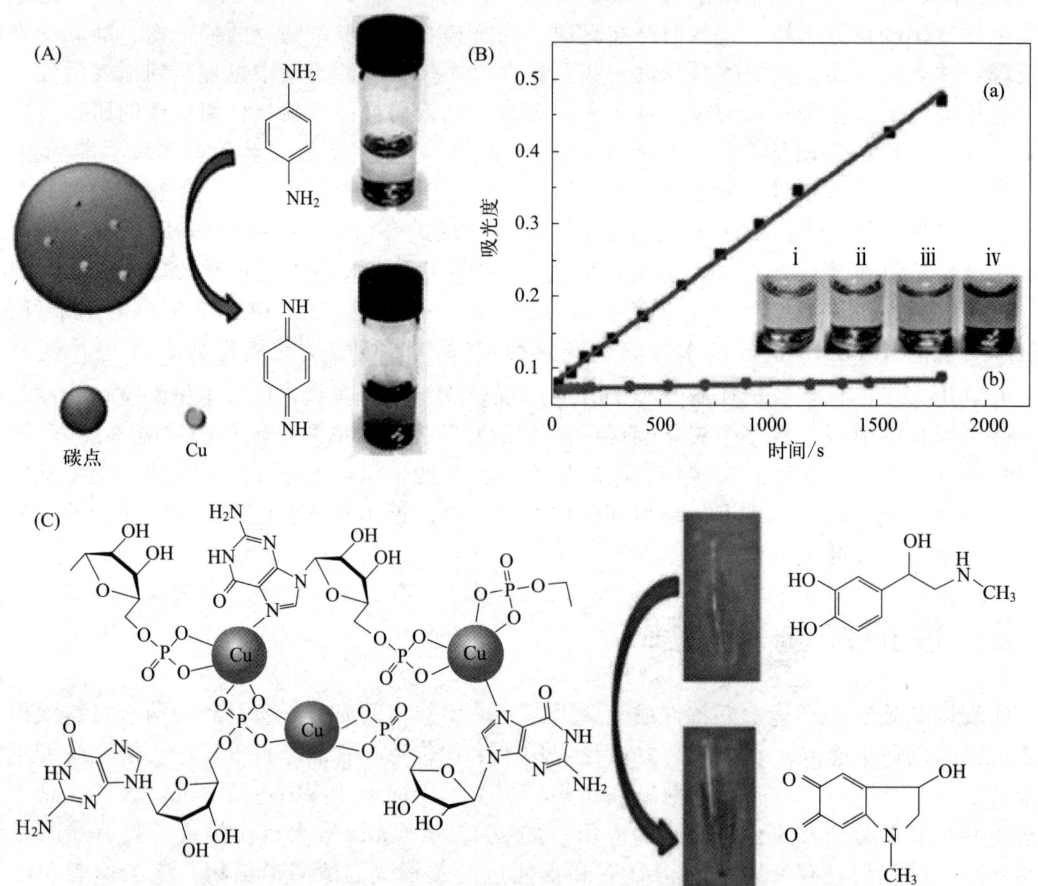

图 5-1 （A）Cu-CDs 与底物 PPD 的类漆酶催化显色反应示意图[35]；（B）PPD 在 Cu-CDs（a）或 CDs（b）溶液中 495nm 处吸光度随时间的变化[36]；［插图：PPD 氧化反应图像，从左到右依次为 Cu-CDs 溶液（ⅰ）、10mmol/L PPD 溶液（ⅱ）、10mmol/L PPD＋CDs 溶液（ⅲ）和 10mmol/L PPD＋Cu-CDs 溶液（ⅳ）］；（C）Cu^{2+} 与 GMP 反应形成漆酶模拟物的方案[36]

（1）核苷酸与铜配位

基于漆酶活性中心，Liang 等报道了核苷酸与铜配位形成具有漆酶活性的非晶态金属-有机骨架（Cu/GMP），如图 5-2 所示。该材料底物范围广，可催化氯酚、对苯二酚、肾上腺素等多种漆酶底物，且不产生过氧化氢。肾上腺素检出限（LOD）为 0.41mg/L，与天然漆酶测定肾上腺素相比效果更好。同时动力学实验结果也表明，Cu/GMP 具有比天然漆酶更好的催化效率。而在其对比活性实验验证中证明了铜离子是其发挥漆酶活性所必需的，且不能被其他金属离子取代。此外，该漆酶在 pH 值为 3～9、温度在 30～90℃、高盐浓度和长期贮存等极端条件下也表现出良好的稳定性[37]。同时，Zhang 团队还提出了通过在氧化铁磁性纳米颗粒基底表面生长一层铜核苷酸配位化合物来合成固定化纳米酶，以实现酚类污染物的去除和酶的可重复使用，这进一步增强了材料在环境修复中的应用潜力[38]。

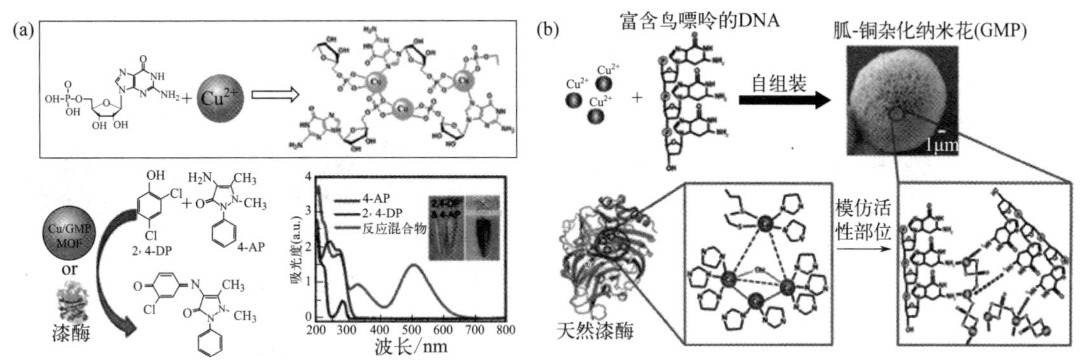

图 5-2 (a) Cu^{2+} 与单磷酸鸟苷（GMP）形成无定形 MOF 的合成过程，同时通过催化 2,4-DP 和 4-AP 反应，验证了 Cu/GMP 的漆酶活性[37]；(b) Cu^{2+} 与富含鸟嘌呤的 DNA 反应形成具有漆酶活性的杂交纳米花的示意图[38]

此外还拓展了一些基于铜核苷酸纳米酶的应用。首先，开发了一种双模比色荧光传感器，用于碱性磷酸酶（ALP）的测定，如图 5-3(a) 所示。这些纳米材料由三磷酸腺苷（ATP）、二磷酸腺苷（ADP）、一磷酸腺苷（AMP）三种相同浓度的核苷酸（3mmol/L）和铜离子组成。且三种材料在多酚氧化酶活性和荧光强度上表现出显著差异。当 ALP 将 ATP 水解为 ADP 和 AMP 时，多酚氧化酶活性和荧光强度增强，且与 ALP 浓度呈正相关。多酚氧化酶活性通过 2,4-二氯苯酚（2,4-DP）和 4-氨基安替比林（4-AP）组成的比色反应体系进行验证。基于此建立的比色法和荧光法对 ALP 的检出限分别能达到 0.3U/L 和 0.45U/L，且方法对 ALP 有较高的选择性[39]，可用于血清样品中 ALP 的测定，展示出重要的医学诊断潜力。另一个应用是制备荧光聚合物量子点配位 AMP 和铜离子（Pdots@AMP-Cu）的纳米复合材料，用于检测多巴胺，如图 5-3(b) 所示。该纳米复合材料具有漆酶活性，可以氧化多巴胺形成黑色素，黑色素反过来作用于 Pdots@AMP-Cu，通过电子转移猝灭其荧光[40]。

基于铜核苷酸的漆酶模拟物除了在医疗诊断方面的潜力外，还可用于食品工业。如图 5-3(c) 所示，一个以三种漆酶模拟酶（Cu-ATP，Cu-ADP 和 Cu-AMP）为指示器的传感器阵列，成功区分了 12 种不同的金属离子。来自不同生长环境的茶叶样品可以进一步区分，因为它们的金属离子积累不同。在盲样检测实验中，12 个茶叶样品被该传感阵列成功区分，准确率为 100%[41]。除了对食品中成分进行检测外，基于铜核苷酸的漆酶模拟物在食品中的另一个应用是利用其拟漆酶活性除去果汁中的酚类化合物。因为残留的酚类物质容易被氧化使果汁浑浊，影响感官品质，所以酚类化合物在果汁加工过程中要被除去，而采用的除去剂就是漆酶。因此，具有漆酶活性的纳米酶可用于处理不同的果汁，提升其感官品质。在具体实例中，在相同反应时间内，具有拟漆酶活性的 AMP-Cu 对不同果汁中酚类物质的去除效果显著高于天然酶，反应时间 5 小时，去除率可达 65%左右。这表明 AMP-Cu 等具有类漆酶活性的纳米酶在果汁加工中具有广阔的应用前景。

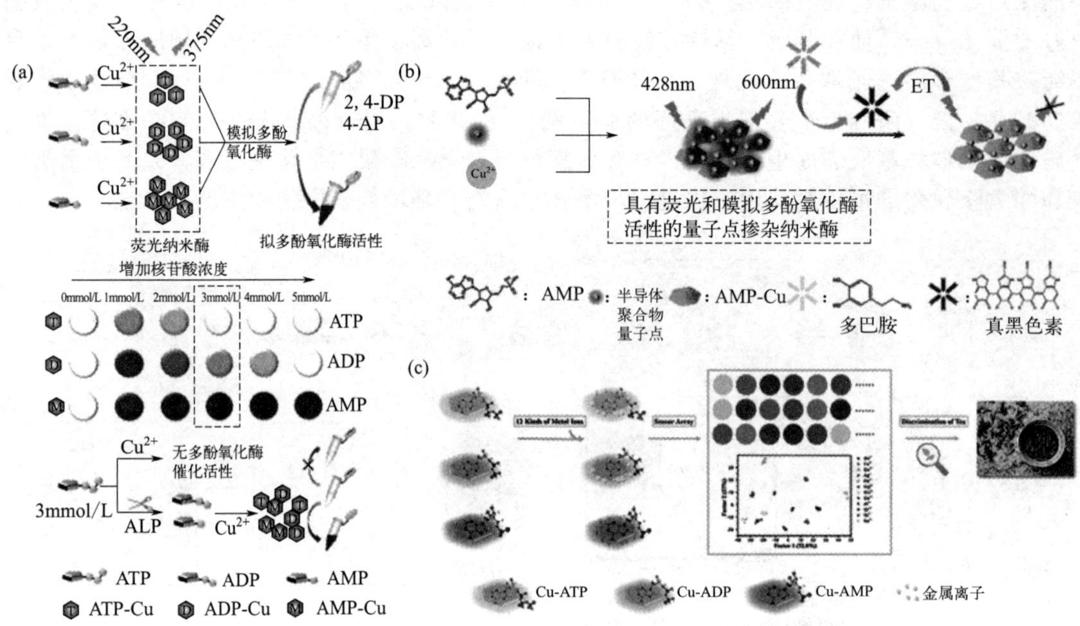

图 5-3 (a) 基于不同核苷酸和 Cu^{2+} 制备的不同多酚氧化酶活性的纳米酶检测 ALP 的示意图[39]；(b) 基于 Pdots@AMP-Cu 的多巴胺荧光测定原理图[40]；(c) 基于铜核苷酸纳米材料类漆酶活性识别茶叶中金属离子的传感阵列示意图[41]

除了以核苷酸为配体和 Cu 结合外，近年来，基于 MOFs 的纳米材料的仿酶催化活性的研究引起了研究者的兴趣。尽管与其他类型的模拟酶相比，目前 MOFs 的报道工作较少，但金属结点和有机配体的规整排列提供了丰富的暴露催化位点，并赋予了多金属酶固有的仿酶特性。此外，MOFs 结构的多样性、孔径可调等特点使其进一步成为功能化的多功能平台，这将增强其催化性能，并赋予其一些新的性质。MOFs 是与有机连接物互连的金属节点的混合阵列。它们的周期性结构、灵活的组成，再加上它们的高孔隙率和比表面积、优异催化活性等使得 MOFs 成为众多科研工作人员的调控对象。

通过将核苷酸与铜配位形成无定形 MOFs，构建了另一种多铜位点的漆酶模拟酶，可催化苯酚、对苯二酚、萘酚、儿茶酚和肾上腺素等几种漆酶底物氧化。对照实验表明，鸟苷 50-单磷酸 (GMP)、腺苷 5′-单磷酸 (AMP) 和胞苷 5′-单磷酸 (CMP) 三种核苷酸可以作为配体，且只有铜离子作为金属中心时，纳米材料才具有类漆酶活性，其他金属离子不具备此催化活性。其中，性能最优的 Cu/GMP 用于进一步的机理研究和应用。通过测定 Cu/鸟苷和 Cu/磷酸根的催化活性，表明 Cu 和鸟苷之间的配位作用有助于催化反应的进行。随后，对相同质量浓度的 Cu/GMP 和天然漆酶进行了深入的动力学研究，发现两者对底物的亲和力相当，但 Cu/GMP 的催化速率远高于天然漆酶 (laccase)。同样重要的是，Cu/GMP 对肾上腺素的检测灵敏度是漆酶的近 16 倍，性价比（考虑 GMP 的价格）是漆酶的 2400 倍。虽然此研究提供了（如催化过程中无 H_2O_2 生成）一些间接证据去证明材料的漆酶活性，但未来还需要对 O_2 转化为 H_2O 的电子转移过程进行更详细的表征，以证明纳米酶具有类漆酶的活性。

(2) 金属掺杂调控铜基核苷酸配位模拟物

基于上述铜和核苷酸配合物均具有漆酶活性。可通过金属掺杂进一步调控 Cu 和核苷酸配位化合物 (Cu-ATP NPs) 的催化活性。Cu-ATP NPs 仅表现出拟漆酶活性，但是当在纳

米酶中引入 Fe^{3+} 后，纳米材料表现出过氧化物酶模拟活性，尽管随后拟漆酶催化活性下降。而 Mn^{2+} 的加入可以调节 CuFe-ATP NPs 的催化活性，使其具有较强拟漆酶活性的同时具备强过氧化物酶活性。为了研究金属离子在催化过程中的主要作用，对金属离子的价态进行 XPS 分析，当 Fe^{3+} 掺杂后发现大量的 Cu^{2+} 数量减少，而 Cu^{+} 和 Cu^{0} 含量相对增加。当 Mn^{2+} 掺杂到 CuFe-ATP NPs 中，增加了 Cu^{2+} 的含量。故而推测 Cu^{2+} 在拟漆酶活性的发挥中占主要地位，而并不是其他价态的 Cu。且进一步分析表明 Mn^{3+} 具有较强的氧化能力，在 Mn^{3+} 的氧化作用下，Cu^{2+}/Cu^{+} 离子对得以保留。所以 Mn^{2+}/Mn^{3+} 的存在可能是 CuMnFe-ATP NPs 中类过氧化物酶活性和类漆酶活性保持平衡的主要原因。此外，在 pH＝7 时，CuMnFe-ATP NPs 还表现出拟过氧化氢酶活性。上述研究证明通过金属掺杂手段来调控酶活性简单易行，可为设计多功能纳米酶提供基础[42]。

(3) DNA 与铜配位

除了铜和核苷酸配位纳米材料有漆酶活性外，Tran 等人还发现，通过 DNA 与 Cu^{2+} 的简易自组装，合成了具有漆酶活性的纳米花。通过对四种碱基的测试，发现富集鸟嘌呤（GNFs）的 ssDNA 制备的纳米花具有最好的漆酶活性，这可能与鸟嘌呤与铜离子的积极配位有关。GNFs 具有良好的稳定性，可用于纸基微流控单元，用于酚类化合物的比色测定。此外，GNFs 对中性红色染料具有优异的脱色效果，促进了纳米花型纳米酶在生物传感器和生物修复中的广泛应用[43]。

(4) 其他铜基配位模拟酶

除了铜和核苷酸配位化合物外，其他几种铜和氨基酸/肽/蛋白质配位化合物的纳米材料也具有漆酶活性。受到天然漆酶催化活性位点结构的启发，Huang 和合作者报道了一种以 Cys-His 二肽和 $CuCl_2$ 为前驱体，通过水热法合成的具有漆酶活性的纳米酶（CH-Cu），如图 5-4(a) 所示。在相同浓度下，CH-Cu 纳米酶和漆酶的 K_m（米氏常数）基本相同，但是 CH-Cu 纳米酶的 V_{max}（最大速率）略高于天然漆酶。这些催化动力学参数表明，CH-Cu 纳米酶具有与漆酶相似的催化活性，且 CH-Cu 在较宽的 pH 范围（3～9）、高温、长期贮存和高盐条件下均可循环利用，稳定性好。同时，该 CH-Cu 纳米酶能降解环境污染物氯酚和双酚，且降解效率高于漆酶。此外，作者还建立了一种基于智能手机的 CH-Cu 纳米酶定量检测肾上腺素的方法[44]。除了上述报道的 CH-Cu 外，该课题组还研究了不同的氨基酸（半胱氨酸-天冬氨酸/脯氨酸/色氨酸二肽）与铜的二肽组成的配合物。其中，半胱氨酸-天冬氨酸二肽与铜的配合物（CA-Cu）相对于其他氨基酸配合物而言，拥有最好的漆酶活性，对多种酚类污染物具有催化氧化作用。并且该纳米酶在极端条件下催化活性稳定，如高盐浓度和重金属离子存在环境中皆具有良好的漆酶活性，这在具体严苛的特定工业环境中具有应用前景。

同样受到天然漆酶催化活性位点的启发，Zhang 等利用谷胱甘肽和 $CuCl_2$ 为原料，通过水热法制备了具有拟漆酶催化活性的纳米酶（LM 纳米酶）。与天然的漆酶相比，LM 纳米酶具有更好的催化活性、稳定性和可回收性。此外，LM 纳米酶具有良好的生物相容性，且表面富含—NH_2 基团，有利于对纳米酶进一步进行抗体修饰。如图 5-4(b) 所示，构建了基于 LM 纳米酶的酶联免疫吸附方法（ELISA），能敏感、特异性地检测 α-乳清蛋白（α-LA），该方法在食品样本中 α-LA 的分析检测具有良好的应用前景[45]。

除了上述配体外，Guan 的团队受到 L-胱氨酸的生物矿化行为的启发，合成了一种具有模拟漆酶活性的 Cu-胱氨酸纳米叶（Cu-Cys NLs）。Cu-Cys NLs 具有可回收性，且在 8 次循环后仍能保持 76％的相对活性。与漆酶相比，Cu-Cys NLs 在极端 pH 和高温条件下更稳定。同时以 Cu-Cys NLs 的拟漆酶活性为基础，建立了肾上腺素的比色法，线性范围较宽

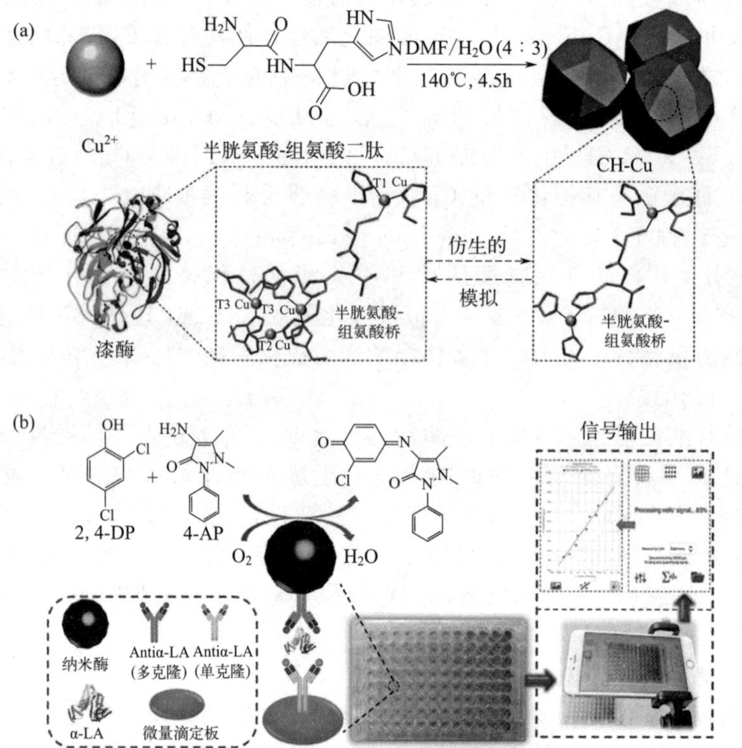

图 5-4 (a) 模拟 CH-Cu 纳米酶的漆酶制备示意图[44]；(b) 基于 LM 纳米酶的免疫分析法检测 α-LA 的示意图[45]

(9～455mmol/L)，检出限低 (2.7mmol/L)[46]。甚至于通过将牛血清白蛋白 (BSA) 与铜离子偶联可制备具有可溶性的 BSA-Cu 复合物。通过愈创木酚氧化比色法，证实了 BSA-Cu 配合物具有类漆酶活性。BSA-Cu 可在 30min 内实现孔雀石绿 (MG) 的降解，且 MG 的降解产物毒性实验表明其毒性较小。因此可以作为绿色降解剂使用。此外，还成功地建立了预测 BSA-Cu 配合物对 MG 降解效率的人工神经网络模型。

(5) 其他铜基纳米材料

除了上述研究较多的铜基纳米材料外，铜离子和 1,3,5-苯三羧酸 (Cu/H_3BTC) 也被报道能形成一种具有 MOF 结构的漆酶模拟物。Cu/H_3BTC MOF 制备简单，除稳定性好、可回收性好外，还能在 60 分钟内有效降解偶氮染料 Amido Black 10B[47]。与此同时通过利用 Cu/H_3BTC MOF 对多种酚类化合物的氧化能力，可用于肾上腺素的比色定量检测方法的建立。还有 Hu 等制备了具有类漆酶活性的 UiO-67-Cu^{2+}，并在此基础上提出了区分不同种酚类化合物的思路。理论计算得到的最低未占据轨道 (LUMO) 能级表明，在低 LUMO 能级时，酚类化合物与 4-AAP 的比色反应更容易发生。这为构建通过不同酚类化合物反应的不同颜色响应来区分污染环境的酚类化合物的传感阵列提供了前体[48]。基于此，研究者将 UiO-67-Cu^{2+} 用于水中污染物苯酚的测定。

Ma 等以铜和单宁酸为原料合成了具有漆酶活性的纳米杂化体 (CTNs)，结果表明低温合成的 CTNs 比高温合成的 CTNs 纳米结构更薄，且具有更高的 Cu^{+}/Cu^{2+} 比值。这在之前已经证实 Cu^{2+} 的含量有利于漆酶活性的发挥，因此低温合成的漆酶催化活性也较高。与天然酶相比，CTNs 具有更高的稳定性和良好的可回收性，可以建立一种基于 CTNs 的简单比色法检测肾上腺素。进一步地，基于铜单宁酸的漆酶活性，实现了从水溶液中去除 MG

的目的，经历 3 次循环后，MG 的去除率保持在 90%左右，具有良好的废水处理潜力。

铜基氧化物也能模拟漆酶活性进行催化反应。Alizadeh 和同事报道了具有漆酶活性的氧化铜纳米棒（CuO NRs），建立了一种比色和电化学的双模式生物传感器，用于测定肾上腺素。肾上腺素检测比色传感器的线性范围为 0.6～18μmol/L，LOD 为 0.31μmol/L，方法具有较高的抗干扰性，一些常见的干扰不影响肾上腺素的检测。电化学实验表明，CuO NRs 在 0.04～14μmol/L 范围内对肾上腺素具有良好的电催化活性，LOD 为 20nmol/L。与单模式传感器相比，双模式检测具有相辅相成的优点，比单一传感器的检测更具有说服力。此外，该纳米传感器可用于实时监测 PC12 细胞释放的肾上腺素，在生物医学领域具有发展潜力。

双金属催化为纳米酶具有高、多催化活性提供了可能。比如 Liu 等通过调整原料的合成比例，获得了具有多酶活性的“葡萄干布丁”型 ZIF-67/$Cu_{0.76}Co_{2.24}O_4$ 纳米球。基于该纳米酶的拟漆酶活性，建立了 3,4-二羟基苯乙酸的实时在线电化学测定方法。

5.3　其他模拟漆酶氧化物酶

在一系列以金属铜为催化中心的研究之后，研究者又将目光转向了利用其他金属甚至是多金属纳米材料模拟漆酶活性上。例如，Lin 等人为了解决漆酶的固有缺陷，开发了首个铁单原子锚定的 N 掺杂碳材料的漆酶模拟物（Fe1@CN-20）。这种材料的 FeN_4 结构在电子、几何和化学结构方面与天然酶相似，可以很好地模拟漆酶的催化活性，并且 Fe1@CN-20 的金属含量是所有报道的漆酶模拟酶中最低的，同时在极端 pH 和温度下均具有良好的稳定性，最终实现了酚类污染物的高效去除[49]。Siddarth Jain 等合成了具有多酶催化活性的焦钒酸铜纳米带［$CuVO_7(OH)_2 \cdot 2H_2O$］。该纳米带同时具有包括过氧化物酶类、氧化酶类和漆酶在内的多种类酶活性（图 5-5）[50]，其类漆酶活性可用于肾上腺素的测定。Xu 等人利用三磷酸腺苷和金属离子为原料，通过自组装的方式合成了 Metal-ATP NPs 纳米粒子。其中 Cu-ATP NPs 仅呈现出含铜氧化酶-漆酶的活性，当 Fe^{3+} 和 Mn^{2+} 掺杂后形成的 CuMnFe-ATP NPs 在中性条件下表现出类似过氧化氢酶的活性，从而提高了其漆酶活性对苯酚氧化的效率。

图 5-5 ［$CuVO_7(OH)_2 \cdot 2H_2O$］的过氧化物酶类、氧化酶类和漆酶模拟活性[50]

在纳米酶研究的同时，天然漆酶也没有被忽略，基于天然漆酶和纳米酶的双酶体系也被建立。Zheng 等人合成了一种铂纳米酶，铂纳米酶具有优异的类漆酶活性，大约是漆酶活性的 3.7 倍。随后，将铂纳米酶嫁接在漆酶体上，成功获得了人工-天然双酶，并证明了铂纳米酶与漆酶之间的配位作用。结果表明，在各自的最优条件下，三种材料对亚甲蓝降解率呈现偶联酶＞铂纳米酶＞漆酶的现象。

除此之外，Wang 等报道了使用不同寡核苷酸如 A_{10}、T_{10}、C_{10} 和 G_{10} 作为稳定剂的铂纳米颗粒（PtNPs）。PtNPs 具有良好的稳定性，如 pH、温度和时间稳定性。结果发现，PtNPs 与 C_{10} 模板对 2,4-DP 的亲和力比漆酶高 3 倍。此外，PtNPs 对多种漆酶底物（包括多巴胺、儿茶酚、对苯二酚和对苯二胺）表现出优异的催化性能[51]。

综上所述，纳米酶对漆酶活性的模拟研究已经得到重大进展，但目前为止，大多数漆酶模拟酶的研究仍然集中在活性模拟以及多功能应用中，而对于纳米酶的修饰调控的研究仍然很少。

5.4 葡萄糖氧化酶纳米酶

氧化酶在制药、食品、生物技术等行业有着广泛的应用。例如，葡萄糖氧化酶能够催化细胞内β-D-葡萄糖氧化产生过氧化氢（H_2O_2）和葡萄糖酸，葡萄糖氧化酶已被开发通过消耗癌细胞的营养物质来治疗癌症。然而，天然酶或重组酶的应用面临着巨大的挑战，因为它们存在产量低、纯化成本高以及在苛刻环境条件下的稳定性差等内在局限性。为了规避这些限制，发现和开发具有酶模拟特性的纳米材料，即纳米酶，使其具有高耐久性、低成本和可调催化性能受到越来越多的关注。

5.4.1 金基葡萄糖氧化酶模拟酶

金本身是一种惰性金属，但当其尺寸缩小至纳米级时，纳米金具有良好的催化性能，可在低温条件下发生催化CO的氧化反应。研究者们对金纳米粒子的催化性质进行深入研究，发现金纳米粒子的形状、尺寸都能影响其催化效率。

目前，金纳米粒子作为催化剂主要以负载型催化剂和溶胶催化剂两种形式存在。如负载于α-Fe_2O_3和$NiFeO_4$上的金催化剂，研究表明金纳米粒子负载于Fe_2O_3上分散性良好时，具有较强的催化活性。负载型催化剂也是目前研究较多的金纳米粒子催化形式。

金纳米粒子（AuNPs）在生物学领域也被称为胶体金，其粒子直径一般为1～100nm。由于其具有特殊的物理化学性质以及多种类酶活性，且制备简单，条件可控，生物相容性好，因此，在生物医学领域、生物传感器领域、抗菌领域、癌症光热治疗领域以及农药检测领域等都有广阔前景，一直是科研界研究的热点材料之一。

金纳米粒子的出现最早可追溯至16世纪。1857年，Faraday用磷还原了氯金酸水溶液，得到了深红色的金纳米粒子胶体溶液，打破了人们对金的颜色认知[52]。1908年，Mie定量描述了球形金纳米粒子的表面等离子共振并对其进行了解释。随着电子显微镜的问世，人们对金纳米粒子的研究得以进一步深入。1951年，Turkevich通过电子显微镜观察到了金纳米粒子的结构。1973年Frens通过调整反应物的比例合成了直径约为16～150nm的金纳米粒子。随后，研究者们开始探索多种形貌均一且稳定的金纳米粒子的合成方法。1994年，Brust和Schiffrin等人通过两相合成法成功合成金纳米粒子后，关于金纳米粒子的研究更为火热，科学家们开始研究控制金纳米粒子形状的合成方法，时至今日，研究者们已经成功合成了稳定的金纳米棒、金纳米片、金纳米花、金纳米星、金纳米八面体等多种形貌的金纳米粒子。近年来，金纳米粒子也在催化领域、光学领域、信息储存以及生物医学领域都展现出了广阔的发展空间。

（1）金纳米粒子的特性

与许多金属纳米材料相似，当其粒径缩小至纳米单位时，物质中的电子波动性及原子间的相互作用都受到粒径大小的影响，因而表现出一些其本体金属材料没有的特殊的物理化学性质，如局域表面等离子体共振效应（LSPR）、表面效应、小尺寸效应、量子尺寸效应、宏观量子隧道效应、协同效应以及催化性质等。下面介绍金纳米粒子的几种重要特性。

① 局域表面等离子体共振效应。当入射光照射在金纳米粒子上时，入射光电磁场会使金纳米粒子表面的自由电子向着偏离原子核的方向运动，但由于库仑力的作用，自由电子又会重新向着原子核运动，产生自由电子在原子核附近反复振荡的现象。当入射光的波长大于金纳米粒子的尺寸，并且频率与金纳米粒子表面的自由电子振荡频率一致时，就会产生共振，导致表面自由电子的集体振荡增强，即产生了局域表面等离子体共振效应，如图5-6所

示。LSPR 效应会使金纳米粒子产生特定的吸收峰和散射峰，可通过扫描紫外-可见光谱检测。而金纳米粒子的形状和大小都可以影响散射峰和吸收峰的性质，因此，研究者可以通过特征吸收峰来初步判断金纳米粒子的粒径大小。LSPR 效应受金纳米粒子尺寸、形貌以及金纳米粒子所处的环境条件等多方面因素的影响，是金纳米粒子的重要基本特性之一。LSPR 效应使金纳米粒子在光催化反应中有着广阔前景。

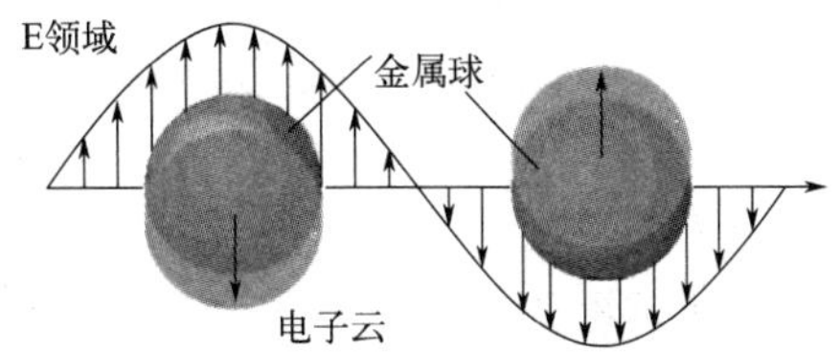

图 5-6　球形金属纳米颗粒的局域表面等离子体共振原理示意图[53]

② 表面效应。球形颗粒的表面积与直径成反比，故随着金纳米粒子直径的减小，其表面积就会增大，表面原子数所占的比例就会随之升高，表面能以及表面张力也将提高，相比于晶格内的原子，表面原子表现出更强的活性，从而导致表面构型发生变化，有利于与外界物质发生反应。因此，金纳米粒子被广泛应用于催化领域。但是，表面效应仅作用于直径小于 100nm 的颗粒，对于直径大于 100nm 的颗粒，表面效应可忽略不计。

③ 小尺寸效应。小尺寸效应也被称为体积效应，当纳米粒子的尺寸小于或者约等于光波波长、德布罗意波长以及超导态的相干长度或透射深度等物理特征尺寸时，晶体周期性的边界条件就会被破坏，从而导致金纳米粒子的声、光、电、磁、热以及力学等特性出现新的变化，这种现象称为小尺寸效应。常见的小尺寸效应有：等离子体共振频率随颗粒尺寸改变、磁有序态转为磁无序态、超导态转向正常态、吸收峰的等离子共振频移等。小尺寸效应使金纳米粒子广泛应用于光电、光热转换材料，金-银染色也是小尺寸效应的应用。

④ 催化性质。金本身是一种惰性金属，其催化性能与其尺寸有关，纳米级的金可在低温条件下具有良好的催化氧化能力。研究者们对金纳米粒子的催化性质进行深入研究，除了尺寸外，金纳米粒子的形状也能影响其催化效率。目前，金纳米粒子作为催化剂主要以负载型催化剂和溶胶催化剂两种形式存在。Harute 等[54] 人的研究表明：金纳米粒子负载于 TiO_2、Fe_2O_3 上分散性良好时，具有较强的催化活性。负载型催化剂也是目前研究较多的金纳米粒子催化形式。图 5-7 左侧为溶胶形式的金纳米粒子催化剂，右侧为负载型金纳米粒子催化剂。目前，金纳米粒子已广泛应用于光电催化以及生物成像等各个领域。

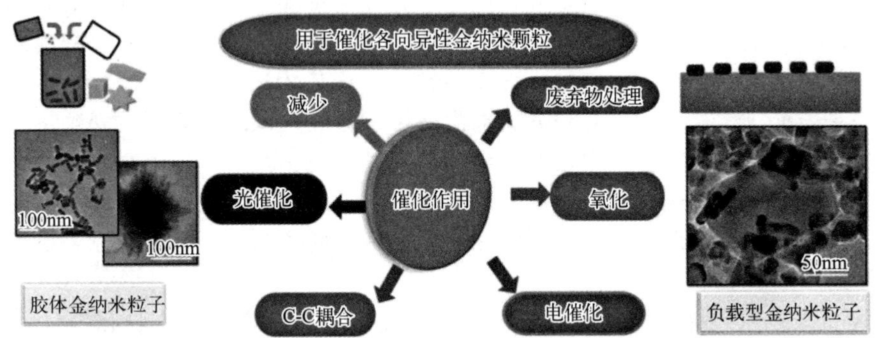

图 5-7　金纳米粒子的催化应用以及两种不同状态的催化剂形式[54]

除上述效应以外，金纳米粒子还有许多特殊的物理化学性质。量子尺寸效应以及宏观量子隧道效应使金纳米粒子在微电子、光电子器件材料方面拥有广阔前景。其特殊催化性质也使金纳米粒子广泛应用于工业生产中，成为最有发展前景的纳米材料之一。

（2）金纳米粒子的合成方法

自20世纪90年代初，研究者们开始致力于探索制备稳定、均一的金纳米粒子的方法，至今为止，已报道多种合成金纳米粒子的方法。金纳米粒子的合成，依据不同的合成机理，具有不同的分类方法。根据归属性，可分为物理方法、化学方法和生物合成法等。氧化还原法是制备金纳米粒子最常用的方法，通过改变还原剂和保护剂的用量来有效控制金纳米粒子的粒径大小。

氧化还原法主要是指在含有 Au^{3+} 的溶液中，利用适当的还原剂（例如鞣酸、柠檬酸等，还原剂的选择根据所要合成的金纳米粒子的粒径而定），将 Au^{3+} 还原成零价，从而聚集成粒径为纳米级的金纳米粒子。一般合成金纳米粒子选择氯金酸（$HAuCl_4$）作为氧化剂，可根据需要选择具有不同强度的还原剂和氯金酸反应制备金纳米粒子。还原剂和氯金酸反应，使 Au^{3+} 变为Au单质，一般生成球形的金纳米粒子。还原氯金酸的强还原剂主要有硼氢化物和水合肼等。它们具有非常强的还原能力，且反应迅速、爆发成核，和氯金酸生成球形的、粒径小的纳米颗粒；柠檬酸钠是还原氯金酸的最经典的还原剂；弱还原剂较多，包括盐酸羟胺、抗坏血酸、胺类化合物，如 *N*,*N*-二甲基甲酰胺（DMF）、聚乙烯亚胺(PEI)，以及醇类、双氧水、甲醛、鞣酸、酒石酸钾、Fe^{2+} 等，通常这些弱还原剂合成纳米金时，需要对体系加热。下面是常用的还原方法。

a. 硼氢化钠还原。硼氢化钠的化学性质非常活泼，是一种强还原剂，利用硼氢化钠作为还原剂可制备金、银、铜、钯、铂等金属纳米颗粒。硼氢化钠与金属盐反应时所需浓度很低，无需苛刻的反应条件，在水溶液中遇水反应释放大量的氢气。通常情况下，制备金纳米粒子的过程如下：取0.1%氯金酸水溶液，加入4℃的超纯水，然后加入柠檬酸钠作为保护剂并搅拌，之后立刻加入新配的硼氢化钠溶液，溶液由氯金酸的淡黄色迅速变为深红色。搅拌大约几分钟后，得到金纳米粒子。硼氢化钠作为一种强还原剂，和氯金酸在室温下迅速反应，立刻爆发生成晶核，反应时间短；晶核数量多，且粒径小，一般小于10nm；在该反应中，柠檬酸钠作为一种分散剂和保护剂，不参与氧化还原反应。该方法需要注意的是，由于硼氢化钠强的还原性，可与水反应释放出氢气，需要临时配置新鲜的硼氢化钠溶液，并立刻进行实验，不能长期保存，且反应迅速，生成的纳米金粒径小，由于粒径小，常用于种子生长法中的晶核。

b. 柠檬酸钠还原。利用柠檬酸钠制备金纳米粒子是一种最经典、最成熟的方法。其制备时先将氯金酸加入超纯水中进行稀释、搅拌，并加热煮沸，然后加入柠檬酸钠溶液，持续沸腾一定时间。反应过程中，刚加入氯金酸时，溶液呈现浅黄色。加入柠檬酸钠后，继续加热溶液，最终变为红色。在此反应中，柠檬酸钠一方面作为还原剂，将 Au^{3+} 还原为零价的金单质；另一方面，柠檬酸钠又起到分散剂的作用。首先柠檬酸钠吸附在Au表面，由于柠檬酸钠含有三个羧基，带有三个单位的负电荷，同种电荷相互排斥，使合成的金纳米粒子具有较好的分散性。改变柠檬酸钠的用量、浓度、反应时间以及搅拌速度等都会影响纳米颗粒的粒径。此方法制备的球形金纳米粒子约几十个纳米。此法的缺点是由于柠檬酸钠具有三个羧基，其溶解度较大。

c. 抗坏血酸还原。抗坏血酸是一种常见的还原剂，具有良好的生物相容性。但它是一种较弱的还原剂，通常抗坏血酸不能单独还原氯金酸。一般在种子生长法中，在种子存在条件下利用金自身的催化作用，还原氯金酸以制备不同形貌的金纳米粒子。还可以附加柠檬酸钠增加其还原能力。如果在用抗坏血酸还原氯金酸的过程中，加入一定量的柠檬酸钠，能增大过饱和度，同时加入过量的抗坏血酸，使成核速度加快，在此抗坏血酸不仅可以作为还原剂，还可以作为稳定剂。通过控制配体可以调控金纳米粒子的形状。如杨爽等利用抗坏血酸作为还原剂，并引入表面活性剂作为配体，采用种子法合成金纳米花。

除上述几种还原剂外，还有鞣酸、甲醛、葡萄糖、壳聚糖、白磷等弱的还原剂也被开发用于金纳米粒子的合成。

d. 辐射还原法。利用超声波、激光、γ 射线、紫外-可见光、微波辐射也可以合成金纳米颗粒，即辐射合成法。通过控制超声的功率、时间，改变溶液的温度等，能合成不同粒径的纳米金。

e. 电化学法。利用电化学法制备金属纳米粒子是基于金属离子在一定的电化学反应条件下，可以得到电子发生氧化还原反应，生成金属单质。利用电化学法合成纳米金具有操作方便、反应条件温和、对环境污染少等优点。

f. 生物制备法。微生物由于廉价，容易获取，繁殖快，亦被用来合成纳米金。同其他化学合成方法相比，微生物制备纳米金反应条件温和、无污染，合成的纳米金生物相容性好，有利于大规模工业生产应用。

g. 模板法。模板法利用具有介孔或微孔的纳米材料作为模板，结合化学沉积、电化学沉积等各种沉积技术，在孔中进行还原反应，使金原子或离子沉积在模板的孔壁上，从而生成金纳米颗粒、纳米棒、纳米丝或纳米管。该方法通常以二氧化硅微孔材料或高分子介孔材料为模板，通过对模板尺寸的控制，从而实现对金纳米粒子的尺寸和形貌的控制，所制备的纳米颗粒的结构特征类似于模板的孔腔结构，因此具有良好的均一性。

（3）金纳米的类葡萄糖氧化酶活性

自从 AuNPs 作为葡萄糖氧化酶（GOx）模拟物被发现以来，其他负载金的（如 Au/Al_2O_3、Au/TiO_2、Au/ZrO 等）和含金的双金属/三金属纳米粒子也被证明是 GOx 模拟物。例如，在 Pd NCs 上修饰具有 GOx 活性的 Au 原子，形成冠状珠宝结构的 Au/Pd NCs 复合材料，可以催化葡萄糖的氧化。这种独特的结构赋予了 Au 高度负电荷密度，促进了电子从 Au 到 O_2 的转移，并产生了类似于氢过氧化物的活性物种。活性物种在葡萄糖氧化中非常重要，因此确保了冠醚结构的 Au/Pd NCs 比单金属 Au、Pd 甚至 Au Pd 合金具有更高的催化活性。

（4）催化机制

虽然 Au 纳米粒子（AuNPs）被发现是极好的葡萄糖氧化酶模拟物，但是其催化过程很少被研究。尽管金属纳米材料被广泛用于催化反应，但无论是碳载金还是无载柠檬酸盐包裹的具有葡萄糖氧化酶（GOx）模拟活性的 AuNPs（平均直径为 3.5nm）的发现仍然令人惊讶和意外。进一步的动力学测量表明 AuNPs 基葡萄糖氧化酶模拟物遵循 Eley-Rideal 机理[55]，其反应机理最早由 ROSSI 等提出。如图 5-8(a) 所示，具体反应原理是在碱性条件下，葡萄糖分子与氢氧根离子（OH^-）作用生成水合葡萄糖阴离子，水合葡萄糖阴离子与 AuNPs 表面相互作用，生成表面富电子的 AuNPs，其能进一步对分子氧发起亲核攻击，实现了从葡萄糖阴离子到 O_2 的电子转移，从而生成葡萄糖酸和 H_2O_2。在此过程中，AuNPs 作为水合葡萄糖阴离子与 O_2 之间电子转移的桥梁达到 GOx 模拟酶的目的。

最近，通过单颗粒催化等离子激元成像监测了 GOx 模拟酶的催化过程（图 5-8）。通过 DNA 定向组装制备了由 50nm 的大尺寸 AuNPs 和 13nm 的小尺寸 AuNPs 组成晕状结构。这样的结构不仅可以提高其酶催化活性，而且可以确保在两个相邻的 AuNPs 的界面处产生强的电磁场，有利于在催化过程中监测小 AuNPs 的变化。一旦葡萄糖被吸附在 AuNPs 表面，小尺寸 AuNPs 将快速充电，进一步小尺寸 AuNPs 开始缓慢放电，将电子转移给 O_2。对应的在此过程中观察到纳米酶发生了 2.52nm 的初始红移，6.88nm 的快速蓝移和 3.53nm

的缓慢红移。溶解在溶液中的 O_2 消耗完毕后，空气中的 O_2 会重新溶解并扩散到小颗粒表面。因此，AuNPs 会持续进行缓慢的放电过程。

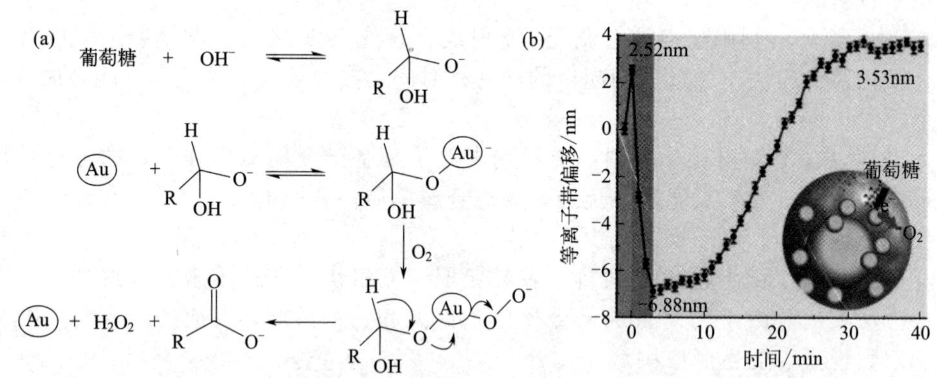

图 5-8 （a）AuNPs 具有类 GOx 活性的分子机制[55]；（b）AuNPs 卤化物在类 GOx 催化反应过程中的等离子激元带峰移动[55]

Chen 等[56] 也揭示了 AuNPs 催化的葡萄糖氧化过程与天然葡萄糖氧化酶的氧化过程的相同点，即两步反应（图 5-9），包括葡萄糖脱氢和随后通过两个电子将 O_2 还原为 H_2O_2。

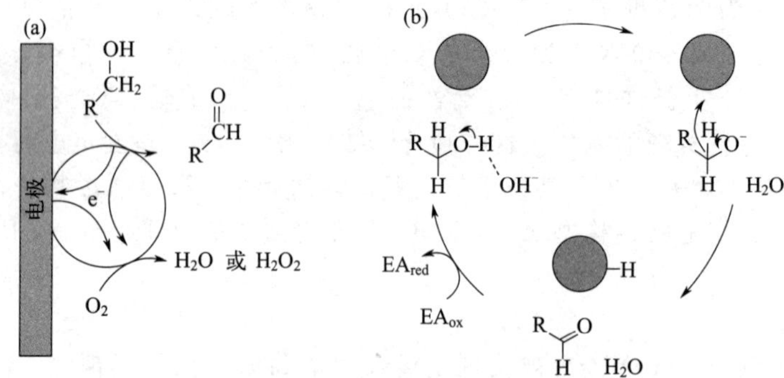

图 5-9 （a）醇的电催化氧化和氧化还原反应中的电子转移示意图；（b）贵金属纳米粒子催化葡萄糖氧化的机理[56]

除了 Au 之外，其他贵金属也表现出拟葡萄糖氧化酶活性，但活性较弱。利用密度泛函理论进行计算推测，研究了金属 Au、Ag、Pd、Pt 等贵金属原子模拟葡萄糖氧化酶的化学机理，预测其模拟酶催化活性的相对活性顺序如图 5-10。计算得出的催化活性顺序（Pt>Pd>Au>Ag）与已有报道的活性顺序吻合，并利用分子轨道理论解释了这一活性顺序的可能原因[57]。

5.4.2 其他模拟酶

尽管 GOx 模拟酶具有很高的研究意义，但它们的发展非常缓慢。目前，只有少数工作报道了 Au 以外的纳米材料具有 GOx 模拟酶性质。据报道，Cu_2O/聚吡咯复合物在碱性条件下（0.5mol/L NaOH）能模拟 GOx 催化葡萄糖氧化生成 H_2O_2。尽管 Cu_2O/聚吡咯复合物的类葡萄糖氧化酶活性确保了葡萄糖检测，但该反应的条件仍应进一步优化至生理条件，以获得更广泛的应用[58]。

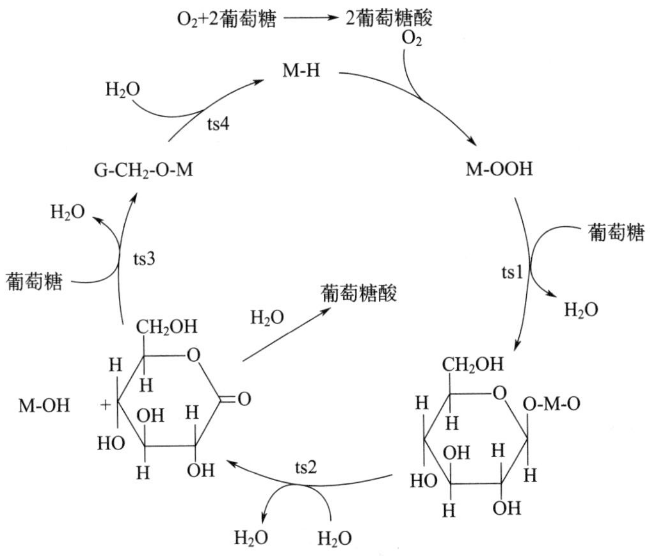

图 5-10　纳米酶拟 GOx 催化活性机制[57]

5.5　细胞色素 c 氧化酶纳米酶

除漆酶外，细胞色素 c 氧化酶（CcO）是另一种以铜为活性中心的酶。在氧化过程中，细胞色素 c（Cyt c）会向 CcO 提供电子与 CcO 形成复合物，并伴随血红素-铜中心位点吸附氧气还原为水。

研究发现氧化亚铜纳米颗粒（Cu_2O NPs）具有类 CcO 活性，可以在氧气的辅助下催化 Cyt c 的亚铁中心转变为三价铁［图 5-11(a)］。详细的紫外可见光谱、X 射线衍射和其他实验研究揭示了类 CcO 的催化机理如下：第一，是 Cu_2O NPs 而不是浸出的铜离子将 Cyt c 氧化；第二，在 Cyt c 的氧化过程中，没有观察到 Cu_2O NPs 的形状和价态发生变化；第三，需要氧气参与，最后转化为水[59]。

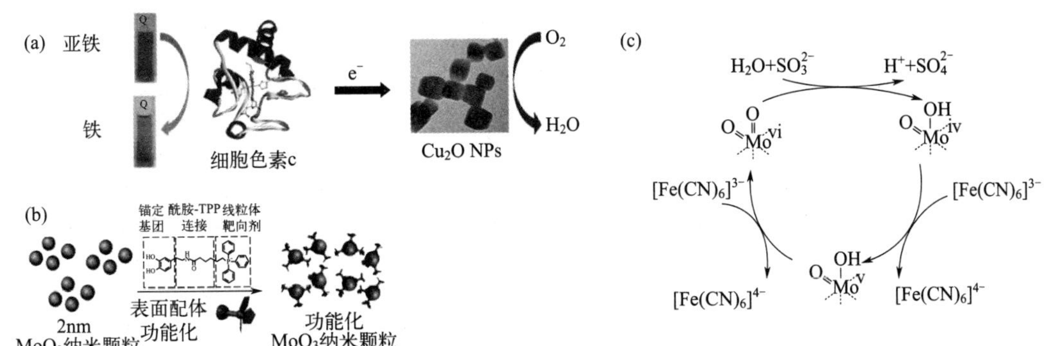

图 5-11　(a) Cu_2O NPs 类 CcO 活性的示意图[59]；(b) 用含有多巴胺作为锚定基团和 TPP 作为线粒体靶向剂的配体对尺寸为 2nm 的 MoO_3 NPs 进行表面功能化[60]；(c) 亚硫酸氧化酶模拟 MoO_3 纳米颗粒的催化机理[61]

5.6　其他具有氧化酶纳米材料

除了上述几类主要氧化酶类外，还有亚硫酸氧化酶等氧化酶类模拟酶。如 Tremel 等人合成了在水和血清中具有高稳定性的超小型 MoO_3 NPs（平均直径为 2nm）三氧化钼纳米颗粒（MoO_3 NPs），可以模拟亚硫酸盐氧化酶（SuOx），在生理条件下 MoO_3 NPs 将亚硫酸盐转化为硫酸盐。鉴于 SuOx 通常位于线粒体膜并参与解毒过程，通过多巴胺对 MoO_3 NPs 表面进行功能化修饰，连接三苯基膦（TPP）配体，用于跨膜和靶向线粒体［图 5-11(b)］。具有类 SuOx 活性的 MoO_3-TPP NPs 的动力学研究表明，对 SO_3^{2-} 的 K_m 值为（0.59±0.02）mmol/L，与山羊 SuOx 和人 SuOx 突变体 R160Q 相当，但比天然的人源 SuOx 高 1～2 个数量级。MoO_3-TPP NPs 的催化效率［k_{cat}=(2.78±0.09) s^{-1}］与人类 SuOx 突变体 R160Q（k_{cat}=2.4s^{-1}）相似，但低于人源 SuOx（k_{cat}=16s^{-1}）。在图 5-11(c) 中提出了一个可能的分子机理，即活性 Mo(Ⅵ) 首先被亚硫酸盐氧化还原为 Mo(Ⅳ)，然后通过铁氰化物的两个单电子还原反应被氧化回 Mo(Ⅵ)。进一步的研究表明，这种低毒性的 MoO_3-TPP NPs 可以选择性地聚集在线粒体中，并恢复 SuOx 低的肝细胞的 SuOx 活性，故而 MoO_3-TPP NPs 有望用于医用治疗。

参考文献

［1］ 李春凤，陈荔丝，吴芸芸，等．超长 α-Ag_3VO_4 纳米线类氧化酶活性及传感应用．研究材料研究与应用，2022，16（03）：409-417.

［2］ Saha B，Borovski G，Panda S K. Alternative oxidase and plant stress tolerance. Plant Signaling & Behavior，2016，11（12）：e1256530.

［3］ Zhang Y X，Priya M，Huang K，et al. NADPH oxidases and oxidase crosstalk in cardiovascular diseases：novel therapeutic targets. Nature Reviews Cardiology，2020，17（3）：170-194.

［4］ Ming C，Kwun H，Xiao W，et al. Glucose oxidase：natural occurrence，function，properties and industrial applications. Applied Microbiology and Biotechnology，2008，78（6）：927-938.

［5］ Senthivelan T，Kanagaraj J，Panda R C. Recent trends in fungal laccase for various industrial applications：An eco-friendly approach - A review. Biotechnology and Bioprocess Engineering，2016，21（1）：19-38.

［6］ Wang M，Wang D M，Chen Q，et al. α-Glucosidase Inhibitors from Glycyrrhiza uralensis Fisch. Small，2019，15（51）：1903895.

［7］ Wei H，Wang E K. Nanomaterials with enzyme-like characteristics（nanozymes）：next-generation artificial enzymes. Chemical Society Reviews，2013，42（14）：6060-6093.

［8］ Zhang R F，Fan K L，Yan X Y. Nanozymes：created by learning from nature. Science China-Life Sciences，2020，63（8）：1183-1200.

［9］ Lei J，Yan H Y，Wu Y，et al. When nanozymes meet single-atom catalysis. Angewandte Chemie-international Edition，2020，59（7）：2565-2576.

［10］ Zhang X D，He S H，Chen Z H，et al. $CoFe_2O_4$ nanoparticles as oxidase mimic-mediated chemiluminescence of aqueous luminol for sulfite in white wines. Journal of Agricultural and Food Chemistry，2013，61（4）：840-847.

［11］ Zhao J K，Xie Y F，Yuan W J，et al. A hierarchical Co-Fe LDH rope-like nanostructure：facile preparation from hexagonal lyotropic liquid crystals and intrinsic oxidase-like catalytic activity. Journal of Materials Chemistry B，2013，1（9）：1263-1269.

［12］ Zhou Y T，He W W，Wayne G Wame，et al. Enzyme-mimetic effects of gold@platinum nanorods on the antioxidant activity of ascorbic acid. Nanoscale，2013，5（4）：1583-1591.

［13］ Akhtar H，Silvana A. Nanoceria particles as catalytic amplifiers for alkaline phosphatase assays. Analytical Chemistry，2013，85（21）：10028-10032.

［14］ Qin W J，Su L，Yang C，et al. Colorimetric detection of sulfite in foods by a TMB-O_2-Co_3O_4 nanoparticles detection system. Journal of Agricultural and Food Chemistry，2014，62（25）：5827-5834.

［15］ Wang G L，Xu X F，Cao L L，et al. Mercury（Ⅱ）-stimulated oxidase mimetic activity of silver nanoparticles as a sensitive and selective mercury（Ⅱ）sensor. RSC Advances，2014，4（12）：5867-5872.

［16］ Yu C J，Chen T H，Jiang J Y，et al. Lysozyme-directed synthesis of platinum nanoclusters as a mimic oxidase. Nanoscale，2014，6：9618-9624.

[17] Chai D F，Ma Z，Qiu Y F，et al. Oxidase-like mimic of Ag@Ag_3PO_4 microcubes as a smart probe for ultrasensitive and selective Hg^{2+} detection. Dalton Transactions，2016，45（7）：3048-3054.

[18] Guo L L，Huang K X，Liu H M. Quercetin-loaded PLGA nanoparticles：a highly effective antibacterial agent in vitro and anti-infection application in vivo. Journal of Nanoparticle Research，2016，18（3）：74.

[19] Chen M，Shu J X，Wang Z H，et al. Porous surface MnO_2 microspheres as oxidase mimetics for colorimetric detection of sulfite. Journal of Porous Materials，2017，24（4）：973-977.

[20] Fan D Q，Shang C S，Gu W L，et al. Introducing ratiometric fluorescence to MnO_2 nanosheet-based biosensing：A Simple，label-free ratiometric fluorescent sensor programmed by cascade logic circuit for ultrasensitive GSH detection. ACS Applied Materials & Interfaces，2017，9（31）：25870-25877.

[21] Xiong Y H，Chen S H，Ye F G，et al. Synthesis of a mixed valence state Ce-MOF as an oxidase mimetic for the colorimetric detection of biothiols. Chemical Communications，2015，51（22）：4635-4638.

[22] Gao M，Lu X F，Nie G D，et al. Hierarchical CNFs/$MnCo_2O_4$ nanofibers as a highly active oxidase mimetic and its application in biosensing. Nanotechnology，2017，28（48）：485708.

[23] Wang J N，Su P，Li D，et al. Fabrication of CeO_2/rGO nanocomposites with oxidase-like activity and their application in colorimetric sensing of ascorbic acid. Chemical Research in Chinese Universities，2017，33（4）：540-545.

[24] Liu S G，Han L，Li N，et al. A fluorescence and colorimetric dual-mode assay of alkaline phosphatase activity via destroying oxidase-like CoOOH nanoflakes. Journal of Materials Chemistry B，2018，6（18）：2843-2850.

[25] Deng H H，Lin X L，Liu Y H，et al. Chitosan-stabilized platinum nanoparticles as effective oxidase mimics for colorimetric detection of acid phosphatase. Nanoscale，2017，9（29）：10292-10300.

[26] Biella S，Prati L，Rossi M. Selective oxidation of D-Glucose on gold catalyst. Journal of Catalysis，2002，206（2）：242-247.

[27] Comotti M，Pina C D，Matarrese R，et al. The catalytic activity of "naked" gold particles. Angewandte Chemie，2004，43（43）：5812-5815.

[28] Beltrame P，Comotti M，Pina C D，et al. Aerobic oxidation of glucose：Ⅱ，Catalysis by colloidal gold. Applied Catalysis A：General，2006，297（1）：1-7.

[29] Comotti M，Pina C D，Falletta E，et al. Aerobic oxidation of glucose with gold catalyst：Hydrogen peroxide as intermediate and reagent. Advanced Synthesis & Catalysis，2006，348（3）：313-316.

[30] Delidovich I V，Moroz B L，Taran O P，et al. Aerobic selective oxidation of glucose to gluconate catalyzed by Au/Al_2O_3 and Au/C：Impact of the mass-transfer processes on the overall kinetics. Chemical Engineering Journal，2013，223：921-931.

[31] Ma C Y，Xue W J，Li J J，et al. Mesoporous carbon-confined Au catalysts with superior activity for selective oxidation of glucose to gluconic acid. Green Chemistry，2013，15（14）：1035-1041.

[32] Hou J W，Vázquez-González M，Fadeev M，et al. Catalyzed and electrocatalyzed oxidation of l-tyrosine and l-phenylalanine to dopachrome by nanozymes. Nano Letters，2018，18（6）：4015-4022.

[33] Liang H，Lin F F，Zhang Z J，et al. Multicopper laccase mimicking nanozymes with nucleotides as ligands. ACS Applied Materials & Interfaces，2017，9（2）：1352-1360.

[34] Zhang X L，Wu D，Wu Y N，et al. Bioinspired nanozyme for portable immunoassay of allergenic proteins based on a smartphone. Biosens Bioelectron，2021，172：112776.

[35] Wang X H，Liu J Q，Qu R J，et al. The laccase-like reactivity of manganese oxide nanomaterials for pollutant conversion：rate analysis and cyclic voltammetry. Scientific Reports，2017，7：7756.

[36] Ren X L，Liu J，Ren J，et al. One-pot synthesis of active copper-containing carbon dots with laccase-like activities. Nanoscale，2015，7（46）：19641-19646.

[37] Liang H，Lin F F，Zhang Z J，et al. Multicopper laccase mimicking nanozymes with nucleotides as ligands. ACS Appl Mater Interfaces，2017，9（2）：1352-1360.

[38] Zhang S Q，Lin F F，Yuan Q P，et al. Robust magnetic laccase-mimicking nanozyme for oxidizing o-phenylenediamine and removing phenolic pollutants. Journal of Environmental Sciences，2020，88：103-111.

[39] Huang H，Bai J，Li J. Fluorometric and colorimetric analysis of alkaline phosphatase activity based on a nucleotide coordinated copper ion mimicking polyphenol oxidase. Journal of Materials Chemistry B，2019，7（42）：6508-6514.

[40] Huang H，Bai J，Li J，et al. Fluorescence detection of dopamine based on the polyphenol oxidase-mimicking en-

zyme. Analytical and Bioanalytical Chemistry, 2020, 412 (22): 5291-5297.

[41] Li J, Cheng Q, Huang H, et al. Sensitive chemical sensor array based on nanozymes for discrimination of metal ions and teas. Luminescence, 2019, 35 (2): 321-327.

[42] Xu X, Luo P, Yang H, et al. Regulating the enzymatic activities of metal-ATP nanoparticles by metal doping and their application for H_2O_2 detection. Sensors and Actuators B: Chemical, 2021, 335: 129671.

[43] Tran T D, Nguyen P T, Le T N, et al. DNA-copper hybrid nanoflowers as efficient laccase mimics for colorimetric detection of phenolic compounds in paper microfluidic devices. Biosensors & Bioelectronics, 2021, 182: 113187.

[44] Wang J G, Huang R L, Qi W, et al. Construction of a bioinspired laccase-mimicking nanozyme for the degradation and detection of phenolic pollutants. Applied Catalysis B: Environmental, 2019, 254: 452-462.

[45] Rashtbari S, Dehghan G. Biodegradation of malachite green by a novel laccase-mimicking multicopper BSA-Cu complex: Performance optimization, intermediates identification and artificial neural network modeling. Journal of Hazardous Materials, 2020, 406: 124340.

[46] Guan M, Wang M F, Qi W, et al. Biomineralization-inspired copper-cystine nanoleaves capable of laccase-like catalysis for the colorimetric detection of epinephrine. Frontiers of Chemical Science and Engineering, 2021, 15: 310-318.

[47] Shams S, Ahmad W, Memon A H, et al. Facile synthesis of laccase mimic Cu/H_3BTC MOF for efficient dye degradation and detection of phenolic pollutants. RSC Advances, 2019, 9 (70): 40845-40854.

[48] Hu C Y, Jiang Z W, Huang C Z, et al. Cu^{2+}-modified hollow carbon nanospheres: an unusual nanozyme with enhanced peroxidase-like activity. Microchimica Acta, 2021, 188 (8): 272.

[49] Lin Y M, Wang F, Yu J, et al. Iron single-atom anchored N-doped carbon as a 'laccase-like' nanozyme for the degradation and detection of phenolic pollutants and adrenaline. Journal of Hazardous Materials, 2022, 425: 127763.

[50] Jain S, Sharma B, Thakur N, et al. Copper pyrovanadate nanoribbons as efficient multienzyme mimicking nanozyme for biosensing applications. ACS Applied Nano Materials, 2020, 3 (8): 7917-7929.

[51] Wang Y, He C, Li W, et al. Catalytic performance of oligonucleotide-templated pt nanozyme evaluated by laccase substrates. Catalysis Letters, 2017, 147 (8): 2144-2152.

[52] Daniel M C, Astruc D. Gold nanoparticles: assembly, supramolecular chemistry, quantum-size-related properties, and applications toward biology, catalysis, and nanotechnology. Chemical reviews, 2004, 104 (1): 293-346.

[53] Jain P K, Lee K S, Ei-Sayed I H, et al. Calculated absorption and scattering properties of gold nanoparticles of different size, shape, and composition: applications in biological imaging and biomedicine. Journal of Physical Chemistry B, 2006, 110 (14): 7238-7248.

[54] Haruta M, Tsubota S, Kobayashi T, et al. Low-temperature oxidation of CO over gold supported on TiO_2, α-Fe_2O_3, and Co_3O_4. Journal of Catalysis, 1993, 144 (1): 175-192.

[55] He Y P, Zheng J B. Electrochemical behaviors of glucose oxidase based on biocatalytic deposition of gold nanoparticles. Journal of the Chinese Chemical Society, 2013, 60 (6): 657-662.

[56] Chen J X, Ma Q, Li M H, et al. Anomalous collapses of nares strait ice arches leads to enhanced export of arctic sea ice. Nature Communications, 2021, 12 (1): 3375.

[57] 李玲丽，高兴发. 金、银、钯、铂模拟葡萄糖氧化机理的计算和模拟. 中国化学会第八届全国物理无机化学学术会议论文集（一），2018：020477.

[58] Periasamy A P, Roy P, Wu W P, et al. Glucose oxidase and horseradish peroxidase like activities of cuprous oxide/polypyrrole Composites. Electrochimica Acta, 2016, 215: 253-260.

[59] Chen M, Wang Z H, Shu J X, et al. Mimicking a natural enzyme system: cytochrome c oxidase-like activity of Cu_2O nanoparticles by receiving electrons from cytochrome c. Inorganic Chemistry, 2017, 56 (16): 9400-9403.

[60] Ragg R, Natalio F, Tahir M N, et al. Molybdenum trioxide nanoparticles with intrinsic sulfite oxidase activity. ACS Nano, 2014, 8 (5): 5182-5189.

[61] Kishi S, Hirakawa T, Sato K, et al. Photocatalytic decomposition of ethyl s-diisopropylaminoethyl methylphosphonothioate (VX) by Ag and Au metal deposited on TiO_2 in aqueous phase. Chemistry Letters, 2013, 42 (5): 518-520.

第6章

水解酶纳米酶

水解酶是一类能够引发各种水解反应的天然酶。自 2012 年 Avinash J. Patil 等报道氧化铈纳米颗粒具有类碱性磷酸酶活性以来，至今已经发展了 40 余种水解纳米酶。水解酶是催化各种底物发生水解反应的一类酶，基于底物的不同化学键（如酯键、糖苷键、肽键等），天然水解酶的活性又可以细分为酯酶、糖基酶、肽酶等 13 种类型。目前，纳米酶所能够模拟的水解酶活性主要分为以下类型：类酯酶活性（包括类磷酸酶活性、类核酸酶活性以及类脂肪酶活性）、类蛋白酶（肽酶）活性、类脲酶活性、类葡萄糖醛酸苷酶活性、类纤维素酶活性。其中，类磷酸酶活性和类核酸酶活性已有应用于生物医学领域的研究。迄今为止，人们已经探索了几种纳米材料来模拟水解酶，本节描述了多种典型的水解酶模拟酶。

6.1 金属基水解酶纳米酶

6.1.1 过渡金属基水解酶纳米酶

李方圆等[1] 团队发现氧化铈-磷酸水解纳米酶能够通过调节肥大细胞的胞内磷酸化信号级联以抑制过敏相关的病理反应启动，在小鼠模型中对过敏反应产生显著的预防作用。铈离子可以通过裂解磷酸酯键促进磷酸化底物的水解。合成具有丰富表面铈离子的 CeNPs 可以很容易地内化到肥大细胞（MCs）中，并根据其磷酸酶模拟活性直接调节细胞内的磷酸化信号级联以稳定过敏原刺激的 MCs。

6.1.2 贵金属基水解酶模拟酶

水解酶是一大类能催化生物水解反应的同工酶，包括碳酸酐酶、羧酸酯酶、脂肪水解酶、蛋白水解酶和磷酸酯酶。近年来，纳米水解酶的研究蓬勃发展，大量具有水解酶活性的纳米材料被报道。其中，最为引人注目的是表面修饰有催化单元的纳米 Au 水解酶。巯基分子通过强大的 Au-S 键在纳米 Au 表面自组装含催化单元的单分子层，不仅使纳米 Au 具有优秀稳定性、分散性、可溶性和生物相容性，而且赋予纳米 Au 诸多独特的性质。例如，其催化活性展示出高协同性，所以该方法正逐渐成为一种有吸引力的策略。纳米 Au 在人工水解酶中起两方面的作用：①催化单元组装到纳米 Au 表面后，可降低催化单元的流动性，使之位置相对固定，有利于相邻催化单元间形成一个催化“口袋”，导致其催化效率提高；②纳米 Au 作为催化单元的载体，催化单元与纳米 Au 表面通常通过疏水烷基链联接，为纳米 Au 表面提供了疏水性微环境，有利于催化反应中间态的稳定。正是如此，这些表面修饰的纳米 Au 在化学传感、生物医学和临床诊断等研究领域中崭露头角。

在首批作为水解酶模拟物的纳米材料中，值得一提的是单分子层功能化的 AuNPs 催化 Au-S 键。2004 年，Scrimin 和同事将含有 1,4,7-三氮杂环壬烷（TACN）和锌离子的催化配合物的烷硫醇配体组装到 AuNPs 表面。这种功能化的 AuNPs 表现出 RNase 模拟酶活性，能够切割 2-羟丙基对硝基苯磷酸（HPNPP）[图 6-1(a)][2-3]。与无催化剂和未组装的催化络合物 TACN-Zn^{2+} 相比，功能化 AuNPs 的反应强度分别增强了 4 个数量级和 2 个数量级。进一步的详细研究表明，这种优异的性能归因于 HPNPP 局部浓度的增强、两个或多个金属中心之间的协同作用以及 Au-S 键的高度稳定性。更多的底物如 RNA 二核苷酸 ApA、UpU 和 CpC 也可以被功能化的 AuNPs 切割 [图 6-1(b)][2]。然而这种功能化的 AuNPs 对带负电荷的分子如肽具有很高的亲和力，因此负电荷的分子会与 HPNPP 竞争功能化 AuNPs 的结合位点，导致 RNase 模拟物催化活性的降低。考虑到这一点，已经报道了几种用于活性调节和随后对重要生物分子的比色传感的策略。另外，烷硫醇配体的极性也会影响纳米酶与 HPNPP 之间的相互作用，较低的极性会增强相互作用，从而提高切割效率 [图 6-1(c) 和 (d)][4]。

这种单层功能化的 AuNPs 不仅限于 TACN-Zn^{2+} 催化复合物，其他包括肽、镧系络合物和胍等也被组装到 AuNPs 上作为水解酶模拟物。例如，使用双（2-氨基-吡啶-6-甲基）胺和锌离子的复合物作为催化部分，功能化的 AuNPs 可以催化切割 DNA 模型底物——双-对硝基苯基磷酸盐和质粒 DNA。此外，在 AuNPs 表面包覆镧系元素，如 Ce(Ⅳ)，导致 HPNPP 水解速率相较于未包覆材料提高了 250 万倍。如此显著的加速归因于与 Zn 基配合物相同的合作机制。然而，游离的 Ce 尤其是 Ce(Ⅳ) 在催化键的水解断裂时会形成活性较低的聚物簇，从而高效水解底物，而 Zn(Ⅱ) 则没有此效果。此外，将单分子层改变为手性 Zn(Ⅱ) 配合物 [图 6-1(e)]，该手性 AuNPs 纳米酶还可以观察到 RNA 模型底物和天然 RNA 二核苷酸的对映选择性水解。尤其是手性 AuNPs 纳米酶由于对尿嘧啶的特异性选择，UpU 的对映选择性反应活性在所有 RNA 二核苷酸中最好[5]。

与上面提到的共价结合不同，一些非共价的催化部分组装到烷基硫醇保护的 AuNPs 表面也表现出类似的磷酸水解酶活性 [图 6-1(f)][6]，基于这种非共价组装，在治疗用药中可以实现对噁唑烷衍生物的特异性激活，并最小化药物的毒副作用，更多应用的细节可以参考应用部分。

对于构筑人工模拟酶而言，Au MPCs 具有诸多优势：①结构简单且高度模块化，只需修改任何结构单元即可调整功能；②可以使多个反应中心靠近底物以提高效率；③信号输出模块通过自组装与纳米 Au 结合，制备简单；④超分子结构具有可调节的表面功能，可利用 Au MPCs 构建具有分子结构控制功能的纳米复合材料。将催化单元引入纳米 Au 单层中，一方面因为催化单元和 Au MPCs 保护单层之间的协同作用使其催化活性远高于一般催化剂；另一方面可改变纳米 Au 特性，创建高灵敏度的传感体系。此外，含金属配体的 Au MPCs 因表面配位而带正电荷，对寡聚阴离子具有较强的亲和力，可以作为新的模型体系，建造超分子系统，既可建造高活性的催化体系，也可实现痕量物质的灵敏测定。虽然在单层保护纳米 Au 表面自组装催化单元，可大大地提高其催化活性，但目前仍存在不少的挑战：①与天然酶相比，目前含催化单元的单层保护纳米 Au 水解酶的催化活性仍有相当大的差距。如何增加结构的复杂性，模拟天然水解蛋白酶的肽链折叠方式，获得高催化活性的人工模拟酶，仍然是今后的一个发展方向。②在这些人工模拟水解酶中，纳米 Au 为催化单元“束缚”在其表面上提供了载体平台的作用。但是，目前有关纳米 Au 尺寸对其催化活性的影响，仍是尚未获得进展的研究方向。这个困难在于，如何准确合成出不同尺寸的纳米 Au 并获得其表面修饰的催化单元数量的信息，有效地测出催化底物反应的二级反应速率常数

($k_2=k_{cat}/k_m$)，并将之进行比较。相对于其他催化常数 k_{cat} 或 k_m 而言，使用二级反应速率常数 k_2 更能够有效地比较不同催化剂体系的催化活性大小。③相对于磷酸酯水解反应的人工模拟酶的催化机理而言，即相邻的金属配合物基团形成“催化口袋”，通过静电吸引和疏水作用，使之与磷酸酯底物作用，达到催化其水解之目的，催化羧酸酯水解反应的人工模拟酶的催化机理仍待进一步研究。催化羧酸酯水解反应的人工模拟酶的催化单元一般为多肽或寡肽头，通常套用天然水解酶的催化“三件套”(triad)的作用机理来解释，缺乏相应的实验事实。

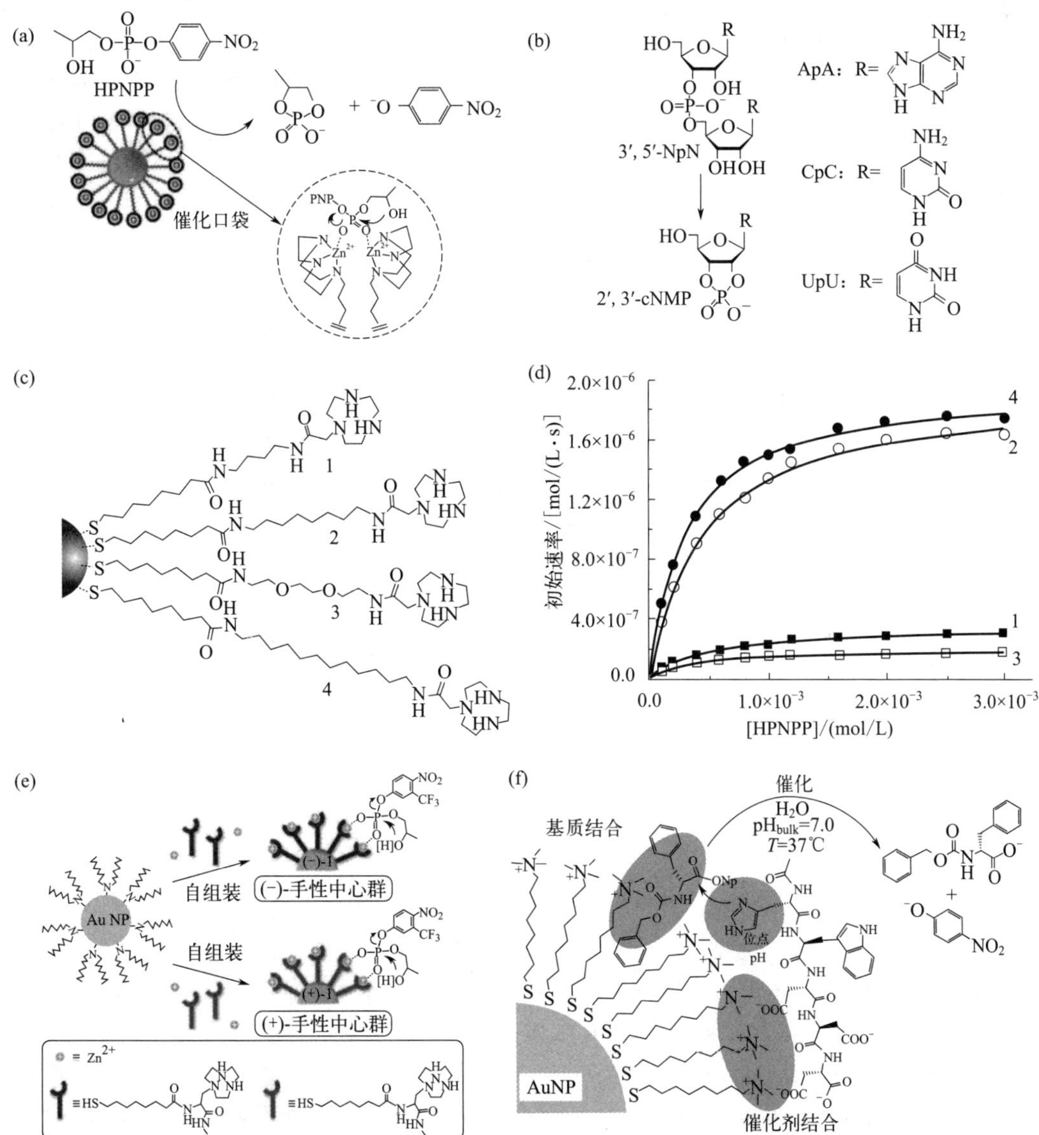

图6-1 (a) 功能化 AuNPs 催化 HPNPP 的转磷酸化，单层中相邻的两个 TACN·Zn(Ⅱ) 配合物形成催化口袋，其中两个锌离子协同作用于底物[2]；(b) ApA、CpC、UpU 等 RNA 二核苷酸 (30,50-NpN) 的切割[3]；(c) 不同极性的 AuNP 基纳米酶[4]；(d) 不同极性纳米酶对 HPNPP 的切割速率[4]；(e) 含有手性头部基团的硫醇在二辛胺钝化的 Au NPs 表面自组装形成 (+)-1 和 (−)-1 NPs 的示意图[5]；(f) 非共价组装到 AuNPs 上的催化剂催化的酯交换反应[6]

6.2 金属有机框架（MOF基）水解酶纳米酶

大量Zr基MOFs被用作磷酸三酯酶模拟物，用于切割化学试剂（CWAs）的磷酸酯键的原因是磷酸三酯酶催化位点（Zn-OH-Zn）的结构与羟基桥联Lewis酸性MOFs的Zr(Ⅳ)中心结构相似。UiO MOFs家族是Zr基MOFs的代表，由Zr离子与1,4-苯二羧酸二甲酯混合而成（BDC），并广泛探索了其模拟磷酸三酯酶活性。Mondloch等人设计了一种Zr基金属有机框架（MOF）材料NU-1000，用于水解含有磷酸酯键的化学试剂[7]。NU-1000由八个$Zr_6(\mu_3\text{-}O)_4(\mu_3\text{-}OH)_4(H_2O)_4(OH)_4$节点和1,3,6,8-四（对苯甲酸）芘连接体组成，提供了丰富的孔道和通道，允许磷酸酯分子渗透到整个框架中进行催化。以4-硝基苯基磷酸二甲酯（DMNP）为典型底物时，在NU-1000的催化作用下，DMNP在中碱性溶液中水解为磷酸根和对硝基苯酚负离子［图6-2(a)］。进一步研究发现，Zr基材料的水解酶模拟活性是由于其含有的Zr-O簇与酶底物中的磷酸基团之间的特异性相互作用［图6-2(b)］[8]。

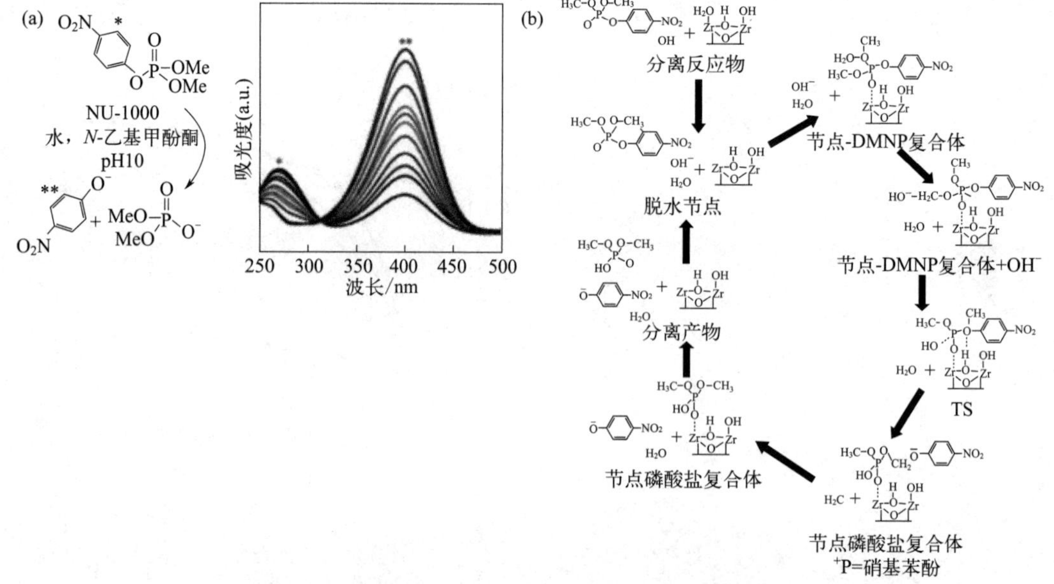

图6-2 （a）锆NU-1000分解DMNP的类水解酶催化特征[7]；（b）DMNP水解在NU-1000节点上的催化循环[8]

例如，2014年Katz等人发现400nm的UiO-66在室温下可以催化磷酸二甲酯（DMNP）的水解，半衰期为45min。考虑到DMNP基底（114.5Å❶）的尺寸大于孔径（6Å），反应主要发生在MOF材料表面，约0.75%的节点，局部翻转数（TOF）为$0.4s^{-1}$[10]。他们进一步用—NH_2基团修饰UiO-66，为Zr(Ⅳ)中心提供质子供体-受体中心。与UiO-66相比，UiO-66-NH_2将DMNP的半衰期（1min）缩短了1个数量级，并表现出约20倍增强的表面TOF。除UiO-66 MOFs外，其他MOFs（如NU-1000和MOF-808）也被合成并报道用于降解CWA。两者均比UiO-66具有更好的催化活性，这是由于Zr中心配位较少，可接触的活性位点较多。对DMNP水解效率最高的不是具有12和8个配位的UiO-66和NU-1000，

❶ $1Å=10^{-10}m$。

而是只有 6 个配位的 MOF-808，其半衰期小于 0.5min，TOF 大于 $1.4s^{-1}$。之后，具有相同的连接方式但孔径比 MOF-808 大的 PCN-777，表现出与 MOF-808 相当的催化活性，验证了配位较少的 MOFs 具有更好的水解性能。另外，孔径对于水解活性的影响并不显著，因为 MOF-808 的孔径已经足够大，可以进行有效扩散。尽管对某些神经毒剂模拟物进行了一些系统的研究和模拟，但不同的模型系统表现出不同的水解途径。这个过程的一个共同机制是底物会与金属中心结合，然后亲核的羟基会攻击亲电的磷，并随着离去基团的释放完成切割反应［图 6-3(a)］[11]。然而，对于不同体系更精确的分子机制还需要未来通过实验和计算来验证。

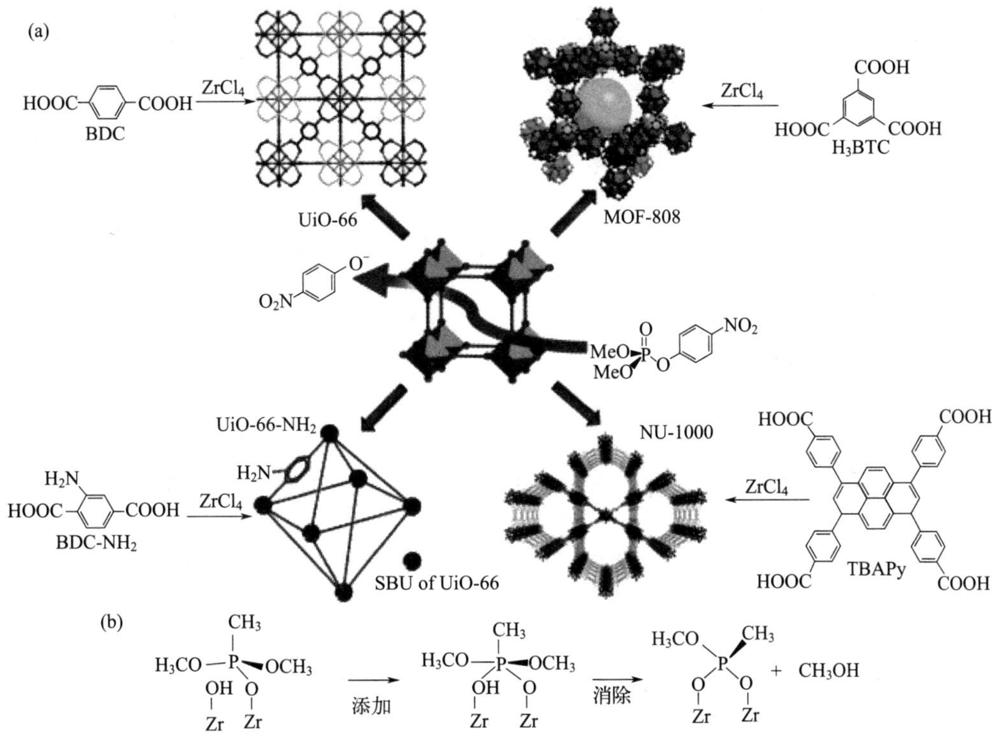

图 6-3 (a) 磷酸三酯酶模拟 MOFs 的合成及 DMNP 水解示意图[11]；(b) 甲基磷酸二甲酯分解机理[12]

此外，MOFs 还被用于降解其他有机磷基 CWAs［图 6-3(b)］，这在之前的综述中已经总结。例如，分散在棉织物上的 Cu-BTC/g-C_3N_4 纳米复合材料由于复合材料的高分散性、较多的易接触活性位点以及 g-C_3N_4 的协同促进作用，具有优越的氯磷酸二甲酯裂解能力[12]。Ce-BDC 与 UiO-66 结构相似，对 DMNP 和梭曼的脱毒水解速率高于 UiO-66。进一步将 Ce-BDC 与含有氨基的聚乙烯亚胺混合，也可以像 UiO-66-NH_2 一样提高水解速率。他们推测其根本原因是 Ce(Ⅳ) 4f 轨道和 PQO 轨道混合形成的易被进攻的中间体易于反应进行[13]。

除了 CWAs 的裂解，MOFs 还被用于其他水解反应。例如，Li 等人描述了一种具有模拟蛋白酶活性的 Cu-MOF，催化牛血清白蛋白（BSA）和酪蛋白中肽键的水解。由于 MOF 的比表面积大和多孔结构，这种 Cu-MOFs 对蛋白质的亲和力显著高于天然胰蛋白酶和均相人工金属蛋白酶 Cu(Ⅱ) 配合物。因此，得到的 Cu-MOF 表现出良好的水解活性、稳定性和可重复使用性[14]。

6.3 金属氧化物基水解酶纳米酶

CeO_2 纳米材料也被用做磷酸酶模拟物。2010 年 Kuchma 等[15] 报道 CeO_2 纳米材料可以作为人工磷酸酶用来催化磷酸对硝基苯酯（para-nitrophenyl phosphate，p-NPP）水解，并通过电脑建模研究其催化机理。研究表明，当 Ce^{4+} 被还原成 Ce^{3+} 时水解反应的活化能会降低，有利于反应进行。

Korschelt 等[16] 首次报道 CeO_2-x 纳米棒可以作为一种有效的脲酶模拟物，能在中性条件下催化尿素水解。他们用 La^{3+} 取代 Ce^{4+} 来改变 Ce^{4+}/Ce^{3+} 比，以此来研究 CeO_{2-x} 纳米棒的表面性质。结果表明，虽然 La 取代增加了晶格表面缺陷的数量，但具有较高路易斯酸度 Ce^{4+} 位点的减少导致其催化活性略有下降。其活性（$k_{cat}=9.58\times10s^{-1}$）仅比天然脲酶低一个数量级，且水解活性不受典型的脲酶抑制剂（重金属离子）的影响。

Li 等[17] 报道 Cu_2O 修饰的碳量子点（carbon quantum dots，CQDs）具有内在的拟蛋白酶活性，可在生理条件下水解 BSA 和酪蛋白。动力学分析显示 CQDs/Cu_2O 的活性与典型的米氏动力学相似，且在相同条件下酶活性优于胰蛋白酶。催化 BSA 水解的机制如下：

$$\text{CQDs/Cu}_2\text{O}+\text{BSA}\longrightarrow\text{BSA-CQDs/Cu}_2\text{O}\longrightarrow\text{Hydrolysates}$$

首先，BSA 分子通过 CQDs 与 BSA 氨基的亲和作用吸附在 CQDs/Cu_2O 纳米复合材料的表面，形成 BSA-CQDs/Cu_2O 中间体，之后活性位点（Cu_2O）和底物被限制在特定区域，然后 Cu 中心被激活从而将 BSA 水解成小段肽。

6.4 过渡金属硫化物（TMD）基水解酶纳米酶

β淀粉样肽（amyloid-β，Aβ）的积累是一种神经衰退性疾病的标志现象。Ma 等[18] 使用二硫化钼纳米片（MoS_2）和钴配合物构建了一种新的人工金属蛋白酶（MoS_2-Co），研究表明，该复合材料能够有效地抑制 Aβ 聚集，同时可以降低细胞内活性氧的含量。这一工作有助于设计多功能的人工纳米酶，用于缓解 Aβ 造成的神经毒性，该蛋白酶不仅提高对 Aβ 单体的水解活性，而且还增强 Aβ 纤维的降解。

6.5 碳基水解酶纳米酶

碳基纳米酶除了以上章节提及具有过氧化物酶和超氧化物酶催化活性，实际上，早在 20 世纪 90 年代作为天然核酸酶模拟酶被首次发现。一种羧基功能化的水溶性富勒烯 C_{60}-1 被证明可以在光照射下催化 DNA 的磷酸二酯键断裂。更进一步通过共轭具有互补作用的富勒烯 DNA 或 DNA 嵌入剂，可以增强 DNA 特定位点的切割效率。

除了富勒烯，氧化石墨烯也被用作水解酶模拟物。例如，与肽纳米纤维集成的氧化石墨烯可以水解纤维素。系统研究发现，这种杂化物的高多糖水解酶模拟活性来自肽的纤维结构、对底物的空间位阻较小以及氧化石墨烯和肽纳米纤维的协同作用。同样，短肽组装的碳纳米管也可以裂解 4-硝基苯基乙酸酯。

6.6 其他水解酶纳米酶

邱丽红[19] 等开展了基于氨基酸和多肽材料的纳米水解酶的研究，并将其应用于有机磷农药和食品包装塑化剂邻苯二甲酸异辛酸酯（DEHP）的水解和检测，在食品安全领域具有很好的应用前景。有机磷水解酶研究中，丝氨酸（S）、组氨酸（H）和谷氨酸（E）与纳米氧化钛结合，显示出有机磷分子水解活性，这种现象遵循生物模拟水解酶中质子转移的原理。为此，建立了以 S、H、E 结合纳米 TiO_2 粒子复合纳米酶修饰电极电化学检测有机磷农药的方法。整个水解检测过程在 5 分钟内完成，可以用于食品安全的快速检测分析。塑化剂 DEHP 水解酶研究中，以天然酯酶中的角质酶为模拟对象，设计不同的肽序列来模拟天然酶的催化结构。肽序列设计以酪氨酸（Y）和 3,4-二羟基苯丙氨酸（DOPA）为聚合位点，S、H 和天冬氨酸（D）为催化中心。实验发现聚合条件和肽序列差异会产生不同形貌的结构，进而影响水解效率，其中肽序列 DOPA-GGGSHDLKLKLKL 可以聚合为均一的纳米颗粒，且具有较好水解活性。同时实验还发现肽模拟酶对不同的塑化剂水解活性有差异，其中对 DEHP 水解率最高，其次是 DBP、DMP，降解率可以达到 77%。该研究有望用于更加安全的食品包装材料和人体内积累的塑化剂降解的药物设计。

总体而言，水解酶纳米酶的研究进一步拓展了纳米酶的催化类型，相信未来还会有更多类型的材料用于纳米酶催化，具有类水解酶活性的纳米酶在生物医学领域的应用前景也将更加广阔。

到目前为止，不仅氧化还原反应和水解反应，其他酶促反应也得到了广泛的关注。例如，除了前面提到的过氧化物酶和水解酶模拟物，MOFs 也可以实现类似氢化酶的活性，只要为 MOFs 提供光子吸收剂（例如卟啉）和质子还原剂（例如 PtNPs）。此外，用碳酸酐酶类似物合成的 MOFs 可以模拟碳酸酐酶，以最大限度地减少全球变暖问题。基于 MOF 的酶模拟物在这个领域已经取得了巨大进展，并进行了总结。基于 MOF 的纳米酶的一些问题，如大尺寸和分散性仍然需要解决，但未来应该使用一些改良的策略来设计和扩展酶促反应类型。

此外，Fillon 和同事报道了将两个肽片段静电组装到三甲胺功能化的 AuNPs 上会促进两个肽的连接，这使得无机功能化的纳米粒子在生物聚合物的聚合中很有发展前景［图 6-4(a)］[20]。Kisailus 和同事证明了单层功能化的 AuNPs 可以模拟硅蛋白，当一个羟基功能化的 AuNPs 和另一个咪唑功能化的 AuNPs 之间的距离足够近到可以形成氢键时，二氧化硅前驱体会水解，然后在两者的界面上缩合形成二氧化硅 AuNPs[21]。

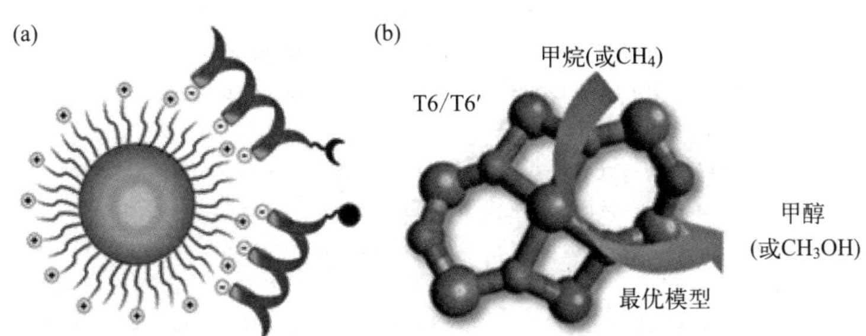

图 6-4　(a) 非共价组装在 AuNPs 上的催化剂催化的肽连接[20]；
(b) 基于 Fe(Ⅱ) 沸石的甲烷单加氧酶模拟物计算模型[22]

此外，还研究了一种基于 Fe(Ⅱ) 沸石的甲烷单加氧酶模拟物将甲烷与氧化亚氮转化为甲醇。确切的活性位点及其性质最近被 Solomon 和同事们揭示［图 6-4(b)］。通过位点选择性光谱方法和磁性圆二色谱确定了材料活性位点为单核、高自旋、方形平面 Fe(Ⅱ) 位点[22]，不仅只有 Fe(Ⅱ) 沸石，Cu 交换的丝光沸石也可以通过预氧化的铜氧活性中心将甲烷转化为甲醇。

参考文献

[1] Hu X，Wang N，Guo X，et al. A sub-nanostructural transformable nanozyme for tumor photocatalytic therapy. Nano-Micro Letters，2022，14 (1)：101.

[2] Manea F，Houillon F B，Pasquato L，et al. Nanozymes：gold-nanoparticle-based transphosphorylation catalysts. Angewandte Chemie International Edition，2004，43 (45)：6165-6169.

[3] Prins L J. Emergence of complex chemistry on an organic monolayer. Accounts of Chemical Research，2015，48 (7)：1920-1928.

[4] Diez-Castellnou M，Mancin F，Scrimin P. Efficient phosphodiester cleaving nanozymes resulting from multivalency and local medium polarity control. Journal of the American Chemical Society，2014，136 (4)：1158-1161.

[5] Chen J LY，Pezzato C，Scrimin P，et al. Frontispiece：chiral nanozymes-gold nanoparticle-based transphosphorylation catalysts capable of enantiomeric discrimination. Chemistry A European Journal，2016，22 (21)：7028-7032.

[6] Zaramella D，Scrimin P，Prins L J. Self-assembly of a catalytic multivalent peptide-nanoparticle complex. Journal of the American Chemical Society，2012，134 (20)：8396-8399.

[7] Mondloch J E，Katz M J，Isley W C，et al. Destruction of chemical warfare agents using metal-organic frameworks. Nature Materials，2015，14：512-516.

[8] Chen H，Liao P，Mendonca M L，et al. Insights into catalytic hydrolysis of organophosphate warfare agents by metal-organic framework NU-1000. Journal of Physical Chemistry C，2018，122：12362-12368.

[9] Chen J，Huang L，Wang Q，et al. Bio-inspired nanozyme：a hydratase mimic in a zeolitic imidazolate framework. Nanoscale，2019，11，5960-5966.

[10] Katz M J，Mondloch J E，Totten R K，et al. Simple and compelling biomimetic metal-organic framework catalyst for the degradation of nerve agent simulants. Angewandte Chemie，2014，53 (2)：497-501.

[11] Plonka A M，Wang Q，Gordon W O，et al. In situ probes of capture and decomposition of chemical warfare agent simulants by Zr-based metal organic frameworks. Journal of the American Chemical Society，2017，139 (2)：599-602.

[12] Giannakoudakis D A，Hu Y P，Florent M，et al. Smart textiles of MOF/g-C_3N_4 nanospheres for the rapid detection/detoxification of chemical warfare agents. Nanoscale Horizons，2017，2 (6)：356-364.

[13] Islamoglu T，Atilgan A，Moon S Y，et al. Cerium (Ⅳ) vs Zirconium (Ⅳ) based metal-organic Frameworks for detoxification of a nerve agent. Chemistry of Materials，2017，29 (7)：2672-2675.

[14] Li B，Chen D M，Wang J Q，et al. MOFzyme：Intrinsic protease-like activity of Cu-MOF. Scientific Reports，2014，4：6759.

[15] Kuchma M H，Komanski C B，Colon J，et al. Phosphate ester hydrolysis of biologically relevant molecules by cerium oxide nanoparticles. Nanomedicine-Nanotechnology Biology and Medicine，2010，6 (6)：738-744.

[16] Korschelt K，Schwidetzky R，Pfitzner F，et al. CeO_2-x nanorods with intrinsic urease-like activity. Nanoscale，2018，10 (27)：13074-13082.

[17] Li B，Chen D M，Nie M F，et al. Pristine Cu-MOF induces mitotic catastrophe and alterations of gene expression and cytoskeleton in ovarian cancer cells. Particle & Particle Systems Characterization，2018，35 (11)：1800277.

[18] Ma M M，Wang Y，Gao N，et al. A near-infrared-controllable artificial metalloprotease used for degrading amyloid-β monomers and aggregates. Chemistry-A European Journal，2019，25 (51)：11852- 11858.

[19] Qiu L H，Lv P，Zhao C L，et al. Electrochemical detection of organophosphorus pesticides based on amino acids conjugated nanoenzyme modified electrodes. Sensors and actuators B：chemical，2019，286：386-393.

[20] Fillon Y，Verma A，Ghosh P，et al. Peptide ligation catalyzed by functionalized gold nanoparticles. Journal of the American Chemical Society，2007，129 (21)：6676-6677.

[21] Kisailus D，Najarian M，Weaver J C，et al. Functionalized gold nanoparticles mimic catalytic activity of a polysiloxane-synthesizing enzyme. Advanced Materials，2005，17：1234-1239.

[22] Snyder B E R，Vanelderen P，Bols M L，et al. The active site of low-temperature methane hydroxylation in iron-containing zeolites. Nature，2016，536 (7616)：317-321.

第7章

不同组成成分的纳米酶

纳米酶的性质受到诸多因素的影响，其中化学成分（如金属基或非金属基）不同对纳米酶催化活性的应用也多有差异。

7.1 金属基纳米酶

目前，研究者们已经将 40 多种元素用于制作 130 多种纳米酶。就金属元素而言，如 Fe、Ni、Co、Zn、Cu、V、Mo、Mn、Ru、Pd、Rh、Ce、Ag、Pt、Bi 和 Au 等，已被研究者们广泛研究，并应用于各种领域。金属基纳米酶通常具有良好的化学稳定性，且具有多种易偶联位点，可以与生物分子配体和抗体结合，适合在多种场景条件下发挥多种多样的功能。金属基纳米酶大致可以分为过渡金属基纳米酶与非过渡金属基纳米酶。

7.1.1 过渡金属基纳米酶

过渡元素指在元素周期表中 d 区的一系列金属元素，也称过渡金属。一般来说，这一区域包括 3 到 12 一共十个族的元素，但不包括 f 区的内过渡元素。

对于大多数酶的催化过程来说，催化的活性位点一般为金属，特别是过渡金属。这是因为过渡金属可以与底物分子形成配位键，从而可以形成能垒较低的过渡态，进一步降低反应的活化能，加速化学反应的进行。作为一颗冉冉升起的新星，铁基纳米粒子自从被发现后便得到了空前的发展。随着研究者们对铁基纳米酶的研究热情逐步高涨，通过表面修饰对纳米酶进行改性，这个有趣的课题也被进一步挖掘出来。

（1）铁基纳米酶

Fe 是一种具有多种氧化态的过渡金属，具有丰富的氧化还原特性。尤其是高比表面积、分层孔隙率和高电导率之间的平衡可能会导致更快的传质速度以及在催化过程中暴露更多的反应位点，从而提高其催化性能。

铁基纳米酶是最早被系统性研究的一种纳米酶（2007 年阎锡蕴研究组首次提出了 Fe_3O_4 的类过氧化物酶属性）。其作用机制在于 Fe 为芬顿反应提供了条件，同时纳米酶中 Fe^{2+} 和 Fe^{3+} 的相互转化提供了大量的氧化还原动力。随着进一步的研究，具有更多功能特性的铁基纳米酶被开发出来，可分为：纳米四氧化三铁（Fe_3O_4 NPs）及其衍生物、三氧化二铁（Fe_2O_3 NPs）及其衍生物、合金金属纳米粒子、其他铁基纳米材料。

氧化铁纳米材料，尤其是磁性氧化铁纳米材料已在许多领域得到广泛使用，例如分析物的分离和捕获、传感和成像。铁基纳米材料的类酶活性于 H_2O_2 存在的条件下催化氧化显色试剂的比色反应中发现。与 HRP 类似，这种铁基纳米材料在适当的条件下可以表现出类过氧化物酶活性。许多的研究报道，铁基纳米材料的类过氧化物酶活性可以与底物（OPD、

TMB、DAB 和 ABTS）发生明显的显色反应，甚至是荧光聚多巴胺、苯甲酸和对苯二甲酸［图 7-1(a)］。然而，过量的 H_2O_2 浓度会影响这种显色反应，所以这种铁基纳米材料的类过氧化物酶活性只有在合适的 H_2O_2 浓度下才表现出来。Wei 和 Wang 利用 Fe_3O_4 MNPs 的类酶活性开发了一种用于 H_2O_2 和葡萄糖检测的新型传感平台[1]。Wu 等对 Fe_3O_4 基纳米酶活性进行了详细的研究，发现该纳米材料在有机溶剂条件下的相对活性优于 HRP。掺杂的铁氧体，例如 M Fe_3O_4（M-Bi，Eu）和 M Fe_3O_4（M=Co、Mn、Zn）也具有类酶活性。利用 Co Fe_3O_4 的过氧化物酶活性通过化学发光法可以检测 H_2O_2 和葡萄糖，在该纳米粒子表面涂一层壳聚糖以提供更多的单分散磁性纳米粒子可以进一步提升其化学性能。此外，涂有二巯基琥珀酸（DMSA）的 γ-Fe_2O_3 和 Fe_3O_4 纳米颗粒在中性和碱性 pH 条件下都可以分解 H_2O_2，首次发现铁基纳米材料具有类过氧化氢酶活性［图 7-1(b)］。这两种类型的纳米颗粒均具有过氧化氢酶活性，但是 Fe_3O_4 具有较高的类酶活性。与过氧化物酶的活性相似，pH 的变化对铁基纳米材料酶催化效果起关键作用，在中性条件下（pH=7.4）过氧化氢酶活性占主导，而在酸性条件下（pH=4.8）过氧化物酶活性占主导。与 γ-Fe_2O_3 相比，Fe_3O_4 MNPs 对显色底物的氧化效果更加明显。铁基纳米材料的类过氧化物酶活性催化作用类似于 Fenton 的铁离子化学反应，因为铁在两个系统中催化 H_2O_2 进行高级氧化方面都起着至关重要的作用。ESR 表明其在酸性条件下形成羟基自由基（·OH）［式(7-1)～式(7-3)］。在中性或者碱性条件下，未检测到·OH，而是出现氢过氧自由基（HO·），然后很快电离成超氧自由基（$O_2^{\cdot -}$），进一步离子化成 O_2［式(7-4)～式(7-7)］。这表明不同 pH 条件下过氧化氢酶模拟活性的机制有所不同。

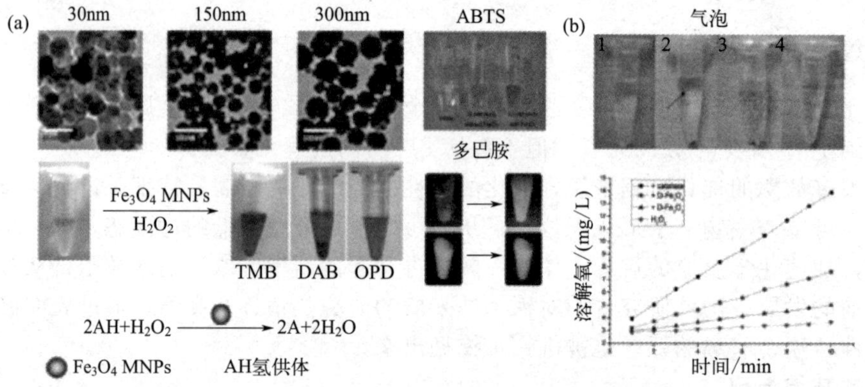

图 7-1 (a) 铁基纳米材料的过氧化物酶活性催化氧化不同底物的显色结果；(b) 铁基纳米材料的过氧化氢酶活性催化分解 H_2O_2，产生溶解氧的测定

$$Fe^{3+}+H_2O_2 \longrightarrow FeOOH^{2+}+H^+ \tag{7-1}$$

$$FeOOH^{2+} \longrightarrow Fe^{2+}+HO_2\cdot \tag{7-2}$$

$$Fe^{2+}+H_2O_2 \longrightarrow Fe^{3+}+OH^-+OH\cdot \tag{7-3}$$

$$Fe^{3+}+H_2O_2 \longrightarrow FeOOH^{2+}+H^+ \tag{7-4}$$

$$FeOOH^{2+} \longrightarrow Fe^{2+}+HO_2\cdot \tag{7-5}$$

$$HO_2\cdot \longrightarrow H^++O_2^{\cdot -} \tag{7-6}$$

$$OH\cdot+HO_2\cdot/O_2^{\cdot -} \longrightarrow H_2O+O_2 \tag{7-7}$$

Fe_3O_4 NPs 是目前研究最广泛的铁基纳米酶，基于其优异的性能，不断衍生出不同粒径、不同表面修饰的 Fe_3O_4 的衍生体纳米酶。已有报道证实通过单氨基酸对 Fe_3O_4 纳米酶

进行改性，可以优化纳米酶的催化活性，改性后的 Fe_3O_4 纳米酶的催化效率提高了一个数量级。此外，为了提高纳米酶对目标底物的催化选择性，提出了一种利用分子印迹技术制备纳米酶的新方法。研究表明，通过该方法所制备的纳米酶不仅表现出优越的类过氧化物酶催化活性，而且还具有超高的酶特异性（图 7-2）[2]（书后附彩图），并且，该分子印迹法进一步用于制备其他纳米酶以提高其选择性。

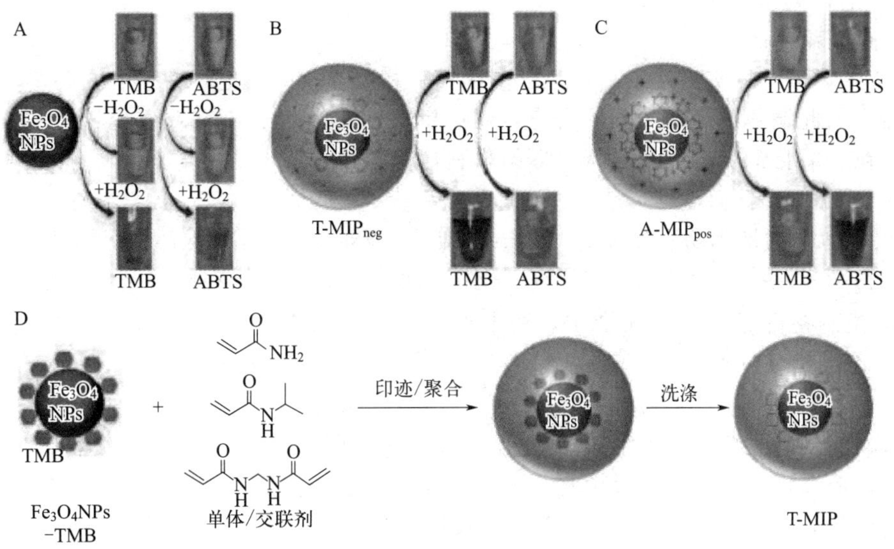

图 7-2　分子印迹技术制备 Fe_3O_4 基纳米酶[2]

由于铁氮碳（Fe-N/C）催化剂具有低成本、出色的氧还原催化活性和耐用性，被认为是有前途的纳米酶候选物。然而，它们的类酶特性，特别是其分析应用几乎未得到研究。研究人员发现，使用双金属 MOF 作为前体可以增加获得的碳的表面积，从而增强催化作用，即使在碳化后，这些双金属 MOF 的形态也能很好保持。在 MOF 的合成过程中引入了导电碳材料，例如石墨烯和碳纳米管（CNT），以增加碳化后的电导率，从而进一步提高催化性能。因此通过碳化双金属 Fe-Zn ZIFs（图 7-3）前驱体制备了具有大量单个 Fe 原子配位的 Fe-N 或高活性的 Fe-N/C[3]。Fe-Zn ZIFs 前驱物是通过化学掺杂合成的，其中 ZIF-8 中的 Zn 离子被 Fe 离子部分取代，形成明确的 $Fe\text{-}N_4$ 络合物。惊讶的是，所制备的 Fe-N/C 具有出色的类氧化酶活性。此外，通过调节 Fe-Zn ZIFs 前体制备中的甲醇量和热解条件下的煅烧温度，可以容易调节其类氧化酶活性。通过在 900℃下碳化 Fe-Zn ZIFs 前体（由甲醇与

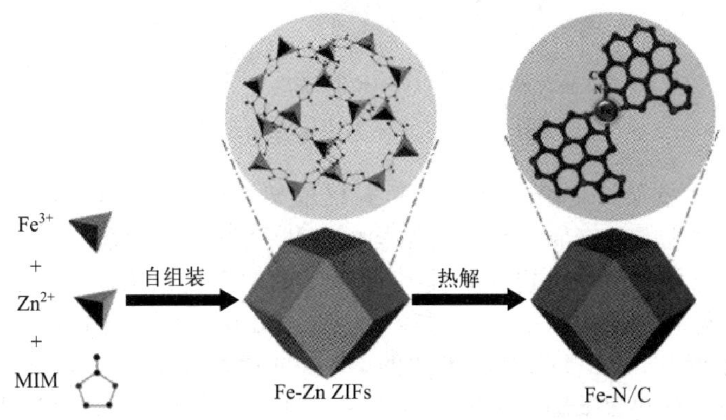

图 7-3　Fe-N/C 催化剂合成的示意图[3]

Zn^{2+}的摩尔比为1320∶1制备）获得了平均直径为120nm的最佳Fe-N/C催化剂。碱性磷酸酶（ALP）存在于哺乳动物的体液和组织中，是许多人类疾病的重要诊断指标。文献报道ALP的异常水平会导致各种病理过程。ALP可以催化磷酸酯（例如AAP）的水解以产生AA。AA不仅可以有效地将oxTMB还原为TMB，而且还可以消耗Fe-N/C/-TMB催化反应系统中产生的活性氧（ROS），从而引起明显的颜色变化。基于这些结果，开发了用于筛选ALP活性的新型比色平台。

（2）铜基纳米酶

Cu是生物体内的必需元素，也是天然酶活性中心金属元素之一。它在自然界含量丰富、价格低廉，因此铜基纳米酶得到了研究者的广泛关注和研究。研究发现无论是二价铜离子、铜纳米颗粒、氧化铜、铜的金属有机框架材料还是铜单原子催化剂等都表现出了优异的酶学特性。

① 铜基氧化物纳米酶。自2011年Chen等[4]发现CuO具有类POD活性后，人们就对铜的氧化物纳米颗粒进行了大量的研究［图7-4(b)］。Lin等[5]在碱性条件下通过H_2O_2与Cu^{2+}的配位制备得到过氧亚铜（CP）纳米点。在肿瘤内部的微酸介质中，CP纳米点发生自分解反应供给H_2O_2和Cu^{2+}，而后Cu^{2+}发生芬顿（Fenton）反应产生羟基自由基（·OH）损伤肿瘤细胞，实现抗肿瘤效果。Li等[6]报道碳点保护的Cu_4O_3纳米复合材料作为刺激响应型纳米酶，其类POD和OXD活性受光照、温度、pH和氧化剂的影响，在生物传感、环境处理以及有机合成中具有潜在应用。除氧化铜纳米颗粒以外，硫化铜、碲化铜等也表现出优异的类酶活性。Yang等[7]通过简单的共沉淀法制备了CuS纳米颗粒，并利用CuS纳米颗粒的类POD活性构建了一种新型的无标记化学发光免疫传感器，用于检测肿瘤标志物甲胎蛋白的含量。Wen等[8]制备了Cu^{+}和Cu^{2+}并存的$Cu_{2-x}Te$纳米颗粒［图7-4(c)］，利用其类谷胱甘肽氧化酶（GSHOx）和POD活性催化肿瘤内的级联反应，提高肿瘤内氧化应激水平来诱导肿瘤细胞的死亡。同时氧化应激的持续升高能够激活免疫系统，产生抗肿瘤免疫记忆，有利于抑制肿瘤复发和转移，实现肿瘤的免疫疗法。

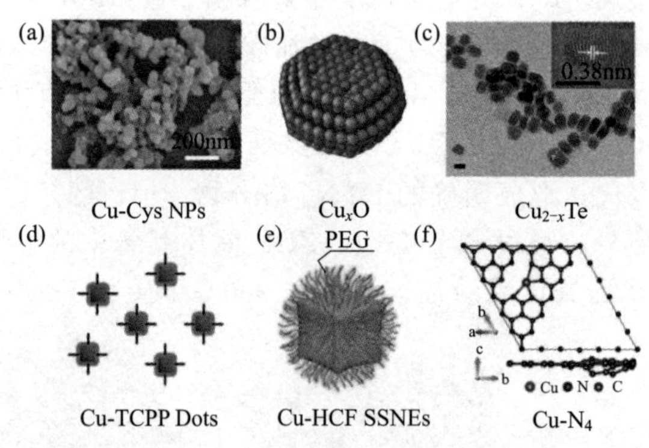

图7-4　不同种类的铜基纳米酶

② 铜基金属有机框架材料纳米酶。金属有机框架材料是由无机金属离子和有机配体通过自组装相互连接形成的具有周期性网格结构的有机-无机杂化材料。MOF材料的高比表面积、高孔隙率以及优异的理化稳定性，使其具有巨大的发展潜力。Wang等[9]制备了超薄二维金属有机框架材料铜-四（4-羧基苯基）卟吩［Cu-tetrakis（4-carboxyphenyl）porphyrin，Cu-TCPP］纳米片。Cu-TCPP纳米片的类POD活性和Cu^{2+}催化的Russell机制将肿瘤内的H_2O_2转化为对肿瘤细胞有害的单线态氧（$^1O_2$），同时借助Cu^{+}和Cu^{2+}的循环氧化机制持续消耗肿瘤内部的GSH。该双重机制并行最终实现肿瘤治疗。纳米材料的活性中心

会随着其尺寸和形貌的改变而改变，因此纳米材料的催化活性极大程度依赖于它的尺寸。Zhang 等[10] 制备的 Cu-TCPP MOF 纳米点（CTMDs）表现出与二维 Cu-TCPP 纳米片相反的活性［图 7-4(d)］。CTMDs 表现出类 SOD 和 GPx 活性，能够显著降低氧化应激水平，并对脂多糖（lipopolysaccharide，LPS）诱导的急性肾损伤具有治疗作用。Wu 等[11] 制备了 Cu、Zr 双金属的 MOF-818，通过 Cu、Zr 双金属协同作用模拟天然酶 Cu/Zn-SOD 的 Cu-Zn 双金属活性中心，发现其类 SOD 活性比以往报道的单金属 Cu-MOF 的活性提高了 3.4～8 倍。经密度泛函理论计算，发现 Zr 的存在降低了 Cu^{+} 和 Cu^{2+} 之间电子转移循环的能级势垒，因而赋予了其更高的类 SOD 活性。

③ 铜基单原子纳米酶。单原子纳米酶相较于纳米颗粒，具有更高的原子利用率和更多的活性位点，这为提高纳米酶的催化活性提供了新思路[12]［图 7-4(e)，(f)］。Zhang 等[13] 以 ZIF-8 为前驱体制备了 Fe-Cu-N_6 的双金属单原子纳米酶。Fe-Cu-N_6 独特的双金属结构有利于其在催化过程中进行氧分子的双边吸附，进而降低反应势垒，表现出优异的类 POD、SOD 和 CAT 活性。与天然酶相比，Fe-Cu-N_6 单原子纳米酶在数月后仍具有超高的活性和稳定性。Wang 等[14] 在氮掺杂的碳纳米片（NPC）表面制备了 Cu 单原子纳米酶（Cu SASs/NPC）。在类酶催化和肿瘤光热疗法的协同增强作用下，Cu SASs/NPC 实现了对大肠杆菌和金黄色葡萄球菌 100％的抗菌效果。Chang 等[15] 设计了一种负载有钠-葡萄糖协同转运蛋白抑制剂（LIK066）的多孔 Cu 单原子纳米酶（Cu SAzyme）。Cu SAzyme 通过 LIK066 减少肿瘤细胞对葡萄糖的摄取从而阻断能量来源以减少肿瘤细胞内热休克蛋白（HSPs）的合成。同时利用 Cu SAzyme 产生多种活性氧（ROS）的特性使肿瘤内已有的 HSPs 失活，双管齐下增强肿瘤的光热疗法效果。

（3）钼基纳米酶

铁基和铜基纳米酶蓬勃发展的同时，其他过渡金属基纳米酶也相继得到开发。钼（Mo）作为一种无毒、低成本的过渡金属，已被用于合成各种具有独特结构和物理化学特征的钼基纳米材料，从而获得各种性能。而且根据仿生设计而制备的钼基纳米材料由于其可变的氧化态，在构建新型纳米酶催化剂方面显示出巨大的潜力。与天然酶类似，钼基纳米酶的催化活性受到反应条件的影响，如 pH 值、底物浓度、温度和反应时间。它们的过氧化物酶模拟活性遵循典型的 Michaelis-Menten 动力学和乒乓催化机制，类似于天然的辣根过氧化物酶（HRP）。二硫化钼纳米片（MoS_2 NSs）的类过氧化物酶催化活性首次报道于 2014 年［图 7-5(a)］[16]。MoS_2 NSs 在宽 pH 范围（2.0～7.5）下的高催化活性被用于检测血清样品中的葡萄糖。除了 MoS_2 NSs 外，少量层状 MoS_2 NS_2 也具有固有的类过氧化物酶活性。在催化反应时，富电子的 MoS_2 NSs 将电子转移到附近的 H_2O_2 上。随后，电子浓度的降低促进了电子从 3,3′,5,5′-四甲基联苯胺（TMB）向 MoS_2 NSs 转移。结果表明，TMB 被氧化为蓝色 oxTMB，H_2O_2 被还原为水，与氧化石墨烯（GO）等纳米酶相似［图 7-5(b)］[17]。

过渡金属基纳米酶之所以能够在众多纳米酶种类中脱颖而出，是由于过渡金属和金属氧化物表面覆盖着大量的电荷，因此赋予了过渡金属基纳米酶卓越的电子性能，使其在生物医学领域具有重要的研究价值。

除了上述介绍的两种过渡金属基纳米酶以外，诸如二氧化铈（CeO_2）、氧化钴（Co_3O_4）、氧化锰（Mn_2O_3），以及氧化钒纳米线（V_2O_5）等过渡金属基纳米酶均被设计出来并应用于抗炎、杀菌、抗癌以及污染物防治等领域。

7.1.2　非过渡金属基纳米酶

贵金属纳米酶是利用贵金属独特的性质制备的具有类酶活性的纳米材料。贵金属可以与

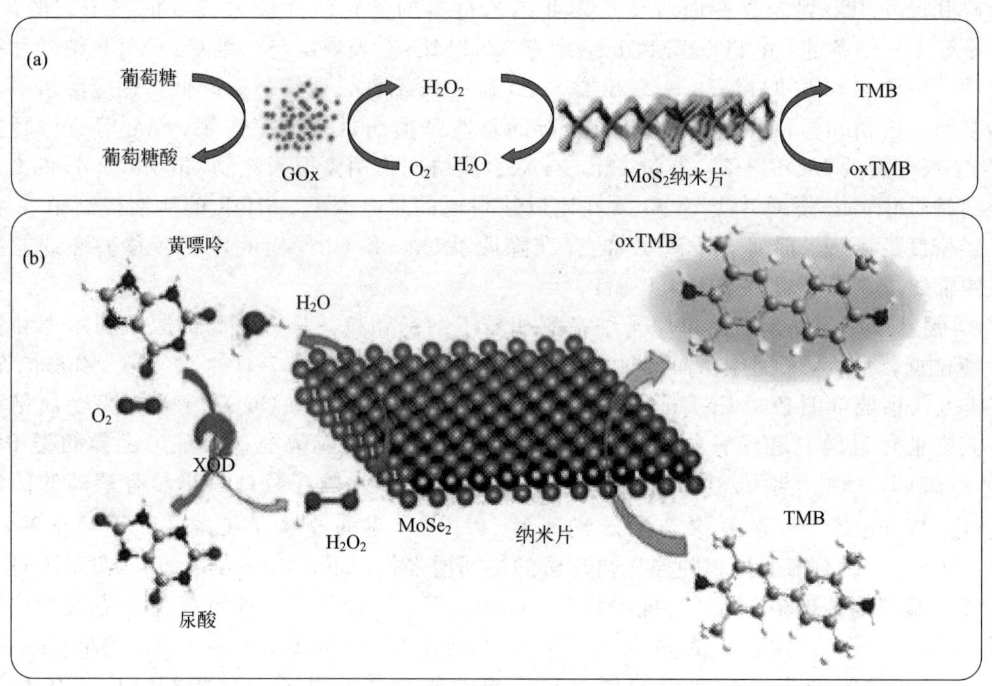

图 7-5 (a) 基于 MoS_2 NSs 比色法检测葡萄糖[16]；(b) 电子转移反应[17]

多种生物分子的配体结合，具有表面等离子共振特性以及优异的光热转换性能。其中最常见的是 Au、Ag、Pt 和 Pd 基的贵金属纳米酶。

(1) 金基纳米酶

金（Au）作为最重要的贵金属元素之一，因其独特的物理化学性质而备受关注。对金纳米颗粒催化活性的探索发现其具有内在的过氧化物酶、超氧化物歧化酶、过氧化氢酶和氧化酶活性，并将其广泛应用在生物检测、生物催化、污染监测、疾病诊断、靶向给药等领域中。

① Au 基纳米酶活性可调性。传统上，Au 被认为是化学惰性物质，但在纳米尺度上，它表现出优异而独特的光电性能。合成简单、表面修饰容易、光学性能可调、高稳定性、生物相容性好和生物降解能力强，这些属性有助于它们在各种不同领域中被广泛使用。金纳米酶的活性除受 pH 值、温度、周围环境、金属离子等因素控制外，其自身的粒径、组成、形状、表面包覆等物理化学性质也会对 Au 纳米酶的催化性质产生影响，不同形态的 Au 纳米材料也可以带来不同的功能和效果。低维 Au 纳米材料（0D 和 1D）由于其体积小、传感特性好，常被用作生物成像、诊断等领域的荧光纳米探针，建立了良好的可视化生物检测系统。高维 Au 纳米材料（2D 和 3D）具有更大的表面积和更多的结合位点，为杂化材料提供了优良的支架，使其具有更好的灵敏度和更大的检测范围。此外，在金纳米结构中掺杂其他金属元素（如 Pt、Fe、Ag、Cu 等）形成的纳米合金也表现出比单一金属体系更好的增强效果，被广泛应用于生物催化和生物传感领域。目前，改进和开发新的功能改性材料，了解其结构和键合机理，仍是当前 Au 纳米材料研究的关键。

② Au 基纳米酶的酶催化活性。近几十年来，金纳米粒子（AuNPs）因其易于制备、修饰，化学稳定性高，生物相容性好以及特殊的物理和光学等优良性能而被广泛应用于各个领域。虽然金在生物学和化学上被认为是惰性金属，但最近，AuNPs 被发现具有多种模拟酶催化活性，如葡萄糖氧化酶、过氧化物酶、氧化物酶、过氧化氢酶和超氧化物歧化酶。基于

AuNPs 的过氧化物酶活性已被广泛研究，并应用于开发构建各种检测分析传感器。与 HRP 和其他过氧化物酶相比，AuNPs 的催化活性相对较低。因此，提高 AuNPs 的过氧化物酶类活性，从而实现高灵敏度的检测，具有重大的实际检测意义。

由于常规合成和官能化方法的成熟发展，柠檬酸负载金纳米颗粒已经有许多应用，比如生物医学领域。Rossi 等发现了“无修饰”柠檬酸负载金纳米颗粒可以催化葡萄糖。这个反应与由葡萄糖氧化酶（GOx）催化的反应非常相似，这表明金纳米颗粒可以用作 GOx 的模拟物。基于实验结果他们提出了 Eley-Rideal 催化机理，即葡萄糖可能首先吸收金纳米颗粒，之后再与一个氧气分子结合形成产物（葡萄糖酸和过氧化氢）。金纳米颗粒也遵循米氏方程规则，同时结果表明催化效果是天然酶的 55 倍。

受这些研究结果的启发，Zheng 等人报道了一个有趣的自我催化、自我限制的金纳米颗粒可控生长系统（图 7-6）[18]。他们设计了一种基于金纳米颗粒固有的氧化酶活性来检测脱氧核糖核酸（DNA）和小分子核糖核酸（miRNA）的策略。单链 DNA（ssDNA）和双链 DNA（dsDNA）对金纳米颗粒的不同亲和力可用于微调其生长，进而影响它们的氧化酶活性。因此，通过核酸的杂交促进，可以成功检测靶 DNA 和 miRNA。该策略还有一个吸引之处，当系统与 HRP 偶联时，可以监测比色或化学发光信号；没有 HRP 时，等离子体信号可以使用暗场显微镜甚至在单纳米粒子水平检测。这样传感系统还具备了单碱基匹配区分能力。

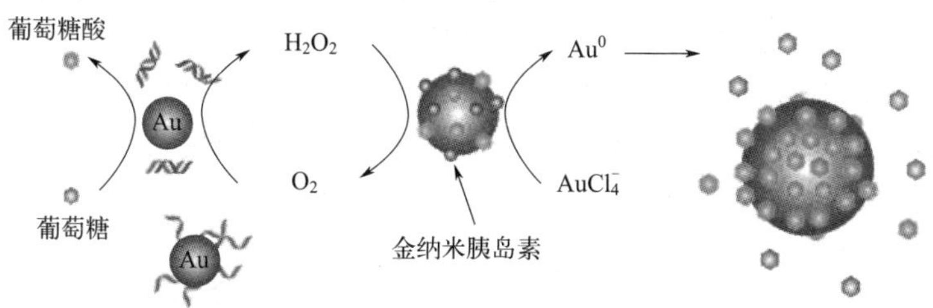

图 7-6　金纳米颗粒纳米酶模拟葡萄糖氧化酶。葡萄糖氧化产生 H_2O_2：将 $HAuCl_4$ 还原为 Au^0 从而进一步促进金种的生长，金纳米颗粒的尺寸依赖性活性降低和产物（葡萄糖酸）诱导表面钝化两个消极因素的存在使该体系为自限制[18]

③ Au 基合金纳米酶的酶催化活性。当然除了单一金基纳米酶外，与其他金属形成合金也是增强其酶活性，改善性能的可行方法。He 课题组扩展了针对双金属金铂纳米棒（Au@Pt nanorods，Au@PtNRs）的研究[19]。Au@PtNRs 表现出多重酶模拟的能力。分别通过不存在和存在过氧化氢的情况下比较比色分析底物邻苯二胺（OPD）和 TMB 的氧化情况，结果表明 Au@PtNRs 具有氧化酶和过氧化物酶活性，电子顺磁共振光谱研究又证实了还具有过氧化氢酶活性。Au@PtNRs 的双酶模拟活动可以应用于小鼠白细胞介素 2（interleukin-2）的免疫研究（图 7-7），Au@PtNRs 还有抗坏血酸氧化酶活性，消除抗坏血酸盐对葡萄糖检测的干扰。

（2）银基纳米酶

与其它宏观实物相比，Ag 纳米颗粒具有独特的物理、化学和生物学特性，Ag 纳米颗粒的合成一直是一个备受关注的研究领域。Ag 纳米颗粒主要在催化、电化学传感、生物医疗、光学传感和表面增强拉曼散射等领域有着广泛的应用。且贵金属中 Ag 凭借其丰富的储量、低廉的价格激起极大的研究兴趣，被认为是很有前途的催化材料之一。

① 银基纳米酶的催化活性。尽管在碱性条件下的 Ag 的催化活性仅次于 Pd、Pt、Au 这几种贵金属，但是目前所报道的 Ag 基纳米酶的活性与 Pt 基纳米酶差距仍然较大。迄今为

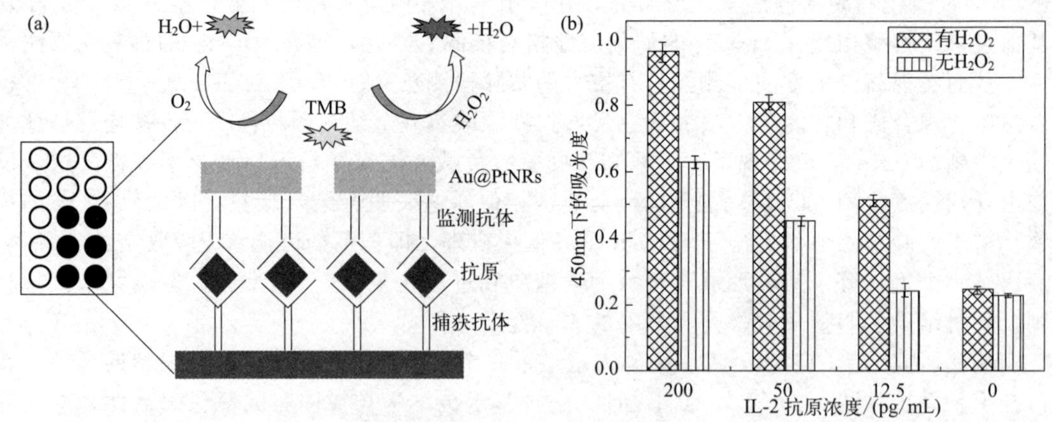

图 7-7　Au@Pt 纳米棒模拟氧化酶和过氧化物酶的性能及其在免疫分析中的应用[20]

止，研究人员已经采用各种方法来增强 Ag 基纳米酶的活性，例如调控 Ag 纳米酶的形貌及尺寸，与金属合金化以及复合过渡金属氧化物。Song 等人通过微波法一步合成了具有类氧化酶活性和 SERS 效应的 Ag-$CoFe_3O_4$ 还原氧化石墨烯（rGO）纳米复合物并将其应用于 Hg 的双模传感（图 7-8）。Hg^{2+}[21] 可以增强 Ag-$CoFe_3O_4$/rGO 的类酶活性，从而加快无色 TMB 被氧化生成蓝色产物 oxTMB；由于 Ag-$CoFe_3O_4$/rGO 具有 SERS 效应，oxTMB 的产生不仅能够通过吸收光谱仪对 652nm 处的吸光度进行监测还可以通过拉曼光谱对其特征拉曼峰进行监测。基于此建立的 Hg^{2+} 的比色和 SERS 双模传感方法的检测限低至 0.67nmol/L，远优于以往报道的纳米酶传感法，也低于世界卫生组织（WHO）和美国环境保护署（EPA）允许饮用水中 Hg 的含量的最大值（30nmol/L）。

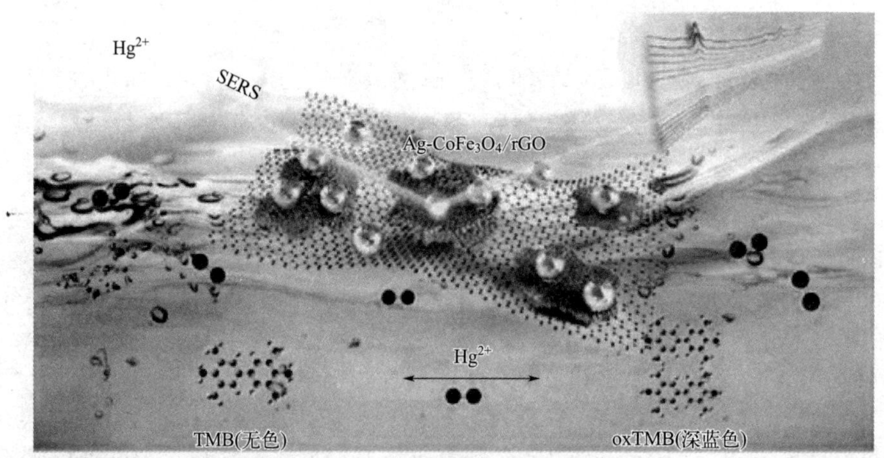

图 7-8　基于具有类氧化酶活性的 Ag-$CoFe_3O_4$/rGO 的 Hg 的比色和 SERS 双模检测的示意图[21]

② 银基纳米酶的抗菌性能。银具有良好的广谱杀菌作用，其普遍用于临床和日常生活用品中的纳米粒子。与离子形式存在的银相比来说，纳米银尺寸小、比表面积大，与微生物相互接触作用的概率就会增大，抗菌效果就会更强。纳米银的抗菌机理复杂多样（如图 7-9 所示），还没有统一的说法，目前三个主流抗菌机理分别为：

a. 纳米银粒子通过静电作用吸附在细菌的细胞壁、细胞膜上，细胞膜的通透性发生改变，使得细胞膜遭到破坏，细胞基质等溢出，最后细菌死亡；

b. 纳米银粒子因为尺寸较小，可以进入细胞内部，与 DNA 或碱基发生静电作用，破坏

DNA 结构，破坏 DNA 复制转录，破坏细菌正常的繁殖功能；

c. 纳米银可与细菌表面及内部的蛋白上的巯基相互作用，干扰细胞的正常新陈代谢。

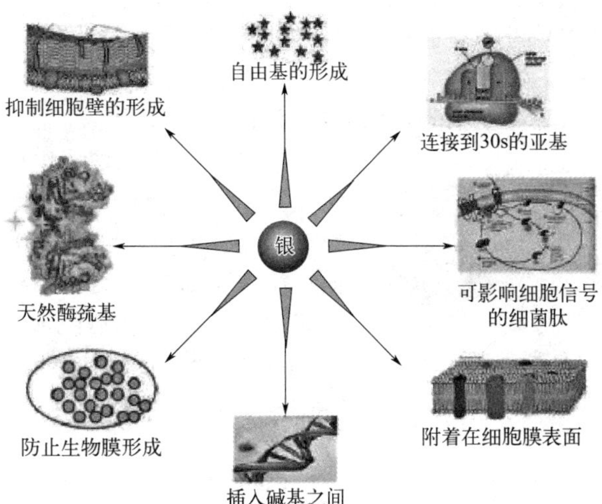

图 7-9　银纳米粒子显示多重杀菌作用[22]

还有一些研究认为在纳米银表面会释放出银离子，使得细菌的遗传物质 DNA 团聚，阻碍细菌的正常分裂。除此之外，有研究表明，纳米银在光照条件下可氧化分子氧，产生光催化杀菌作用。也有研究证实，纳米银的抗菌性能要优于银离子。相较于抗菌机理单一的各类抗菌材料，纳米银粒子抗菌机理复杂多样，故其具有低耐药性。

（3）铂基纳米酶

在过去的几十年中，金和银纳米簇（gold and silver nanoclusters，Au NCs and Ag NCs）得到了广泛的探索，并用于工业催化、光电器件、生物成像、环境测试、临床诊断和治疗领域。同样作为贵金属团簇，铂纳米簇（platinum metal nanoclusters，Pt NCs）由于其出色的反应活性、光学特性、催化活性、导电性和生物相容性等，被广泛应用于生物传感和医学成像。

① 铂纳米酶的过氧化物酶活性。同金纳米粒子一样，铂纳米粒子也具有过氧化物酶活性和检测过氧化氢、葡萄糖等的能力。十六烷基三甲基溴化铵被用于制备平均粒径约为 10nm 的单分散立方铂纳米晶体，所得的铂纳米晶体在过氧化氢存在下催化 TMB 反应生成最大吸收峰值为 652nm 的蓝色产物，表现出类似过氧化物酶的活性，但是，铂纳米晶体在水溶液中的团聚作用明显降低其催化活性。Kim 等[23] 用四代聚酰胺-胺树状大分子包裹 1.25nm 的铂纳米粒子，发现其动力学过程遵循典型的 Michaelis-Menten 方程，开发了检测葡萄糖方法的线性范围和检测限分别为 1～50μmol/L 和 1μmol/L。Zhang 等[24] 提出了在氧化石墨烯上原位生长多孔铂纳米颗粒（platinum nanoparticles on graphene oxide，PtNPs/GO）的方法。PtNPs/GO 可在过氧化氢存在下催化过氧化物酶底物反应，表现出类似过氧化物酶的活性。基于此显色反应和靶向配体叶酸，通过肉眼观察可以区分出 125 个 MCF-7 癌细胞。Fakhri 等[25] 制备了负载铂纳米颗粒的石墨烯纳米管也具有过氧化物酶活性。Ivanova 等[26] 制备了以亲水性多层六方氮化硼负载 8nm 铂纳米粒子的纳米复合物，纳米复合物表现出类似过氧化物酶的催化活性，能检测 2～50μmol/L 范围内的多巴胺，对多巴胺的检测限为 0.76μmol/L。

② 铂纳米酶的超氧化物歧化酶（SOD）活性。铂纳米材料用去铁蛋白包封（PtNP@

apo-ferritin）并测试它们对活性氧的解毒能力。PtNP@apo-ferritin 表现出良好的超氧化物歧化酶（superoxide dismutase，SOD）体外类酶活性和长期稳定性。PtNP@apo-ferritin 通过铁蛋白受体介导方式被胞吞，并且在外部诱导应激下可增加细胞活力。与二氧化铈纳米颗粒相比，这种物质的 SOD 类酶活性研究比较少。

③ 铂纳米酶的双重酶（CAT、POD）活性。1～2nm 的 PtNP@apo-ferritin 纳米颗粒表现出高稳定性，表现出过氧化氢酶和过氧化物酶的双酶模拟行为，活性依赖于 pH 值和温度（图 7-10）[27]。Nie 课题组研究表明，过氧化氢酶活性通过增加 pH 值和温度而增强，而过氧化物酶类活性在生理温度和微酸性条件下具有最大值。催化反应与铂含量相关，在更高的铂含量下具有更高的活性。来自不同课题组所报道的 PtNP@apo-ferritin 纳米颗粒是否具有三重模拟酶活性值得进一步研究[28]。

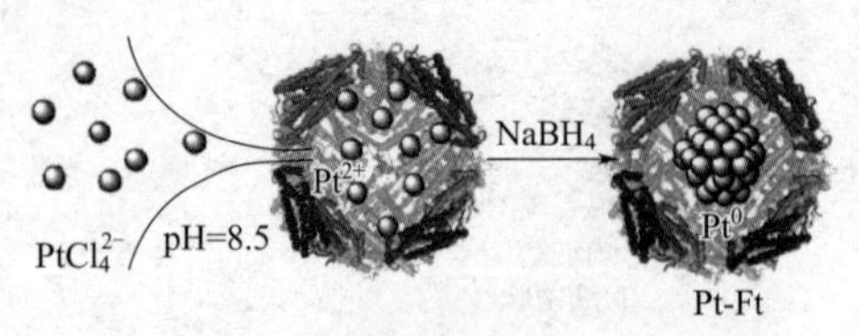

图 7-10　铁蛋白包覆的 Pt 纳米颗粒作为双酶模拟[27]

（4）钯基纳米酶

由于非过渡金属的电子结构较为简单，且具有显著的强耦合效应，因此设计并开发一种催化性能好的非过渡金属基纳米酶是十分值得思考的问题。受到高活性单原子催化剂的启发，Lin 等人通过剥离钯金属纳米颗粒上的单个原子，制备了氮配位碳负载的钯单原子纳米酶（PdSazyme）。具有原子经济性利用率催化中心的 Pd SAzyme 表现出过氧化物酶和谷胱甘肽氧化酶（GSHOx）的模拟活性和光热转化性能，这可以导致脂质过氧化（LPO）和活性氧（ROS）上调的铁氧化反应。LPO 和 ROS 的积累为热激蛋白（HSPs）的裂解提供了强有力的途径，使 Pd sazyme 介导光热疗法（PTT）得以实现。此外，研究者还发现铋基纳米酶可以通过光电效应、电子对效应等物理途径引发一系列电子跃迁和电离，以产生 ROS 等方式将辐射能量沉积在肿瘤内部，使得低剂量放射线照射就能较好地消灭肿瘤细胞。同时与光热治疗联合应用，通过乏氧细胞再氧合等途径提高肿瘤细胞的放射敏感性，以达到协同增强肿瘤的治疗效果。

7.2　碳基纳米酶

碳基纳米材料由于其明确的电子和几何结构而被广泛应用于模拟类酶活性。碳基纳米酶是一种非常成熟的纳米酶，在生物医学领域有着广泛的应用前景，包括生物分析、疾病诊断和治疗等方面。例如，通过模拟氧化酶或类 POD 活性，在酸性肿瘤微环境中选择性地启动有毒 ROS 的生成，碳纳米酶已被广泛应用于癌症治疗。

7.2.1　碳基纳米酶的发展

碳基纳米酶具有稳定性高、成本低、易于合成和修饰以及生物相容性好等特点，受到越来越多的关注。1996 年，研究者发现富勒烯及其衍生物可作为超氧化物歧化酶（SOD）的模拟物，随后，越来越多的碳材料包括碳纳米管、碳量子点、石墨相氮化碳等相继被发现具有类酶活性。2010 年，研究者发现单壁碳纳米管和石墨烯氧化物（GO）具有类 POD 活性，可以在过氧化氢（H_2O_2）存在下催化底物分子氧化。随着研究的深入，研究者发现了其它具有不同类酶活性的活性炭纳米材料。2017 年，GO-硒纳米复合物[29]被证明具有类谷胱甘肽过氧化物酶活性，能够用于细胞中活性氧的清除。2018 年，Fan 等[30]发现 N 掺杂的多孔碳纳米球同时具有类氧化酶（OXD）、类过氧化氢酶（CAT）、类 POD 和类 SOD 活性，并将其用于肿瘤治疗中。近几年，得益于材料合成和表征手段的飞速发展，碳载单原子催化剂以及异原子掺杂碳材料由于其优异的类酶催化活性受到广泛关注。

7.2.2　碳基纳米酶分类

碳纳米材料包括碳量子点、石墨烯、碳纳米管和富勒烯等已经广泛应用于能源催化、环境治理等领域，具有成本低、来源广泛、表面积大等性能优势。碳纳米材料的类酶活性最早由 Dugan 等[31] 提出，他们发现富勒烯衍生物可作为 SOD 模拟物，用于清除超氧阴离子自由基。2010 年，Song 等[32] 发现 GO 具有类 POD 活性，GO 的类酶活性主要源于其可以促进底物分子 TMB 与 H_2O_2 之间的直接电子传递，通过与葡萄糖氧化酶结合进行级联催化，实现葡萄糖的检测。另外，石墨烯量子点作为石墨烯衍生物也具有类 POD 活性，实验表明，羰基是催化活性位点，羧基是反应结合位点，而羟基则会抑制材料类 POD 活性，这为合理设计石墨烯衍生物纳米酶提供了指导。另外有研究报道，碳纳米管和碳点等也具有类 POD 酶活性。然而，由于碳材料固有催化活性较低，因此需要开发高性能碳基纳米酶。此外，氧化石墨烯（GO）还被设计为拟水解酶，以实现高效降解性能。Ma 等人利用 GO 的活性位点工程制备了有机磷水解酶纳米酶，以快速降解有机磷基神经制剂。机理研究表明，电耦合锚定位点和电子转移可归因于 GO 的水解酶活性。近年来，有研究者发现碳基纳米酶的一些物理化学性质调控了其催化性能，包括结构和形态效应。石墨烯纳米材料主要由 sp^2 碳原子组成，形成共轭 n-电子的无缝网络，可视为具有过氧化活性的纳米酶。即使在同一种碳纳米材料中，由于结构上的细微差别或差异，也会产生不同的类酶催化活性。Tang 等人以 GO 为前驱体，通过简单透析的方法制备了蓝光发光石墨烯量子点（b-GQDs）和绿光发光石墨烯量子点（g-GQDs）。他们发现制备的 b-GQDs 可能来自完整的 GO 的 sp^2 簇，而 g-GQDs 应该来自 GO 的含氧部分（图 7-11[33]）。

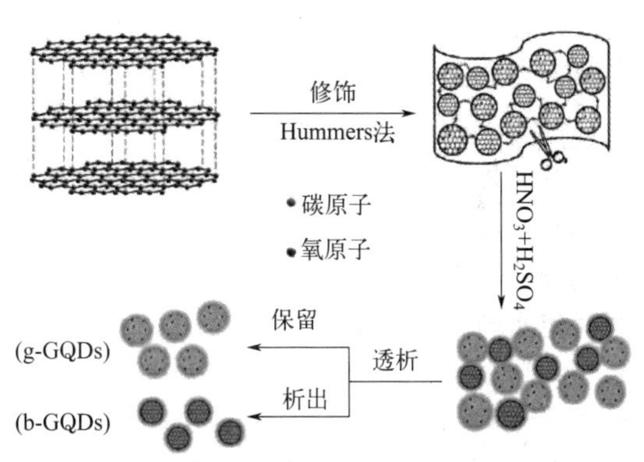

图 7-11　g-GQDs 和 b-GQDs 的制备和分离路线示意图[33]

（1）异原子掺杂型碳基纳米酶

异原子掺杂是一种有效提升催化剂催化活性的方法。异原子的引入可以有效地优化活性位点的电子结构，从而有效提升碳材料的催化活性。异原子掺杂可以分为一种异原子和多种异原子掺杂两种方式。在一种异原子掺杂途径中，N 被认为是一种较为适合掺入碳纳米材料的元素，也是被使用最广泛的掺杂元素。因为 N 的原子大小与 C 原子相近，并且 N 原子具有可与 C 原子形成强共价键的价电子。Li 等[34] 应用一种简便高效的等离子体处理技术在室温下将 N 掺杂到石墨烯中，成功制备了 N 掺杂石墨烯。研究发现，相比于原始石墨烯，N 掺杂石墨烯的类 POD 酶催化活性提高近 5 倍，表明等离子体处理技术可以提高石墨烯的导电性并造成表面缺陷，进而促进电子转移，增强催化活性。Lou 等[35] 设计合成了一种较高含量 N 掺杂的碳纳米酶[图 7-12(a)]，并且将其用于生物传感，实现了对生物小分子的灵敏检测。然而，由于 N 掺入碳纳米材料会形成吡啶氮、石墨氮、吡咯氮和氧化态氮 4 种类型，调控 N 掺杂优化碳纳米酶的催化性能成为研究者关注的重点。为解决这一问题，Yan 等[36] 通过二次 N 掺杂的方法，合成了具有不同吡啶 N 含量的多孔碳基纳米酶 [图 7-12(b)]，探究了吡啶 N 对于碳基纳米酶催化活性的影响。研究发现，吡啶 N 含量与该材料的类 POD 活性呈现正相关性

[图 7-12(c)]。

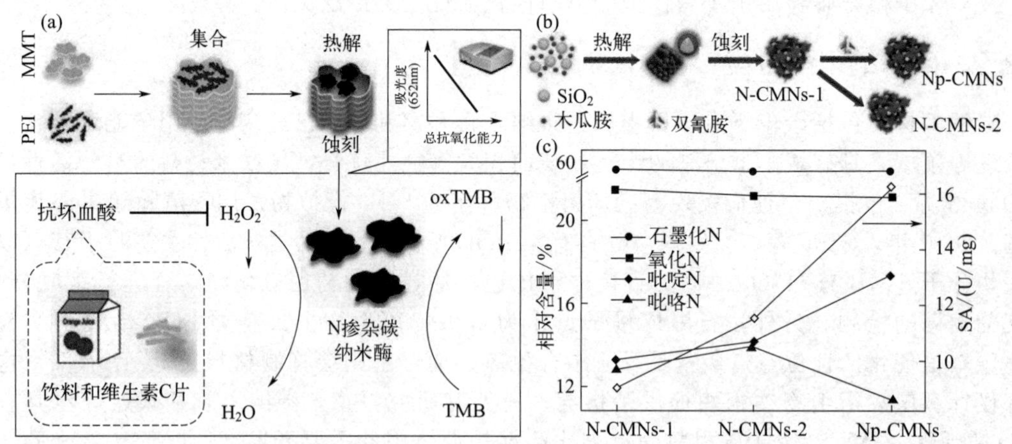

图 7-12 (a) N 掺杂碳纳米酶合成及其检测示意图[35]；(b) 不同吡啶 N 含量碳纳米酶合成示意图[36]；(c) 不同 N 含量与纳米酶比活性之间的关系[36]

(2) 金属负载型碳基纳米酶

一些纳米颗粒本身就具有类 POD 活性，而随着研究的深入，发现将纳米颗粒负载在碳材料上具有更好的类酶催化活性。Zuo 等[37] 将磁性纳米颗粒（MNP）负载到多壁碳纳米管上，得到的材料具有优异的类 POD 活性，并将其用于水中酚类物质的氧化［图 7-13(a)］。此外，许多研究也发现，与单纯的碳基底和金属纳米颗粒相比，负载型碳基纳米酶具有更好的催化活性。如在碳基质上负载铜纳米颗粒对 H_2O_2 具有更强的亲和力，进而具有更优异的类 POD 活性［图 7-13(b)］[38]。并且，研究人员发现，金属纳米簇也具有类酶活性，但其活性较低，而碳材料的调控能够提高其催化活性。如图 7-13(c) 所示，与单纯的金纳米簇和 GO 相比，负载金纳米簇的石墨烯氧化物（GO-AuNCs）能在较宽的 pH 范围内表现出优异的类 POD 活性[39]。GO-AuNCs 活性的显著增强主要归因于 GO 有较高的比表面积和对疏水分子有较高的亲和性，从而能更好地吸附底物 TMB，减小底物与活性位点之间的距离。Yuan 等[40] 研究发现，与传统的二维石墨烯基单金属复合材料相比，引入谷氨酸诱导的三维结构和双金属锚定方法显著提高了纳米颗粒的催化活性、催化速度和对底物的亲和力。其中，Fe_3O_4 纳米颗粒作为金纳米颗粒的支撑体共同负载到三维石墨烯基底上，提高了材料的电子转移效率，并且其催化活性可以受到单链 DNA 分子吸附和解吸的调控，这为其在 DNA 比色生物传感器中的应用奠定了基础。

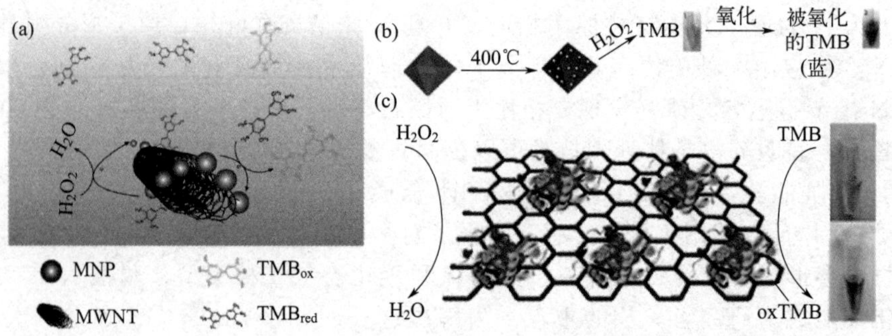

图 7-13 (a) 负载 MNP 的多壁碳纳米管催化示意图[37]；(b) Cu-NPs/C 的合成及其催化活性示意图[38]；(c) GO-AuNCs 类 POD 活性示意图[39]

（3）单原子负载型碳基纳米酶（单原子纳米酶）

近年来，单原子催化剂因其原子利用率高、活性位点的催化活性高而受到人们的广泛关注。M-N-C 型单原子催化剂在结构上与天然过氧化物酶有相似的活性中心，因此可以模拟酶的催化活性，被称之为单原子纳米酶。例如，Jiao 等[41] 通过一步退火法合成了具有 FeN_4 配位的 Fe 单原子纳米酶，发现原子级分散的 FeN_4 位点在模拟类 POD 活性中起着至关重要的作用。为了进一步提升 Fe 单原子纳米酶的类 POD 活性，Jiao 等[42] 采用一种通用的盐模板法制备了二维超薄 Fe-N-C 单原子纳米酶。二维超薄的纳米片结构可以提高金属原子的负载量和暴露量，该方法合成的单原子纳米酶铁的负载量高达 13.5%，相比传统的 Fe 单原子纳米酶具有更高负载量，且类酶活性更高。此外，相比于同样方法合成的 Zn 单原子纳米酶和 Co 单原子纳米酶，Fe 单原子纳米酶表现出最高的类 POD 活性［图 7-14(a)］。Wu 等[43] 利用同样的方法合成的二维 Cu 单原子纳米酶具有 5.1% 的金属负载量，负载量和暴露量的增加使得 Cu 单原子纳米酶具有较高的类 POD 活性，但是类 OXD 活性较差。利用所制备的 Cu 单原子纳米酶与天然酶相结合，构建了级联催化反应体系并用于生物小分子的灵敏检测。除了提升负载量和暴露量之外，通过调控中心金属原子的电子结构提高其本征活性以实现天然金属酶的优异性能也是一种有效的策略。Huang 等[44] 将金属前驱体原位封装到金属有机框架中，再通过热解的方式，合成了以 $Fe\text{-}N_5$ 为活性中心的具有类 OXD 活性的单原子纳米酶［图 7-14(b)］。大量实验结果表明，所合成的单原子纳米酶具有超高的类 OXD 活性，并且通过同样方法合成的 $Fe\text{-}N_4$ 为活性位点的单原子纳米酶表现出相对较低的催化活性，证明通过调控 Fe 单原子的配位环境可以提升单原子纳米酶的类酶活性。Wang 等[45] 以金属有机框架为载体负载 Mo 单原子，通过不同的热解温度，调控了 Mo 单原子的配位环境，发现 $Mo\text{-}N_3\text{-}C$ 为催化位点的单原子纳米酶具有较高的类 POD 活性［图 7-14(c) 和 (d)］。Jiao 等[46] 发现存在本征电荷转移的 B 掺杂 Fe-N-C 单原子纳米酶可以获得显著增强的类过氧化酶活性和选择性，在理论上证实了 $Fe\text{-}N_4\text{-}2B$ 作为活性位点的高效性，B 诱导的电荷转移效应能够调节中心铁原子的正电荷，降低羟基自由基形成的能垒，从而提高类 POD 的活性。

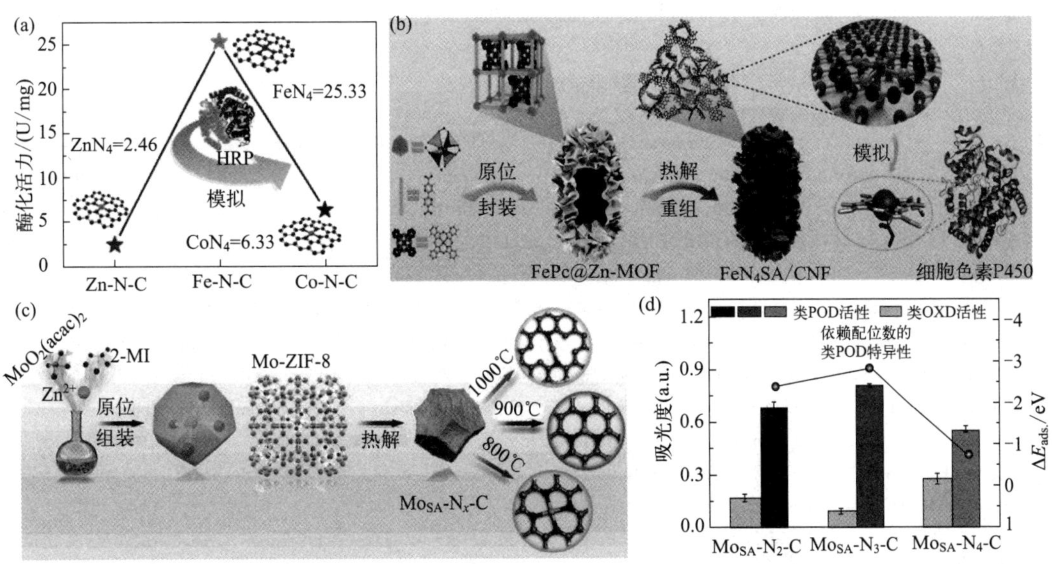

图 7-14　不同异原子掺杂碳纳米酶在（a）平面上和（b）在边缘上的类 POD 反应吉布斯自由能图[42-44]；（c）吡啶 N 掺杂石墨烯模型类 POD 活性催化反应路径和（d）能量分布[45]

基于碳基纳米酶类酶性质及其催化机理，研究人员建立了对生物小分子、还原性物质、酶活性及其抑制剂、细胞、病毒等灵敏检测的方法（图 7-15）[47]（书后附彩图）。

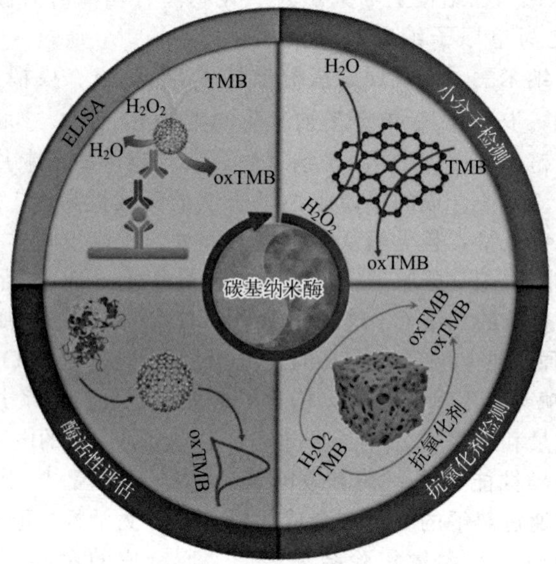

图 7-15　碳基纳米酶在生物传感中的应用[47]

参考文献

[1] Wei H，Wang E K. Fe_3O_4 magnetic nanoparticles as peroxidase mimetics and their applications in H_2O_2 and glucose detection. Analytical Chemistry，2008，80 (6)：2250-2254.

[2] Zhang Z J，Zhang X H，Liu B W，et al. Molecular imprinting on inorganic nanozymes for hundred-fold enzyme specificity. Journal of the American Chemical Society，2017，25 (139)：5412-5419.

[3] Chen Q M，Li S Q，Liu Y，et al. Poly (thymine) -templated selective formation of copper nanoparticles for alkaline phosphatase analysis aided by alkyne-azide cycloaddition "Click" reaction. Sensors and Actuators B：Chemical，2020，305：127511.

[4] Chen W，Chen J，Liu A L，et al. Peroxidase-like activity of cupric oxide nanoparticle. ChemCatChem，2011，3 (7)：1151-1154.

[5] Lin L S，Huang T，Song J B. Self-assembled responsive bilayered vesicles with adjustable oxidative stress for enhanced cancer imaging and therapy. Journal of the American Chemical Society，2019，141 (25)：9937-9945.

[6] Li F，Chang Q，Li N，et al. Carbon dots-stabilized Cu_4O_3 for a multi-responsive nanozyme with exceptionally high activity. Chemical Engineering Journal，2020，394：125045.

[7] Yang Z J，Cao Y，Li J，et al. Smart CuS nanoparticles as peroxidase mimetics for the design of novel label-free chemiluminescent immunoassay. ACS Applied Materials & Interfaces，2016，8：12031-12038.

[8] Wen M，Ouyang J，Wei C W，et al. Artificial enzyme catalyzed cascade reactions：antitumor immunotherapy reinforced by NIR-II light. Angewandte Chemie International Edition，2019，48 (58)：17425-17432.

[9] Zhang L，Zhang Y，Wang Z Z，et al. Renal-clearable ultrasmall covalent organic framework nanodots as photodynamic agents for effective cancer therapy. Materials Horizons Journal，2019，6 (8)：1682.

[10] Zhang L，Zhang Y，Wang Z Z，et al. Renal-clearable ultrasmall covalent organic framework nanodots as photodynamic agents for effective cancer therapy. Materials Horizons，2019，6 (8)：1682-1687.

[11] Wu T，Huang S M，Yang H S. Bimetal biomimetic engineering utilizing metal-organic frameworks for superoxide dismutase mimic. ACS Materials Letters，2022，4 (4)：751-757.

[12] Ji S F，Jiang B，Hao H G. Matching the kinetics of natural enzymes with a single-atom iron nanozyme. Nature Catalysis，2021，4 (5)：407-417.

[13] Zhang S F，Li Y H，Sun S，et al. Single-atom nanozymes catalytically surpassing naturally occurring enzymes as sustained stitching for brain trauma. Nature Communications，2022，13 (1)：4744.

[14] Wang X W，Shi Q Q，Zha Z B，et al. Copper single-atom catalysts with photothermal performance and enhanced nanozyme activity for bacteria-infected wound therapy. Bioactive Materials，2021，6 (12)：4389-4401.

[15] Chang M Y，Hou Z Y，Wang M，et al. Cu single atom nanozyme based high-efficiency mild photothermal therapy through cellular metabolic regulation. Angewandte Chemie International Edition，2022，61 (50)：e202209245.

[16] Lin T R，Zhong L S，Guo L Q，et al. Seeing diabetes：visual detection of glucose based on the intrinsic peroxidase-like activity of MoS_2 nanosheets. Nanoscale，2014，6 (20)：11856-11862.

[17] Wu X J，Chen T M，Wang J X，et al. Few-layered $MoSe_2$ nanosheets as an efficient peroxidase nanozyme for highly sensitive colorimetric detection of H_2O_2 and xanthine. Journal of Materials Chemistry B，2018，6 (1)：105-111.

[18] Zheng X X，Liu Q，Jing C，et al. Catalytic gold nanoparticles for nanoplasmonic detection of DNA hybridization. Angewandte Chemie International Edition，2011，50 (50)：11994-11998.

[19] He W W，Liu Y，Yuan J S，et al. Au@Pt nanostructures as oxidase and peroxidase mimetics for use in immunoassays. Biomaterials，2011，32 (4)：1139-1147.

[20] He W W，Wu X C，Liu J B，et al. Design of AgM bimetallic alloy nanostructures (M = Au，Pd，Pt) with tunable morphology and peroxidase-like activity. Chemistry of Materials，2010，22 (9)：2988-2994.

[21] Guo Y，Tao Y C，Ma X W，et al. A dual colorimetric and SERS detection of Hg^{2+} based on the stimulus of intrinsic oxidase-like catalytic activity of Ag-$CoFe_2O_4$/reduced graphene oxide nanocomposites. Chemical Engineering Journal，2018，350：120-130.

[22] Rai M K，Deshmukh S D，Ingle A P，et al. Silver nanoparticles：the powerful nanoweapon against multidrug-resistant bacteria. Journal of Applied Microbiology，2012，112 (5)：841-852.

[23] Ju Y W，Kim J H. Dendrimer-encapsulated Pt nanoparticles with peroxidase-mimetic activity as biocatalytic labels for sensitive colorimetric analyses. Chemical Communications，2015，51 (72)：13752-13755.

[24] Zhang L N，Deng H H，Lin F L，et al. In situ growth of porous platinum nanoparticles on graphene oxide for colorimetric detection of cancer cells. Analytical Chemistry，2014，86 (5)：2711-2718.

[25] Fakhri N，Salehnia F，Beigi S M，et al. Enhanced peroxidase-like activity of platinum nanoparticles decorated on nickel- and nitrogen-doped graphene nanotubes：colorimetric detection of glucose. Microchimica Acta，2019，186 (6) .

[26] Ivanova M N，Grayfer E D，Plotnikova E E，et al. Pt-decorated boron nitride nanosheets as artificial nanozyme for detection of dopamine. ACS Applied Materials & Interfaces，2019，11 (25)：22102-22112.

[27] Liu S，Tian J Q，Wang L，et al. Polyaniline nanofibres for fluorescent nucleic acid detection. Sensors and Actuators B：Chemical，2012，165 (1)：44-47.

[28] Liu J B，Hu X N，Hou S，et al. Screening of inhibitors for oxidase mimics of Au@Pt nanorods by catalytic oxidation of OPD. Chemical Communications，2011，47 (39)：10981-10983.

[29] Huang Y Y，Liu C Q，Pu F，et al. A GO-Se nanocomposite as an antioxidant nanozyme for cytoprotection. Chemical Communications，2017，53 (21)：3082-3085.

[30] Fan K L，Xi J Q，Fan L，et al. In vivo guiding nitrogen-doped carbon nanozyme for tumor catalytic therapy. Nature Communications，2018，9：1440.

[31] Dugan L L，Turetsky D M，Du C，et al. Carboxyfullerenes as neuroprotective agents. Proc Natl Acad，1997，94 (22)：12241-12241.

[32] Song Y J，Wang X H，Zhao C，et al. Label-free colorimetric detection of single nucleotide polymorphism by using single-walled carbon nanotube intrinsic peroxidase-like activity. Chemistry，2010，16 (12)：3617-3621.

[33] Tang D S，Liu J J，Yan X M，et al. Graphene oxide derived graphene quantum dots with different photoluminescence properties and peroxidase-like catalytic activity. RSC Advances，2016，6 (56)：50609-50617.

[34] Li S，Zhao X T，Gang R T，et al. Doping nitrogen into Q-graphene by plasma treatment toward peroxidase mimics with enhanced catalysis. Analytical Chemistry，2020，92 (7)：5152-5157.

[35] Lou Z P，Zhao S，Wang Q，et al. N-doped carbon as peroxidase-like nanozymes for total antioxidant capacity assay. Analytical Chemistry，2019，91 (23)：15267-15274.

[36] Yan H Y，Wang L Z，Chen Y F，et al. Fine-tuning pyridinic nitrogen in nitrogen-doped porous carbon nanostructures for boosted peroxidase-like activity and sensitive biosensing. SPJ Science，2020，8202584.

[37] Zuo X L，Peng C，Huang Q，et al. Design of a carbon nanotube/magnetic nanoparticle-based peroxidase-like nano-

complex and its application for highly efficient catalytic oxidation of phenols. Nano Research，2009，2（8）：617-623.

［38］ Tan H L，Ma C J，Gao L，et al. Metal-organic framework-derived copper nanoparticle@carbon nanocomposites as peroxidase mimics for colorimetric sensing of ascorbic acid. Chemistry A European Journal，2014，20（49）：16377-16383.

［39］ Tao Y，Lin Y H，Huang Z Z，et al. Incorporating graphene oxide and gold nanoclusters：a synergistic catalyst with surprisingly high peroxidase-like activity over a broad pH range and its application for cancer cell detection. Advanced Materials，2013，25（18）：2594-2599.

［40］ Yuan F，Zhao H M，Zang H M，et al. Three-dimensional graphene supported bimetallic nanocomposites with DNA regulated-flexibly switchable peroxidase-like activity. ACS Appl Mater Interfaces，2016，8（15）：9855-9864.

［41］ Jiao L，Yan H，Xu W，et al. Self-assembly of all-inclusive allochroic nanoparticles for the improved ELISA. Analytical Chemistry，2019，91（13）：711-714.

［42］ Jiao L，Wu J，Zhong H，et al. Densely isolated FeN_4 sites for peroxidase mimicking. ACS Catalysis，2020，10（11）：6422-6429.

［43］ Wu Y，Wu J，Jiao L，et al. Cascade reaction system integrating single-atom nanozymes with abundant Cu sites for enhanced biosensing. Analytical chemistry，2020，92（4）：3373-3379.

［44］ Huang J，Gu H，Wang G，et al. Visual Sensor Arrays for Distinction of Phenolic Acids Based on Two Single-Atom Nanozymes. Analytical Chemistry，2023，95（23）：9107-9115.

［45］ Wang Y，Jia G，Cui X，et al. Coordination Number Regulation of Molybdenum Single-Atom Nanozyme Peroxidase-like Specificity. Chem，2021，7（2）：436-449.

［46］ Jiao L，Xu W，Zhang Y，et al. Boron-doped Fe-NC single-atom nanozymes specifically boost peroxidase-like activity. Nano Today，2020，35：100971.

［47］ 陈怡峰，张钰，焦雷，等．碳基纳米酶在生物传感中的应用研究进展．分析化学，2021，49（06）：907-921.

第8章

酶活调控策略

为了使纳米酶更好地替代天然酶，应优先考虑对其活性基团进行改造。迄今为止，大多数研究集中在通过调整其物理化学参数（包括尺寸、形状、组合、表面改性）以及优化周围环境来调节纳米材料的酶催化活性。受纳米材料或天然酶的内在特性启发的几个重要因素概述如下。

8.1 尺寸

纳米材料的粒径对纳米酶的潜在催化活性起着关键作用，并能影响其表面活性位点。通过控制纳米材料的尺寸（直径），可以很好地调控纳米酶的催化活性。大多数研究表明，较小尺寸的纳米材料具有更好的催化活性，这是因为较小尺寸的纳米材料具有较高的比表面积而更容易暴露更多的活性位点。而且，只有当尺寸缩小到一定程度时，一些特定的性质才会出现。例如，Ce^{3+} 有助于纳米氧化铈的 SOD 模拟活性，在尺寸小于 5nm 的纳米颗粒中会变得稳定。类似地，AuNPs 的高能晶面｛211｝只有在尺寸减小到 3～5nm 时，其类氧化酶活性最高。

对于纳米材料而言，尺寸越小，比表面积就会越大，进而暴露出更多的活性位点，同时也会改变纳米颗粒的电子状态，从而改变它们的表面化学性质。Luo 等人[1] 发现可以通过改变 AuNPs 的粒径来调节类葡萄糖氧化酶活性，随着颗粒尺寸从 50nm 减小到 13nm，其催化活性显著增加。在探究 Au 纳米颗粒尺寸对类酶活性影响时发现 AuNPs 的尺寸在 5nm 时的催化活性最高，随着尺寸的增加催化活性也随之降低，这一结果再次揭示了尺寸效应对类酶活性的影响，但酶催化活性并不是一味随着纳米酶尺寸的减小而增加。进一步研究发现，这一效应不仅仅适用于单一金属，对于双金属材料而言同样适用。Luo 等人[2] 将 Au@Pd 纳米颗粒负载在石墨烯表面制得 Au@Pd-G 杂化结构，这一材料表现出优异的类过氧化物酶活性，并且 Au@Pd 纳米颗粒的平均粒径越小，其类酶活性越高。

Baldim 等测定了不同粒径氧化铈纳米颗粒的模拟 SOD 活性，发现模拟 SOD 活性与氧化铈纳米颗粒的粒径几乎成反比[3]。Yang 等测定了不同形状氧化铈纳米颗粒的 SOD 样活性。他们发现，在相同的 CeO_2 浓度下，CeO_2 纳米链（CNHs）的类 SOD 活性最强，其次是 CeO_2 纳米簇（CNLs），最后是 CeO_2 纳米颗粒（CNPs）。SOD 样活性的差异归因于样品间比表面积的不同[4]。同样，SOD 的类活性还取决于不同形状的 Mn_3O_4 纳米颗粒。花状和片状结构的 SOD 活性远高于立方体、多面体和六角板形的，这是因为纳米花结构中含有与天然酶类似的较大的孔道作为活性位点口袋。

除此之外，Li 等人以 BSA 为稳定剂合成了 Au@BSA NPs[5]，采用生物模板法，通过调节 BSA 比例合成了 2～12nm 的 AuNPs，对比不同尺寸 Au@BSA NPs 的催化活性，发现

POD 模拟酶活性按照 2nm＜12nm＜8nm＜4nm 的顺序增加，而 GOx 模拟酶活性按照 12nm＜8nm＜2nm＜4nm 的顺序增加。如预期的那样，4nm Au@BSA NPs 具有最高的 POD 和 GOx 样活性（图 8-1）。因此，Au@BSA NPs 可以通过一锅法快速检测葡萄糖，有望成为一种高效的生物传感器。Zhang 合成了 40～120nm 的普鲁士蓝纳米颗粒（PBNPs）[6]，通过比较不同尺寸（126nm、76nm 和 41nm）的 PBNPs 的类酶活性，发现其 POD 和 CAT 类酶活性随着 PBNPs 尺寸和结晶度的减小而增加[图 8-1(B)]。41nm 的 PBNPs 尺寸最小，无定形，表现出优异的 POD 和 CAT 活性，表明 NPs 的尺寸显著影响纳米酶的多酶活性。

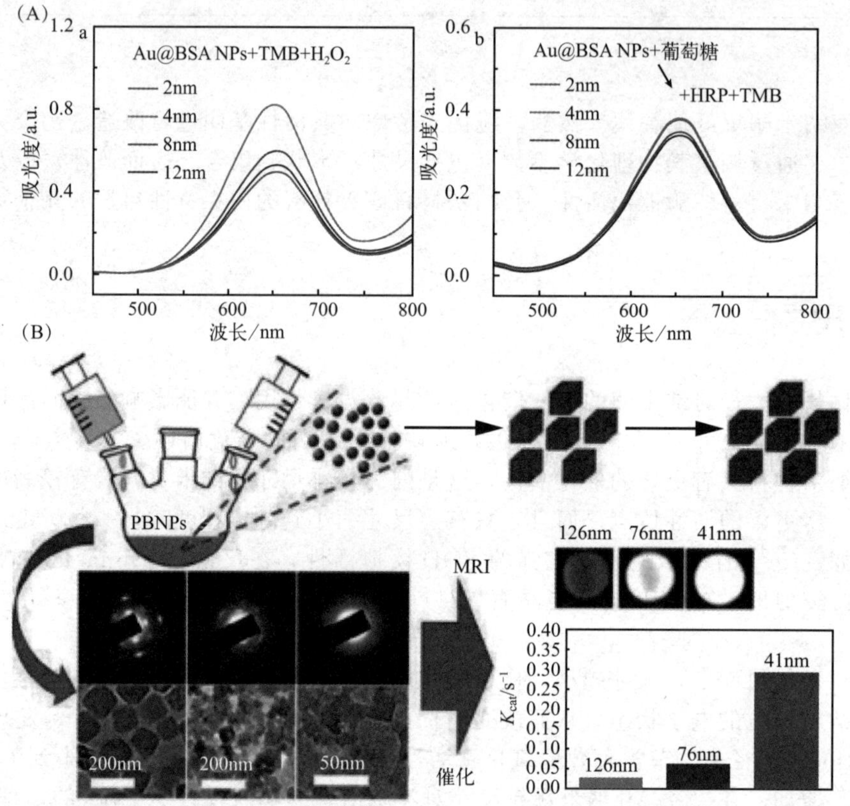

图 8-1 （A）不同粒径 Au@BSA NPs 的 POD（a）和 GOx（b）酶活性的吸光度曲线；（B）PBNPs 粒径对多种酶活性的影响[6]

除上述对 SOD、CAT、POD、GOx 活性的影响外，许多研究已经证明了尺寸对纳米材料氧化酶模拟活性的影响。例如，由于纳米结构表面存在更多的氧空位（Ce^{3+}），由纳米氧化器催化的 TMB 氧化，随着粒径的减小在 5～100nm 范围内加速。

然而，值得注意的是，并不是所有的催化活性变化都与尺寸大小成反比。较大的尺寸有时会比较小的尺寸催化活性高。例如，富含鸟嘌呤的寡核苷酸修饰的 1.8nm Pt 纳米酶显示出比富含胞嘧啶的寡核苷酸修饰的 2.9nm Pt 更低的过氧化物酶活性。其原因可能是 2.9nm Pt 含有更多的金属 Pt^0 用于类酶催化，而 1.8nm Pt 含有更多的 Pt^{2+} 而 Pt^0 较少[7]。

8.2 形状和形貌

众所周知，纳米材料的形状和形貌对其催化性能起着至关重要的作用。为了优化制备具有多酶活性的纳米酶，研究人员研究了纳米酶的形貌等不同理化性质对纳米酶类酶活性的影响。利用电子自旋共振光谱，Ge 课题组证明了 Pd 八面体比 Pd 纳米立方体具有更高的 SOD 和 CAT 样活性[图 8-2(A)][8]。他们还发现 Pd 八面体比 Pd 纳米立方体可更有效地清除 ROS。随后，Govindasamy Singh 等人合成了纳米花、纳米片、纳米立方体、纳米多面体和纳米六角板状 Mn_3O_4 纳米材料[9]。结果表明，花状 Mn_3O_4 表现出最高的 CAT、GPx 和 SOD 催化活性，而其他形态的 Mn_3O_4 也表现出显著的 SOD 活性，但比花状 Mn_3O_4 低约 50%～60%[图 8-2(B)～(C)]。此外，其他 Mn_3O_4 形态的 CAT 和 GPx 活性可以忽略，花状 Mn_3O_4 可以通过其多酶活性消除细胞中多余的 ROS，并用于神经保护。

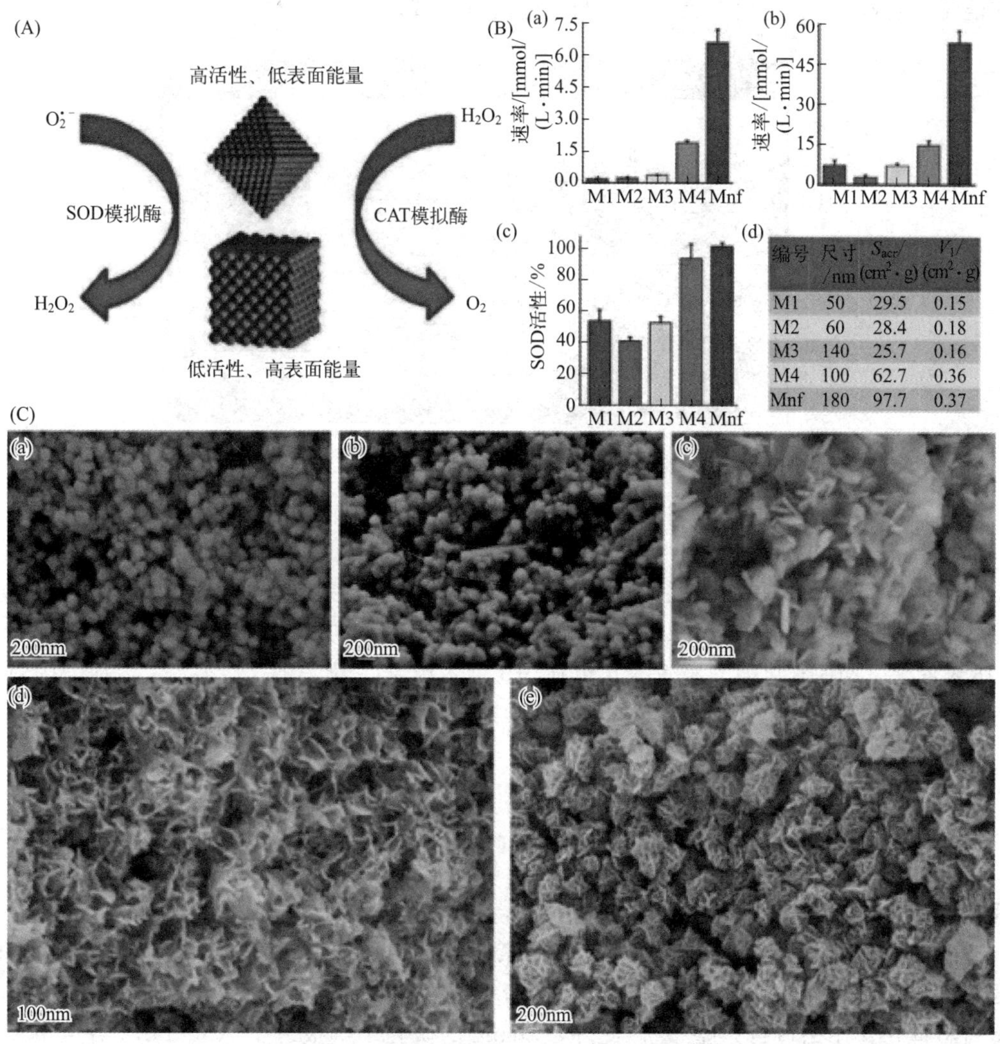

编号	尺寸/nm	S_{acr}/(cm²·g)	V_1/(cm²·g)
M1	50	29.5	0.15
M2	60	28.4	0.18
M3	140	25.7	0.16
M4	100	62.7	0.36
Mnf	180	97.7	0.37

图 8-2　(A) 不同形状 Pd 的抗氧化酶活性比较[8]。(B) 不同形状 Mn_3O_4 的酶活性比较 (a) CAT，(b) GPx，(c) SOD；(d) 不同形貌 Mn_3O_4 的 SEM、BET 和 BJH 分析；M1 (立方体)、M2 (多面体)、M3 (六角板状)、M4 (片状) 和 Mnf (花状)[9]。(C) 不同形貌 Mn_3O_4 的 SEM 照片[10]：(a) (M1)，(b) (M2)，(c) (M3)，(d) (M4) 和 (e) (Mnf)

再比如，通过改变合成条件，已有诸多研究者发现 $MnFe_2O_4$ 表现出形貌依赖的类氧化酶活性。由于具有不同晶面的不同形貌，{111} 晶面结合的纳米八面体比纳米片和呈线状的纳米线表现出更好的类氧化酶活性。Yin 和同事报道 {111} 晶面的 Pd 八面体比 {100} 晶面的 Pd 立方体具有更好的过氧化氢酶和 SOD 活性来清除 ROS。计算了 H_2O_2 和 $O_2^{\cdot -}$ 等 ROS 在这两个晶面上的清除反应以及决速步骤的反应能（E_r），E_r 越负，表明活性越高。如图 8-3 所示，{111} 晶面（E_r 分别为 −2.81eV 和 −0.60eV）对 H_2O_2 和 $O_2^{\cdot -}$ 的清除能力强于 {100} 晶面（E_r 分别为 −2.64eV 和 −0.13eV）[11]。另一方面，由于其产生 ROS 的能力不同，研究发现 {100} 晶面的 Pd 立方体比 {111} 晶面的 Pd 八面体具有更高的类氧化酶和类过氧化物酶活性。类似地，对 O_2 和 H_2O_2 在其相应的模拟氧化酶和过氧化物酶反应中的解离进行了理论模拟。O_2 和 H_2O_2 在 {100} 面上解离的能垒较低，表明这些过程在能量上比在 {111} 面上更有利，与上述观察一致。

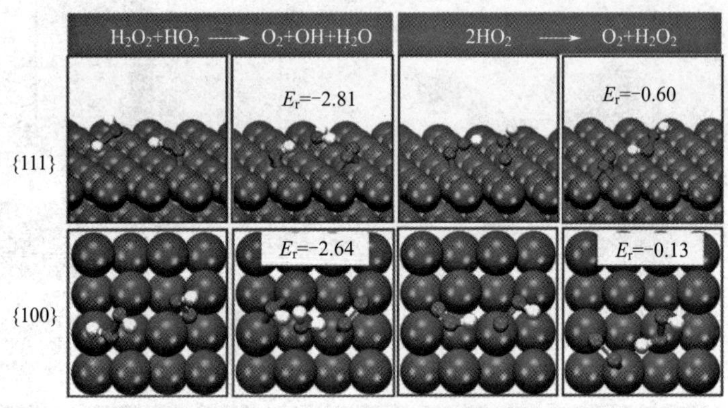

图 8-3　Pd {111} 和 {100} 晶面上反应的最低能量吸附结构和反应能（eV）[11]

同样，纳米颗粒的形貌对 Pd 等贵金属基的氧化酶活性的影响不可忽视。研究表明，在相同的实验条件下八面体的 Pd 比立方体的 Pd 具有更好的过氧化物酶活性，这是由于不同晶型的纳米颗粒暴露的晶面不同，进一步导致了催化效率的差异。在利用纳米酶材料的类过氧化物酶活性检测马拉硫磷杀虫剂的实验中，Biswas 等人也发现长径比为 2.5 的 Au 纳米棒（GNR）催化 TMB 氧化能力是带有正电荷 Au 纳米球（GNP）的 2.5 倍[12]，因此 GNR 也具有较高的检测灵敏度。以上报道表明，较高的表面积/体积比会显示出较高的催化性能。

8.3　构成

目前，掺杂和构建复合物是调控纳米酶活性的常用策略。与单一金属纳米材料相比，两种或两种以上金属纳米材料的复合可以有效增强其多酶活性。

调整组成或掺杂是优化纳米材料氧化酶模拟活性的经济有效策略。例如，AuPt 合金 NPs 显示出明显优于单金属 Au NPs 的葡萄糖氧化酶模拟活性，证明合金结构的构建是调节纳米材料催化作用的可行策略[13]。此外，Zhang 的研究小组报道了 Au@PdPt 合金 NRs 催化的 TMB 有氧氧化与 Pd 与 Pt 的比例密切相关[14]。因此，优化合金纳米结构的成分和原子比，有助于提高纳米材料的类氧化酶性能。合理设计核-壳纳米结构也是提高纳米材料类氧化酶性能的有效策略。例如，Zhang 及其同事发现，与单独的 Pd NCs 或 Au/Pd 合金相比，Au 装饰的具有皇冠宝石结构的 Pd NCs 显示出更强的葡萄糖氧化催化性能，因为更多的活性 Au 原子位于顶部[15]。Pd 立方体上的 Ir 层或 Pt 分支的超薄壳显示出比 Pd 立方体高得多的 TMB 催化氧化率。此外，由于暴露了更多活性位点，可以通过蚀刻 Pd 核心进一步增强类氧化酶活性。Hu 等通过金属掺杂进一步调控了 Cu 和核苷酸配位化合物（Cu-ATP NPs）的催化活性，Cu-ATP NPs 仅表现出模拟漆酶活性。当掺杂了 Fe^{3+} 后，尽管模拟漆酶活性下降，但纳米材料表现出过氧化物酶模拟活性。Mn^{2+} 的加入可以调节 CuFe-ATP NPs 的催化活性，使其具有较强的仿漆酶和过氧化物酶活性。对金属离子的价态进行 XPS 分析，Fe^{3+} 掺杂后发现存在大量的 Cu^{2+} 数量减少为 Cu^{+} 或 Cu^{0}。Mn^{2+} 掺杂到 CuFe-ATP NPs 中，增加了 Cu^{2+} 的含量，增强了漆酶样活性。Mn^{2+}/Mn^{3+} 的存在可能是 CuMnFe-ATP NPs 中过氧化物酶类和漆酶类活性平衡的主要原因。Mn^{3+} 具有较强的氧化能力，在 Mn^{3+} 的氧化作用下，Cu^{2+}/Cu^{+} 离子对得以保留。此外，在 pH＝7 时，CuMnFe-ATP NPs 也表现出过氧化氢酶的模拟活性。金属掺杂调控酶活性的方法简单易行，可为多功能纳米酶的设计提供理论指导。

另一种被广泛探索的策略是将活性较低的纳米材料（例如 Au 和 Ag）与活性较高的纳米材料（例如 Pt 和 Ir）组装形成复合体，不仅可以提高酶的活性，还可以有效利用这些贵金属。例如，如图 8-4（a）所示，在 Pd 立方体上包覆少量原子 Ir 层，催化效率比 Pd 立方体和 HRP 至少提高 20 倍和 400 倍[16]。Wu 课题组通过种子介导法合成了高性能的 Au@Pt 多功能纳米酶用于检测 H_2O_2。与以前的报道相比，这种结构同时具有来自 Au 核的等离子体性质和来自 Pt 壳的酶活性，缩短了检测时间，并将灵敏度提高了 1～2 个数量级[图 8-4(b)][17]。

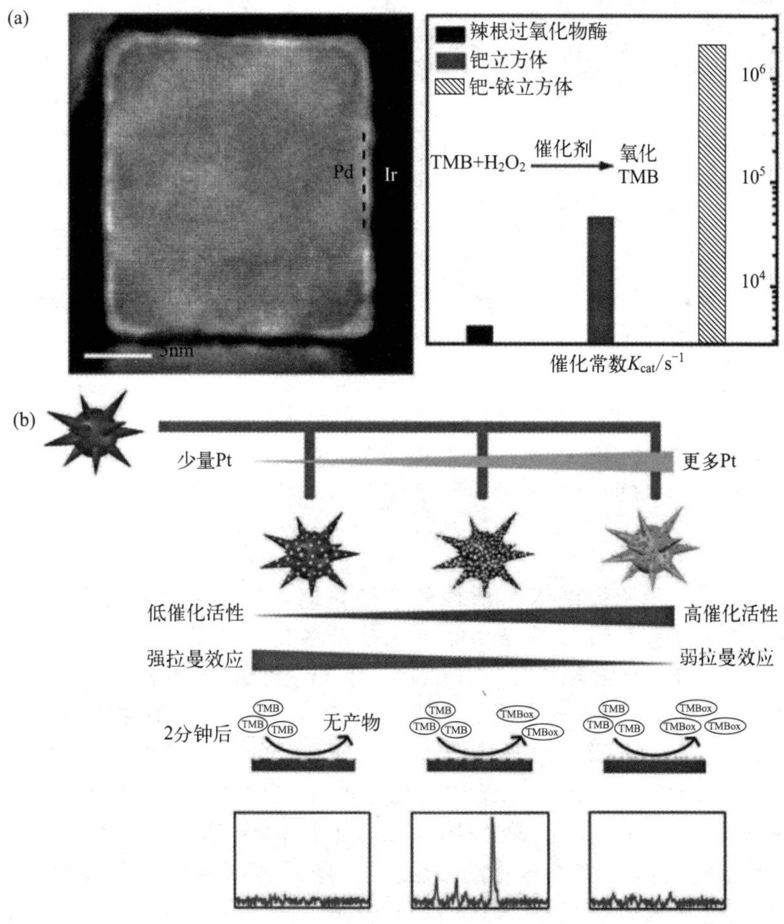

图 8-4　（a）Pd-Ir 核壳纳米立方体作为高效的过氧化物酶模拟物[16]；（b）通过控制 Pt 用量，合理设计高性能 Au@Pt NP 双功能纳米酶[17]

为了进一步提高活性，有时在生长活性较高的内核后，会选择性刻蚀活性较低的内核。例如，刻蚀 Pd 核后，Pd-Pt 核框架纳米枝晶转移到 Pt 空心纳米枝晶，伴随着更多的活性位点和高指数晶面的暴露，以增强过氧化物酶的活性[18]。组装的另一个例子是 Hu 课题组报道了一种由 ATP 和金属离子自组装制备的金属-ATP NPs 纳米酶[19]，Cu-ATP NPs 仅表现出类漆酶活性，而 Fe^{3+} 掺杂的 Cu-ATP NPs 产生了新的酶催化活性（类 POD 活性），但其漆酶活性降低。进一步掺杂 Mn^{2+} 使 CuFe-ATP NPs（CuMn Fe-ATP NPs）具有较强的漆酶和 POD 活性，同时也表现出 CAT 活性（图 8-5）。

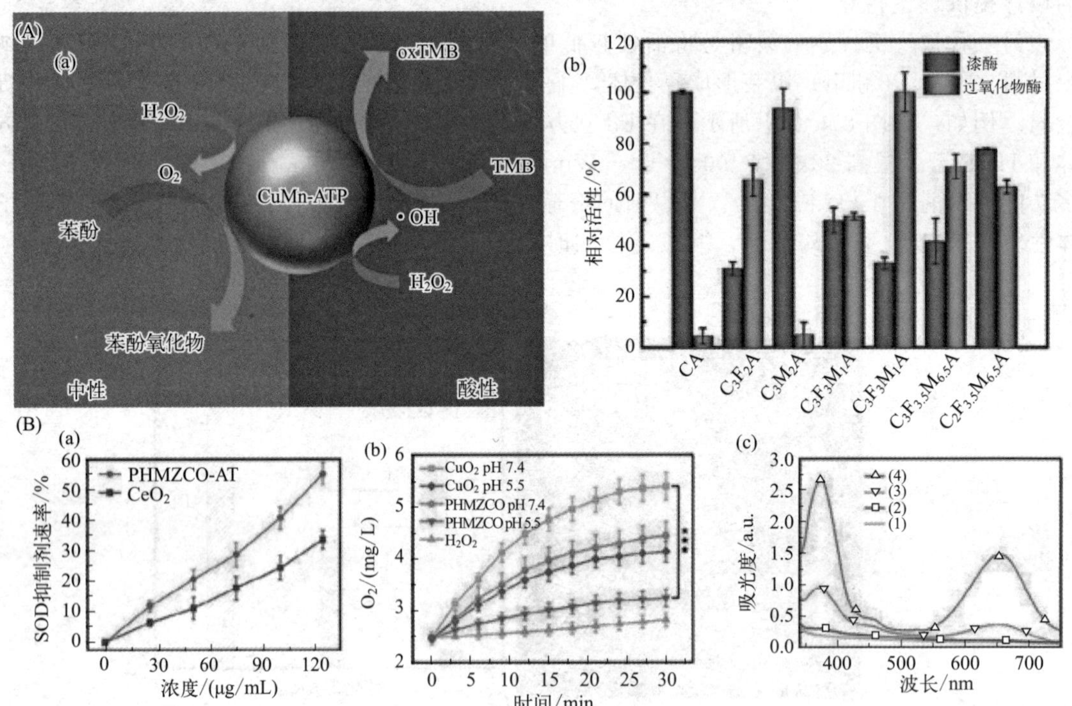

图 8-5　（A）（a）CuMn-ATP NPs 在中性和酸性环境中的不同类酶活性，（b）不同金属比例的纳米酶（Cu、Fe、Mn 和 ATP 分别为 C、F、M 和 A）的类酶活性[19]；（B）PHMZCO-AT 纳米酶与纯 CeO_2 的 SOD（a）、CAT（b）和 POD（c）活性的比较；（1）对照，（2）H_2O_2，（3）$CeO_2+H_2O_2$，（4）PHMZCO-AT$+H_2O_2$[20]

杂原子掺杂是另一种调控纳米酶活性的有效策略，这得益于电子结构的改变。例如，Gao 及其同事合成了具有不同 N 掺杂水平的氮掺杂多孔碳纳米材料（N-PCNSs）[21]。结果表明，N-PCNSs-3（高 N）表现出比 N-PCNSs-5（低 N）更高的氧化酶样活性，而 PCNSs（不含 N）表现出最小的活性，这表明 N 掺杂对于启动 PCNSs 的氧化酶模拟性质至关重要。

除了非金属原子外，金属杂原子掺杂也是一种有效的调控策略。受此特征的启发，Li 等人设计了一系列 MOF 衍生的纳米结构，用于改善和调节纳米酶的氧化酶样活性[22-26]。例如，Co、N 共掺杂分级多孔碳（Hierarchical Porous Carbon，HPC）杂化物（Co，N-HPC）赋予纳米结构高效的类氧化酶活性[22]。随后，将不同的金属元素均匀地组装成 Co_3O_4 HNCs 以制造双金属 C-CoM-HNCs（M＝Ni、Mn、Cu 和 Zn）。将二次金属掺杂到 Co_3O_4 HNCs 中增强了 Co_3O_4 HNCs 的类氧化酶活性[23]。特别是，C-CoCu-HNCs 对 TMB 氧化表现出比其他 C-CoM-HNCs 更优越的催化性能。此外，Dong 等通过在 CeO_2（HMZCO）中引入 Zr^{4+} 和 Mn^{2+} 合成了中空介孔 Mn/Zr 共掺杂 CeO_2 串联纳米酶（PHMZCO-AT）[27]。随着

Zr^{4+}和Mn^{2+}的引入，纳米酶的SOD和POD活性得以增强，而CAT活性降低。这主要是由于变价Mn离子的掺杂加速了Ce^{4+}到Ce^{3+}的氧化还原循环，导致Ce^{3+}/Ce^{4+}比值增大，从而增强了类SOD活性。然而，Ce^{3+}/Ce^{4+}比值的升高抑制了PHMZCO-AT的CAT样活性。此外，Mn掺杂可以作为电子储库促进Ce和H_2O_2之间的电子转移，从而增强PHMZCO-AT的类POD性质。考虑到氧化铈纳米颗粒优异的类SOD活性的要求，选择离子半径较小（0.084nm）的Zr^{4+}来促进高的SOD活性，由于Ce^{4+}（0.097nm）到Ce^{3+}（0.114nm）晶格的变化，可以促进其从较小的Zr^{4+}中释放出来，促进Ce^{3+}/Ce^{4+}相互转化和Ce^{3+}的快速再生[28]。此外，Qu和同事报道Fe^{3+}掺杂的介孔碳纳米球由于同时含有催化位点（例如Fe^{3+}）和结合位点（例如羧基），可以提高类过氧化物酶的活性[29]。

这些例子表明，金属杂原子掺杂是获得高性能氧化酶模拟纳米酶的有效途径。

8.4 形成复合物或杂合体

大量研究表明，将几种纳米材料共轭形成杂化物，通过协同作用提高催化活性。例如，将Pt@CuMOFs与卟啉铁-G-四聚体组装，两种催化剂均表现出更高的类过氧化物酶活性[30]，有趣的是，哑铃结构的$Pt_{48}Pd_{52}$-Fe_3O_4作为过氧化物酶模拟物，可以表现出最高的V_{max}：Fe_3O_4和$Pt_{48}Pd_{52}$混合物[4.44×10^8mol/(L·s)]、单独$Pt_{48}Pd_{52}$[2.56×10^8mol/(L·s)]、单独Fe_3O_4[3.46×10^8mol/(L·s)]、$Pt_{48}Pd_{52}$-Fe_3O_4哑铃结构[9.36×10^8mol/(L·s)][31]。Rashtbari和Dehghan通过将牛血清白蛋白（BSA）与铜离子偶联制备了可溶性BSA-Cu配合物。通过愈创木酚氧化比色法，发现BSA-Cu配合物具有漆酶样活性。BSA-Cu可在30min内降解，孔雀石绿（MG）的降解产物毒性实验表明其毒性较小。此外，作者还成功地建立了预测BSA-Cu配合物对MG降解效率的人工神经网络模型[32]。

此外，利用某些纳米酶的混合物进行的一系列研究，如MoS_2、CuO和Pt与石墨烯复合后，由于其高导电性、良好的分散性和协同作用，表现出比单独催化剂更高的催化活性。例如，氧化石墨烯上的Au NCs在较宽的pH范围内具有较高的类过氧化物酶活性，特别是在中性pH下具有与HRP相当的催化效率[33]。

除此之外，将不同种类的金属通过合金化处理也可以达到类酶活性调控的目的。He等人研究发现AgM双金属合金的类过氧化物酶活性可以通过调节两种金属的比例实现较好的调控效果[34]。该文章提出合金化之后的材料改变了金属内部的电子结构，使材料的类酶催化活性发生了变化。在接下来的报道中也进一步证实了Au@PtAg和AuPt合金纳米材料的类酶活性随着合金组分的变化而变化，这样就可以通过简单的调节合金组分来对杂化材料的类酶活性进行合理调控[35]。随后在关于AuPt、AgPt、PdPt合金材料在电催化领域的研究发现，合金组分的改变不仅仅可以调节材料的类酶活性，在电催化领域该策略同样适用。

最近，将两种或两种以上的纳米酶整合在一起以提高级联反应催化效率已被广泛探索。这样的集成将产生限制效应（或纳米尺度的邻近效应）来提供底物的高局部浓度，实现有效转移，并最小化中间体的分解。如图8-6所示，Wei课题组通过在Zn^{2+}和2-甲基咪唑组装过程中加入GOx和hemin合成了GOx/hemin@ZIF-8复合物。他们通过元素映射证实了这种整合ZIF-8中的Zn、hemin中的Fe和GOx的荧光标记。与GOx@ZIF-8和hemin@ZIF-8的混合物相比，GOx/hemin@ZIF-8的整体催化效率提高了近600%[36]。值得注意的是，这种策略适用于其他系统（如GOx/NiPd@ZIF-8）[37]，即使对于蔗糖/GOx/hemin@ZIF-8三种生物催化剂，与蔗糖酶@ZIF-8、GOx@ZIF-8和hemin@ZIF-8的混合物相比，

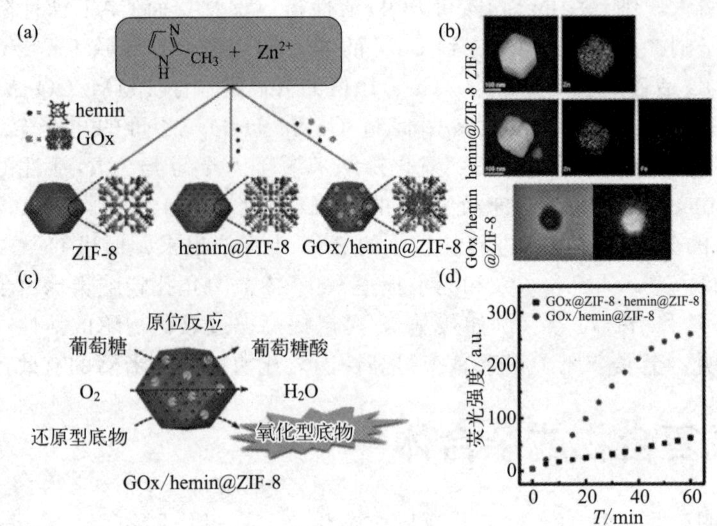

图 8-6 (a) GOx/hemin@ZIF-8 的示意图；(b) ZIF-8 和 hemin@ZIF-8 的 TEM 照片及对应的元素分布图，GOx-FITC/hemin@ZIF-8 (lex=436nm；FITC，异硫氰酸荧光素异构体 I) 的明场照片及对应的荧光照片；(c) GOx/hemin@ZIF-8 催化的反应示意图；(d) GOx/hemin@ZIF-8 或 hemin@ZIF-8 与 GOx@ZIF-8 混合物的时间依赖荧光强度动力学图[36]

也可以构建一个稳定的整合体，并将效率提高 700%[38]。与使用 MOFs 作为主体不同，多孔碳或二氧化硅也可以用于集成几种纳米酶。此外，当通过逐层沉积制备集成时，无需额外的主体，例如直接将 AuNPs 沉积到 V_2O_5 纳米棒或 2D MOFs 表面。同时，值得注意的是，当与天然酶偶联时，不仅催化活性提高，而且选择性也得到了改善。

8.5 表面涂层及改性

大多数反应发生在纳米酶的表面，对纳米酶进行额外的表面包覆或修饰会通过改变其表面电荷和微环境，以及暴露活性位点来影响其活性。已有研究显示纳米酶表面的修饰基团（包括修饰基团的尺寸、堆积密度和涂层厚度）可以影响其活性。

此外，表面修饰对纳米酶的稳定性和分散性也有很大的影响，良好的稳定性和分散性可以提高纳米酶的活性、催化速度和对底物的亲和力。基于此，Yu 等[39] 以 TMB 和 ABTS 为底物，利用不同表面活性剂对 MoS_2 纳米片（MoS_2 NFs）表面进行改性并研究其类过氧化物酶活性，包括聚乙烯亚胺（PEI）、聚丙烯酸（PAA）、聚乙烯吡咯烷酮（PVP）和半胱氨酸（Cys）。结果表明，仅 Cys 的修饰提高了 MoS_2 NFs 对底物的亲和力和催化活性。尤其是尽管带负电荷的 ABTS 与带负电表面的 Cys-MoS_2 有排斥作用，但是 Cys 可以作为电子转移桥，利用过渡态的 ABTS-Cys-MoS_2-H_2O_2 实现 ABTS 与 MoS_2 NFs 间的电荷交换。Ma 等[40] 利用氧化谷胱甘肽（GSSG）修饰 MoS_2 NSs，制得 MoS_2-GSSG NSs。由于带负电荷的 MoS_2-GSSG NSs 对带正电荷的 TMB 有很高的亲和力，有利于提高 MoS_2 NSs 的类过氧化物酶活性。H_2O_2 是胆固醇氧化酶催化胆固醇反应的主要产物，可以通过检测 H_2O_2 间接进行高灵敏性的胆固醇比色检测。基于此，研究人员建立了对 H_2O_2 和胆固醇的比色生物传感器，其表现出宽的检测范围和低的检测限。

纳米酶材料的表面修饰不仅可以提高稳定性，而且额外的表面涂层或者修饰物还可以通过表面电荷和微环境的变化，以及活性位点的暴露来调控其类酶活性。Wang 等人分别对比了氨基修饰、柠檬酸盐修饰和未加修饰的 Au 纳米颗粒的类过氧化物酶活性[41]，结果显示未加修饰的 Au 纳米颗粒的催化效果最好。Liu 比较了不同包覆物（阿拉伯树胶、PVP、柠檬酸盐和巯基乙胺）对 Au 纳米颗粒类过氧化物酶活性的影响，用米氏方程计算得知 Au 纳米颗粒经过表面修饰后至少抑制了其 11％的催化效率。以上研究也支持了表面金原子是催化效应的主要活性中心。故而，额外的包覆或改性会屏蔽活性位点，从而降低催化活性。例如，DNA 或其他生物分子的涂层被报道可以抑制纳米酶的活性。然后在活性调控的基础上发展了这些分子的相应传感。

然而，在某些情况下，涂层或改性会形成有利的环境来提高总催化活性。具有活性表面的涂层有助于增强整个活性，例如 Fe_2O_3@PB[42]。由于 DNA 带负电荷，许多研究者报道了在 DNA 的辅助下，AuNCs 与带正电荷的 TMB 亲和力增强，活性提高。同样，Hu 和同事发现，用肝素包覆 AuNCs 可以赋予 AuNCs 负电荷，从而在中性 pH 下对 TMB 的类过氧化物酶活性增强 25 倍[43]。另一个有趣的发现是，用十六烷基三甲基溴化铵表面活性剂包覆氧化铁纳米颗粒改变了它们的结构和催化活性。与原始球形纳米颗粒不同，表面活性剂包覆后形成的棒状纳米颗粒具有更多的多孔结构和更高的类过氧化物酶活性[44]。受天然辣根过氧化物酶活性位点的启发，Fan 课题组用组氨酸修饰 Fe_3O_4NPs 纳米酶，模拟天然酶活性位点的结构，调控其催化活性[45]，结果表明，His-Fe_3O_4NPs 比裸 Fe_3O_4NPs 具有更高的 POD 和 CAT 活性[图 8-7(A)]。这是由于组氨酸的咪唑基团与 H_2O_2 形成氢键，大大增强了对 H_2O_2 的亲和力，从而增强了 His-Fe_3O_4 的 POD 和 CAT 催化活性。此外，Gao 课题组利用聚单宁酸（PTA）包覆 CeO_2 纳米酶（CeO_2 NZs），构建了具有多重抗氧化酶活性的多功能复合物 PTA/CeO_2 NZs[46]，与未处理的 CeO_2 NZs 相比，PTA/CeO_2 NZs 表现出更强的 SOD 活性。这是由于 PTA 改性 CeO_2NZs 可以增加 CeO_2NZs 表面 Ce^{3+} 的含量，PTA 是一种有效的超氧阴离子清除剂，进一步增强了其类 SOD 活性。然而，PTA/CeO_2 NZs 的 POD 活性略低于 CeO_2NZs，这可能是由于表面 PTA 涂层对 H_2O_2 具有抗性[图 8-7(B)]。

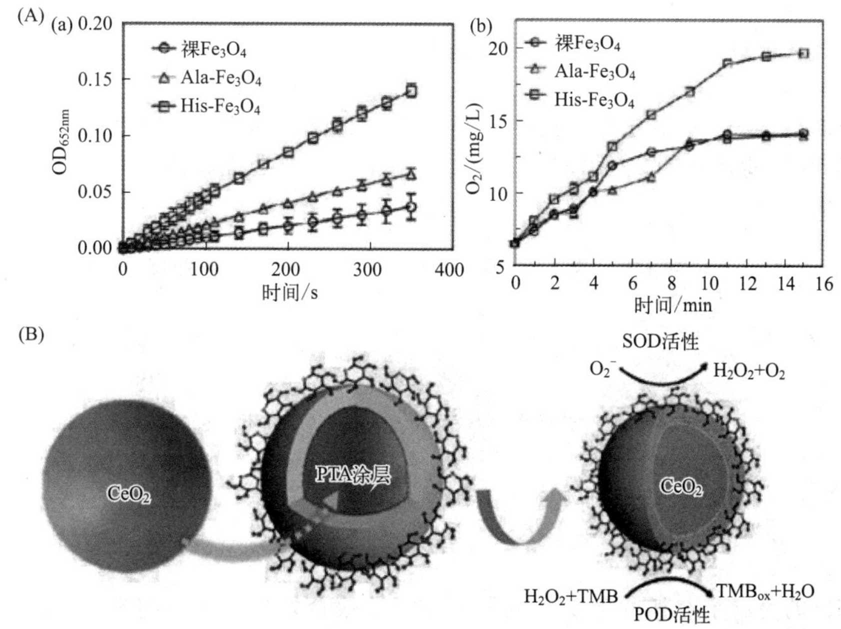

图 8-7　（A）不同方法处理的 Fe_3O_4 的 POD（a）和 CAT（b）活性比较[45]；（B）PTA 改性 CeO_2NZs 的 SOD 和 POD 活性示意图[46]

同时，表面改性对于 CeO_2 纳米酶可以通过改变 Ce^{3+}/Ce^{4+} 比例以及氧化还原电位来影响其催化活性。有报道称，与未修饰的 CeO_2 纳米酶相比，经甘氨酸化和聚乙二醇化后的 CeO_2 纳米酶表现出更高的SOD类酶活性，其高活性在碱性条件下保持长达5天。但甘氨酸和聚乙二醇修饰对 CeO_2 纳米酶的OXD活性几乎没有影响。涂层对SOD和OXD两种酶活的选择性调控表明，单电子转移这一过程越容易发生，越能提高 CeO_2 对底物的亲和力和抗氧化性能。通过对修饰后材料的价态及氧化还原电位的表征，经甘氨酸和聚乙二醇修饰的 CeO_2 具有较高 Ce^{3+} 含量和可逆的低氧化还原电位，二者被认为是提高 CeO_2 纳米酶 $O_2^{\cdot -}$ 清除能力的决定性因素。

值得注意的是，当带电单体与分子印迹结合时，纳米酶表面会产生一定的底物结合口袋，导致活性和选择性显著增强。如图8-8所示，Fe_3O_4 NPs表面形成了与TMB特异性结合的口袋。结果表明，Fe_3O_4 NPs印迹材料对底物TMB的催化效率约为ABTS的15倍，特异性为98倍。该策略适用于其他纳米酶（例如，AuNPs和 CeO_2 NPs）[47]。此外，利用氨基酸或其他（例如，DNA的二级结构和类似锌指蛋白的手性超分子复合物）的手性结构作为表面涂层，也有助于提高选择性，实现对映选择性识别[48]。

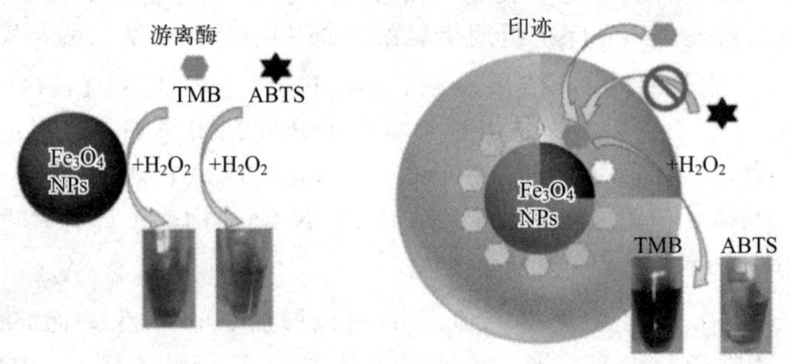

图8-8 Fe_3O_4 过氧化物模拟酶纳米酶对TMB和ABTS具有相似的活性

（用TMB进行印迹后，其对TMB的选择性大大提高）[47]

受天然过氧化物酶的启发，Yan等人用组氨酸修饰 Fe_3O_4 NPs，形成了与天然酶相似的微环境（图8-9）。与裸 Fe_3O_4 NPs相比，由于组氨酸的侧链咪唑基团与 H_2O_2 之间形成氢键，这种修饰将对 H_2O_2 的亲和力提高至少10倍。因此，用组氨酸修饰的 Fe_3O_4 NPs获得了超过20倍的类过氧化物酶催化效率。受益于对 H_2O_2 显著提高的亲和力，类过氧化氢酶活性也得以增强[49]。

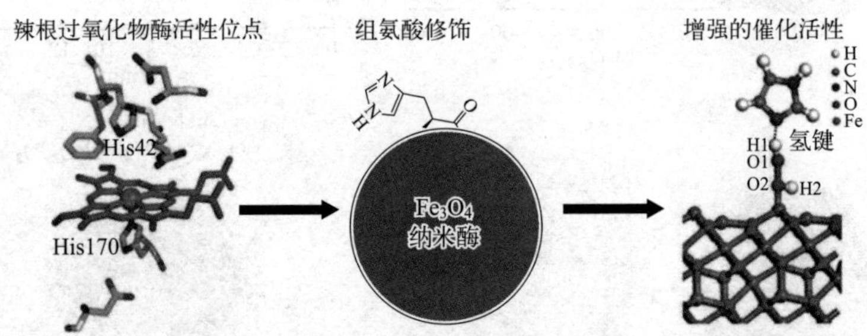

图8-9 模拟天然酶的活性位点提高 Fe_3O_4 NPs的类过氧化物酶活性[50]

表面修饰的另一个有趣的例子是端氨基树枝状聚合物包裹的金纳米簇（AuNCs-NH_2）可以选择性地降低过氧化物酶活性，同时保持其过氧化氢酶活性。当通过甲基化阻断AuNCs-NH_2 的大多数胺（1°-胺和3°-胺）时，可以观察到明显恢复的过氧化物模拟酶活性，表明胺在抑制过氧化物模拟酶活性中的重要性。在 AuNCs-OH（端羟基，主链内部含有 3°-胺）中也发现了类似的过氧化物模拟酶抑制活性，进一步证明了 3°-胺的作用。并推测其可能的机理是通过 3°-胺的易氧化性竞争性消耗·OH。在他们的后续研究中，利用 AuNCs-NH_2 的类过氧化氢酶活性来供 O_2 用于癌症 PDT 治疗过程中的缺氧情况。

表面修饰除了上述对酶催化活性的影响外，对材料 SERS 活性也有调控作用。SERS 已知是第一层效应，仅在约小于 5nm 的距离处被放大。将 SERS 技术应用到实际检测（图 8-10）、竞争吸附或非特异性污染成为研究人员面临的另一个主要问题，这显著降低了检测的灵敏度和特异性，特别是用于定量分析的 SERS 传感。虽然这个问题可以通过样品前处理过程来解决，但一方面它肯定会延长处理时间，并非快速检测方法；另一方面，对底物亲和力较弱的目标分子存在更多困难，与热点的间隙距离仅延伸几纳米（约 2nm）；因此，亲和力低的分析物很难进入如此狭小的空间。所以，表面修改 SERS 底物以改善分析物之间的接触或避免竞争性吸附对于 SERS 应用具有现实意义（图 8-10）。

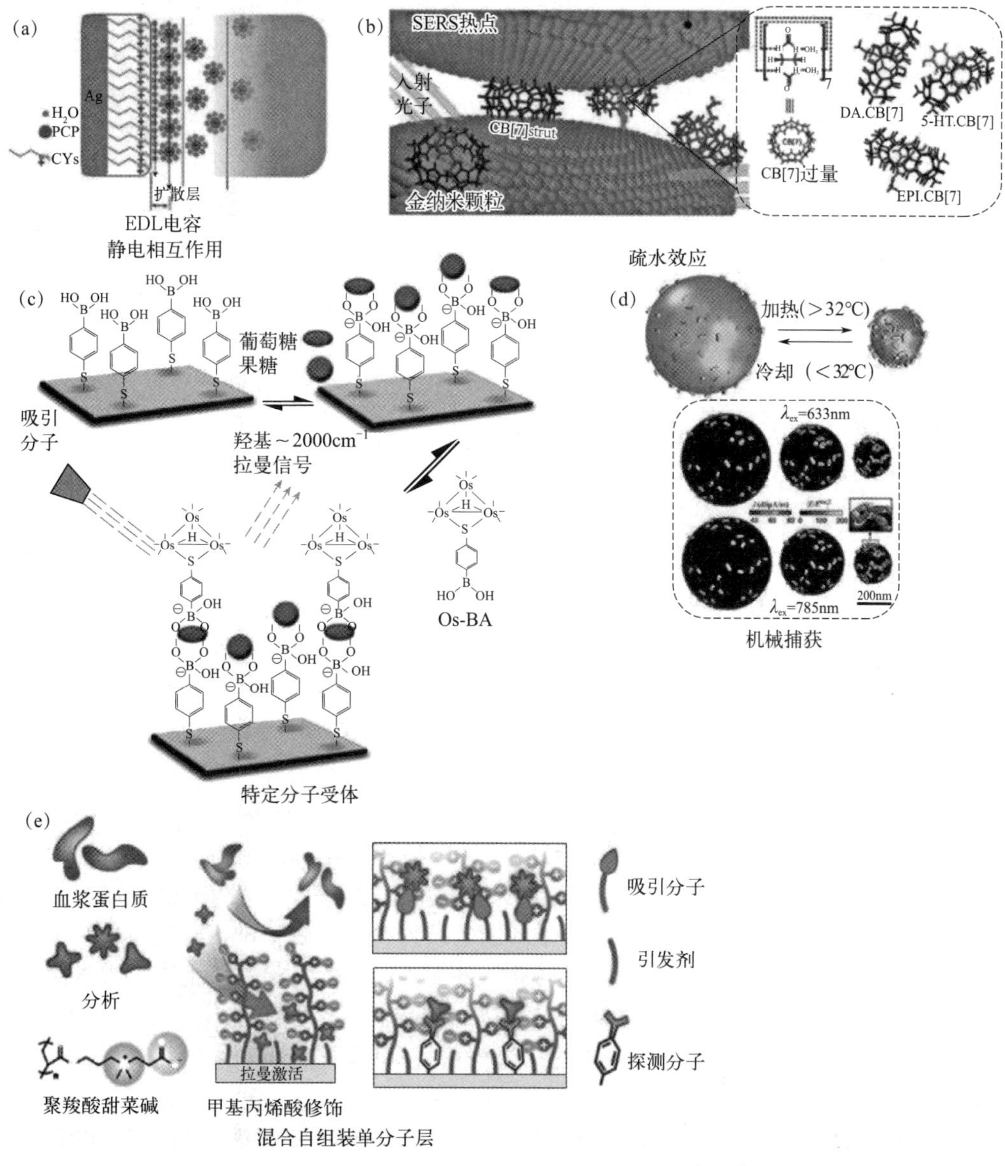

图 8-10　SERS 复杂样品基质中的检测策略[50-51]

8.6 启动子和抑制剂

受辅酶的启发，Xu 和同事报道了随着核苷三磷酸的加入，CeO_2 的模拟氧化酶活性按以下顺序增强：三磷酸鸟苷＞三磷酸腺苷＞三磷酸尿苷＞三磷酸胞苷。与天然辅酶不同，他们认为这种增加是由于 CeO_2 催化核苷三磷酸水解反应释放的能量所致[52]。在另一项研究中，Cheng 课题组首先发现三磷酸腺苷具有增强 CeO_2 类氧化酶活性的作用，但在较长的反应时间下具有抑制作用，推测 Ce-PO_4 复合物的形成是为了屏蔽 CeO_2 的活性位点[53]。对于三磷酸腺苷在 CeO_2 催化活性中的复杂作用机制，还需要进一步深入研究。一些离子或分子也被报道可以提高纳米材料的酶活性。例如，Lu 等发现 Hg^{2+} 能显著增强 rGO/PEI/Pd 纳米杂化材料的类过氧化物酶活性，Liu 等证明在氟化物存在的情况下，纳米氧化铈的类氧化酶活性可提高 2 个数量级以上[54-55]。然而，在某些情况下，某些离子（例如 Ag^+ 和 Hg^{2+}）等会与纳米酶发生反应，抑制其催化活性，因此，基于特异性抑制，可以开发具有良好选择性和灵敏度的传感检测方法。

另一个有趣的现象是某些抑制剂可以选择性地抑制某些酶的活性。例如，NaN_3 仅降低 Ferritin-PtNPs 的类过氧化氢酶活性，而 3-氨基-1,2,4-三氮唑同时抑制 Ferritin-PtNPs 的 SOD 和类过氧化氢酶活性，原因是超氧化物产生的单线态氧参与了 SOD 样反应而不参与过氧化氢酶样反应。作为单线态氧的强猝灭剂，NaN_3，而不是 3-氨基-1,2,4-三氮唑，将通过与单线态氧的反应从 PtNPs 表面去除，因此，NaN_3 只选择性地抑制类过氧化氢酶活性。

8.7 pH 和温度

与天然酶一样，纳米酶的类酶活性受到外界环境的影响，pH 和温度是重要的外界环境参数，其变化会影响纳米酶的多酶活性。

如上所述，酸性条件适合模拟过氧化物酶活性，而中性和碱性 pH 促进 SOD 和过氧化氢酶活性。Wu 等合成了同时具有 OXD 和 POD 活性的 FeCo@C[56]。当 pH 为 3.6 时，OXD 活性较强；但当 pH 升高至 4.4 时，OXD 活性显著降低，而 POD 活性升高[图 8-11(a)]。此外，Wang 课题组采用软模板法制备了同时具有 POD 和 CAT 活性的多孔 Co_3O_4 纳米片[57]。结果表明，Co_3O_4 的酶活性受 pH 影响较大[图 8-11(b)]，在 pH 4～6 的酸性环境下，Co_3O_4 表现出较强的 POD 活性，而在碱性环境下，Co_3O_4 表现出 CAT 活性。基于 Co_3O_4 纳米酶的特性，Dong 课题组开发了一种操作简便的新型一步比色葡萄糖生物传感器。He 课题组成功合成了具有内在 POD、SOD 和 CAT 多酶催化活性的 AuNPs[图 8-11(c)][58]。这些 AuNPs 在酸性环境中可通过其 POD 活性催化 H_2O_2 生成·OH，而在碱性条件下可通过其 CAT 活性分解 H_2O_2 产生 O_2。通过调节 pH，AuNPs 也可以表现出类似 SOD 的活性。又一个例子是，观察到的 Pd 基纳米结构的氧化酶模拟活性高度依赖于催化反应环境的 pH 值，并且在酸性乙酸盐缓冲液中表现最佳[59]。纳米二氧化铈也观察到类似的结果，其氧化酶活性保留在几种酸性缓冲液（例如磷酸盐、柠檬酸盐、乙酸盐）中，这可能归因于纳米铈在低 pH 下的质子化。这些结果表明，pH 影响 AuNPs 的类酶活性，因此可以通过调节 pH 来调节纳米酶的酶活性类型和活性强弱。

除此之外，温度作为纳米材料在催化过程中需要控制的环境变量，也对纳米酶的活性调控具有重要意义。例如，Rossi 及其同事报告说，AuNPs 的葡萄糖氧化酶模拟性能与周围温

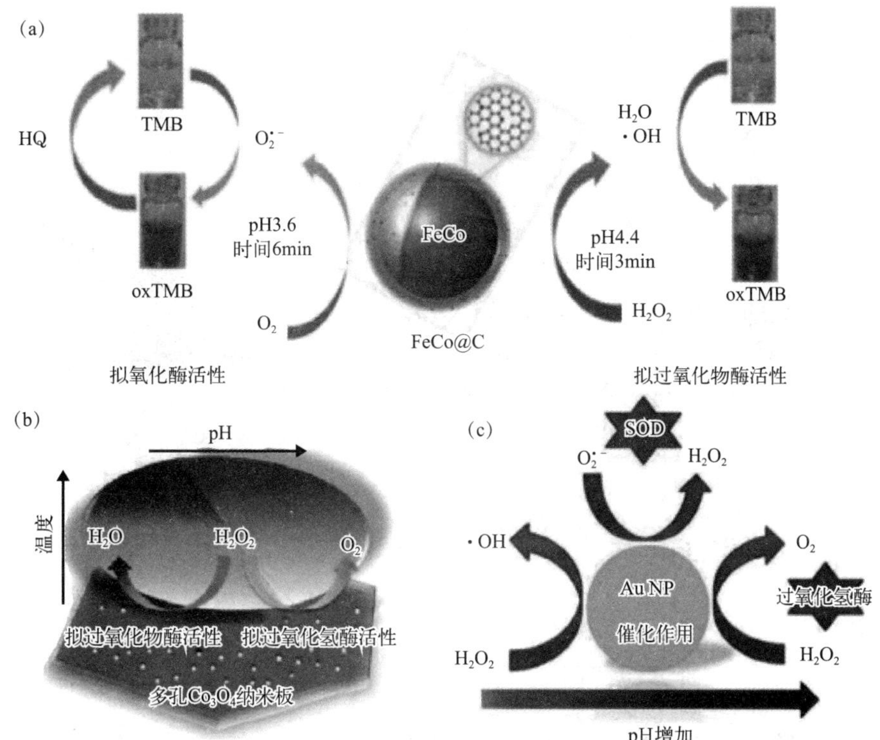

图 8-11　(a) pH 值调控 FeCo@C 双酶活性的机理图[56]；(b) 多孔 Co_3O_4 NSs 中调节 POD 和 CAT 活性的 pH 图[57]；(c) 改变 pH 值调控 AuNPs 催化活性的机理图[58]

度呈正相关[60]。

大多数研究系统考察了 pH 和温度对纳米酶活性的影响，发现了最佳的 pH 和温度，如 $LaNiO_3$ 钙钛矿纳米立方块作为过氧化物模拟酶的 pH 为 4.5，温度为 55℃[61]。由于对最终产物的稳定作用，离子液体和三磷酸腺苷被报道可以帮助模拟过氧化物酶的纳米酶实现高温反应。此外，还进行了一些 pH 和温度调控的有趣研究。Wei 小组通过质子产生或消耗生物反应证明了 pH 的原位调节[62]。利用光基试剂孔雀石绿甲醇碱（MGCB）和氧化石墨烯的复合物进行了 pH 和温度的另一种光调控。在紫外光和近红外光照射下，MGCB 会产生 OH^-，氧化石墨烯会产生高温。因此，在光照条件下可以调节 pH 和温度的范围，并相应地调节催化活性[图 8-12(a)]。例如，对于模拟 GOx 的 AuNPs，在 65℃下，紫外光和近红

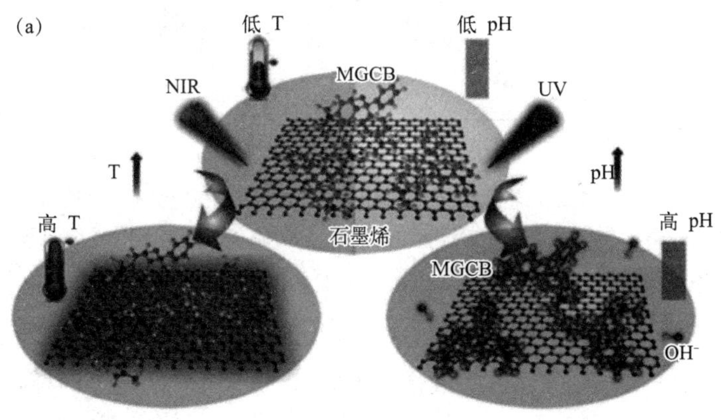

图 8-12

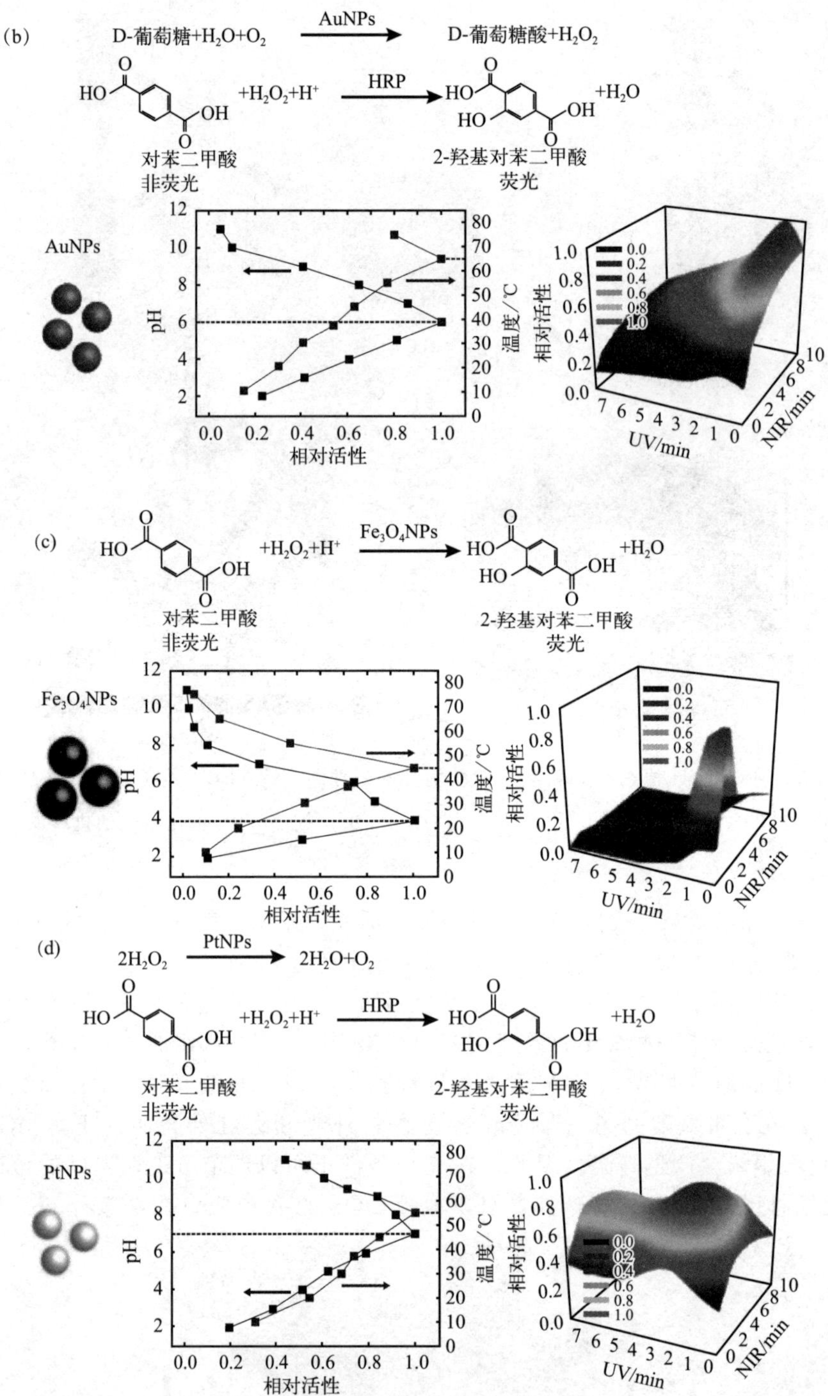

图 8-12 (a) 石墨烯的光热效应和 MGCB 光诱导的 pH 变化；(b) 通过改变光照时间得到的用于测定活性和光控 AuNP 活性的反应方程式图；(c) 通过改变光照时间得到的用于测定活性和光控 Fe_3O_4 NP 活性的反应方程式图；(d) 通过改变光照时间得到的用于测定活性和光控 PtNP 活性的反应方程式图[63]

外光分别照射 1min 和 10min 可以达到最优 pH 值为 6[图 8-12(b)]。同样，如图 8-12(c) 和 (d) 所示，模拟过氧化物酶的 Fe_3O_4 NPs 和模拟过氧化氢酶的 PtNPs 的最佳 pH 和温度也可以被调节[63]。

8.8 光

光作为一种理想的反应外部刺激，因其具有对环境无污染、时空精确可控等优点而被广泛应用。例如，Ong 及其同事报告说，功能性 g-C_3N_4 NPs 具有葡萄糖氧化酶模拟性能的可见光控制[64]。除了上述 pH/温度双光响应的例子外，Pezzato 等还报道了光诱导的反式-顺式和顺式-反式异构化来可逆调控 AuNPs 催化 HPNPP 的水解[图 8-13(a)]。反式异构化对单层功能化 AuNPs 的高亲和力会抑制底物 HPNPP 的吸附，从而降低水解活性。在 365nm 波长照射下，会发生反式顺式异构化。同时，与 AuNPs 表面亲和力较低的顺式异构体有助于上调 HPNPP 的转磷酸化速率，进一步在 465nm 和 365nm 下照射会重复顺反异构循环和下调、上调[65]。同样，偶氮苯修饰的 Pd 纳米酶的催化活性可以通过光诱导异构化来控制，其中环糊精存在于体系中。反式偶氮苯通过主客体方式与环糊精结合，阻止底物与活性位点相互作用，从而抑制 Pd 纳米酶的催化活性。然而，在紫外光照射下，从反式到顺式的转变会导致环糊精的解离，并使催化活性位点暴露，恢复活性。这种光门控纳米酶的进一步应用将在应用部分展示。

此外，在可见光（$\lambda \geqslant 400$nm）触发下，BSA 模板的 2nm Au NCs 的内在模拟酶活性可以得到增强。仔细的机理研究表明，光激发 BSA-Au NCs 产生电子-空穴对，进而活化氧气或水产生 OH^- 和 $O_2^{\cdot -}$，从而氧化 TMB。同样，Wang 课题组发现 15nm 的 AuNPs 在可见光（532nm）照射下可以获得更高的过氧化物酶活性[66]。除了 AuNPs，GQDs 还被报道在 405nm 的蓝紫光照射下可加速抗坏血酸和谷胱甘肽的氧化，并促进脂质体中的脂质过氧化，其原因是光诱导调控了 GQDs 的抗氧化和促氧化活性[图 8-13(b)][67]。在无光照的常见条件下，合成的 3～6nm GQDs 能够消除 ·OH、$O_2^{\cdot -}$ 和 DPPH·（以氮为中心的自由基）等自由基，这归因于 GQDs 表面未配对电子的存在以及 π 共轭 GQDs 用于电荷转移和电子存储的本征特性。然而，在光照条件下，GQDs 不仅不能保护细胞免受抗氧化损伤，反而会产生更多的自由基，从而引起细胞毒性。实验验证了光诱导自由基为 $^1O_2$、·OH 和 $O_2^{\cdot -}$。进一步的系统机理研究阐明了这些自由基的来源：对于 $^1O_2$ 的产生，提出了通过 GQDs 的能量传递和电子传递途径。作者推测 $O_2^{\cdot -}$ 也参与了 $^1O_2$ 的产生。因此，除了先前报道的能量转移到氧气之外，电子转移途径也被遵循。对于 ·OH 和 $O_2^{\cdot -}$，其产生过程与上述光刺激 BSA-AuNCs 体系类似。

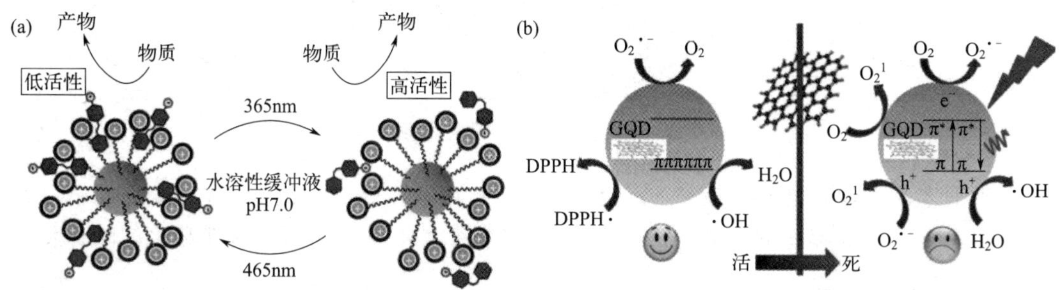

图 8-13　(a) 光诱导的顺反异构改变了对 AuNPs 的亲和力，从而影响了 HPNPP 的转磷酸化速率[65]；(b) 光诱导石墨烯量子点抗氧化和促氧化活性的交叉[67]

8.9 缺陷工程

“缺陷”是用来表示晶体结构周期性排列中畸变的术语，按尺寸分类，材料中的缺陷包括点缺陷、线缺陷、平面缺陷和体积缺陷等。在纳米催化剂中构建结构-性能关系，对缺陷的深入理解可以拉近理论模型与实际结构之间的差距。鉴于纳米催化剂的催化作用一般都是在表面进行的，那些影响表面环境的缺陷是显而易见的。值得注意的是，体缺陷也可以成为表面缺陷。此外，每种缺陷的形式可能因纳米材料而异。例如，空位作为一种点缺陷通常存在于金属化合物中。对于 MOFs 材料，其独特的缺陷形式，如缺失连结和团簇、掺杂连结和团簇，分别与传统的空位缺陷和掺杂缺陷有很大不同。

缺陷类型按照不同角度可以分为很多种，一些常见缺陷如图 8-14 所示（书后附彩图）。主要包括点缺陷、线缺陷、平面缺陷和体积缺陷等[67]。缺陷本身通常会充当活性位点以促进催化反应进行，同时缺陷的引入影响原活性位点的几何结构和电子结构。例如空位、边缘位点、晶格缺陷等通常会带来大量的配位不饱和位点，由于开放的结构特点，这些不饱和位点容易捕获催化底物。对于纳米酶而言，缺陷工程在各个催化领域取得的进展无疑为构建纳米酶材料中的各种缺陷以及预测活性位点的几何结构和电子结构的变化提供了宝贵的经验。多重缺陷通常共存且相互影响，使缺陷纳米催化剂的研究复杂化。要深入了解每种缺陷在纳米催化中的作用，准确构建和表征缺陷的必要性不言而喻。本节主要介绍空位及非晶结构两种缺陷结构对于纳米酶催化活性的影响。

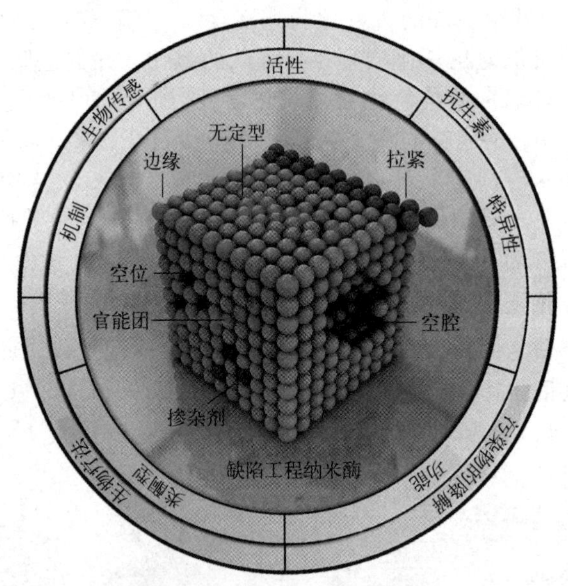

图 8-14 纳米材料中常见的缺陷

对于纳米酶来说，缺陷工程在酶催化活性中具有重要意义。例如，在 Ce^{4+}/Ce^{3+} 氧化还原对和丰富空位的存在下，氧化铈（CeO_2）能够提供拟氧化还原酶活性和水解酶样特征。

8.9.1 构建及表征

8.9.1.1 缺陷纳米酶的构建

许多方法被提出来有效地构建纳米催化剂中的缺陷，通常包括刻蚀、掺杂、模板辅助合成、控制生长等。刻蚀是一种在纳米催化剂中引入缺陷的后合成处理策略。例如，Xu 等人通过等离子体刻蚀策略合成了多孔 Co_3O_4 纳米片（NSs）。等离子刻蚀制备的 Co_3O_4 不仅具有较大的比表面积，而且具有丰富的氧空位[68]。此外，酸、碱、各种还原剂以及激光可以用来处理块体纳米材料并引入结构缺陷。通过简单改变刻蚀时间和刻蚀源的浓度或强度，也可以调节缺陷的数量。通过选择合适的前驱体可以实现掺杂。Zhang 等人以苯胺和六氟磷酸铵为掺杂剂，在热解后的氧化石墨烯（GO）中引入了三种元素（N，P，F）[69]。然而，掺杂剂的使用不可避免地会造成其他一些缺陷。Yu 等人用 KOH 合成了缺陷石墨状氮化碳[70]。除了 K^+ 的掺杂外，碱还通过产生氰基而破坏纳米材料的结构，造成一些氮空位。虽然在某些情况下，多个缺陷可以协同工作，但具体缺陷的控制对于深入理解缺陷工程具有重要意义。为此，模板的使用可以帮助控制纳米催化剂的结构，进一步改善缺陷的结构。Niu 和同事以 MOF 衍生的多孔碳为载体的原子分散 Fe-N-x 基团的单原子纳米酶具有前所未有的模拟过氧化物酶的活性[71]。具体来说，可以通过 HF 刻蚀去除 SiO_2 模板，并在热解下蒸发 Zn。剩余的缺陷空位不仅有利于传质，而且意味着形成丰富的活性边缘缺陷。人们提出了许多策略来设计纳米催化剂上的各种缺陷，为缺陷工程纳米酶提供了重要的参考意义。

8.9.1.2　缺陷纳米酶的表征

要深入挖掘缺陷背后的内在机理，需要一些先进的表征技术。详细地说，像差校正的大角度环形暗场扫描电子显微镜（AC-HADDF-STEM）可以帮助直接观察缺陷。如图 8-15（a）和（b）所示，成像强度与原子序数呈正相关关系，因此白点[72]和黑洞[73]可以分别指示金属掺杂位点和空位的存在。电子顺磁共振（EPR）可以用来探测未成对电子，从而成为一种有效的空位表征方法。根据 g 值和信号强度，也可以探索空位的类型。例如，氧空位的 EPR 信号出现在 $g=2.003$ 处，强度可以反映其含量[图 8-15(c)][74]。X 射线衍射（XRD）图谱与纳米酶的晶体结构有关，其中无序结构可引起衍射峰的偏移和展宽。相比之下，晶态纳米酶具有多个峰，而非晶态纳米酶则没有[图 8-15(d)]。X 射线光电子能谱（XPS）可以表征杂原子掺杂的引入，研究缺陷引起的电子效应。XPS 作为一种有效的表面测定技术，通过比较峰位的移动，可以很好地展示表面缺陷的电子结构和相应的电子效应[75]。X 射线吸收光谱（XAS）技术、特殊 X 射线吸收近边结构（XANES）和扩展 X 射线吸收精细结构（EXAFS）是在原子尺度上表征缺陷电子和几何结构的强有力方法。Jiao 等人最近的工作成功地利用 EXAFS 谱表征了 Fe-S 和 Fe-N 共存的原子分散金属掺杂位[图 8-15(e)]，精确的缺陷模型有利于纳米酶的深入研究[76]。除上述方法外，一些常用的方法，如傅里叶变换红外光谱（FT-IR）和固态魔角旋转核磁共振（MAS NMR）等也有助于特定纳米材料的研究。例如，通过对固态 ^{13}C MAS NMR 谱图的分析，可以确认改性氮化碳中的特定氰基缺陷[图 8-15(f)]。缺陷的识别是进一步调查的必要前提，更多的表征有望提供更多现有缺陷的信息，甚至发现新的缺陷。

8.9.2　缺陷工程构建的主要纳米酶

缺陷对纳米催化剂的影响：作为催化剂，一个关键指标就是催化活性。缺陷工程主要通过改变活性位点的数量和结构来影响纳米催化剂的活性。在大多数情况下，缺陷本身作为催化的活性位点或助催化剂位点来促进催化效率的提高。单原子催化剂（SACs）中孤立的金属掺杂位点是解释掺杂缺陷如何提供更多活性位点的经典例子。非金属缺陷与某些官能团一样，可以类似地作为额外的活性位点发挥作用。缺陷的引入也影响了原始活性位点的几何和

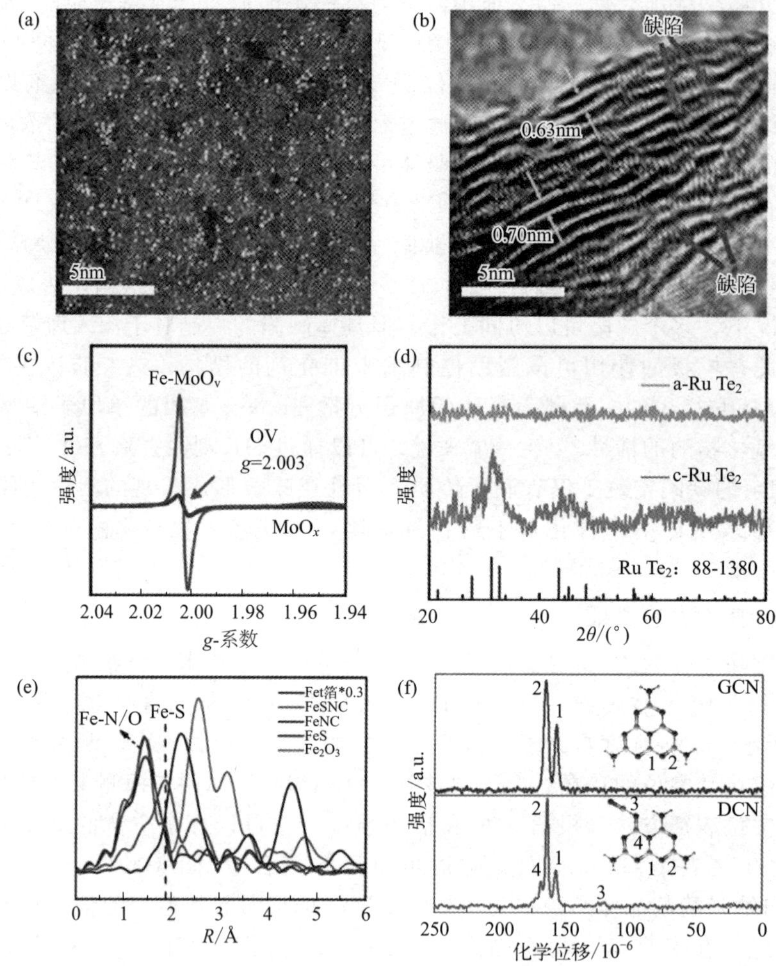

图 8-15　纳米材料中缺陷的表征

（a）高负荷 Fe-N-C SAzymes 的 AC-HADDF-STEM 图像[73]；（b）空位工程化 MoS_2 纳米酶的 HRTEM 图像[74]；（c）不同氧空位含量的纳米酶的 EPR 谱[75]；（d）非晶和晶态 $RuTe_2$ 纳米酶的 XRD 图谱[76]；（e）不同掺杂位置的 Fe 箔、FeS、Fe_2O_3 和纳米酶的 EXAFS 谱图[77]；（f）固态含氰缺陷的氮化碳和氮化碳纳米酶的^{13}C MAS NMR 谱[78]

电子结构。例如，空位、边缘位、无定形结构和其他缺陷通常会带来丰富的配位不饱和空位，由于开放结构，这些不饱和空位容易捕获反应底物。因此，控制催化过程中形成的缺陷也可以进一步改善催化效果。Ye 等人报道，在 LaN 上引入 Ni 位可以降低氮空位形成的大量能量[78]。缺陷工程引起的几何结构和电子结构的变化也会改变特定催化反应的催化选择性。最近，Hu 等人报道了面内 S 空位有利于甲醇加氢，而边缘 S 空位则倾向于将 CO_2 加氢为甲烷[79]。Cheng 等人利用非晶态 PdCu NSs 催化 4-硝基苯乙烯加氢反应[80]。与晶态 PdCu 相比，1-乙基-4-硝基苯乙烯生产的高催化选择性可归因于非晶态结构改变的调制电子结构。

对于纳米酶而言，通过缺陷工程在各种催化领域取得的进展，无疑可以为构建纳米酶中的各种缺陷以及预测活性位点几何和电子结构的变化提供宝贵经验。

纳米酶中的缺陷工程：纳米酶的出现为基于材料科学的酶类活性调控提供了契机。之前章节所述，在纳米酶的大家族中，过氧化物酶（POD）、氧化酶（OXD）、过氧化氢酶（CAT）、超氧化物歧化酶（SOD）、水解酶（HL）等 5 种拟酶类型引起了人们的极大关注，我们在本节主要讨论缺陷是如何影响这些活性的（图 8-16）。由于缺陷的形式与纳米材料的类型密切相关，这些纳米酶按组分分为四类，包括碳、金属化合物、贵金属和金属-有机骨架。本节将结合实验结果和理论计算，通过表征缺陷的含量、类型和演化，讨论缺陷的影响。

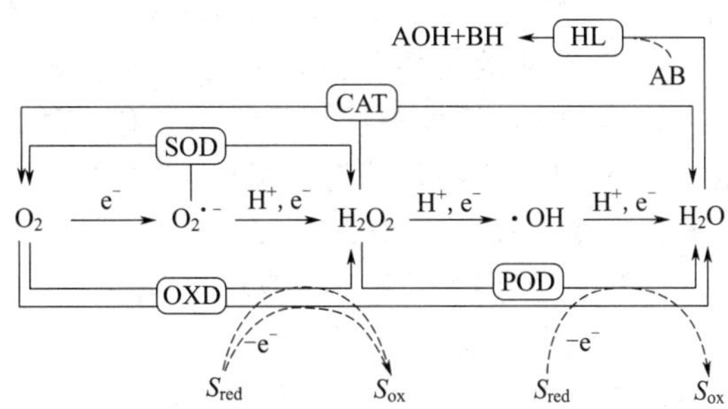

图 8-16　纳米酶对各种酶类活性的催化反应

碳骨架和丰富的官能团赋予人工酶优异的性能。对于碳基纳米酶，表面官能团的重要性也很突出[图 8-17(a)]。早在 1996 年，多羟基富勒烯被报道能模拟 SOD 活性而作为抗氧化剂[81]。这些羟基（—OH）和羧基（—COOH）官能团赋予富勒烯良好的溶解性，正是缺陷工程在富勒烯基纳米酶中的体现。随后不久，三磺酸功能化富勒烯的催化性能增强得到证实。—COOH 缺陷作为吸电子基团可以改变局部电子结构，诱导缺电子区域的形成。超氧自由基（$O_2^{\cdot -}$）被富勒烯中的缺电子区吸收，通过与—COOH 缺陷的质子形成氢键导致暂时性稳定。与另一 $O_2^{\cdot -}$ 作用后，脱氧反应进行，生成 O_2 和 H_2O_2。除了—OH 和—COOH 基团外，羰基（—CO）基团通常也存在于碳基纳米酶的表面。Qu 等人通过比较不同官能团缺陷石墨烯量子点的 POD 活性，证明—COOH 缺陷作为结合位点捕获 H_2O_2，—CO 缺陷作为活性位点进一步催化 H_2O_2 转化为羟基自由基（·OH）。但是，—OH 基团可以捕获活性·OH，因此表现出负效应。该结论同样适用于碳纳米管（CNTs）纳米酶，进一步表明构建可控特定缺陷的重要性。最近，氧化态的石墨二炔被证明具有类 POD 活性，其中—CO 缺陷也被认为是活性位点。有趣的是，此 POD 活性中间体是 $O_2^{\cdot -}$ 而不是·OH。这意味着相同缺陷的作用也取决于碳纳米酶的类型。此外，更多的作用还有待在今后的工作中探索。

异原子掺杂，特别是氮掺杂，是一种广泛应用的改善碳基纳米酶的策略。Fan 等人报道了同时具有 POD、OXD、CAT 和 SOD 活性的氮掺杂碳纳米材料（N-CNMs）。具体而言，·OH 和 $O_2^{\cdot -}$ 分别被证实是 POD 和 OXD 表达的关键中间体。有趣的是，Hu 等人报道的氮掺杂还原 GO(N-rGO) 表现出一种特异的 POD 活性[82]。密度泛函理论（DFT）计算表明，N-rGO 只能催化 H_2O_2 而不是 O_2 转化为活性氧。并且 N 空位能稳定活性氧中间体，进一步氧化底物。虽然两者都是 N-掺杂，但前者具有多酶活性，遵循氧自由基机制，后者具有 POD 活性，清除体系中的·OH。为此，对缺陷结构的深入研究是必不可少的。实际上，掺杂后的 N 物种可进一步分为氧化态、吡咯态、吡啶态和石墨态 4 类[图 8-17(a)]。这些 N 空位能不同程度地改变纳米酶的局部电子结构，从而对其活性产生不同的影响。而对于采用二次 N 掺杂策略去调控每个 N 物种的含量，合成的 3 个 N-CNMs（N-CNMs-1、N-CNMs-2 和 NpCNMs）[83] 中，吡啶 N 含量与 N 掺杂碳纳米酶的类 POD 活性呈正相关，而其他 3 个 N 物种表现出微不足道的影响[图 8-17(b)]。其原因可能是毗邻吡啶 N 的活性 C 位带有更多的正电荷，表明 H_2O 的脱附能力更强。

掺杂位点也可以作为额外的活性位点。Huang 等报道了 Se 掺杂 GO 纳米酶类谷胱甘肽过氧化物酶（GSH）的活性，硒首先被 H_2O_2 氧化，然后与巯基反应[84]。一些掺杂缺陷通过改变电子结构而起作用，另一些可以作为活性位点。为了同时具备这两种效应，多元素掺杂被证明是一种可行的策略。Kim 和同事描述了 N 和 B 共掺杂 GO(NB-rGO) 的高 POD 活性[85]。与单掺杂和未掺杂纳米酶相比，N 和 B 共掺杂对 POD 类活性有进一步的增强作用。DFT 结果表明，B 位点不仅作为额外的活性位点，而且激活吡啶 N 位点模拟 POD 活性位点。至于其他非金属元素，如 S 和 P，近期一些工作给出了有价值的参考意义。其他缺陷也可以与掺杂缺陷协同作用。以 N 和 S 共掺杂作为 POD 模拟物的分级多孔碳纳米酶为例，一方面，S 含量的引入可以通过改变电荷分布来提高催化活性。另一方面，SiO_2 和 $ZnCl_2$ 都可以作为孔隙诱导模板，将微孔和中孔同时引入到碳基纳米酶中，形成的边缘缺陷可以有效地增强电荷转移和传质[图 8-17(c)][86]。

除了这些非金属掺杂剂，引入金属物种是另一种有效的途径。受天然酶活性辅因子结构的启发，单原子纳米酶（SAzymes）引起了研究者的足够兴趣。对于碳载体来说，这些金属位点都是掺杂缺陷，M-Nx（M＝Fe、Cu、Co、Zn、Mo、Mn、Pd 等）结构的调制可以帮助在原子尺度上理解缺陷结构并向自然界学习。Huang 等人合成了一种氮掺杂碳负载单铁原子（FeN_5 SA/CNF）纳米酶，其中原子分散的 Fe-N_5 位点与天然细胞色素 P450 的活性位点具有相似的配位能力[87]。如预期，FeN_5 SA/CNF 表现出优越的 OXD 类活性，证实了 Fe（Ⅳ）═O 中间体，这与天然 OXD 的催化过程相似。这些掺杂金属具有与天然酶活性位点相似的结构，常作为主要的催化位点。通常，活性与缺陷的浓度密切相关。在这方面，本课题组报道了具有密集金属掺杂位点的 SAzymes 作为高活性的 POD 模拟物[88]。如预期，高密度分散的 Fe-N_4 位点（6.5%）具有较低的负载量（1.3%），诱导了较高的类 POD 活性，这一点通过 3,3′,5,5′-四甲基联苯胺（TMB）等时实验得到证实[图 8-17(d)]。掺杂金属的种类对类酶型也有明显的影响，这可以从 Fe-N-C SAzymes 的 POD 活性高于 Co-N-C 和 Zn-N-C 的 POD 活性来反映。如图 8-17(e) 所示，投影态密度（PDOS）表明，含有吸附 OH 基团的 Fe 位具有较高的 d 带中心，这意味着 OH 基团容易解离形成·OH，进而达到高活性。值得注意的是，M-N_x 缺陷明显更为复杂，可以认为是金属掺杂和非金属掺杂的复合缺陷。也就是说，对于特定的金属掺杂，相邻的非金属掺杂是纳米酶性能的另一个关键因素[88]。为了调节相邻 N 原子的配位数，Wang 等人证明 Mo-N_3 位点与 Mo-N_2 和 Mo-N_4 位点相比，具有更好的活性和特异性[89]。根据理论结果，Mo-N_3 位具有面外结构，其中 H_2O_2 的分子轨道与 Mo-N_3 匹配较好，H_2O_2 在 Mo-N_3 上倾向于均匀地解离成 OH，形成对称构型。而异种溶解在 Mo-N_2 和 Mo-N_4 上同时转化为 O 和 H_2O，具有平面结构，说明缺陷结构可以改变催化途径。Jiao 等人最近报道了能与天然酶反应动力学相匹配的 Fe-N_3P SAzyme[88]。由于电负性的不同，电子可以从 P 原子转移到 Fe 原子转移到 N 原子。因此，P 可以吸附催化过程中产生的 OH，在 Fe 位和 P 位上的两个 OH 之间形成氢键，进一步稳定活性中间体，增强 POD 活性。进一步的研究还表明，S 可以将 FeN_3S 的几何结构转变为面外畸变。与 M-N_x 位点不协调的额外非金属位点也可以改变本地电子结构。通过在 Fe-N-C SAzymes 中添加 B 缺陷，B 缺陷既不与 Fe 配位，也不与 B 配位，同样表现出 POD 样活性的增强。基于理论结果，B 缺陷可以缓解 Fe-N_4 活性位的正电荷。此外，中心 Fe 的正电荷与·OH 形成的能垒呈正相关，说明掺杂 B 元素能够很好地调控 POD 的类活性。最近，本课题组报道了具有分散 Fe_2N_6 活性位点的 Fe_2NC 纳米酶[90]。通过模拟原生氧化酶中的 Fe-Cu 位点，两个 Fe 位点可以分别吸附 O_2 的 O 原子，将 O—O 键伸展到 1.45Å，而 Fe N_4 位点的 O—O 键长度为 1.25Å[图 8-17(f)]。因此，Fe-Fe 位点能够促进 O_2 的解离，成功实现 OXD 活性的表达。

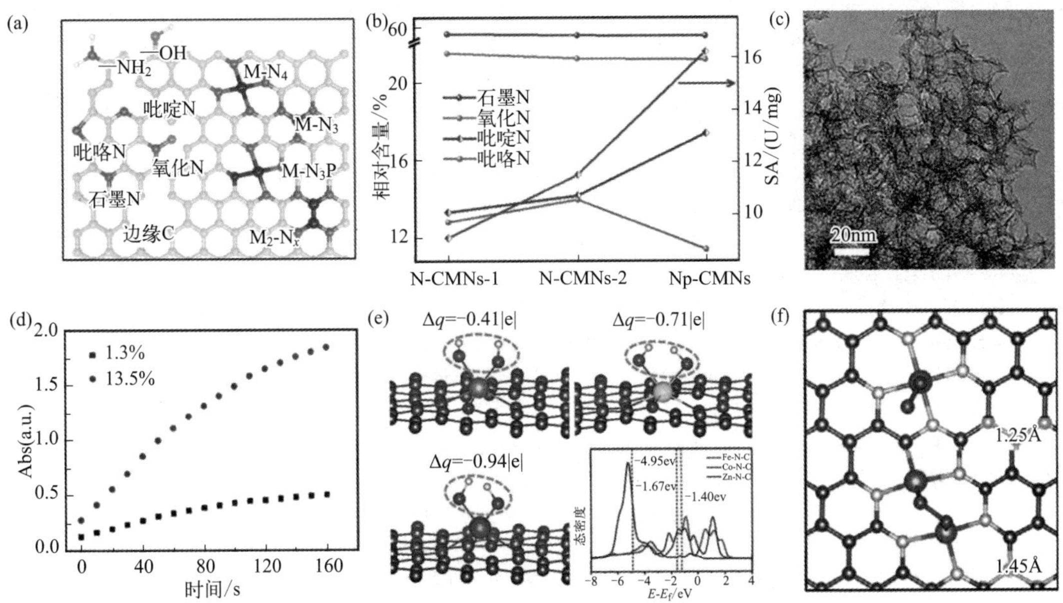

图 8-17　缺陷生成型碳基纳米酶

(a) 碳基纳米酶的各种缺陷的图式说明；(b) 各 N 缺陷含量与 POD 样活性的关系；(c) 具有丰富边缘缺陷的碳基纳米酶的 TEM 图像；(d) 高负荷和低负荷 Fe-N-C SAzymes 催化 TMB 体系的时间-吸收关系；(e) M-N-C 模型上两个羟基吸附的构型和 Löwdin 种群，Löwdin 布居数的负值表明电子根据价电子的积累。铁（红色）、钴（蓝色）和锌（黑色）d 带的 PDOS，对应的 d 带中心用虚线表示，灰色、蓝色、棕色、黄色、紫色、红色和银色球分别代表 C、N、Fe、Co、Zn、O 和 H 原子；(f) O_2 在 FeN_4 位点和 Fe_2N_6 位点上的吸附结构

参考文献

[1] Luo W，Zhu C，Su S，et al. Self-catalyzed，self-limiting growth of glucose oxidase-mimicking gold nanoparticles. Acs Nano，2010，4 (12)：7451-7458.

[2] Luo W J，Zhu C F，Su S，et al. Self-Catalyzed，Self-limiting growth of glucose oxidase-mimicking gold nanoparticles. ACS Nano，2010，4 (12)：7451-7458.

[3] Baldim V，Bedioui F，Mignet N，et al. The enzyme-like catalytic activity of cerium oxide nanoparticles and its dependency on Ce^{3+} surface area concentration. Nanoscale，2018，10：6971-6980.

[4] Yang Z Y，Luo S L，Zeng Y P，et al. Albumin-mediated biomineralization of shape-controllable and biocompatible ceria nanomaterials. ACS Applied Materials & Interfaces，2017，9 (8)：6839-6848.

[5] Yang Q，Lu S，Shen B，et al. An iron hydroxyl phosphate microoctahedron catalyst as an efficient peroxidase mimic for sensitive and colorimetric quantification of H_2O_2 and glucose. New Journal of Chemistry，2018，42 (9)：6803-6809.

[6] Zhang W，Ma D，Du J. Prussian blue nanoparticles as peroxidase mimetics for sensitive colorimetric detection of hydrogen peroxide and glucose. Talanta，2014，120：362-367.

[7] Fu Y，Zhao X，Zhang J，et al. DNA-based platinum nanozymes for peroxidase mimetics. Journal of Physical Chemistry C，2014，118 (31)：18116-18125.

[8] Ge C C, Fang G, Shen X M, et al. Facet energy versus enzyme-like activities: the unexpected protection of palladium nanocrystals against oxidative damage. ACS Nano, 2016, 10 (11): 10436-10445.

[9] Singh N, Savanur M A, Srivastava S, et al. A redox modulatory Mn_3O_4 nanozyme with multi-enzyme activity provides efficient cytoprotection to human cells in a parkinson's disease model. Nanoscale, 2017, 129 (45): 14455-14459.

[10] Yang Q, Lu S, Shen B, et al. An iron hydroxyl phosphate microoctahedron catalyst as an efficient peroxidase mimic for sensitive and colorimetric quantification of H_2O_2 and glucose. New Journal of Chemistry, 2018, 42 (9): 6803-6809.

[11] Chong Y, Ge C, Fang G, et al. Crossover between anti-and pro-oxidant activities of graphene quantum dots in the absence or presence of light. ACS Nano, 2016, 10 (9): 8690-8699.

[12] Biswas S, Tripathi P, Kumar N, et al. Gold nanorods as peroxidase mimetics and its application for colorimetric biosensing of malathion. Sensors and actuators B: chemical, 2016, 231: 584-592.

[13] Hou L, Jiang G, Sun Y, et al. Progress and trend on the regulation methods for nanozyme activity and its application. Catalysts, 2019, 9 (12): 1057.

[14] Zhang K, Hu X N, Liu J B, et al. Formation of PdPt alloy nanodots on gold nanorods: tuning oxidase-like activities via composition. Langmuir, 2011, 27: 2796-2803.

[15] Zhang H J, Watanabe T, Okumura M, et al. Catalytically highly active top gold atom on palladium nanocluster. Nature Materials, 2012, 11: 49-52.

[16] Xia X, Zhang J, Lu N, et al. Pd-Ir core-shell nanocubes: a type of highly efficient and versatile peroxidase mimic. ACS Nano, 2015, 9 (10): 9994-10004.

[17] Wu J J X, Qin K, Yuan D, et al. Rational design of Au@Pt multibranched nanostructures as bifunctional nanozymes. ACS applied materials & interfaces, 2018, 10 (15): 12954-12959.

[18] Wu R, Chong Y, Fang G, et al. Synthesis of Pt hollow nanodendrites with enhanced peroxidase-like activity against bacterial infections: Implication for wound healing. Advanced Functional Materials, 2018, 28 (28): 1801484.

[19] Dai Y, Yao K, Fu J, et al. A novel 2-(hydroxymethyl) quinolin-8-ol-based selective and sensitive fluorescence probe for Cd^{2+} ion in water and living cells. Sensors and Actuators B: Chemical, 2017, 251: 877-884.

[20] Vázquez-González M, Torrente-Rodríguez R M, Kozell A, et al. Mimicking peroxidase activities with prussian blue nanoparticles and their cyanometalate structural analogues. Nano Letters, 2017, 17 (8): 4958-4963.

[21] Fan K, Xi J, Fan L, et al. In vivo guiding nitrogen-doped carbon nanozyme for tumor catalytic therapy. Nat Commun, 2018, 9 (1): 1440.

[22] Li S, Wang L, Zhang X, et al. A Co, N co-doped hierarchically porous carbon hybrid as a highly efficient oxidase mimetic for glutathione detection. Sensors and Actuators B: Chemical, 2018, 264: 312-319.

[23] Li S, Hou Y, Chen Q, et al. Promoting active sites in MOF-derived homobimetallic hollow nanocages as a high-performance multifunctional nanozyme catalyst for biosensing and organic pollutant degradation. ACS applied materials & interfaces, 2019, 12 (2): 2581-2590.

[24] Zhang X, Lu Y, Chen Q, et al. A tunable bifunctional hollow Co_3O_4/MO_3 (M=Mo, W) mixed-metal oxide nanozyme for sensing H_2O_2 and screening acetylcholinesterase activity and its inhibitor. Journal of Materials Chemistry B, 2020, 8 (30): 6459-6468.

[25] Zhuang Y, Zhang X, Chen Q, et al. Co_3O_4/CuO hollow nanocage hybrids with high oxidase-like activity for biosensing of dopamine. Materials Science and Engineering: C, 2019, 94: 858-866.

[26] Zhang X, Yuan A, Mao X, et al. Engineered Mn/Co oxides nanocomposites by cobalt doping of Mn-BTC-New oxidase mimetic for colorimetric sensing of acid phosphatase. Sensors and Actuators B: Chemical, 2019, 299: 126928.

[27] Dong S M, Dong Y S, Liu B, et al. Guiding transition metal-doped hollow cerium tandem nanozymes with elaborately regulated multi-enzymatic activities for intensive chemodynamic therapy. Advanced Materials, 2021, 34 (7): 2107054.

[28] Soh M, Kang D W, Jeong H G, et al. Nanoparticles as an enhanced multi-antioxidant for sepsis treatment. Angew Chem Int Ed Engl, 2017, 56 (38): 11399-11403.

[29] Sang Y, Huang Y, Li W, et al. Bioinspired design of Fe^{3+}-doped mesoporous carbon nanospheres for enhanced nanozyme activity. Chemistry, 2018, 24 (28): 7259-7263.

[30] Zhou X, Guo S, Gao J, et al. Glucose oxidase-initiated cascade catalysis for sensitive impedimetric aptasensor based

on metal-organic frameworks functionalized with Pt nanoparticles and hemin/G-quadruplex as mimicking peroxidases. Biosens Bioelectron，2017，98：83-90.

[31] Sun X，Guo S，Chung C S，et al. A sensitive H_2O_2 assay based on dumbbell-like PtPd-Fe_3O_4 nanoparticles. Adv Mater，2013，25（1）：132-6.

[32] Rashtbari S，Dehghan G. Biodegradation of malachite green by a novel laccase-mimicking multicopper BSA-Cu complex：Performance optimization，intermediates identification and artificial neural network modeling. J Hazard Mater，2021，406：124340.

[33] Tao Y，Lin Y，Huang Z，et al. Incorporating graphene oxide and gold nanoclusters：a synergistic catalyst with surprisingly high peroxidase-like activity over a broad pH range and its application for cancer cell detection. Adv Mater，2013，25（18）：2594-2599.

[34] Zhao D，Wang Y H，Yan B，et al. Manipulation of（PtAg）-Ag-lambda nanostructures for advanced electrocatalyst. The Journal of Physical Chemistry C，2009，113（4）：1242-1250.

[35] Hu X N，Saran A，Hou S，et al. Au@PtAg core/shell nanorods：tailoring enzyme-like activities via alloying. RSC advances，2013，3（17）：6095-6105.

[36] Cheng H，Zhang L，He J，et al. Integrated nanozymes with nanoscale proximity for in vivo neurochemical monitoring in living brains. Anal Chem，2016，88（10）：5489-5497.

[37] Wang Q，Zhang X，Huang L，et al. GO_x@ZIF-8（NiPd）nanoflower：An artificial enzyme system for tandem catalysis. Angew Chem Int Ed Engl，2017，56（50）：16082-16085.

[38] Kim M I，Ye Y，Woo M A，et al. A highly efficient colorimetric immunoassay using a nanocomposite entrapping magnetic and platinum nanoparticles in ordered mesoporous carbon. Adv Healthc Mater，2014，3（1）：36-41.

[39] Yu J，Ma D，Mei L，et al. Peroxidase-like activity of MoS_2 nanoflakes with different modifications and their application for H_2O_2 and glucose detection. J Mater Chem B，2018，6（3）：487-498.

[40] Ma D，Yu J，Yin W，et al. Synthesis of surface-modification-oriented nanosized molybdenum disulfide with high peroxidase-like catalytic activity for H_2O_2 and cholesterol detection. Chemistry，2018，24（59）：15868-15878.

[41] Wang S，Chen W，Liu A L，et al. Comparison of the peroxidase-like activity of unmodified，amino-modified，and citrate-capped gold nanoparticles. Chemphyschem，2012，13（5）：1199-204.

[42] Zhang X Q，Gong S W，Zhang Y，et al. Prussian blue modified iron oxide magnetic nanoparticles and their high peroxidase-like activity. Journal of Materials Chemistry，2010，20（24）：5110-5116.

[43] Hu L Z，Liao H，Feng L Y，et al. Accelerating the peroxidase-like activity of gold nanoclusters at neutral PH for colorimetric detection of heparin and heparinase activity. Analytical Chemistry，2018，90（10）：6247-6252.

[44] Garg D，Kaur M，Sharma S，et al. Effect of CTAB coating on structural，magnetic and peroxidase mimic activity of ferric oxide nanoparticles. Bulletin of Materials Science，2018，41：1-9.

[45] Fan K，Wang H，Xi J，et al. Optimization of Fe_3O_4 nanozyme activity via single amino acid modification mimicking an enzyme active site. Chem Commun（Camb），2016，53（2）：424-427.

[46] Yang S，Ji J，Luo M，et al. Poly（tannic acid）nanocoating based surface modification for construction of multifunctional composite CeO_2NZs to enhance cell proliferation and antioxidative viability of preosteoblasts. Nanoscale，2021，13（38）：16349-16361.

[47] Zhang Z，Zhang X，Liu B，et al. Molecular imprinting on inorganic nanozymes for hundred-fold enzyme specificity. J Am Chem Soc，2017，139（15）：5412-5419.

[48] Xu C，Zhao C，Li M，et al. Artificial evolution of graphene oxide chemzyme with enantioselectivity and near-infrared photothermal effect for cascade biocatalysis reactions. Small，2014，10（9）：1841-1847.

[49] Fan K，Wang H，Xi J，et al. Optimization of Fe_3O_4 nanozyme activity via single amino acid modification mimicking an enzyme active site. Chem Commun（Camb），2016，53（2）：424-427.

[50] Zheng W，Jiang X. Integration of nanomaterials for colorimetric immunoassays with improved performance：a functional perspective. Analyst，2016，141（4）：1196-1208.

[51] Benedetti T M，Andronescu C，Cheong S，et al. Electrocatalytic nanoparticles that mimic the three-dimensional geometric architecture of enzymes：Nanozymes. Journal of the American Chemical Society，2018，140（41）：13449-13455.

[52] Xu C，Liu Z，Wu L，et al. Nucleoside triphosphates as promoters to enhance nanoceria enzyme- like activity and for single- nucleotide polymorphism typing. Advanced Functional Materials，2013，24（11）：1624-1630.

[53] Cheng H, Lin S, Muhammad F, et al. Rationally modulate the oxidase-like activity of nanoceria for self-regulated bioassays. ACS Sensors, 2016, 1, 11, 1336-1343.

[54] Zhang S, Zhang D, Zhang X, et al. Ultratrace naked-eye colorimetric detection of hg^{2+} in wastewater and serum utilizing mercury-stimulated peroxidase mimetic activity of reduced graphene oxide-PEI-Pd nanohybrids. Anal Chem, 2017, 89 (6): 3538-3544.

[55] Liu B, Huang Z, Liu J. Boosting the oxidase mimicking activity of nanoceria by fluoride capping: rivaling protein enzymes and ultrasensitive F (-) detection. Nanoscale, 2016 , 8 (28): 13562.

[56] Wu T T, Ma Z Y, Li P P, et al. Bifunctional colorimetric biosensors via regulation of the dual nanoenzyme activity of carbonized FeCo-ZIF. Sensors and Actuators B: Chemical, 2019, 290: 357-363.

[57] Wang Q Q, Chen J X, Zhang H, et al. Porous Co_3O_4 nanoplates with pH-switchable peroxidase- and catalase-like activity. Nanoscale, 2018, 10 (40): 19140-19146.

[58] He W W, Zhou Y T, Wamer W G, et al. Intrinsic catalytic activity of Au nanoparticles with respect to hydrogen peroxide decomposition and superoxide scavenging. Biomaterials, 2013 34 (3): 765-773.

[59] Cai T T, Fang G, Tian X, et al. Optimization of antibacterial efficacy of noble-metal-based core-shell nanostructures and effect of natural organic matter. ACS Nano, 2019, 13 (11): 12694-12702.

[60] Beltrame P, Comotti M, Pina C D, et al. Aerobic oxidation of glucose. Applied Catalysis A: General, 2006, 297. (1): 1-7.

[61] Wang X Y, Cao W, Qin L, et al. Boosting the peroxidase-like activity of nanostructured nickel by inducing its 3+ oxidation state in lanio3 perovskite and its application for biomedical assays. Theranostics, 2017, 7 (8): 2277-2286.

[62] Cheng H J, Lin S C, Muhammad F, et al. Rationally modulate the oxidase-like activity of nanoceria for self-regulated bioassays. ACS Sensors, 2016, 1 (11): 1336-1343.

[63] Xu C, Bing W, Wang F M. Versatile dual photoresponsive system for precise control of chemical reactions. ACS Nano, 2017, 11 (8): 7770-7780.

[64] Ong W J, Tan L L, Ng Y H, et al. Graphitic carbon nitride ($g\text{-}C_3N_4$) -based photocatalysts for artificial photosynthesis and environmental remediation: are we a step closer to achieving sustainability? Chemical reviews, 2016, 116 (12): 7159-7329.

[65] Pezzato C, Chen J L Y, Galzerano P, et al. Catalytic signal amplification for the discrimination of ATP and ADP using functionalised gold nanoparticles. Organic & Biomolecular Chemistry, 2016, 14 (28): 6811-6820.

[66] Wang G L, Jin L Y, Dong Y M, et al. Intrinsic enzyme mimicking activity of gold nanoclusters upon visible light triggering and its application for colorimetric trypsin detection. Biosensors and Bioelectronics, 2015, 64: 523-529.

[67] Wang F M, Zhang Y, Du Z, et al. Designed heterogeneous palladium catalysts for reversible light-controlled bioorthogonal catalysis in living cells. Nature communications, 2018, 9 (1): 1209.

[68] Xu L, Jiang Q Q, Xiao Z H, et al. Plasma-engraved Co_3O_4 nanosheets with oxygen vacancies and high surface area for the oxygen evolution reaction. Angewandte Chemie International Edition, 2016, 55 (17): 5277-5281.

[69] Zhang J T, Dai L M. Nitrogen, phosphorus, and fluorine tri-doped graphene as a multifunctional catalyst for self-powered electrochemical water splitting. Angewandte Chemie, 2016, 55 (42): 13296-13300.

[70] Yu H J, Shi R, Zhao Y X, et al. Photocatalysis: Alkali-assisted synthesis of nitrogen deficient graphitic carbon nitride with tunable band structures for efficient visible-light-driven hydrogen evolution. Advanced Materials, 2017, 29 (16): 1605148.

[71] Niu X, Shi Q, Zhu W, et al. Unprecedented peroxidase-mimicking activity of single-atom nanozyme with atomically dispersed Fe-Nx moieties hosted by MOF derived porous carbon. Biosensors & Bioelectronics, 2019, 142: 111495.

[72] Zhu C Z, Shi Q R, Xu B Z , et al. Hierarchically porous M-N-C (M = Co and Fe) single-atom electrocatalysts with robust MN x active moieties enable enhanced ORR performance. Advanced Energy Materials, 2018, 8 (29): 1801956.

[73] Wang L W, Gao F N, Wang A Z, et al. Defect-rich adhesive molybdenum disulfide/rGO vertical heterostructures with enhanced nanozyme activity for smart bacterial killing application. Advanced Materials, 2020, 32 (48): 2005423.

[74] Yu B, Wang W, Sun W B, et al. Calcination-controlled performance optimization of iron-vanadium bimetallic oxide nanoparticles for synergistic tumor therapy. Journal of the American Chemical Society, 2021, 19 (28): 1613-6869.

[75] Wu Y, Wen J, Xu W Q, et al. Defect-engineered nanozyme-linked receptorsdefect-engineered nanozyme-linked re-

ceptors. Small，2021，17（33）：2101907.

[76] Jiao L，Kang Y K，Chen Y F，et al. Unsymmetrically coordinated single Fe-N3S1 sites mimic the function of peroxidase. Nano Today，2021，40：101261.

[77] Jiao L，Wu J B，Zhong H，et al. Densely isolated FeN_4 sites for peroxidase mimicking. ACS Catalysis，2020，10（11）：6422-6429.

[78] Ye T N，Park S W，Lu Y，et al. Vacancy-enabled N_2 activation for ammonia synthesis on an Ni-loaded catalyst. Nature，2020，583（7816）：391-395.

[79] Hu J T，Yu L，Deng J，et al. Sulfur vacancy-rich MoS_2 as a catalyst for the hydrogenation of CO_2 to methanol. Nature Catalysis，2021，4（3）：242-250.

[80] Cheng H F，Yang N L，Liu X Z，et al. Aging amorphous/crystalline heterophase PdCu nanosheets for catalytic reactions. National Science Review，2019，6（5）：955-961.

[81] Laura L，Dugan J K，Shan P Y，et al. Buckminsterfullerenol free radical scavengers reduce excitotoxic and apoptotic death of cultured cortical neurons. Neurobiology of disease，1996，3（2）：129-135.

[82] Hu Y H，Gao X J，Zhu Y Y，et al. Nitrogen-doped carbon nanomaterials as highly active and specific peroxidase mimics. Chemistry of Materials，2018，30（18）：6431-6439.

[83] Yan H Y，Wang L Z，Chen Y F，et al. Fine-tuning pyridinic nitrogen in nitrogen-doped porous carbon nanostructures for boosted peroxidase-like activity and sensitive biosensing. Research ，2020（6）：8202584.

[84] Huang Y Y，Liu C Q，Pu F，et al. A GO-Se nanocomposite as an antioxidant nanozyme for cytoprotection. Chemical Communications，2017，53（21）：3082-3085.

[85] Kim M S，Cho S，Joo S H，et al. N- and B-codoped graphene：A strong candidate to replace natural peroxidase in sensitive and selective bioassays. ACS nano，2019，13（4）：4312-4321.

[86] Chen Y F，Jiao L，Yan H Y，et al. Hierarchically porous S/N codoped carbon nanozymes with enhanced peroxidase-like activity for total antioxidant capacity biosensing. Analytical Chemistry，2020，92（19）：13518-13524.

[87] Zhu Y，Wang W Y，Cheng J J，et al. Stimuli-responsive manganese single-atom nanozyme for tumor therapy via integrated cascade reactions. Angewandte Chemie，2021，60（17）：9480-9488.

[88] Ji S F，Jiang B，Hao H G，et al. Matching the kinetics of natural enzymes with a single-atom iron nanozyme. Nature Catalysis，2021，4：407-417.

[89] Wang F M，Zhang Y，Du Z，et al. Designed heterogeneous palladium catalysts for reversible light-controlled bioorthogonal catalysis in living cells. Nature communications，2018，9（1）：1209.

[90] Huang L，Chen J，Gan L，et al. Single-atom nanozymes. Science advances，2019，5（5）：eaav5490.

第9章

纳米酶的应用

经过科研工作者不断的探索，纳米酶材料的类酶活性不断提升，在生物治疗、抗菌、生物传感和污染物降解等方面已经可以替代生物酶进行实际应用，接下来将介绍该材料在各领域的主要应用。酶传感器是将酶作为生物敏感元件，通过换能器将目标物与酶相互作用产生的信号转换为可测量的信号，实现多种物质的定量检测。纳米酶的优异性能突破了天然酶在组装传感器中的局限，形成的纳米酶传感器受到学者的广泛关注，已应用于生物医学、食品安全、环境监测等多个领域。

9.1 纳米酶的传感应用

9.1.1 体外传感

生物传感是现代医学的一个重要领域，具有良好性能的纳米酶现在被广泛应用于实时、无创、高灵敏度的生物医学传感。随着纳米位点活性研究的推进，以单个原子为活性位点的SAzymes具有更高的催化活性，在酶介导的生物传感系统中具有优越的应用潜力。在此，我们主要综述了SAzymes在糖检测、多肽检测、蛋白质检测、过氧化氢检测、癌细胞检测等生物传感中的应用。

9.1.1.1 比色传感

比色传感器由于其高度灵敏和选择性的响应、易于操作和肉眼视觉识别等优势，已广泛应用于生物医学、食品工业和环境科学等各种分析物的快速检测。目前已有铁基MOF（如MIL-53、MIL-68、MIL-100和MIL-88）被证实具有类过氧化物酶活性并用于葡萄糖、H_2O_2等比色检测方法的开发。其中，Yi等[1] 制备的MIL-53（Fe）MOF是一种具有八面体结构的铁基MOF。与之前报道的Fe-MIL-88NH$_2$[2] 相比，该材料具有更小的K_m值（更强的底物亲和性），更容易促进催化反应的进行。另外，还有关于铜基MOF和铈基MOF的研究。Liu等[3] 制备的Cu-hemin MOF具有超小的直径（10μm）和超大的比表面积，更有利于酶催化的比色检测。Xiong等[4] 制备了混合价态的Ce-MOF（MVCM），由于Ce^{3+}/Ce^{4+}之间的价态转换，其具有类过氧化物酶活性。Zheng等[5] 首次发现了一种基于锆（Zr）的MOF-808，该材料可以在较宽的pH范围（3～10）内保持催化活性，并在中性pH下保持较高的类过氧化物酶活性，在生物系统中有很广阔的应用前景［见图9-1(a)］。目前，已经出现将MOFs作为纳米酶载体的研究，ZIF-8就是MOF用于酶固定化的最典型的例子。Zhao等[6] 制备了一种铁基MOFs，利用铁基MOFs负载GOx构建了级联比色法测定葡萄糖的系统，其具有比HRP更高的类过氧化物酶活性。其中MOFs有双重作用：①作为过氧化物酶模拟物；②作为葡萄糖氧化酶的支持物。Pan 等[7] 通过酶和 MOFs 的结合，制备了具有碟状结构的高活性、高效率的蛋白酶-金属有机骨架复合材料（Ficin@MOF）。与游离的无花果蛋白酶（Ficin）和 HRP 相比，该材料拥有较高的催化活性。许多实验研究表明，双金属 MOFs 比相应的单金属 MOFs 更能改善对催化底物的催化性能。如图 9-1(b) 所示，Wang 等[8] 通过仿生矿化策略，构建了一种具有双功能的铁镍双金属有机骨架（GOx/FeNi-MOF），该材料既具有类过氧化物酶活性，又具有天然酶的生物活性。Fe 与 Ni 之间的协同作用导致 FeNi-MOF 的催化活性的增强，从而表现出对 H_2O_2 更高的亲和力。同时，可以将 GOx 进行替换，制备加载酶介导的具有多种酶样活性的检测材料。结果表明，葡萄糖在 $3.0\times10^{-4}\sim3.5\times10^{-2}$ mol/L 范围内表现出线性关系，LOD 为 1.3×10^{-6} mol/L。GOx/FeNi-MOF 可以大规模合成并且能在常温下保存，具有很强的实用性。

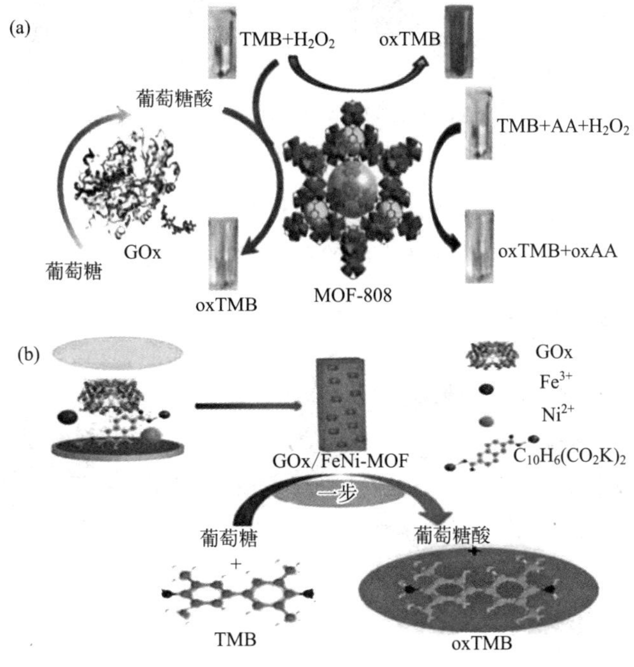

图 9-1　(a) MOF 808-TMB-H_2O_2 比色体系检测葡萄糖、H_2O_2、AA 的示意图[5]；(b) 基于合成 GOx/FeNi-MOF 复合材料的葡萄糖比色法示意图[8]

除了具有 GOx-和 POD-like 活性的纳米酶外，具有 OXD-和 POD-like 活性的纳米酶在同时检测多种生物分子时也能表现出协同作用。例如，Wang 等制备了 MOF 衍生的中空 MnFeO 氧化物，表现出 OXD 和 POD 活性[图 9-2(a)]。基于 L-半胱氨酸（Cys）对 OXD 活性的抑制作用以及 Hg^{2+} 与 Cys 特异性结合后恢复 OXD 活性，开发了一种新型的 Cys 与 Hg^{2+} 比色传感平台[图 9-2(b)]，提出了一种简单的三功能比色传感平台用于 H_2O_2、Cys 和 Hg^{2+} 的检测，因其具有高稳定性、良好的选择性和抗干扰能力，可以用于实际样品中 H_2O_2、Cys 和 Hg^{2+} 的检测。

此外，使用超顺磁性 Fe_3O_4 作为载体可以使纳米酶具备可回收利用性，同时增强其过氧化物酶活性。有研究表明 Hg^{2+} 可以进一步激发 Au/Fe_3O_4/GO 杂化材料的过氧化物酶性质，通过结合 H_2O_2 对 TMB 的催化显色反应，可以实现对 Hg^{2+} 的超灵敏比色传感分析。此外，Adegoke 等人使用化学修饰的方法成功地将 AuNPs 和 CeO_2 NPs 锚定到 GO 纳米片表面[10]。在亚硝酸盐存在的情况下，亚硝酸盐驱动 AuNP-CeO_2NP@GO 纳米酶的氧化还

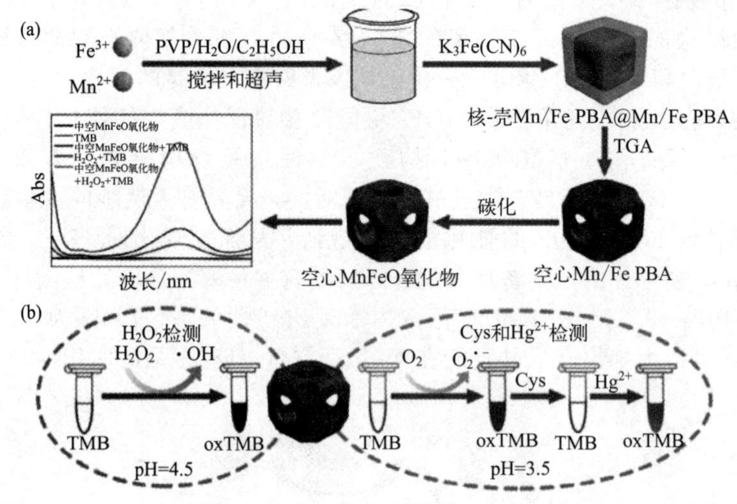

图 9-2 (a) 中空 MnFeO 氧化物合成示意图；(b) 利用 MnFeO 氧化物的酶活性检测生物分子的过程示意图[9]

原循环，在没有 H_2O_2 的情况下快速催化无色 TMB 氧化为绿色产物（图 9-3）。基于此，开发了一种基于 AuNP-CeO_2NP@ GO 纳米酶的亚硝酸盐比色传感器。

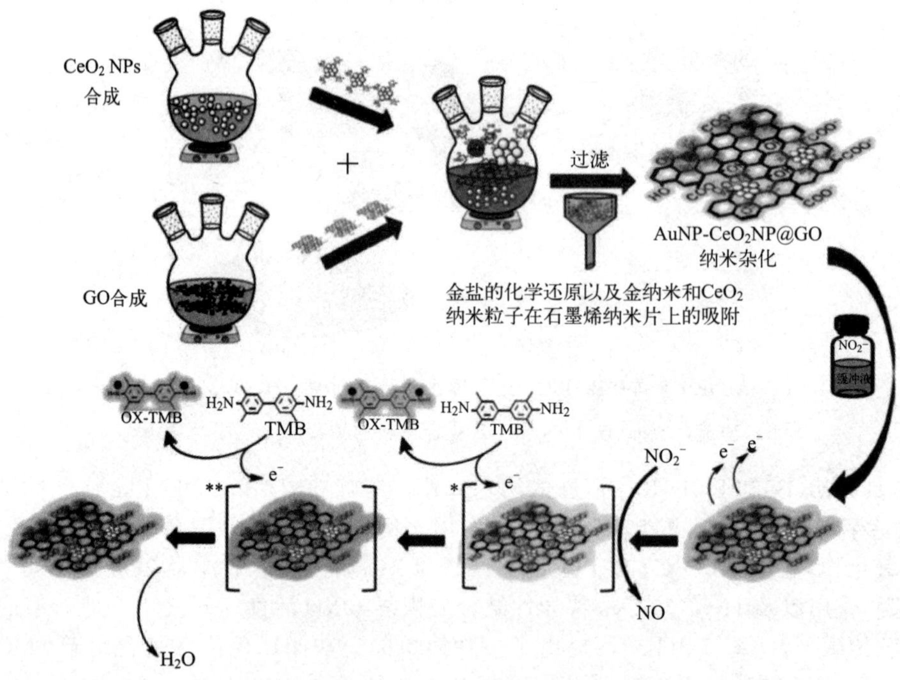

图 9-3 Au NP-CeO_2 NP@GO 纳米酶的合成及其用于比色检测亚硝酸盐的流程[10]

Liang 和他的合著者报道了一种制备简单的铜基金属有机骨架（Cu/H_3BTC MOF）作为漆酶模拟物。Cu/H_3BTC MOF 除了具有稳定性好、高度可回收性外，还能在 60 分钟内有效降解偶氮染料 Amido Black 10B[11]。Cu/H_3BTC MOF 能氧化多种酚类化合物，可用于肾上腺素的比色定量检测。Meng 和同事报道了具有蓝色荧光的含铜碳点（Cu-CDs）具有漆酶样活性[图 9-4(a)]（书后附彩图）Hu 等制备了具有类漆酶活性的 Uio-67-Cu^{2+}，并在此基础上提出了区分不同种类酚类化合物的思路[图 9-4(b)]。理论计算得到的最低未占据轨道（LUMO）能级表明，在低 LUMO 能级时，酚类化合物与 4-AAP 的比色反应更容易发生。Uio-67-Cu^{2+} 还可用于水中污染物苯酚的测定。这为构建通过不同酚类化合物反应的不同颜色响应来区分影响环境的酚类化合物的传感阵列提供了前景[12]。

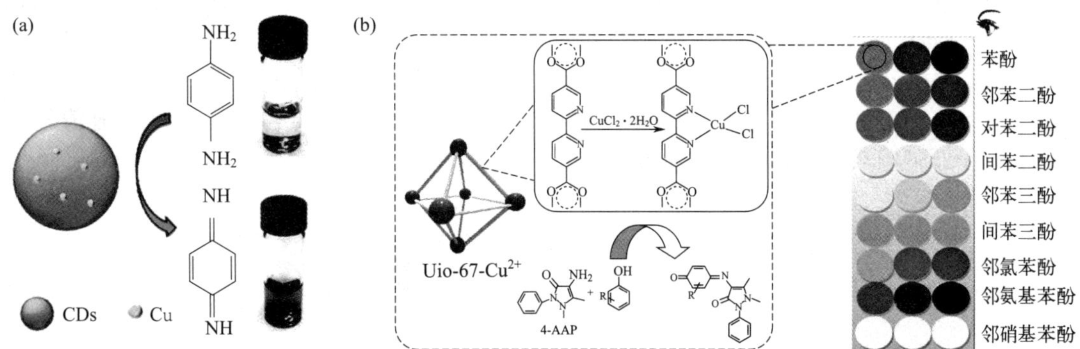

图 9-4 （a）Cu-CDs 的仿漆酶活性催化底物对苯二胺的比色反应示意图[11]；

（b）基于 Uio-67-Cu^{2+} 类漆酶活性的酚类化合物比色鉴定方法示意图[12]

与双金属纳米颗粒催化剂相比，双金属氧化物纳米颗粒作为模拟酶的研究较少。Das 课题组报道了通过简单的水热法在还原氧化石墨烯（rGO）纳米片上修饰低成本的 Fe_3O_4-TiO_2[13]。rGO 纳米片可以通过 π-π 相互作用促进复合物与目标分子的相互作用。得益于 Fe_3O_4NPs 和 TiO_2NPs 的协同作用，基于磁性 Fe_3O_4-TiO_2/rGO 的纳米酶催化 TMB-H_2O_2 体系的氧化过程，建立农药的比色检测方法（图 9-5）。

氧化还原过程参与许多生物过程，疾病免疫是人体内必不可少的反应形式。人体中抗氧化剂的检测关系到几乎整个生物体的正常功能，在医学应用中至关重要。目前存在多种类型

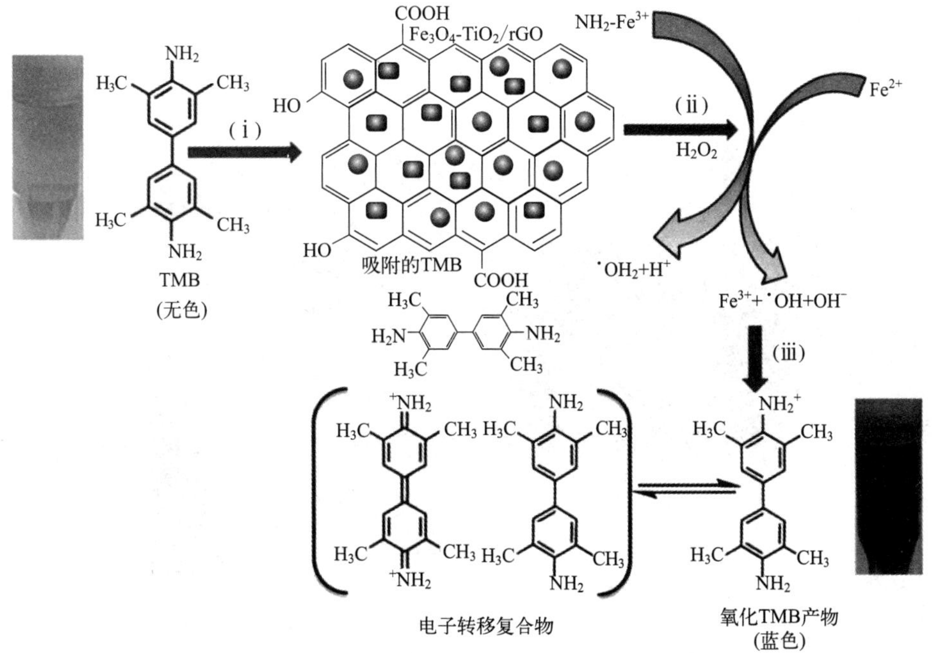

图 9-5 （ⅰ）Fe_3O_4-TiO_2/rGO 纳米酶表面吸附的 TMB、（ⅱ）Fenton 反应产生的·OH 和（ⅲ）·OH 自由基氧化的 TMB 的化学图解[13]

的抗氧化剂，近年来，纳米酶基传感器已被开发用于抗氧化剂的快速和低成本检测。然而每种抗氧化剂检测的特异性带来了单独检测的局限性和复杂性。因此，一种基于 SAzymes 的比色传感器阵列被设计用来识别多种生物抗氧化剂。Jing 等构建了基于 Fe-N-C SAzymes 的三通道比色传感器阵列，用于同时区分 GSH、L-Cys、AA、尿酸（UA）和褪黑素（MT）。Fe-N-C SAzymes 可分别催化氧化 TMB、OPD 和 ABTS，生成相应的氧化产物（蓝色 oxTMB、黄色 oxOPD 和绿色 oxABTS）。当加入不同含量的 GSH、L-Cys、AA、UA 和 MT 时，oxTMB、oxOPD 和 oxABTS 的传感探针分别被不同程度还原，并伴随着不同的颜色变化。因此，一个三通道的比色传感器阵列被构建，通过线性分析（LDA）在人类血清样本中的五个还原剂准确识别的检出限低至 100nmol/L（图 9-6）（书后附彩图）。

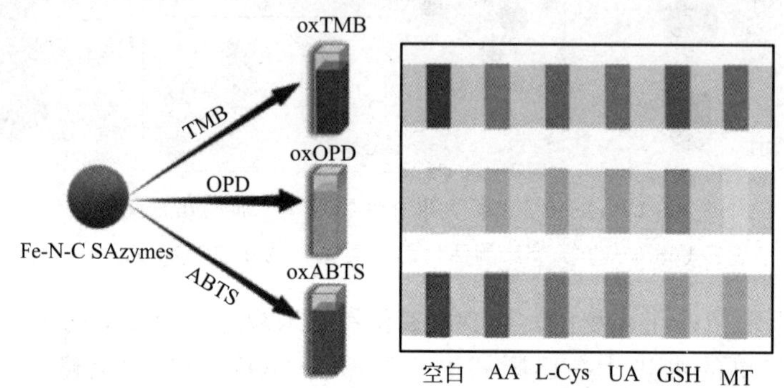

图 9-6　基于 Fe-N-C SAzymes 三通道比色传感器阵列的插图

遵循相同的检测原理条件下，Liu 等[14] 开发了一种基于 Co-N-C SAzymes 的阵列传感器，用来更简单和更灵敏地检测区分 7 种抗氧化剂：GSH、AA、Cys、单宁（TA）、儿茶素（C）、DA 和 UA，最低检测限为 10nmol/L（图 9-7）。由于 Co-N-C SAzymes 在 pH 3.6 和 4.8 作为阵列受体时具有不同的催化能力，以比色变化作为指纹图谱实现了多种目标抗氧化剂的识别和定量分析。

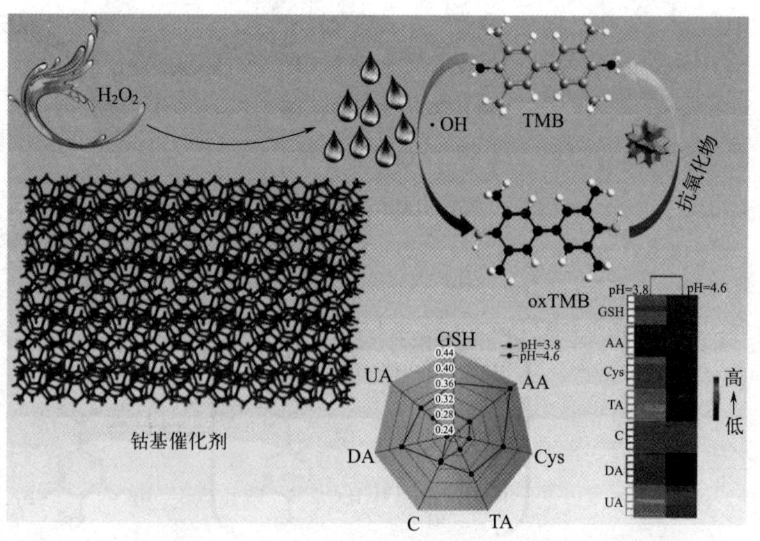

图 9-7　基于 Co-N-C SAzymes 的传感器阵列作为不同 pH 值的传感器单元来识别 7 种抗氧化剂的示意图[14]

9.1.1.2　荧光传感

与比色检测相比，荧光检测具有检测灵敏度高的显著优势。其中，比率荧光传感系统通过测量两个或更多波长的发射光谱的强度来执行荧光分析。例如，一种以 Cu^{2+} 和 Tb^{3+} 为催化活性位点的金属有机框架模拟过氧化物酶，它可以检测低至 0.2μmol/L 的过氧化氢。在过氧化氢的存在下，抗坏血酸可以被金属-有机框架催化形成二酮己酸，二酮己酸继而被 Tb^{3+} 刺激，产生强烈的荧光信号，如图 9-8 所示[15]。Henning 等人发表了另一种检测过氧化氢的方法，该方法采用了合理设计的发光纳米颗粒作为酶模拟物，该纳米颗粒由掺杂有 Eu^{3+} 的二氧化铈纳米颗粒组成。这些纳米粒子因掺杂 Eu^{3+} 而显示出荧光信号，并且它们可以有效地将过氧化氢降解为氧气，进而熄灭二氧化铈纳米粒子的荧光。基于体系荧光变化，建立了低至 150nmol/L 检测限的过氧化氢荧光检测方法[16]。

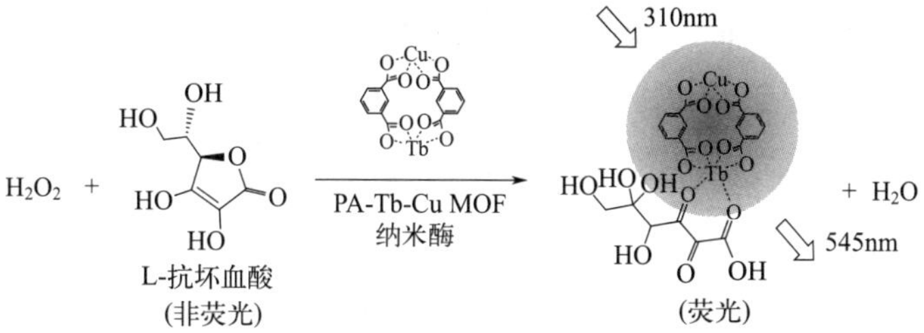

图 9-8　使用铽和铜离子金属有机框架作为纳米酶以及抗坏血酸对过氧化氢进行基于发光的检测[15]（抗坏血酸的结合刺激铽离子增强其发光）

大多数相关文献证明了生物传感在单信号输出上的应用。然而，它很容易受到环境或其他因素的影响。为了克服这一局限性，提出了基于纳米酶的生物传感器，该传感器检测更可靠、更稳定。由于具有多波长荧光信号，比率荧光传感器具有抗干扰能力强、灵敏度高、可靠性好等优点，在食品安全、环境污染分析、生物分析等领域有着广泛的应用。具有纳米酶活性的荧光 CD 有望构建用于可靠和高灵敏度检测的比率荧光传感器。在这方面，Wang 等人提出了基于荧光石墨碳氮化物（C_3N_4）的纳米酶用于过氧化氢的比率生物传感[17]。这种基于石墨碳氮化物的荧光纳米酶在 385nm 处激发，并在 438nm 处显示出荧光发射峰。在过氧化氢和底物邻苯二胺（OPD）存在下，纳米酶催化邻苯二胺类的氧化，其不仅在 564nm 处发出荧光，而且在 438nm 处猝灭纳米酶荧光。因此，两发射峰的荧光强度比值（F564/F438）随着过氧化氢浓度的增加而增加，从而实现期望的检测结果。

9.1.1.3　SERS 传感

（1）SERS 介绍

表面增强拉曼散射（SERS）是一种超灵敏的分子检测方法，已广泛应用于生物传感、早期疾病诊断、生物成像、法医学、环境分析等领域。此外，它也是研究分子表面性质以及分子与基底表面相互作用的有力工具。有两个例子很好地证实了这一说法。图 9-9(a)、(b) 分别为磁性金属-有机骨架（MOF）基复合材料、孔雀石绿（MG）和 H_2O_2 组成的催化反应体系在降解过程前后的 UV-vis 和 SERS 光谱。研究发现，MG 的特征峰变化不大，吸附在催化剂上的染料的详细信息很难从紫外-可见光谱中得到，然而 SERS 光谱可以提供丰富的染料典型峰，准确监测有机染料降解过程的信息。图 9-9(c) 和 (d) 中的另一个例子表明，SERS-动力学方法测得的 K_m 值远低于 UV-vis-动力学方法，且 K_m 越小亲和力越大，进一步证实了 SERS-动力学方法的高灵敏度和催化剂表面实际的类酶反应[18]。

对于催化应用，SERS 技术可以提供催化剂本身和表面物种的结构信息，实现对催化反

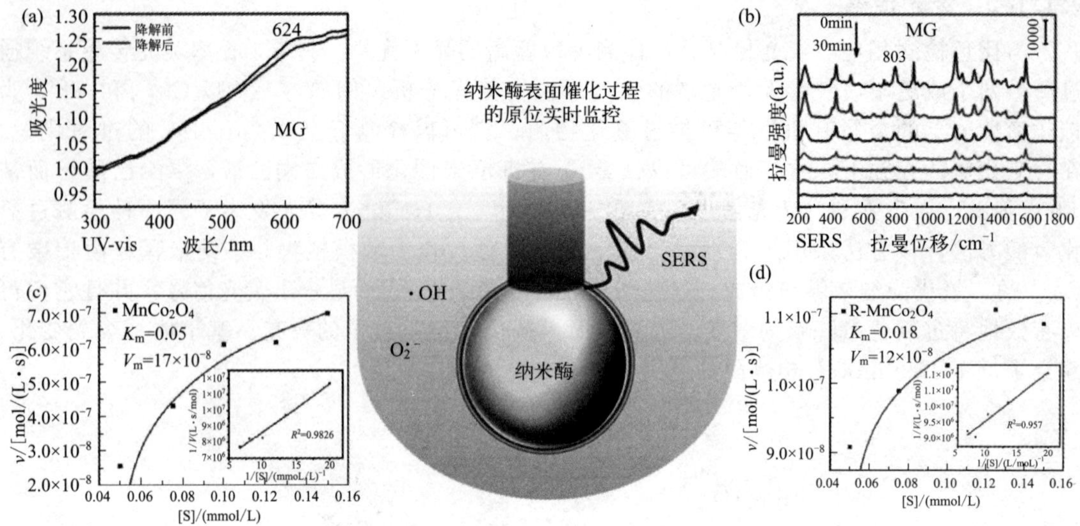

图 9-9　磁性金属-有机骨架（MOF）基复合材料、孔雀石绿（MG）和 H_2O_2 组成的催化反应体系在降解过程前后的（a）UV-vis、（b）SERS 光谱、（c）UV-vis 动力学和（d）SERS 动力学研究[18-19]

应过程中从水相到固相的分子原位催化研究和实时监测。利用 SERS 技术具有高分辨率和灵敏度的特性，可以间接研究原位动态环境条件下的反应中间体，表征纳米酶表面的分子转化催化过程，对纳米酶催化体系的研究具有重要意义。对于 SERS 应用，一般 SERS 基底上拉曼截面相对较小的重金属离子或小分子很难直接检测。然而，在纳米酶/SERS 体系中引入重金属离子或小分子可以刺激纳米酶基底 SERS 信号的显著变化，显示出间接检测这些物质的巨大潜力，这对于促进 SERS 技术在生物技术、环境科学、食品安全等领域的广泛应用具有重要意义。本章就纳米酶物种在 SERS 方面的检测研究进行综述，将重点讨论纳米酶的种类、亚态分子、材料、催化和 SERS 增强机理，以及纳米酶-SERS 系统的应用，并展望了该领域面临的挑战和未来的发展方向，以激励更多的研究人员参与该领域。

① SERS-纳米酶的分类和基底分子。近年来，尽管纳米酶在模拟氧化还原酶和水解酶中得到了广泛的关注，但纳米酶-SERS 系统的研究大多集中在模拟氧化还原酶家族中的过氧化物酶和氧化酶。一般来说，SERS-纳米酶基底的检测机理是酶的加入引起基底分子结构变化，从而得到 SERS 信号的显著变化。例如，当基底分子被氧化时，如果这些产物的吸收与激发线的频率重叠，就可以产生表面增强共振拉曼散射（SERRS）信号。例如，Mckeating 和同事较早地报道了利用 TMB 作为过氧化物酶底物，通过利用 Ag NPs 的类酶活性和 SERS 活性（图 9-10）建立 SERS 检测探针。研究发现，TMB^0 分子首先被氧化成 TMB^+ 的自由基阳离子和电荷转移复合物（CTC）的混合物，然后再被氧化成 TMB^{2+} 的最终产物，CTC 的最大吸收位于 650nm 处，而激光发射峰位于 633nm 时，在 AgNPs 表面获得了显著的 SERS 信号[20]。详细研究了 $1191cm^{-1}$、$1336cm^{-1}$ 和 $1609cm^{-1}$ 处的特征 SERS 峰，分别归因于 CH_3 弯曲模式、环间 C-C 拉伸模式和环拉伸与 CH 弯曲模式的信号峰，这一结果表明 SERS 技术是监测 TMB 分子向 CTC 转化过程的有效途径。除了 TMB 分子外，一系列其他分子也被认为是 SERS 探针和纳米酶基底的有效分子（图 9-10）（书后附彩图）。例如，2,2′-连氮-双（3-乙基苯并噻唑-6-磺酸）（ABTS）也可以被 H_2O_2 催化单电子氧化生成 $ABTS^+$，$ABTS^+$ 的新吸收带在 414nm、644nm、725nm 和 800nm 四个波长处。当激发光合适时，在 $1482cm^{-1}$、$1440cm^{-1}$、$1400cm^{-1}$、$1375cm^{-1}$、$1317cm^{-1}$ 和 $1203cm^{-1}$ 处获

得了显著的 SERRS 信号。通常，ν(N)、$\delta(CH_3)$、ν(CH) 和 δ(CH) 振动的所有峰都证实了 $ABTS^{\cdot+}$ 和 $ABTS^{2+}$ 的形成[21]。在另一个例子中，3-巯基苯硼酸（3-MPBA）在 H_2O_2 存在下可被氧化为 3-羟基硫酚（3-HTP），在 882cm^{-1} 和 1589cm^{-1} 处产生新的跃迁带，归因于 3-HTP 的苯环伸缩和完全对称环伸缩（图 9-10）[22,23]。此外，邻苯二胺（OPD）是另一种过氧化物酶底物，可被氧化成 2,3-二氨基吩嗪，在 450nm 处产生最大特征吸收（图 9-10）[24]。对于 SERS 检测，通常在 608cm^{-1}、1368cm^{-1}、1415cm^{-1}、1484cm^{-1}、1572cm^{-1} 处出现典型的峰，这与 2,3-二氨基吩嗪产物的环变形、C—N^+、半氧化吩嗪、吩嗪、C═N 有关。同样，4-巯基苯甲酸（4-MBA）分子也被用作纳米酶-SERS 体系中纳米酶的 SERS 探针和基底（图 9-10）[25]。

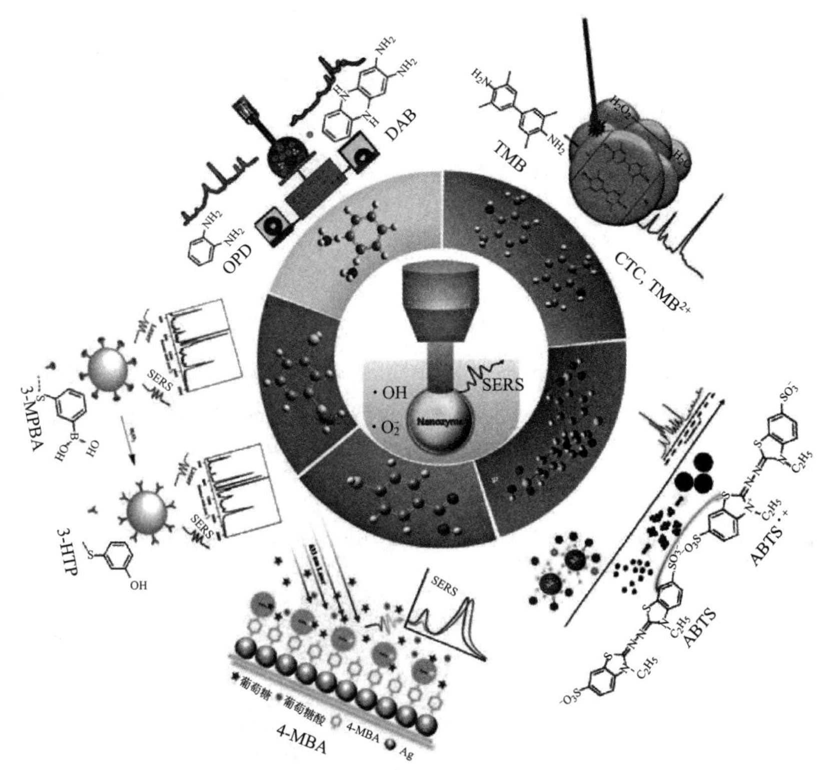

图 9-10　SERS 常见底物

② SERS-纳米酶的理论基础。目前，有两个公认的 SERS 增强机制：一个是电磁场增强机制（EM），引起的局部表面等离子体共振（LSPR）产生的表面纳米结构激发的入射光，和大多数的金属或双金属 SERS 材料属于这个增强机制匹配的激光激励；另一种是由吸附分子与衬底之间的化学键产生的电荷转移（CT）过程引起的化学增强，一些半导体和类半导体材料属于这种增强机制。此外，米共振散射近场效应还可以增强亚微米级半导体材料的局部电磁场，通过 CT 效应和米共振效应相结合，可以促进 SERS 信号的增强。如前所述，一些具有优良 SERS 性能的贵金属纳米材料也表现出一定的类纳米酶活性，可用作纳米酶-SERS 体系。另一方面，一些具有 SERS 能力的单个金属纳米材料具有一定的类纳米酶的性质，其催化活性仍然相对较低。为了增强类纳米酶的活性，纳米酶-SERS 系统通常由两个或多个组分组成，通过协同作用来提高 SERS 检测的敏感性和酶催化活性。例如，可以构建一种高效的纳米酶-SERS 系统，以整合特殊的 SERS 活性材料（如金/银）和具有优异纳米酶活性的半导体或半导体类材料，这可以同时具备催化活性和 SERS 信号。这些材料的

SERS 增强机制通常是 EM 和 CT 的协同机制。在过去的十年中，各种各样的纳米酶已经被开发，包括碳材料、金属氧化物、金属硫化物、金属卤化物、MOF 材料、分层双氢氧化物（LDH）材料和导电聚合物材料。因此，将这些典型的纳米酶与一些 SERS 活性材料结合，可以产生一系列功能性的纳米酶-SERS 体系。

③ 纳米酶-SERS 体系的典型材料。

a. 金属或双金属纳米材料。在金属或双金属纳米酶-SERS 体系中，Au 和 Ag 是常见的具有类酶活性的 SERS 激活材料，在生物医学或环境检测中显示出了良好的应用前景。作为金属纳米酶-SERS 系统的一个例子，Jurasekova 和同事通过一步法，以羟胺（制备的银纳米为 AgH）和柠檬酸三钠（制备的银纳米为 AgC）作为高效 SERS 底物的还原剂还原硝酸银制备球形银纳米颗粒。此外，AgH 和 AgC 纳米结构可以在酸性环境下将 ABTS 氧化为自由基阳离子（$ABTS^{\cdot +}$），表现出类似氧化酶的活性。相比之下，由于 AgC 上的柠檬酸修饰阻碍了 Ag 与 ABTS 的相互作用，因此其类氧化酶活性有所降低。此外，在 AgH 和 AgNS 表面形成的 $ABTS^{\cdot +}$ 包覆在材料表面后获得了良好的 SERS 特性，在低浓度的 2μmol/L 下展示了优越的检测能力。作为双金属纳米酶-SERS 体系的一个例子，Wu 等人通过 Ag-S 键连接剂在 Au@AgNPs 表面包覆了单层半胱胺（CA）。此外，单胺氧化酶 B（MAOB）可以催化苯乙酰胺（PA）生产苯乙醛（PAA），然后发生 PAA 和 CA 之间的胺-醛点击反应产生 SERS 信号，PAA 的 SERS 强度可用于测定 MAOB（图 9-11）[26]。此外，Su 等人设计了中空的 Ag-Au 纳米酶（h-JHNzyme），和 DNAzyme 修饰的 h-JHNAu 纳米酶，可以通过增强 Ag-Au 纳米酶的酶活性，结合 SERS 检测平台监测多维肿瘤相关的生物标志物，如 CEM 细胞和 microRNA［图 9-11(b)］[27]。近年来，具有较高催化活性和更强选择性的铂基贵金属核壳结构也被报道用作高效的纳米酶-SERS 平台，用于传感应用。例如，基于半胱氨酸对 Au-Pt 纳米酶 SERS 信号的抑制作用，以及以 Au-Pt 为 SERS 底物，通过草甘膦结合甘氨酸与 Cu^{2+} 的 SERS 传感策略，构建了检测限（LOD）和定量限（LOQ）分别为 5μg/L 和

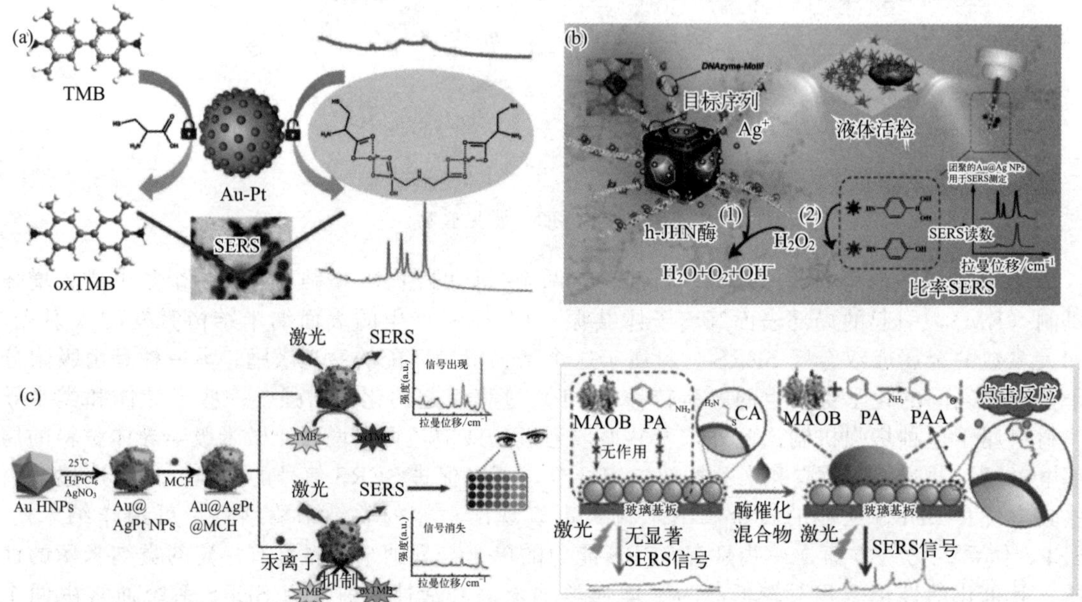

图 9-11 (a) 一种用于单胺氧化酶 B 的点击反应触发 SERS 信号方案[26]；(b) 一种基于空心 Janus 杂交纳米酶 Ag-Au 纳米酶的催化 SERS 液体活检平台，以追踪多维肿瘤相关生物标志物的方案[27]；(c) 基于半胱氨酸抑制产生的草甘膦的 SERS 传感过程的一个方案

10μg/L 的草甘膦检测方法（图 9-11）[28]。Song 等人制备了具有 SERS 信号的三元金属纳米酶 Au@AgPtNPs，设计用于比色/SERS 双模探针，显示了 Au 的良好 SERS 活性和 Pt 的催化剂活性。然后将制备的 Au@AgPt NPs 通过 SERS 技术检测 Hg^{2+}，LOD 和 LOQ 分别为 0.52μmol/L 和 0.28nmol/L[29]。然而，贵金属和双金属的纳米酶活性仍然相对较弱，因此需要引入其他一些类型的功能材料来通过协同效应提高纳米酶的催化活性。

b. 金属氧化物和硫化物基材料。如上所述，一般认为金、银纳米颗粒等贵金属是 SERS 的主要底物。一方面，半导体材料由于其具有较高的化学稳定性、良好的生物相容性、光谱重现性和广泛的应用等优势，作为 SERS 基底受到了广泛的关注。最近的报告表明，一些半导体金属氧化物和硫化物也显示出 SERS 活性。另一方面，一些典型的金属氧化物也被用作有效的类酶催化剂。因此，金属氧化物是一种新型纳米酶-SERS 平台的良好候选材料。金属氧化物作为具备酶催化活性的 SERS 底物可以反映材料催化反应的真实过程，为研究类酶催化反应提供 SERS 动力学模型。由于氧空位的存在改进的界面 $CTMnCo_2O_4$（R-$MnCo_2O_4$）纳米管作为具有类似氧化酶的催化性能的高效 SERS 底物被构建[30]。然后得到了一个监测氧化酶催化反应过程的 SERS 动力学模型，且 SERS 动力学策略的 K_m 值低于紫外-可见动力学方法。这一结果表明，从 SERS 结果来看，R-$MnCo_2O_4$ 纳米管和 TMB 分子之间具有更好的亲和力，进一步揭示了 SERS 动力学方法监测类氧化酶催化反应的高灵敏度。由于贵金属具有优异的 SERS 活性和金属氧化物具有显著的过氧化物酶催化活性，实现了一种基于贵金属/金属氧化物复合材料的纳米酶-SERS 体系，具有协同增强的催化活性和 SERS 信号的作用。例如，有研究表明，R-$MnCo_2O_4$ 纳米管可以与金形成一个复合纳米酶催化体系，作为一个新的过氧化物酶纳米酶模拟物-SERS 系统，构建了一个敏感性 SERS 探针检测过氧化氢的存在。这提供了一个有效的途径来监测 SERS 技术中的酶催化反应。有趣的是，SERS 研究中的 R-$MnCo_2O_4$/Au 纳米管的类过氧化物酶活性可以通过 F^- 来减弱，说明 F^- 抑制了纳米酶的催化作用[31]。在另一个有趣的例子中，Shao 和他的同事报道了一系列具有过氧化物酶活性和 SERS 特性的纳米材料用于环境催化应用，其中包括 Au/FeS、Au/Co_3O_4、CoS_2/Au（CoS/Au）和 Au/CuS 复合材料。在一个典型的例子中，所制备的 Au/CuS 复合材料对罗丹明 6G（R6G）探针分子表现出突出的 SERS 活性，增强因子（EF）为 2.53×10^5。时域有限差分（FDTD）模拟表明不仅金纳米颗粒之间的电磁耦合，而且硫化铜纳米板与金纳米颗粒之间的电磁耦合机制对 Au/CuS 衬底的 SERS 增强起着关键作用。此外，以 OPD 和二氨基联苯胺（DAB）为底物，Au/CuS 复合物具有良好的类过氧化物酶活性。因此，所合成的 Au/CuS 底物可用于监测有机染料的催化降解。

c. 碳基复合材料。氧化石墨烯（GO）是一种二维（2D）碳材料，作为功能纳米材料的载体，因为同时具有 SERS 活性和催化活性，引起了人们的广泛关注。通过还原法，可以很容易地制备出与石墨烯相比具有增强导电性的氧化石墨烯（RGO）。最近，有研究通过一个简单的水热反应和还原过程构建了 RGO/CuS/Au 复合纳米片，该纳米片呈现出一种协同增强的类过氧化物酶和 SERS 活性[32]。然后，可以将所制备的 RGO/CuS/Au 作为原位监测 TMB 氧化过程的有效平台。同样，开发了一系列具有优良 SERS 特性的 RGO 基纳米酶，如 Ag-$CoFe_2O_4$/RGO、Ag-Cu_2O/RGO，已成为一种高效的传感应用平台。

碳点（CDs）是碳家族中的一种新兴材料，因其独特的光致发光特性、良好的生物相容性、优异的化学稳定性和较低的成本而受到人们的广泛关注。此外，CDs 与其他功能材料的结合可以提供其他的优异性能，如类酶催化和 SERS 能力。例如，有课题组开发了一种简单的制造核-壳结构纳米酶 Ag@CDsNPs 的方法，基于 CDs 的还原能力，直接将银离子还原为金属 NPs，而不需要外部光辐照或额外的还原剂[33]。由此，制备的 Ag@CDs NPs 被证明是有效的 SERS 底物，可以检测 10^{-8} mol/L 对氨基硫酚（PATP）探针分子，EF 值约为 6.7×10^5。与裸 AgCDs 相比，Ag@CDs 的 SERS 特性有所改善，这是由于 Ag@CDs 的吸附能力更好，且与 CDs 集成后 Ag 的电磁场有所提高。此外，由于 AgNPs 和 CDs 的整合增加了电子迁移率和密度，可以实现从 TMB 到 CDs 的电子转移。然后 CDs 既可以直接促进 CDs 的电子转移到 H_2O_2，也可以通过 Ag NPs 转移，实现过氧化氢到羟基自由基（·OH）的分解并使 TMB 氧化，Ag@CD 因而具有良好的类过氧化物酶活性[图 9-12(a)]。同样，Au/CDs 纳米复合材料由于 AuNPs 与 CDs 之间的静电相互作用，也通过自组装途径制备了纳米复合材料，这是另一种纳米酶-SERS 体系。制备的 Au/CDs 纳米复合材料表现为链状形貌，聚集的 AuNPs 增加了电磁场，有利于 SERS 活性。基于 Au/CDs 的过氧化物酶活性，为监测类酶催化反应提供了一个平台[图 9-12(b)][34]。

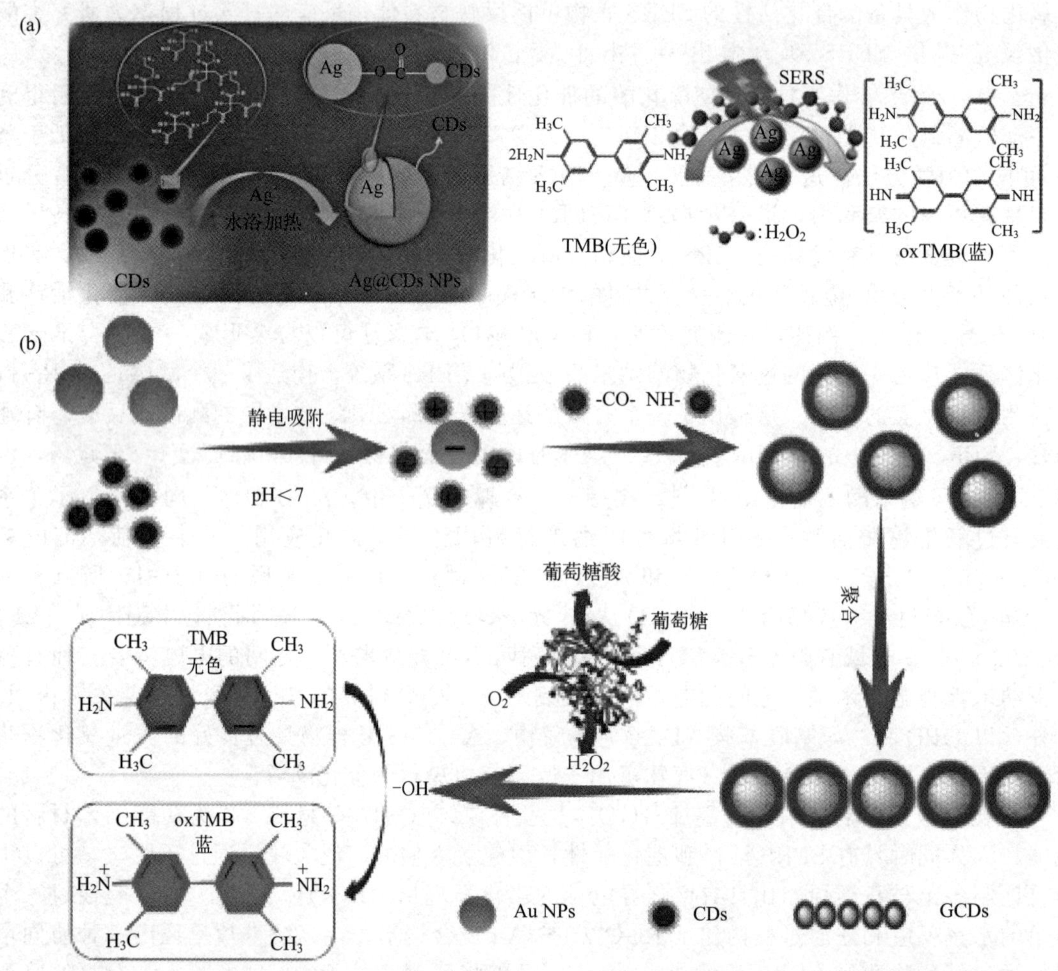

图 9-12 (a) Ag@CDsNPs 作为 SERS 底物和过氧化物酶样催化剂进行 TMB 氧化的方案[33]；(b) Au/CDs 纳米复合材料的制备方法及其基于其类过氧化物酶性质的比色传感应用[34]

d. MOFs 基复合材料。MOFs 不仅被认为是优良的吸附剂，而且是催化剂的载体。金属纳米颗粒与 MOFs 的集成作为一种高效的纳米酶-SERS 系统，具有广泛的应用前景，已经引起了许多研究人员的兴趣。一项有趣的工作报道称，AuNPs@MIL-101 复合材料可以通过原位还原策略实现，该策略同时表现出类似过氧化物酶的催化活性和 SERS 活性[35]。以过氧化氢-LMG 将隐性孔雀石绿（LMG）氧化成孔雀石绿（MG），制备的 AuNPs@MIL-

101复合材料对MG的SERS敏感性比柠檬酸还原的AuNPs高3.6倍。而裸MIL-101在SERS光谱中不产生MG信号。此外，还研究了AuNPs@MIL-101产品中Au尺寸的影响，表明AuNPs@MIL-101产品中适中的AuNPs尺寸显示出最高的SERS活性。过氧化物酶-SERS活性的增强可能是由于MIL-101的富集作用及其稳定AuNPs的作用[(图9-13(a)][35]。同样，具有卓越SERS活性的磁性MOF基纳米酶也被设计合成。因为可以迅速固液分离（10秒内），具备良好的回收性能，可以适用于环境污染降解[(图9-13(b)]，和Au复合以后，材料也可以拥有优异的SERS活性，并在长时间内保持性质稳定[36,37]。近年来，通过可控的Ni纳米线的逐步LBL路线和后续的原位还原方法制备了Ni@Mil-100（Fe）@Ag纳米线。MOF的引入可以增强探针或催化分子的吸附，有利于促进SERS的敏感性和拟过氧化物酶活性，显著扩大了其在阳离子染料检测中的应用，具有高灵敏度和良好的重复使用性[38]［图9-13(c)］。由于金黄色葡萄球菌（*S. aureus*）吸附适配体可以降低Fe-MIL-88的纳米酶活性，一个具有金纳米棒SERS活性的集成平台可用于间接检测食源性病原体。在过去的几年中，二维纳米片状材料由于其巨大的催化应用表面积而引起了人们的广泛关注。杨等报道AuNPs/Cu-TCPP（铁）纳米片、Cu-TCPP（铁）纳米片可贡献良好的过氧化物酶活性，和AuNPs拥有葡萄糖氧化酶（GOx）模拟性能，诱导级联催化反应将葡萄糖转化为H_2O_2，然后，氧化拉曼活性LMG、拉曼活性孔雀石绿MG，实现他们的生物传感应用[39]。此外，研究小组还构建了一种Ag-Au-IP6-MIL-101（Fe）的纳米酶，用于通过原位SERS测量对染料降解的环境监测[40]。Sun等报道了4-巯基苯甲腈修饰的AgNPs和葡萄糖氧化酶（GOx）负载的MOFs（ZIF-8@GOx）的组装，它们具有催化级联增强的化疗机制，协同抑制肿瘤生长[41]。

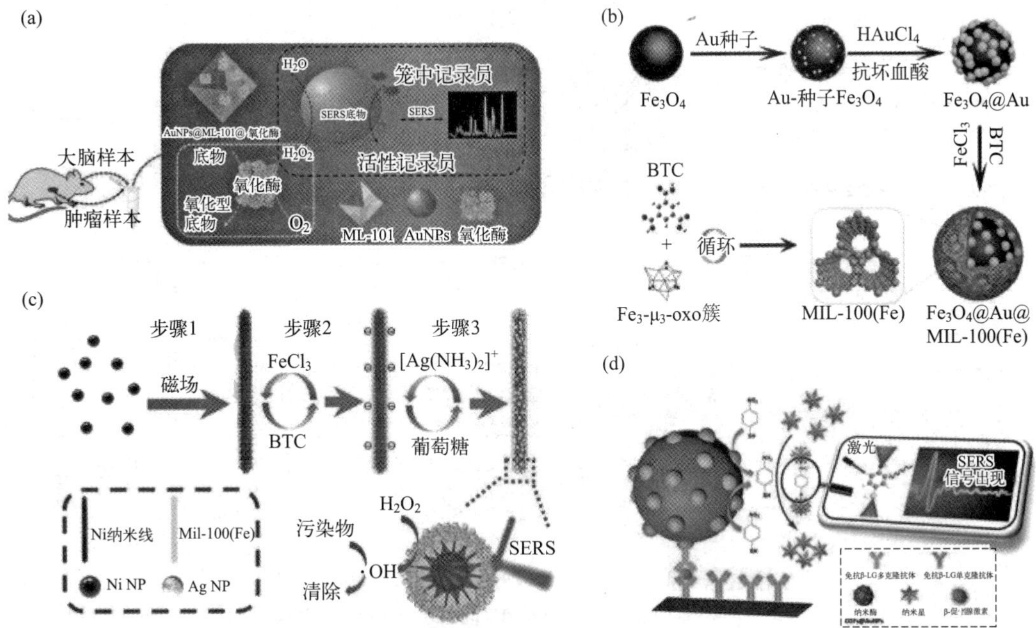

图9-13　(a) AuNPs@MIL-101@氧化酶的方案，用于SERS监测酶级联反应的传感应用[35]；(b) 磁性MOF基纳米催化剂合成工艺示意图（经参考文献许可后改编）[36,37]；(c) Ni@MIL-100（Fe）@Ag纳米线（NMAs）的制备工艺方案[38]；(d) AuNPs-掺杂COFs的纳米酶基的SERS免疫吸附试验方法[42]

与MOFs类似，共价有机框架（COFs）是一种新型的晶体多孔材料，由有机构件通过共价键构建，在催化领域具有巨大的应用潜力。Qu和同事报道了一种简单的还原途径来制备掺杂 AuNPs 的共价有机框架作为一种高效的纳米酶，具有出色的模拟硝基还原酶活性。通过将 4-硝基硫酚（4-NTP）通过硼氢化钠转化为 4-氨基硫酶（4-ATP）连接金纳米酶，产生优异的 SERS 性能，可以开发一种比率纳米酶联免疫吸附试验（NELISA）用于抗体传感应用[图 9-13(d)][42]。

e. LDH 基复合材料。LDHs 是一种新型离子层状化合物，因其调节层状结构、高比表面积和大量暴露的催化活性位点而越来越受到人们的关注。通过将 LDHs 与金属纳米颗粒的整合，可以构建高效的纳米酶-SERS 体系。例如，有研究小组演示了通过简单的溶剂热反应制备 Au-NiFeLDH/还原氧化石墨烯纳米复合材料，具有良好的类氧化酶效率和良好的 SERS 活性来测定和降解有机汞（图 9-14）[43]（书后附彩图）。由于在 Au-Hg 合金表面由 O_2・和 CH_3・自由基产生超氧自由基（$O_2^{\cdot-}$）以加速电子转移，Au-NiFe LDH/rGO 纳米复合材料的类氧化酶活性显著增强。此外，Au-NiFe LDH/rGO 纳米复合材料也具有良好的 SERS 性能，可用于监测 TMB 的氧化过程。此外，三次循环后，甲基汞的降解效率接近 99.9%，表明 Au-NiFe LDH/rGO 纳米复合材料具有良好的可回收性。这项工作可能为环境科学和技术中有机金属的高灵敏度检测和去除开辟一个新的视野。

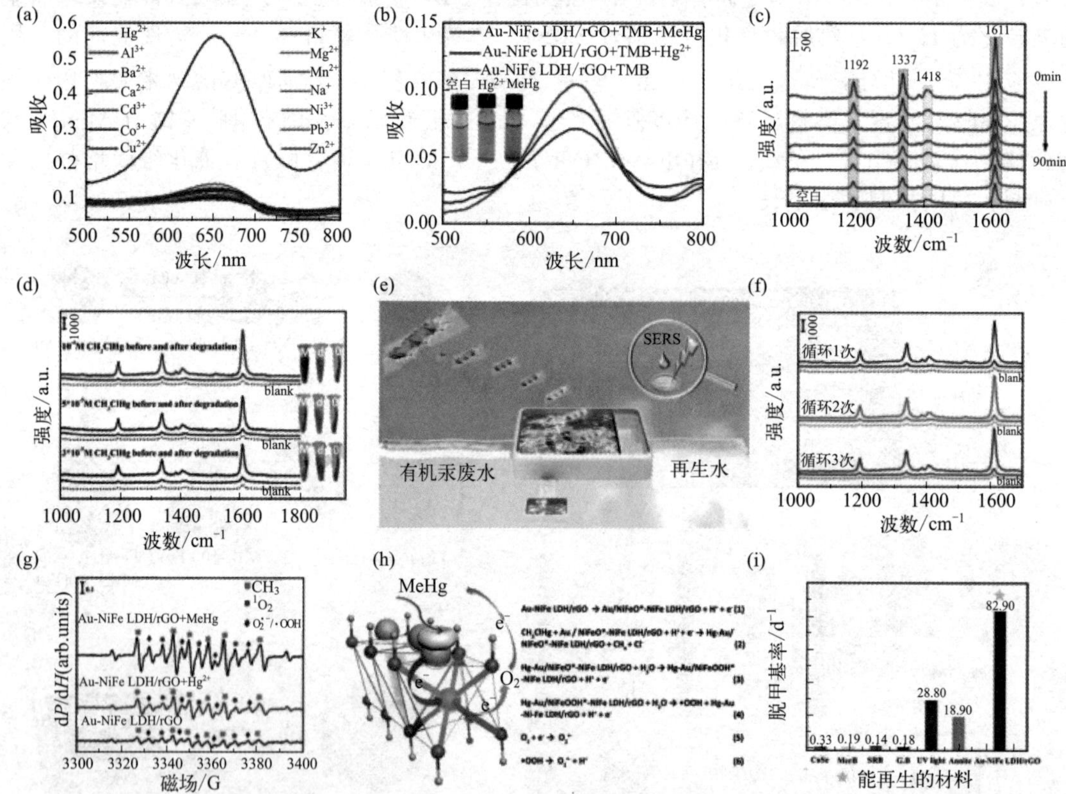

图 9-14　TMB+Au-NiFeLDH/rGO 溶液在 0.1mmol/L Hg^{2+} 或 1mmol/L 其他类型干涉离子存在下的（a）Vis 吸收光谱，在 TMB Au-NiFe LDH/rGO 溶液中加入 10^{-7} mol/L 甲基汞和 10^{-7} mol/L Hg^{2+} 后的（b）Vis 吸收光谱；（c）甲基汞（终浓度为 10^{-7}mol/L）和 Au-NiFe LDH/rGO 纳米复合材料离心上清后氧化 TMB 的时间依赖性 SERS 光谱变化；（d）从上到下的红线：TMB+Au-NiFeLDH/rGO 加入 1×10^{-4}、5×10^{-5} 和 3×10^{-5} mol/L MeHg 的 SERS 光谱；（e）对有机汞的彻底纳米酶降解和原位监测的策略说明；（f）Au-NiFe LDH/rGO 纳米复合材料的重复性利用效果；（g）Au-NiFe LDH/rGO 反应体系没有或添加 Hg^{2+} 和甲基汞时的 EPR 光谱图；（h）基于 Au-NiFe LDH/rGO 催化剂的甲基汞刺激的类氧化酶降解反应机理示意图；（i）有机汞与各种材料去除时间的比较[43]

f. 导电聚合物基复合材料。导电聚合物具有高度π共轭的链结构，在其掺杂态下表现出不可预测的电导率。一般来说，固有导电聚合物由于缺乏活性位点，通常表现出较差的酶样活性。然而，导电聚合物可以作为启动子来增强某些纳米酶的类酶活性。原因之一是，在加入导电聚合物后，纳米酶与底物之间的亲和力有所提高。另一个原因是，导电聚合物独特的电导率有利于促进纳米酶与底物之间的电子转移，从而提高催化效率。

为了构建纳米酶-SERS体系，导电聚合物必须与SERS活性底物集成，如Au和Ag纳米粒子。为此，研究小组在3-(氨基丙基）三乙氧基硅烷（APTES）的存在下，通过$HAuCl_4$和苯胺之间的一步自组装聚合方法制备了新型的聚苯胺（PANI）/Au椭球体粒子[图9-15(a)～(c)]。制备的PANI/Au椭球体颗粒具有良好的类过氧化物酶活性，比单独的裸聚苯胺或Au颗粒更强，表现出协同催化作用。一般来说，在具有良好拉曼散射截面的高分子材料等典型材料上很难获得其他探针分子的SERS信号，而具有过氧化物酶活性的帕尼/Au椭球体颗粒底物由于极好的匹配，可以产生TMB底物的强信号。该方法扩展了将导电聚合物基材料作为SERS底物和类酶催化剂用于生物传感应用的研究思路[44]。最近，Ag@PANI纳米复合材料也通过类似的策略制备，该复合材料具有糖氧化酶活性与糖的双重功能和过氧化物酶活性，可催化TMB氧化[图9-15(d)～(f)][45]。同时，合成的Ag@PANI纳米复合材料也作为SERS基底，呈现氧化TMB分子的特征峰，可用于灵敏的传感应用。

（2）纳米酶-SERS系统中类酶和SERS活性的调节和刺激

虽然已经开发了大量的纳米酶-SERS系统，但其活性仍需进一步改进。由于纳米酶-SERS体系同时具有酶催化活性和SERS敏感性的双功能，因此协同优化其性能是一个挑战。在本节中，我们将研究光激发、还原试剂、金属离子、pH值和温度对纳米酶-SERS整体活性的刺激。

① 纳米酶-SERS系统中类酶催化和SERS活性的双向调控。在类酶催化剂中引入SERS活性材料可能会降低催化剂表面的催化中心位置，从而降低催化效率。因此，在纳米酶-SERS系统中，平衡类似酶的活性和SERS的敏感性是一个巨大的挑战。例如，Wu和同事报道，Au@Pt样品中Au上的Pt通常具有较高的催化活性，但拉曼和时域有限差分（FDTD）研究表明，Au上的Pt表现出较低的SERS信号，这是由弱电效应引起的（图9-16）。因此，为了实现过氧化物酶类催化反应产物的优良SERS信号，需要一个适度的Pt含量。结果表明，Au@Pt（Pt含量25%）在1605cm^{-1}处提供的SERS信号最高，因其具有良好的过氧化物酶样活性和SERS敏感性[46]。这些见解丰富了对于设计具有协同催化和SERS活性的高效纳米酶-SERS系统尤为重要的理解。

② 光激发和还原试剂对纳米酶-SERS活性的刺激。光激发和还原试剂可以刺激纳米酶-SERS体系中的类酶催化活性。据报道，作为SERS底物和过氧化物酶样催化剂的磁性Fe_3O_4@Au@MOFs核壳NPs表现出光诱导的TMB分子与H_2O_2的催化氧化增强作用[图9-17(a)～(e)][47]。结果表明，制备的磁性MOFs纳米催化剂不仅受光的刺激，而且通过抗坏血酸（AA）等还原试剂的加入，可以加速TMB的催化氧化过程。利用SERS技术对增强催化氧化的机理进行了评价，结果表明，紫外光和AA可以产生一种芬顿效应，可以产生更多的·OH，提高体系的催化性能。这一现象在生物传感器、环境保护和医学诊断等领域具有巨大的应用潜力。最近，该研究小组还展示了Ag@CDs杂化物的制备，该杂化物具有优异的太阳辐照下的光催化和光热催化性能，可以催化H_2O_2产生·OH来降解独特的等离子体效应。这种催化机制与类过氧化物酶的催化过程相一致[图9-17(f)～(l)][48]。此外，还研究了紫外光、可见光和NIR光在不同照射下的光催化和光热效应对等离子体介导反应的贡献。在可见光照射下，Ag@CDs-H_2O_2体系对CV降解的表观反应速率最快，这可以

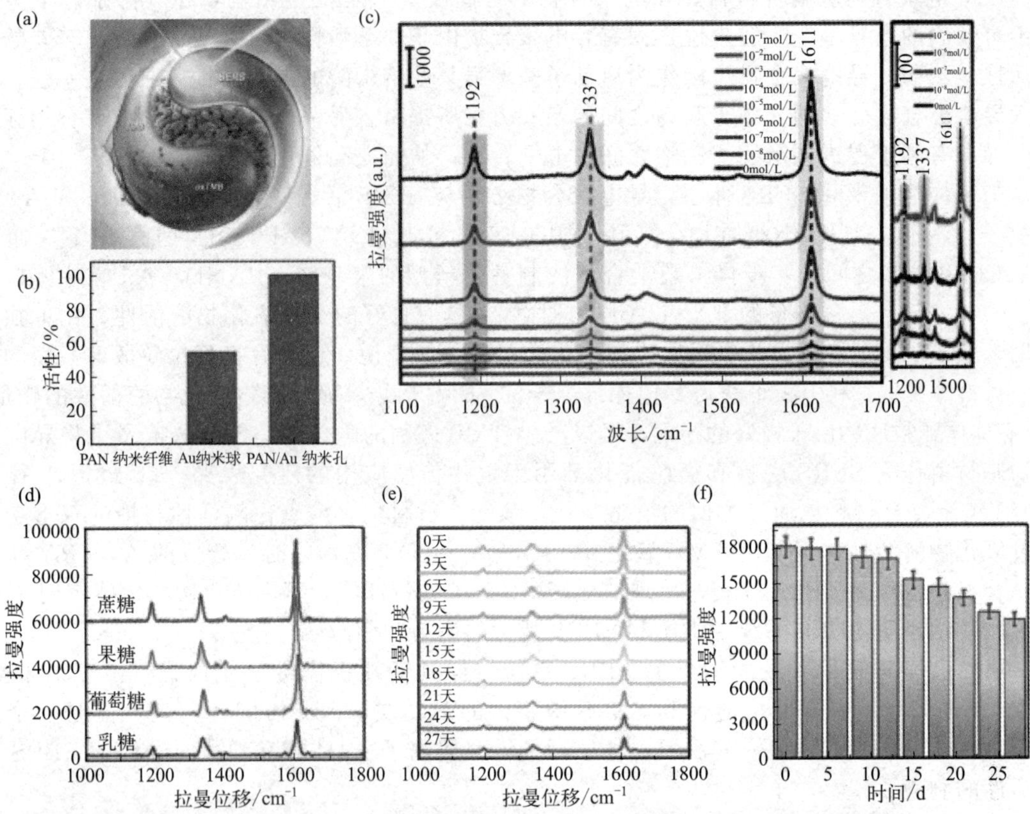

图 9-15 (a) 使用 Au/PANI 纳米孔进行过氧化物酶样催化和 SERS 检测；(b) Au/PANI 纳米孔与 PANI 纳米纤维和 Au 纳米球的类过氧化物酶活性的比较；(c) 在没有和存在过氧化氢的浓度从 10^{-1}～10^{-8} mol/L 变化时，Au/PANI 纳米甘草底物表面氧化 TMB 分子的 SERS 光谱[44-45]；(d) 基于 Ag@PANI 纳米复合材料的蔗糖、果糖、葡萄糖和乳糖（10^{-10} mol/L）的 SERS 光谱研究；(e) Ag@PANI 纳米复合材料作为 SERS 基底的拉曼光谱随时间的变化；(f) Ag@PANI 在不同时间酶活性的 SERS 强度

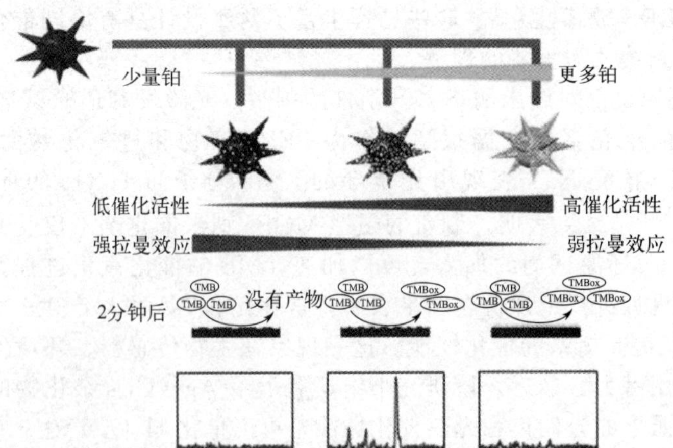

图 9-16 通过控制 Au@Pt 催化剂中的 Pt 量来调节过氧化物酶样催化活性和 SERS 性质的方案[46]

归因于等离子体效应形成了大量热载流子。此外，由等离子体效应介导的光热效应也参与其

中。在紫外区域的光照下，由于等离子体效应的减弱，热载流子的数量减少。这些热载流子由于其带间跃迁，难以进一步热化。Ag@CDs 对 NIR 区域降解 CV 的催化性能几乎主要受光热效应的影响。这项工作为理解 Ag@CDs 杂化物的等离子体介导的光催化机制提供了深刻的见解。

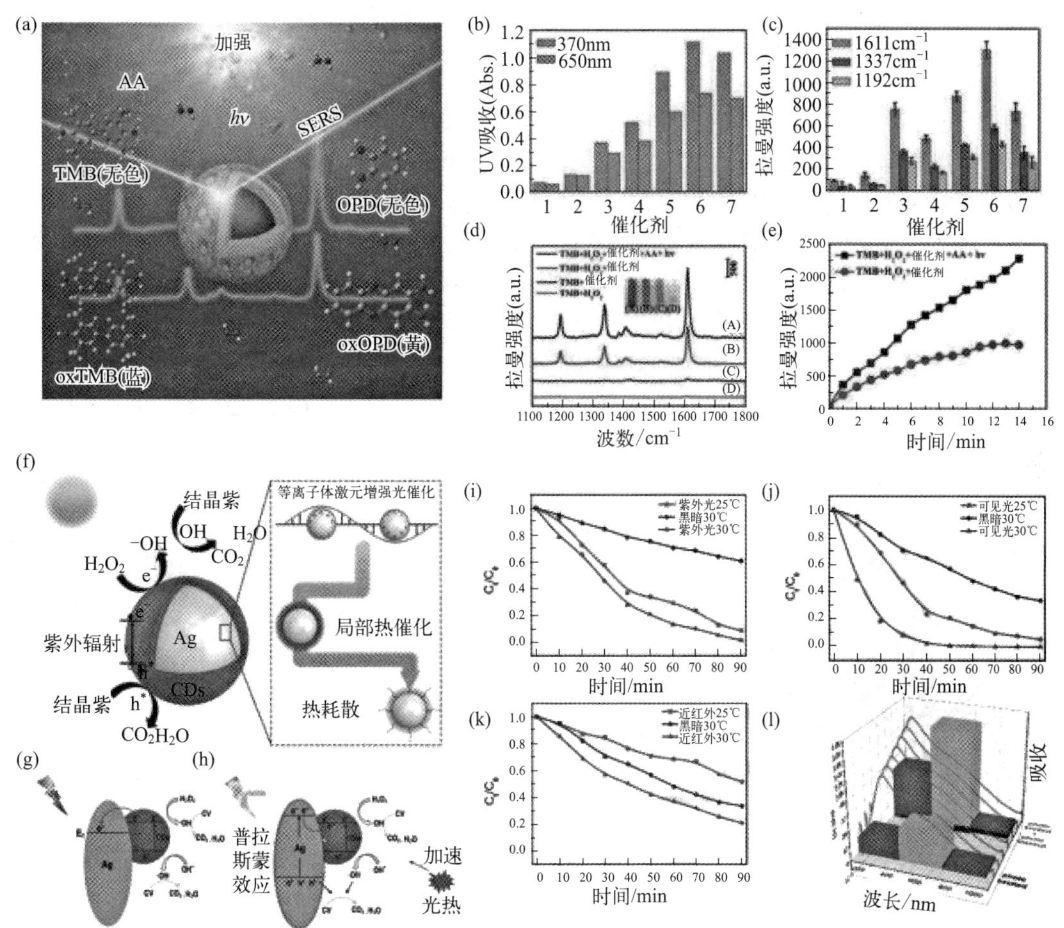

图 9-17　(a) 通过光激发刺激来构建基于 SERS 活性磁性 MOFs 的纳米酶和还原试剂的方案；(b) 不同催化剂 (1) Au、(2) 四氧化三铁、(3) Fe_3O_4@Au、(4) MIL-100 (Fe) 和 (5～7) 自组装循环后在 370nm 和 650nm 处的吸光度直方图；(c) 不同催化剂在 $1192cm^{-1}$、$1337cm^{-1}$ 和 $1611cm^{-1}$ 处的 SERS 强度直方图；不同催化反应体系在光照下混合 12min 后的 (d) SERS 光谱；(e) 在 $1611cm^{-1}$ 处的峰的 SERS 强度与刺激催化反应和正常催化氧化时间的比较[47]；(f) 机制示意图；(g) 紫外机制；(h) Ag@CDs 的 Fenton 样光催化过程的可见光机制 (e^-、h 和 ·OH 分别为上光电子、上光空孔和 ·OH 自由基)；(i) ～ (k) CV 在 90min Ag@CD 过氧化氢系统不同催化条件下的降解，和 (l) 在光催化暗热催化和光催化一体化的光热协同催化条件下 CV 在 Ag@CD+H_2O_2 体系中的降解速率比较[48]

③ 金属离子对纳米酶-SERS 活性的刺激作用。金属离子对纳米酶-SERS 体系的活性也有很大的影响，因为一些典型的金属离子可以抑制酶的活性，如 Ag^+、Cu^{2+}、Pb^{2+} 和 Fe^{3+}。然而，某些类型的金属离子也有增强纳米酶类酶活性的潜力。例如，在 Hg^{2+} 的存在下，Ag-$CoFe_2O_4$/rGO 纳米复合材料的类氧化酶性能通过形成 Ag-Hg 合金得到显著提

升[49]。Ag-$CoFe_2O_4$/rGO 纳米复合材料作为拉曼增强剂，不仅能催化生成氧化 TMB 分子，且可以与氧化型 TMB 分子产生 SERS 信号。在此浓度范围内，由于 Ag-Hg 合金的形成，Ag 的局部表面等离子体性质降低，导致 SERS 敏感性降低。然而，当 Hg^{2+} 浓度增加到 1×10^{-8} mol/L 时，TMB 分子的 SERS 强度略有增加，这可能是由于优化后的 Ag-Hg 合金产生氧化 TMB 分子，更多的氧化酶活性增强。

④ pH 值和温度对纳米酶-SERS 活性的刺激作用。众所周知，pH 值和温度对纳米酶的催化活性有很大的影响。也有研究报道了具有过氧化物酶和葡萄糖氧化酶活性的 Au@AgNPs，通过 SERS 技术发现氧化 TMB 分子的 SERS 峰强度随过氧化物酶催化系统从 pH 值 1.0 到 4.0 逐渐增加，然后随着 pH 值在 4.0～8.0 的范围内而降低，因此在 pH 值为 4.0 时，过氧化物酶样活性最高[图 9-18(a)～(f)]。值得注意的是，在 2.0～5.0 的 pH 值下，仍具有良好的过氧化物酶样活性，这表明 Au@AgNPs 在弱酸性 pH 条件下模拟过氧化物酶的应用前景。同样，在 pH=4.0 模拟的葡萄糖-TMB 系统中，Au@AgNPs 的串联酶活性最高。此外，还评估了温度对类过氧化物酶和串联类酶活性的影响，显示了在 60℃下最高的催化效率[50]。这一结果表明，纳米酶-SERS 体系与天然过氧化物具有相似的 pH 和温度相关性，具有巨大的潜力成为很好的候选物。此外，图 9-18(b)、(c)、(e) 和 (f) 中良好的误差条显示了过氧化物酶和串联酶模拟的 SERS 强度具有良好的重现性。

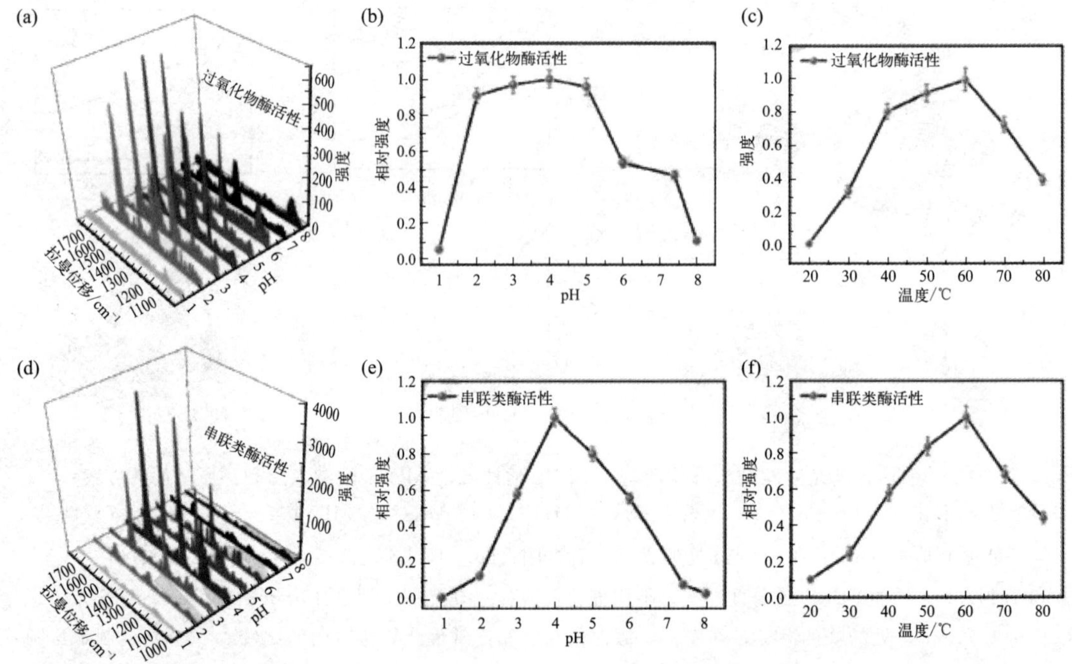

图 9-18 (a，b，c) pH 和温度对 Au@AgNPs-H_2O_2-TMB 系统中类过氧化物酶活性 SERS 光谱的影响；(d，e，f) pH 和温度对 Au@AgNPs-葡萄糖-TMB 系统中串联类酶活性 SERS 光谱的影响[50]

(3) SERS 检测

纳米酶-SERS 体系在灵敏分析、环境监测和治疗等领域具有重要的应用意义。根据小分子和重金属离子对纳米酶催化活性的刺激响应，可以间接检测到一些没有拉曼散射截面的物质，如一些典型的小分子、重金属离子、生物分子等。这些分子本身不能通过与底物的作用直接检测到。

① 过氧化氢的检测。由于 H_2O_2 作为过氧化物酶样催化反应的激活剂，该系统可以获

得 H_2O_2 的最低可检测浓度，这也为识别纳米酶的过氧化物酶样活性提供了有效的途径。一些纳米酶-SERS 系统，包括 Fe_3O_4@Au@MIL-100（Fe）、AgNPs/CDs 和 Au/PANI，通常对过氧化氢具有良好的检测灵敏度，最低检测浓度低至 10^{-8}～10^{-9}mol/L。

在许多生物过程中，活性氧（ROS）在调节细胞的生理反应中起着关键作用。其中，H_2O_2 被认为是主要的 ROS 之一，通常能够在控制低浓度条件下调节信号转导和细胞最终反应。一般来说，过量的 H_2O_2 通常会引起氧化应激，导致衰老和服务器性人类疾病，但它有助于提高癌细胞的治疗效果。此外，H_2O_2 也在各种酶催化反应中产生。因此，一种准确、快速、高选择性的 H_2O_2 测定方法对于阐明其细胞水平上的生物学作用及其分子机制具有重要意义。在一个典型的例子中，Gu 和同事报道了 3-MPBA/AuNPs 可以通过 SERS 技术定量检测 PBS 溶液中的 H_2O_2，检测限（LOD）为 70nmol/L，具有良好的选择性［图 9-19(a)］。此外，这个平台还可以确定 H_2O_2 活细胞的浓度水平，包括产生 H_2O_2 刺激外源性引入细胞介质和 H_2O_2 内源性活性氧诱导醋酸（PMA），揭示实际水平产生 H_2O_2 内细胞[51]。Pupulin 和同事通过 SERS 技术分析了细胞中 H_2O_2 的相关水平，从 A549 肺癌细胞系中获得的结果显示，在细胞表面上出现定位点的 H_2O_2 浓度高达 12μmol/L[52]。这一结果表明，所构建的纳米酶-SERS 系统在监测细胞中其他与 H_2O_2 相关的生物过程方面具

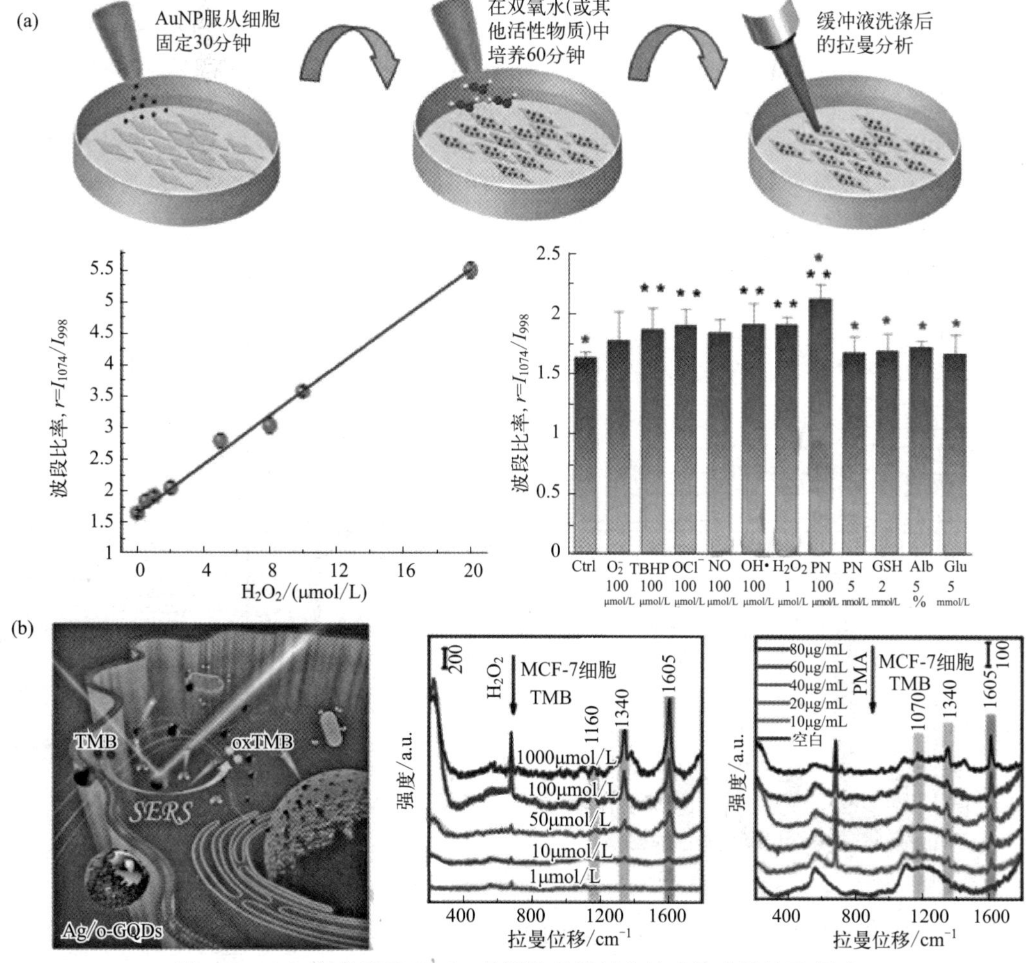

图 9-19　(a) 制备用于 H_2O_2 检测的质膜固定纳米传感器的示意图；
(b) Ag/O-GQDs 纳米酶-SERS 系统触发的癌细胞 H_2O_2 滞留和 ROS 介导的治疗方案

有良好的潜力。

此外，过氧化氢在体内的敏感检测可适用于活性氧（ROS）介导的治疗。因为小尺寸的等离子体纳米颗粒更容易被细胞和器官内化，均匀和小尺寸（ca，10nm）活性核壳 Ag/氧化石墨烯量子点（O-GQDs）纳米杂种已被开发为用于癌细胞过氧化氢检测和 ROS 介导治疗的纳米酶-SERS 系统[图 9-19(b)]。对于外源性引入 H_2O_2，Ag/GQDs 可以准确测量癌细胞中 H_2O_2 的平均浓度，低至 0.317μmol/L，很好地满足生物检测要求。外源性的 H_2O_2 被佛波醇 12-肉豆蔻酸酯 13-乙酸酯（PMA）刺激，PMA 的加入使 oxTMB 峰的 SERS 强度增加，刺激 MCF-8 细胞以 2.9×10^{-13} 细胞/h 的速率产生 H_2O_2[图 9-19(b)][53]。此外，在 Ag/O-GQDs 的帮助下，随着 PMA 的引入，可以观察到明显的细胞损伤，通过模拟 Ag/O-GQDs 用于高效的肿瘤治疗，证明其促进了毒性·OH 的产生。

② 葡萄糖的检测及其在疾病诊断中的应用。准确的血糖检测对糖尿病的诊断至关重要。因为葡萄糖氧化酶（GOx）可以选择性地催化葡萄糖被氧氧化产生 H_2O_2 和葡萄糖酸。基于 GOx 的独特特性和纳米酶-SERS 体系的过氧化物酶活性，SERS 技术可以灵敏地测定葡萄糖浓度。例如，Au@AgNPs 的典型纳米酶-SERS 系统对葡萄糖浓度检测出较高的灵敏度，最低可检测浓度低至 10^{-10} mol/L。为了适用于实际的疾病诊断，Guo 和同事使用 Ag-Cu_2O/RGO 复合材料作为纳米酶-SERS 系统，通过基于 SERS 检测其指纹中的葡萄糖水平来区分糖尿病和正常个体。从图 9-20 可以清楚地发现，正常人中典型的特征峰在 1189cm^{-1} 的氧化 TMB 分子 SERS 谱没有出现，但糖尿病人出现了该谱即使血糖水平为 10.50mmol/L，确保这个策略区分糖尿病的可靠性。本研究开发的传感路径在疾病诊断和法医调查方面显示了良好的应用前景[54]。Hu 和同事还报道了将 AuNPs@MIL-101 与 GOx 和乳酸氧化酶（LOx）组装，形成整合的纳米酶，以监测活大脑中的葡萄糖和乳酸水平，这与缺血性中风相关。此外，该检测平台还可用于测定肿瘤中的葡萄糖和乳酸代谢[55]。

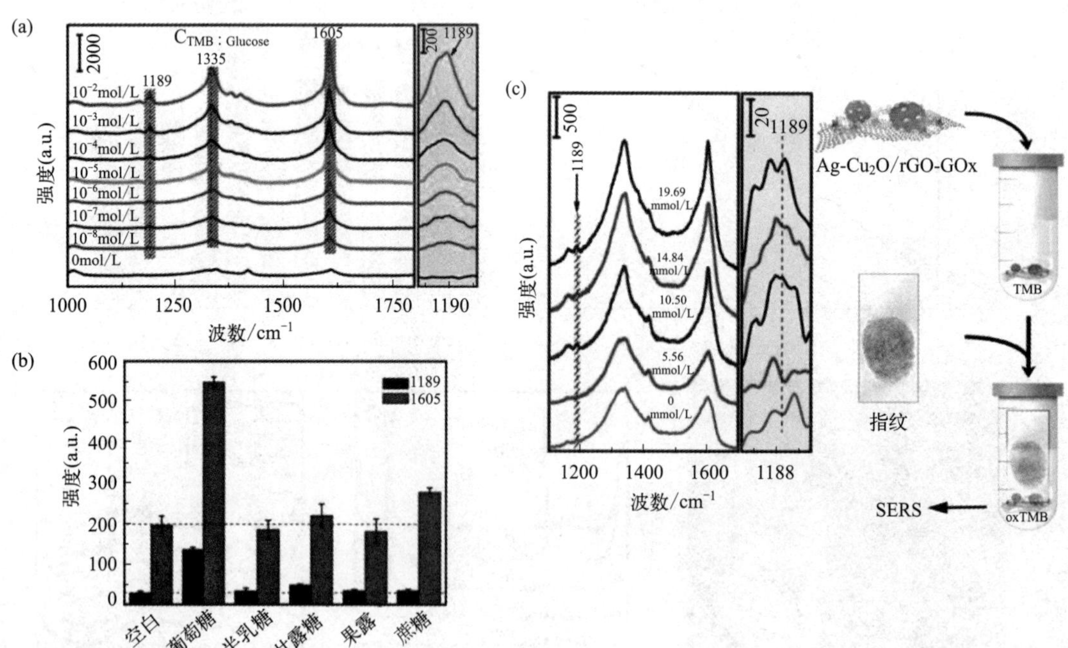

图 9-20 不同浓度葡萄糖对 Ag-Cu_2O/rGO 底物上氧化的 TMB 分子的（a）SERS 光谱；（b）含有不同干扰的过氧化物酶样体系的选择性研究，误差条表示三个测量值的标准偏差；（c）过氧化物酶样系统中氧化 TMB 分子的 SERS 谱（右图为基于带有 GOx 的类过氧化物酶系统的 SERS 检测程序的示意图）[54]

同样，吴、杨和他的同事也开发了一种无酶串联反应策略来检测唾液中的葡萄糖。利用AuNPs/Cu-TCPP(Fe) 纳米片作为过氧化物酶催化剂和 SERS 底物，将 LMG 氧化为 MG，可以实现对唾液中葡萄糖的灵敏检测，回收率从 96.9%提高到 100.8%。这一结果为葡萄糖分析提供了一种简单的纳米酶-SERS 策略[55]。

③ 其他小分子的检测及其在食品安全中的应用。除了 H_2O_2 和葡萄糖检测外，纳米酶-SERS 系统还可以用于检测其他类型的小分子，如尿酸、胆固醇、乙醇、三聚氰胺和双酚 A (BPA)、糖类。例如，Shan 和同事报道了一种具有过氧化物酶活性和 SERS 活性的 Ag-CDs 纳米复合材料的制备，可以作为降低氧化 TMB 的传感平台，从而降低还原的 TMB 分子。通过对 $1605cm^{-1}$ 处的 SERS 信号进行检测，可获得 0.01～100μmol/L 的敏感尿酸检测，最小可检测浓度为 0.01μmol/L[56]。对胆固醇的敏感检测是有意义的，因为它可以诱发一些疾病，如冠心病和高血压。Jiang 等人已经证明了 Au@BDT@Ag@MPBA 结合胆固醇氧化酶（ChOx）可以量化胆固醇氧化过程中产生的 H_2O_2，胆固醇氧化催化作用检测胆固醇缓冲溶液的 LOD 为 3.7×10^{-6} mol/L（图 9-21）[57]。此外，该检测平台可用于检测细胞内胆固醇，在活细胞中实现其在单细胞水平上的敏感检测。Li 等人开发了一个灵敏的通过耦合乙醇氧化酶与 Fe^{2+} 催化反应，产生・OH 调节 SERS 敏感性和维多利亚蓝 B（VBB）氧化来检测乙醇的方法，LOD 低至 3μg/L，可用于啤酒和血清样本中乙醇的检测[58]。由于三聚

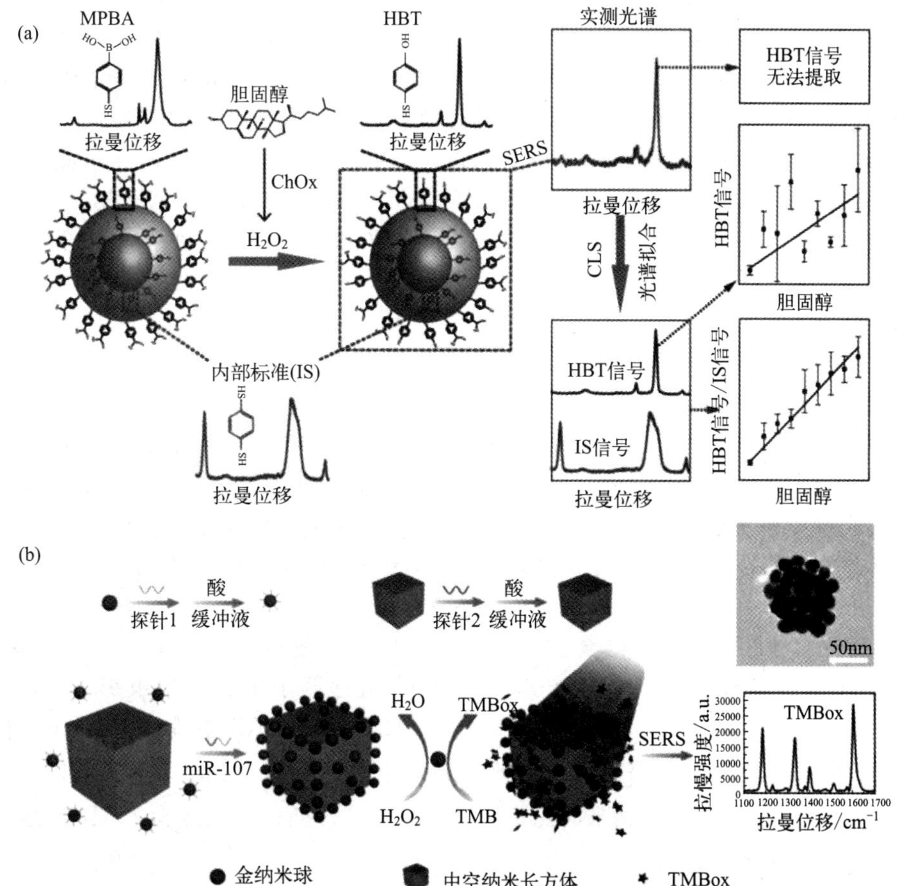

图 9-21　(a) 一种由 Au@BDT@Ag@MPBASERS 纳米探针通过拉曼光谱拟合途径定量检测胆固醇的方案[57]；(b) 金纳米球和纳米球触发自组装作为纳米酶-SERS 检测纳米酶-107 的检测方案，右边的图形代表了自组装纳米结构的 TEM 图像和纳米酶-SERS 系统中氧化 TMB 的 SERS 光谱[63]

氰胺可以与 H_2O_2 反应形成新的化合物，纳米酶-SERS 系统可用于检测三聚氰胺。例如，王海波和同事构建了一个壳聚糖修饰爆米花 Au-AgNPs 的 SERS 底物和拟过氧化物酶催化剂检测三聚氰胺，通过 SERS 技术，显示 LOD 为 8.51nmol/L，线性范围为 10nmol/L～50μmol/L，可用于奶粉中三聚氰胺的检测，表明了其在食品安全中的应用前景[59]。Xu 和同事报道了 BPA-适配体修饰的葡萄糖氧化酶与 BPA-适配体包被的 AuNSs 的互补 DNA 序列整合，导致结晶速率降低，形成核/壳结构，产生 SERS 信号，可用于检测 BPA[60]。LOD 计算为 5×10^{-17}g/mL，线性范围为 10^{-16}～10^{-12}g/mL，自来水样品中 BPA 的检测回收率为 93.8%～103.1%，是检测实际样品中 BPA 残留的可靠工具。

④ 生物大分子的检测及其在免疫分析中的应用。生物大分子的检测是纳米酶系统在体内的重要应用。Zou 和同事报道了 $Cu_{2-x}S_ySe_{1-y}$NPs 的制备，该方法可以催化叠氮基和炔基之间作为 SERS 信号报告物的点击反应。然后可以构建一种纳米酶-SERS 免疫分析法来检测前列腺特异性抗原（PSA），在 3～120ng/mL 的大浓度范围内，其低 LOD 为 2.49ng/mL[61]。由于 PSA 是前列腺癌的典型生物标志物，该策略为癌症的临床诊断提供了一个很好的潜力。近年来，DNAzyme 基序 Ag-Au 纳米笼纳米酶的双面调节作用已被开发出来，显示出更好的拟过氧化物酶活性。利用 SERS 技术，所制备的纳米酶-SERS 平台可用于检测多维肿瘤相关的生物标志物。例如，在 10～10000 个细胞范围内的 LOD 用于 CEM 细胞的定量检测，而在检测 miRNA 的 10^{-12}～10^{-8}mol/L 范围内的 LOD 为 166 fmol/L[62]。卢静和同事报道了由 miRNA 驱动的纳米酶-SERS 系统，金纳米球在空心 Au/Ag 合金纳米管上自组装检测前列腺癌。图 9-21(b) 显示了具有均匀形态和优良的 SERS 信号的纳米酶-SERS 系统的制备示意图[63]。由于组装具有良好的过氧化物酶样活性和 SERS 特性，可以获得对 miRNA 的敏感检测，在 1fmol/L～10pmol/L 范围内的 LOD 为 0.7fmol/L。此外，所开发的具有优越的 miR-107 检测能力的纳米酶-SERS 系统可用于临床，展示了其实际应用能力。近年来，有报道称，Fe-MIL-88 基纳米酶与金纳米棒结合作为 SERS 底物，由于对食源性纳米酶活性具有抑制作用，可用于检测食源性病原体。金黄色葡萄球菌的检测低 LOD 为 1.95CFU/mL。

⑤ 离子检测。氟离子（F^-）与纳米酶中心原子 Fe^{3+} 形成 Fe—F 键，抑制 ·OH、$O_2^{\cdot-}$ 的形成，减少 $MnCo_2O_4$/Au 纳米管的过氧化物酶催化活性和 SERS 属性，基于此原理，可超灵敏地检测 F^-，最小检测浓度低至 0.1nmol/L[64]。重金属离子通常是水生生态系统中的持久性毒性污染物，威胁着人类的健康和生态环境。因此，迫切需要开发一种高效的检测平台来检测真实样品中的重金属离子。Song 和同事证明了 Au@AgPtNPs 作为纳米酶-SERS 体系的制备，具有良好的拟过氧化物酶活性和理想的 SERS 性能，由于 Hg^{2+} 对催化活性的抑制作用，可用于通过 SERS 技术检测 Hg^{2+}[65]。然后，Hg^{2+} 浓度变化，氧化型 TMB 在 1608cm^{-1} 处的峰强度也会发生变化，基于此构建的 Hg^{2+} 检测方法，LOD 可达 0.28nmol/L，远低于比色法（0.52μmol/L）。LOD 值远低于世界卫生组织（WHO）批准的饮用水许可值（30nmol/L）。此外，其他类型的纳米酶-SERS 系统如 Ag-$CoFe_2O_4$/rGO 和 Apt-GO/$HAuCl_4$ 也被用于 Hg^{2+} 的检测，最低检测浓度可达到 0.08nmol/L[66,67]。Au-NiFe LDH/rGO 纳米片可作为纳米酶用于甲基汞检测，最低检测浓度为 1×10^{-8}mol/L。

9.1.1.4 双模式传感

黄老师小组开发了一些基于铜核苷酸纳米酶的应用。首先，开发了一种双模比色荧光传感器，用于碱性磷酸酶（ALP）的测定，如图 9-22(a) 所示。这些纳米材料由三磷酸腺苷（ATP）、二磷酸腺苷（ADP）、一磷酸腺苷（AMP）三种相同浓度的核苷酸（3mmol/L）

和铜离子组成，在多酚氧化酶活性和荧光强度上表现出显著差异。当 ALP 将 ATP 水解为 ADP 和 AMP 时，多酚氧化酶活性和荧光强度增强，且与 ALP 浓度呈正相关。多酚氧化酶活性由 2,4-二氯苯酚（2,4-DP）和 4-氨基安替比林（4-AP）组成的比色体系表达。比色法和荧光法检测 ALP 的检出限分别为 0.3U/L 和 0.45U/L。该方法对 ALP 有较高的选择性[68]，可用于血清样品中 ALP 的测定，展示出重要的医学诊断潜力。另一个应用是制备荧光聚合物量子点配位 AMP 和铜离子（Pdots@AMP-Cu）的纳米复合材料，用于检测多巴胺［图 9-22(b)］。该纳米复合材料表现出漆酶活性，可以氧化多巴胺形成真黑素，通过电子转移猝灭 Pdots@AMP-Cu 荧光[69]。

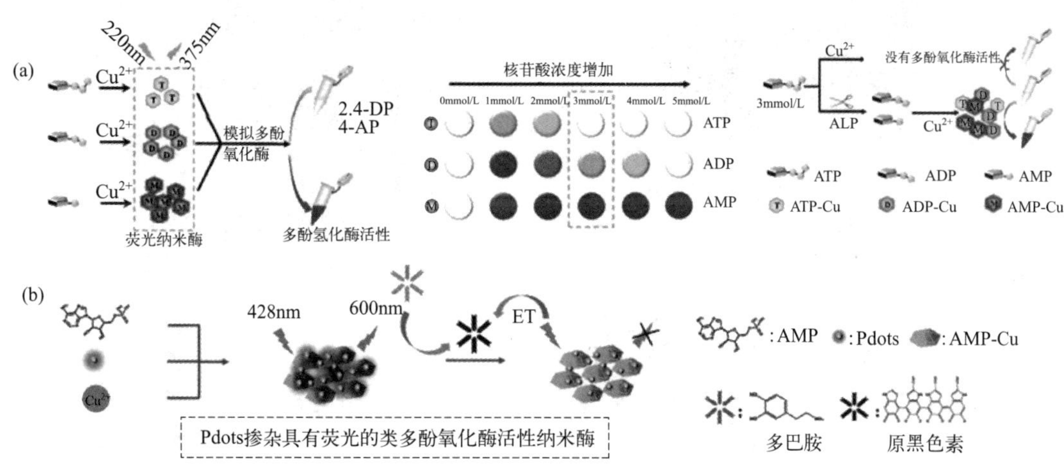

图 9-22　(a) 基于不同核苷酸和 Cu^{2+} 制备的多酚氧化酶活性不同的纳米酶检测 ALP 的示意图[68]；(b) 基于 Pdots@AMP-Cu 的多巴胺荧光测定原理图[69]

Xu 等以 VO_2 为前驱体，采用自上而下的热溶剂法制备 VO_x QDS[70]。VO_x QDS 在磷酸盐缓冲液（PBS）中表现出 OXD、POD 和 SOD 活性，而在乙醇溶液（乙醇-BGS）［图 9-23(A)(a)、(b)］（书后附彩图）中表现出 OXD 和 POD 样活性。研究发现，在 H_2O_2（乙醇-BGS）存在下，TMB-VO_x QDs 体系呈现 3 种不同颜色。利用酶反应体系的初始速度、最大吸收值和视觉颜色构建三维坐标系（3D-CS）。该体系介导了对 H_2O_2 的快速检测，同时也有效地克服了过量 H_2O_2 对酶系统的抑制作用而产生的错觉效应［图 9-23(A)(c)］。在 PBS 中，观察到执行级联反应的 3 种酶活性。这种双重反应性平台实现了对 H_2O_2 简单、准确地检测，进一步证实了 3D-CS 在生物传感中的适用性。Liu 等开发了一种小尺寸的铜纳米簇（CuNCs）[70]。CuNCs 具有多种类酶活性，包括 POD、CAT、SOD 和抗坏血酸氧化酶［图 9-23(B)］。CuNCs 的类 POD 活性在 H_2O_2 存在的条件下能够催化 TMB，而 GSH 能够还原 H_2O_2，抑制氧化反应。因此，可以高灵敏度和高选择性地比色检测 GSH。关于 Cu NCs 的 AAO 活性，它们可以催化 AA 氧化成脱氢抗坏血酸（DHAA），而 DHAA 与苯二胺反应形成荧光喹喔啉衍生物，可以通过荧光检测途径选择性介导氨基酸的检测。最后，多酶策略也有助于 Cu NCs 通过比色和荧光两种方法准确检测实际样品中的 GSH 和氨基酸。

Alizadeh 和同事报道了具有漆酶活性的氧化铜纳米棒（CuONRs），建立了一种双比色和电化学生物传感器，用于测定肾上腺素。肾上腺素检测比色传感器的线性范围为 0.6～18μmol/L，LOD 为 0.31μmol/L。该方法具有较高的抗干扰性，一些常见的干扰不影响肾上腺素的检测。电化学实验表明，CuONRs 在 0.04～14μmol/L 范围内对肾上腺素具有良好的电催化活性，LOD 为 20nmol/L。此外，该纳米传感器可用于实时监测 PC12 细胞释放的肾上腺素，在生物医学领域具有发展潜力[71]。

9.1.1.5 其他

除了上述四种传感外，电化学传感和酶联免疫传感等技术也被用于检测应用。其余检测方法则在比色、荧光等传感器上进一步发展为衍生检测传感，比如基于比色的智能手机

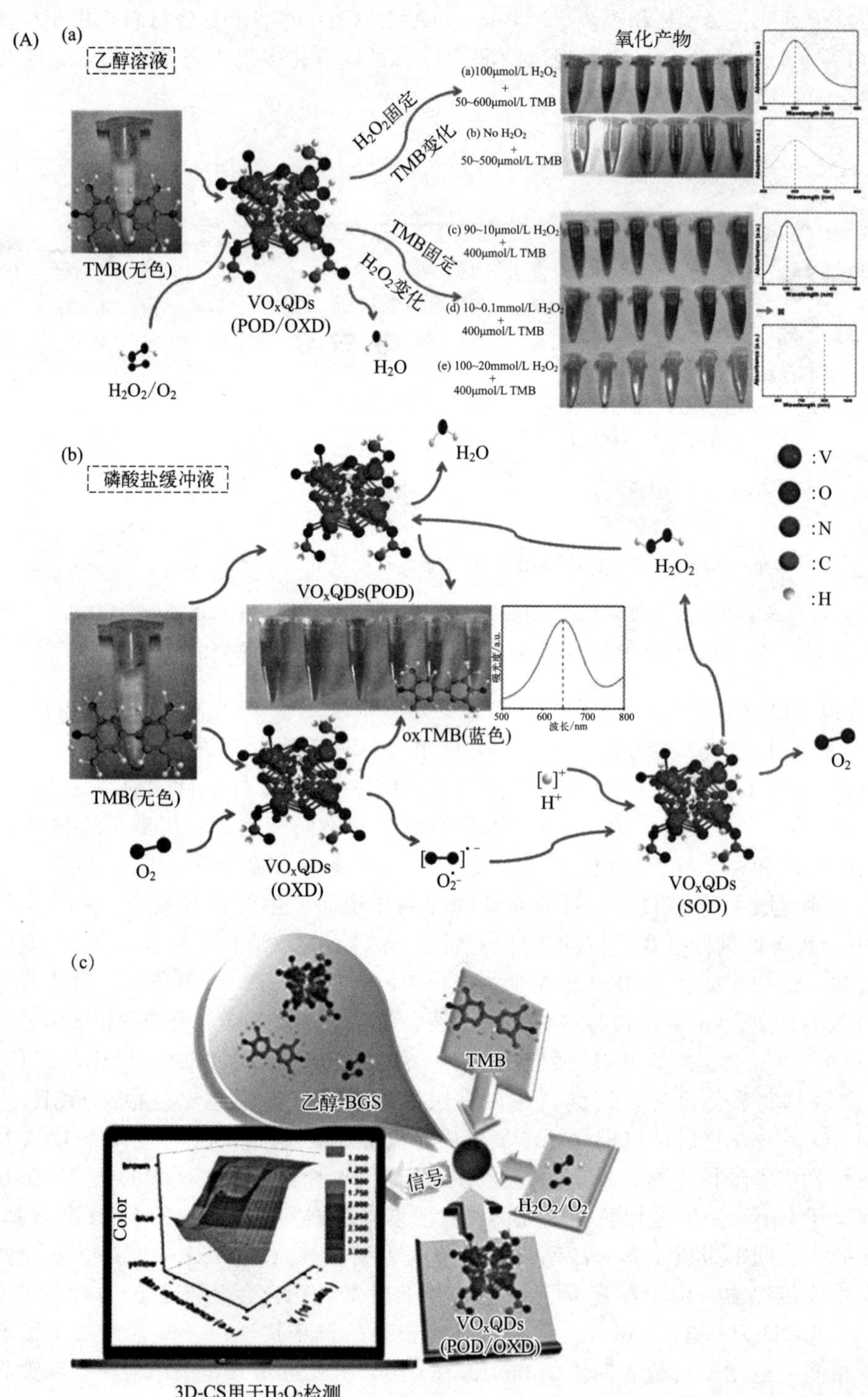

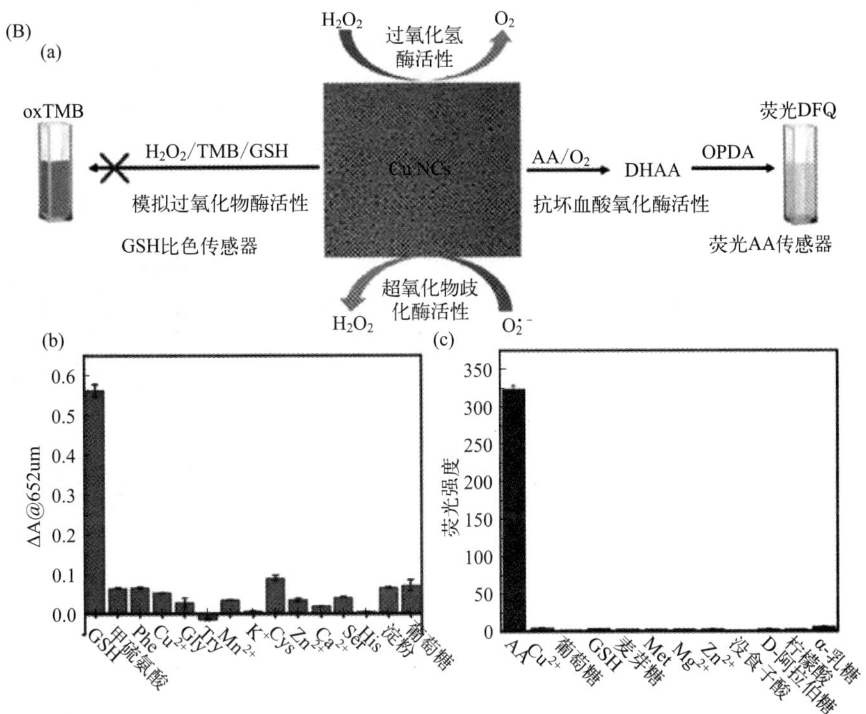

图 9-23　(A) VO_x QDs 在 PBS 和乙醇中检测 H_2O_2 的 (a, b) 示意图，(c) 3D-CS 检测 H_2O_2[70]；(B) (a) Cu NCs 四种酶活性的机理图及 GSH 和 AA 的检测，(b) 比色 GSH 传感器，(c) 荧光 AA 传感器[70]

RGB 采集分析方法。Shen 等人将 Cu^{2+} 引入到 g-C_3N_4 中，制备了 Cu 掺杂的 g-C_3N_4 纳米复合材料纳米酶，用于评估食品和农业相关基质中的残留抗生素[72]。由于丰富的 Cu^{2+} 和 g-C_3N_4 纳米片产生的协同配位，Cu 掺杂的 g-C_3N_4 纳米复合材料纳米酶表现出不错的过氧化物模拟酶活性。正如预期的那样，它显示了催化无色 TMB-H_2O_2 生成钢蓝色 oxTMB 产品的高亲和力。当引入四环素（TC）后，Cu 掺杂 g-C_3N_4 纳米酶对催化底物的作用明显被阻断，这是由于 TC 四苯基骨架与纳米酶之间的 π-π 堆积相互间的阻断作用。结果，TC 的残留浓度增加，可观察到从钢蓝色到浅蓝色的视觉颜色变化。基于这一原理，建立了一种基于智能手机的比色分析法，对牛奶中的 TC 进行定量分析，检测限为 86.27nmol/L。

综上所述，越来越多的科学家致力于设计具有多种催化活性的纳米酶用于传感应用，因为这些多活性的纳米酶可以为该领域带来好处。在使用多活性纳米酶构建分析方法和传感器时，来自内部和外部干扰的一些潜在挑战不容忽视。这就需要合理设计具有所需活性但不具有干扰特性的纳米酶。如何充分利用这些想要的活性来制造传感方法也应该受到更多的关注。随着多活性纳米酶应用于生化检测的趋势（见表 9-1），相信在不久的将来会有越来越多的拥有不止一种催化特性的纳米酶被设计开发出来，并基于这些纳米酶制备出性能良好、操作简单的更先进的检测策略和传感器。

表 9-1　多活性纳米酶在分析传感领域的应用

纳米酶	潜在活性	活性应用	分析物	检测方法	真实样品	文献
AuPd-NE	GOx,POD	GOx,POD	葡萄糖	比色法	人血清	[73]
CuS	POD,CAT,AAO,SOD	AAO	ACP	荧光光度法	人血清	[37]

续表

纳米酶	潜在活性	活性应用	分析物	检测方法	真实样品	文献
$Co_{1.5}Mn_{1.5}O_4$	LAC,POD,OXD,CAT	LAC,OXD	儿茶酚,对苯二酚	比色法	水样	[74]
PVP/IrPt	POD,OXD,CAT	POD	葡萄糖	比色法,荧光光度法	—	[33]
$CoFe_2O_4/H_2PPOP$	OXD,POD,CAT,SOD	OXD	Cr(VI)	比色法	水样	[75]
Co_3O_4	OXD,POD,CAT,SOD	OXD,POD	ACP,H_2O_2	比色法	人血清	[45]
$Pt/WO_{2.72}$	POD,CAT	POD	葡萄糖,H_2O_2	比色法	人血清	[32]
FeO_x@$ZnMnFeO_y$@Fe-Mn	POD,OXD,CAT	POD,OXD	柠檬酸和诺氟沙星,没食子酸	比色法	果汁	[76]
AuNP@AuNCs	GOx,POD	GOx,POD	葡萄糖	比色法,荧光光度法	—	[77]
GNE-based AuNPs	GOx,POD	GOx,POD	葡萄糖	比色法	—	[39]
$ZIF_{67}/Cu_{0.76}Co_{2.24}O_4$	POD,GPx,SOD,CAT	CAT	3,4-二羟基苯乙酸	电化学法	大鼠脑内	[35]
Au@BSA-GO	GOx,POD	GOx,POD	葡萄糖	比色法	—	[36]
Fe_3O_4-Au@MS	GOx,POD	GOx,POD	葡萄糖	比色法	—	[18]
Fe_3C/C	POD,OXD,CAT	OXD	谷胱甘肽	比色法	—	[45]
$Cu_3V_2O_7(OH)_2$	POD,OXD,LAC	OXD	谷胱甘肽	比色法	人血清	[46]

9.1.2 体内传感

Wei 课题组发展了几种用于体内传感的纳米酶的研究。集成纳米酶 GOx/hemin@ZIF-8 的纳米邻近效应使其在体外葡萄糖检测中具有高灵敏度和特异性。如此低的检测限（1.7mmol/L）和获得的葡萄糖在 0～250mmol/L 的动态线性范围为在活体大脑中检测脑葡萄糖提供了可能。在活体微透析的辅助下，开发了脑葡萄糖离线检测平台。通过将微透析样品与 GOx/hemin@ZIF-8 和过氧化物酶底物混合，纳米酶催化的产物会产生相应的信号［图 9-24(a)］。在选择时 ABTS 和 Amplifiu red 作为过氧化物酶底物，分别产生绿色和荧光信号[78]。同样，Wei 和同事进一步开发了另一种用于拉曼信号检测分析物的一体化纳米酶，其中 hemin@ZIF-8 被模拟过氧化物酶的 AuNPs@MIL-101 代替。在此，AuNPs 不仅可以表现出催化拉曼非活性受体氧化为拉曼活性受体的类过氧化物酶活性，还具有等离激元性质以增强拉曼报告信号。他们的研究表明，全脑缺血后，脑血流的阻断会增强无氧呼吸，导致葡萄糖水平降低。进一步，将 AuNPs@MIL-101 集成的纳米酶应用于评价抗氧化候选药物［即虾青素（ATX）］对脑卒中的治疗效果。如图 9-24(b)、(c) 所示，缺血性脑卒中导致纹状体葡萄糖水平降低，乳酸水平升高。随着 ATX 的治疗，葡萄糖和乳酸水平的波动被抑制，证明 ATX 是一种有前途的治疗脑缺血损伤的候选药物。此外，通过测定相应的葡萄糖和乳酸水平，该生物测定法还可以区分肿瘤和正常组织中的异常代谢[79]。

在随后的研究中，他们发展了一系列的具有类过氧化物酶活性的 2D MOFs，用于检测肝素在活体大鼠体内的消除过程。肝素特异性的 AG73 肽吸附到 2D MOFs 后会阻碍活性位点的进入，进而降低催化活性。在肝素存在的情况下，2D MOFs 的活性会得到恢复。因此，可以利用 2D MOFs 构建肝素传感平台。2D MOFs 具有比体相 MOFs 更高的催化活性。如此优异的活性保证了 0.1～10mg/mL 的线性范围和 15ng/mL 的检测限，从而满足临床样品中肝素检测的要求。在进行体内检测之前，还评估了肝素对其他干扰物种的高选择性。然后利用体内微透析技术进行肝素的消除过程，如图 9-24(d) 所示。如荧光信号所示，肝素的指数下降表明肝素通过网状内皮系统或尿液从肾脏途径解聚，这与之前的药代动力学研究一致[图 9-24(e)][80]。

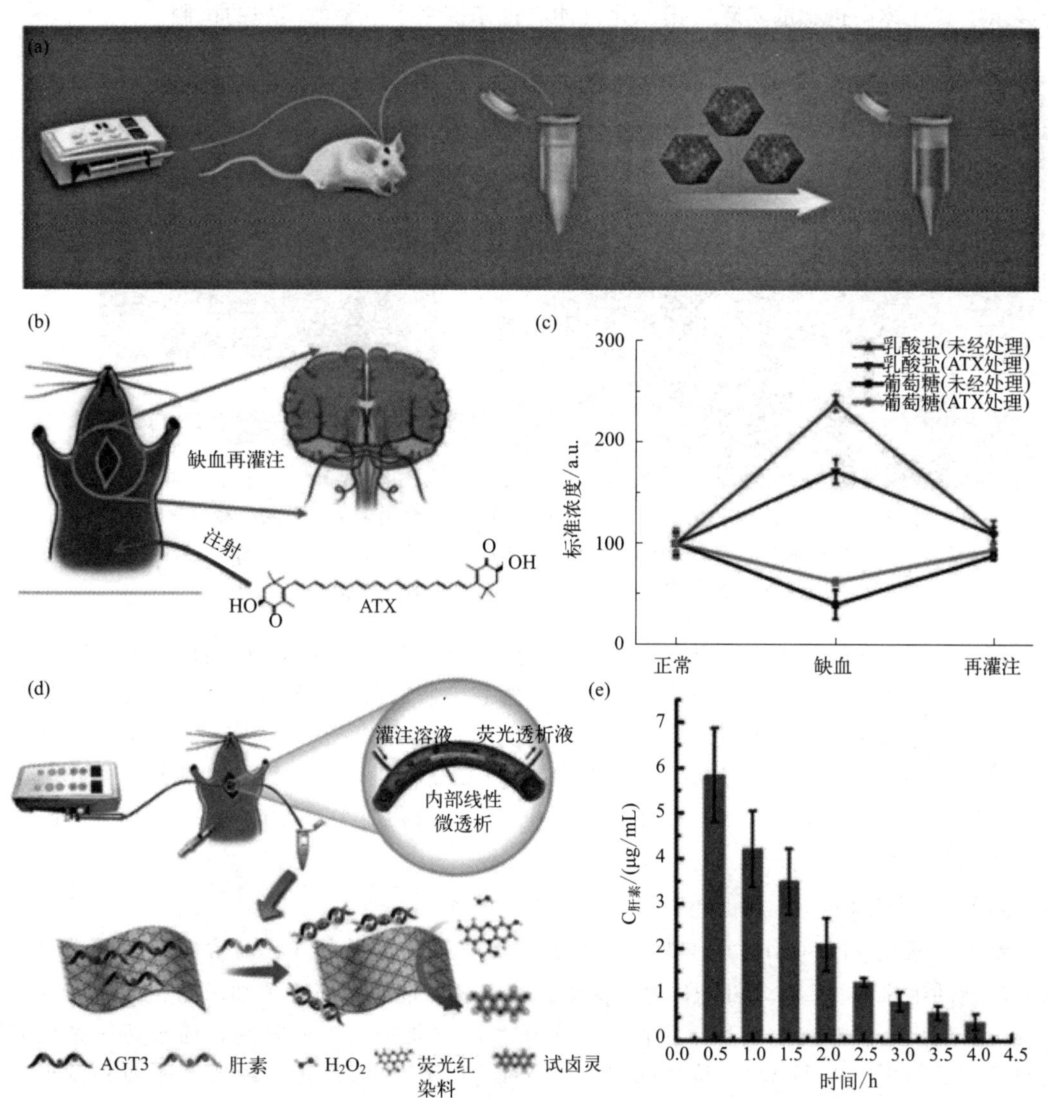

图 9-24　(a) 通过 INAzyme 催化的级联反应离线测量活体大鼠脑内葡萄糖的示意图[78]；(b) 全脑缺血/再灌注及 ATX 治疗示意图[79]；(c) ATX 预处理前后缺血再灌注后葡萄糖和乳酸的动态变化（缺血前的葡萄糖和乳酸水平标准化为 100)[79]；(d) 利用 2D MOFs 纳米酶检测活体大鼠体内肝素消除过程的方案；(e) 肝素给药后 4h 内活体大鼠动脉内肝素浓度的动态变化[80]

尽管已经实现了葡萄糖和肝素的有效体内检测，但离线传感仍然存在时间分辨率差的问题。为了解决这一问题，推进未来的实际应用，将纳米酶固定到微流控芯片的通道中，构建了在线检测平台，该平台主要由 3 部分组成：(a) 微透析装置，包括 2 个带注射器的泵、1

个微透析探针（插入大鼠脑中）和1个与油管连接的T型接头；（b）荧光显微镜，包括激发激光器和光谱仪；（c）微流控芯片，微流控芯片通过管道与微透析装置连接，并将INAzyme固定在其微通道中。通过显微镜的532nm激光聚焦到距离出口2mm的微通道内的样品上，连续采集样品的荧光光谱；如图9-25(a)所示。得益于在线平台，可以检测脑葡萄糖的动态变化。在图9-25(b)中，观察到全脑缺血后下降到(49.1±12.7)%，与离线结果(50.2±8.3)%匹配良好。再灌注后恢复至基础水平的(98.4～10.1)%。这样的在线检测平台展示了其在体内传感的实际应用，并可能有助于探索不清楚的疾病的机制。

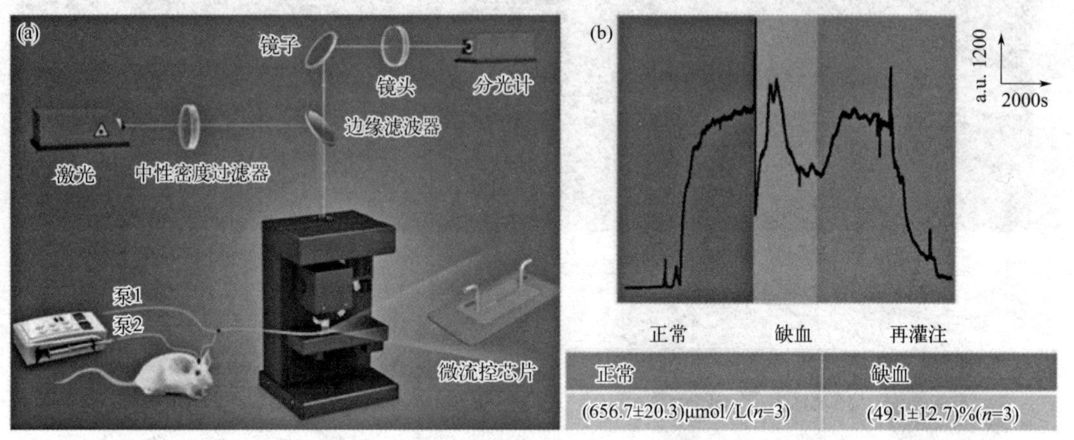

图9-25 (a) 基于INAzyme的一体化荧光传感平台用于活体大鼠神经化学物质（这里以葡萄糖为例）的连续在体测量 (b) 用INAzyme-based连续检测全脑缺血再灌注后活体大鼠脑纹状体葡萄糖水平的动态变化[79]

最近，Wei和同事通过层层沉积Cu纳米花、GOx和聚氨酯制备了针型微电极。Cu纳米花大的表面积保证了优异的催化活性，聚氨酯膜限制的质量传输使传感器稳定。然后将这种集成的微电极植入麻醉大鼠颈背部皮肤下，实现了血糖水平变化的实时检测，检测结果与血糖仪检测结果一致[81]。Sardesai和同事使用Pt掺杂的纳米氧化铈和乳酸氧化酶作为电化学微生物传感器，实现了乳酸的体外检测，并进一步在麻醉大鼠连续缺血2h和再灌注2h体内检测乳酸水平[82]。

9.1.2.1 H_2O_2 检测

辣根过氧化物酶（HRP）作为一种天然酶常被用作检测 H_2O_2 的含量，具有类过氧化物酶活性的纳米酶被看作是HRP的替代物，并有多篇报道都证明了纳米酶在检测 H_2O_2 的过程中表现出高的检测效率和稳定性。检测 H_2O_2 含量的基本原理为，通过将一系列底物与对应的酶作用产生 H_2O_2，从而间接检测该底物。到目前为止已经实现了对葡萄糖、乳酸、嘌呤类、胆固醇、胆碱等物质的精确检测。

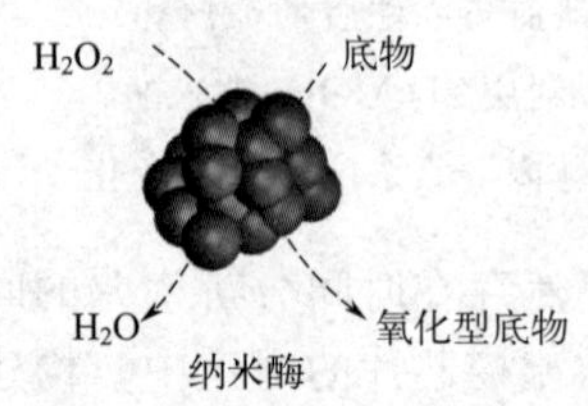

图9-26 纳米酶作为过氧化物模拟酶用于 H_2O_2 检测[83]

自从Wang和Wei报道了利用 Fe_3O_4 磁性纳米颗粒作为过氧化物模拟物比色检测 H_2O_2 以来，基于纳米酶尤其是过氧化物模拟物的 H_2O_2 检测已经被广泛研究[83]。其一般原理是在类过氧化物酶纳米酶的辅助下检测被 H_2O_2 氧化的底物的信号变化（图9-26）。由于底物的种类繁多，基于比色、荧光、电化学和拉曼信号可以设计不同的检测方法。此外，用于传感的信号也可以通过多功能过氧化物酶模拟物产生。例如，Chen等人制备了一

种含有催化 Cu^{2+} 和发光 Tb^{3+} 的模拟过氧化物酶 MOF。在 H_2O_2 存在下，抗坏血酸被 MOF 催化成二酮己酸，二酮己酸敏化 Tb^{3+} 产生强发光。基于该多功能纳米酶，构建了一种具有高选择性和高灵敏度的 H_2O_2 发光传感检测方法[84]。

最近，Liu 等发现了一个有趣的现象，即 H_2O_2 更倾向于将荧光基团标记的 DNA 从 CeO_2 表面置换出来，而不是氧化切割 DNA，荧光恢复超过 20 倍。因此，开发了一种灵敏的 H_2O_2 传感器，检测限低至 130nmol/L（图 9-27）。并在图 9-27(c) 中提出了可能的传感机理。DNA 的磷酸基团与 Ce^{3+} 之间的相互作用导致染料标记的 DNA 的吸附，伴随着荧光猝灭。由于 Ce^{3+} 被 H_2O_2 快速氧化成 Ce^{4+}，吸附的 DNA 会从表面释放出来，重新回到荧光状态。另外，对于结合态 H_2O_2，在 CeO_2 NPs 的类过氧化氢酶催化下，最终分解为 H_2O 和 O_2[85]。

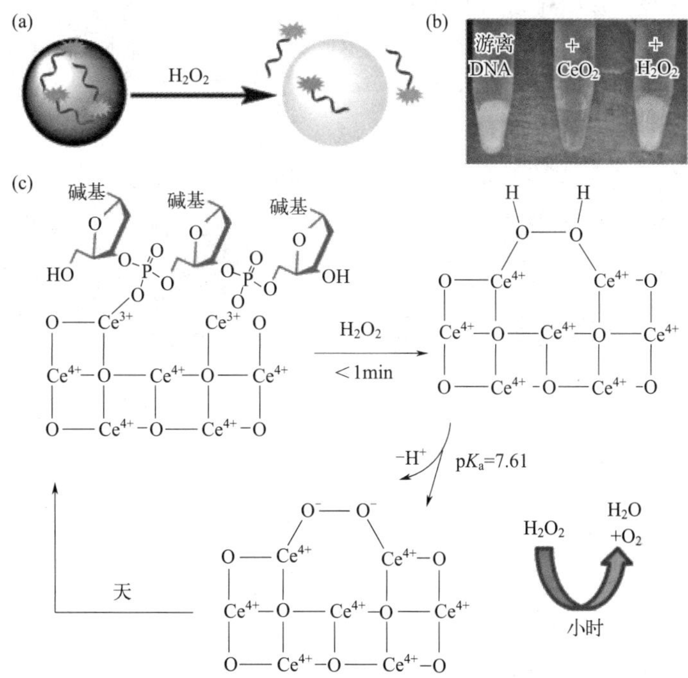

图 9-27　(a) 通过置换纳米氧化铈表面吸附的荧光 DNA 来检测 H_2O_2；
(b) 加入 CeO_2 后再加入 H_2O_2，游离 FAM-A15 DNA 的荧光照片；
(c) H_2O_2 通过覆盖纳米氧化铈表面诱导 DNA 释放的机制[85]

另外一个有趣的 H_2O_2 检测被 Pratsinis 等人用合理设计的仿酶发光纳米粒子证明。通过在 CeO_2 中掺杂 Eu^{3+}，所制备的类过氧化氢酶发光纳米粒子可以有效地将 H_2O_2 分解为 O_2，从而猝灭这些纳米粒子的发光。基于发光的变化，实现了 150nmol/L H_2O_2 的检测限[86]。

9.1.2.2　葡萄糖等氧化酶底物的检测

一些底物可以被相应的氧化酶氧化生成 H_2O_2。因此，利用上述 H_2O_2 检测的优势，将这些氧化酶与 H_2O_2 检测方法相结合，将有助于进一步检测氧化酶底物（如葡萄糖、乳酸、胆固醇、胆碱和黄嘌呤）。

(1) 糖类检测

目前，糖尿病是最重要的公共卫生问题之一，影响着全世界约 2 亿人，是肾衰竭、心脏病和失明的主要原因，开发一种简单、快速、准确的测量血糖水平的新方法至关重要。近年来，纳米酶被用于比色可视化和快速测定血糖水平。由于 AuNPs 具有类似 GOx 和 POD 的活性，可以应用于葡萄糖的一锅法比色检测。Qu 等将 AuNPs 负载在膨胀介孔包覆 SiO_2 金纳米颗粒上，制备了 EMSN-AuNPs，EMSN-AuNPs 同时表现出 GOx 和 POD 活性[图 9-28(A)、(B)]。利用双酶活性建立 GOx-POD 级联系统，类 GOx 活性能够催化葡萄糖

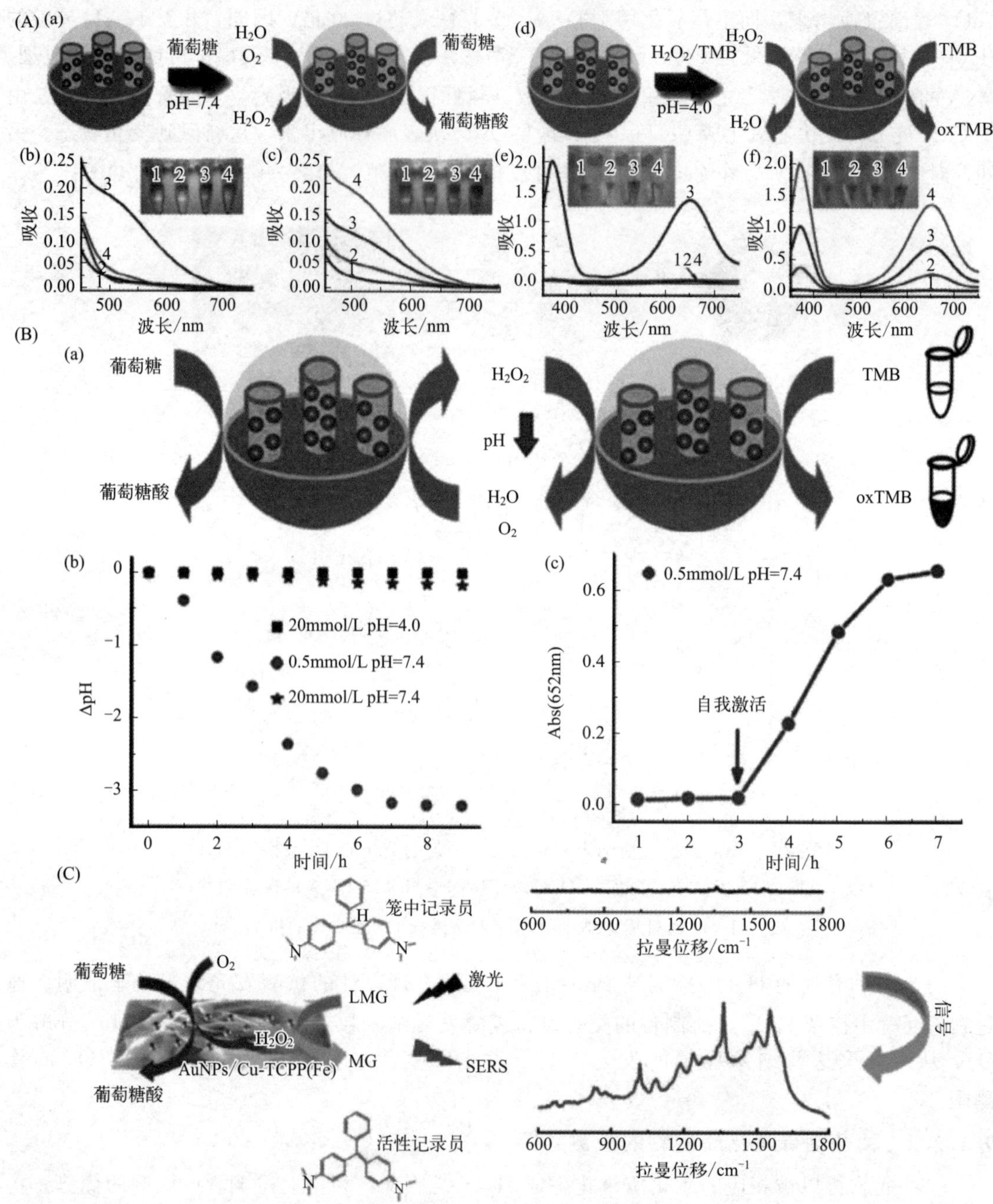

图 9-28 (A)(a) EMSN-AuNPs 模拟 GOx 催化活性的机理图，(b，c) 孵育 9h 后相应的吸收光谱和肉眼颜色变化；[(1) 葡萄糖，(2) EMSN-AuNPs，(3) EMSN-AuNPs，(4) 葡萄糖和 EMSN-AuNPs，pH=7.4][87]；(B)(a) EMSN-AuNPs 级联反应机理图，(b) 加入不同浓度的葡萄糖，pH 值随时间的变化，(c) TMB 氧化后 652nm 处吸光度随时间的变化[87]；(C) AuNPs/Cu-TCPP (Fe) NSs 无生物酶 SERS 双酶级联反应检测葡萄糖的机理图[88]

降解产生葡萄糖酸和 H_2O_2，葡萄糖酸在酸性条件下降低检测溶液的 pH，激活 EMSN-AuNPs 的 POD 活性，发生显色反应，检测到葡萄糖。类似地，Li 等以 BSA 为稳定剂，在相同环境下构建了同时具有类 GOx 和类 POD 活性的 Au@BSA，并将其应用于葡萄糖的一锅法比色检测。此外，Yang 等将 AuNPs 原位修饰到二维金属卟啉[Fe(Ⅲ)] MOF 上，合成了具有多种功能的杂化 NSs，命名为 AuNPs/Cu-TCPP（Fe)。Cu-TCPP（Fe）NSs 表现出 POD 活性，而 AuNPs 表现出 GOx 活性，催化葡萄糖生成 H_2O_2，Cu-TCPP（Fe）可用于催化 H_2O_2 分解，将非拉曼活性的孔雀石绿氧化为拉曼活性的孔雀石绿，随后利用表面增强拉曼散射（SERS）测量可检测葡萄糖水平[图 9-28(C)]，AuNPs/Cu-TCPP（Fe）NSs 的无生物酶 SERS 检测可用于唾液中葡萄糖含量的检测。

血糖水平是人体中一个极其重要的指标，高水平的血清葡萄糖与糖尿病相关，而低糖水平会引起更严重的低血糖，因此高效准确地检测人体中的葡萄糖成为生物医学中一个日益重要的方向。由于葡萄糖和氧气发生酶促反应生成 H_2O_2，因此具有过氧化物酶活性的纳米酶可以应用于间接测定葡萄糖水平，例如 MoS_2 纳米片/N 原子掺杂的氧化石墨烯、Fe_3O_4/MW 碳纳米管（CNTs）等，而 SAzymes 作为活性更高的纳米酶也被研究用于葡萄糖的更灵敏的检测。Min Chen 课题组[89] 通过牺牲载体法设计了单铁位点纳米酶（Fe-SSN)，其中氮掺杂碳的多孔结构允许更分散但保证数量的铁位点可实现更高的过氧化物酶活性。该检测方案通过类过氧化物酶纳米酶-葡萄糖氧化酶（GOx）生物催化级联反应平台，使无色的 3,3′,5,5′-四甲基联苯胺（TMB）在 H_2O_2 存在下转化为蓝色的 TMB（oxTMB）比色传感元件。此外，作者将这些生物传感元件（TMB、GOx 和 Fe-SSN）嵌入到琼脂糖基水凝胶中，进一步降低了反应过程的复杂性和反应时间，成功形成了一种快速、高效、灵敏、可视化程度高的实时葡萄糖检测系统。

例如，通过结合具有过氧化物酶活性的 GOx 和纳米酶检测饮料和生物样品（如血液和尿液）中的葡萄糖。然而，这种组合存在扩散效率低、中间体不稳定等问题，导致级联反应的催化效率有限。最近，Wei 等人开发了具有纳米尺度邻近效应的一体化纳米酶 GOx/hemin@ZIF-8，以填补这一空白，由于 1.7mmol/L 葡萄糖的显著增强的效率，实现了高灵敏度和特异性[90]。同样地，其他纳米酶如 AuNPs 作为 GOx 模拟物和 Ni Pd/V_2O_5/2D MOF 作为 hemin 的替代品，也被用于构建集成纳米酶。例如，Hu 等利用 AuNPs/Cu-TCPP（M)（M＝Fe，Co）复合物开发了一种比色检测葡萄糖的方法[图 9-29(a)]，检测限为 8.5mmol/L。将 AuNPs 直接生长在 2D MOF 纳米片上制备复合纳米酶[91]。进一步考虑到 AuNPs 的多重酶活性，形成三位一体的纳米平台（即传感、自组装和级联催化)，由 Xia 等人制备并仅使用 AuNPs 催化剂即可实现葡萄糖的检测，如图 9-29(b) 所示[92]。

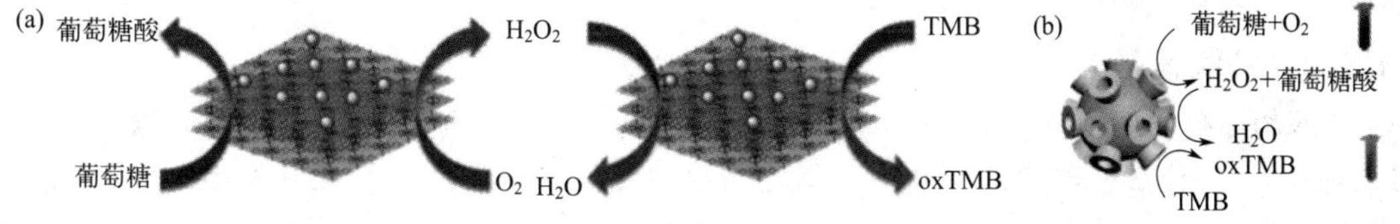

图 9-29　(a) AuNPs/Cu-TCPP（M)（M＝Fe，Co)[91] 和（b）Au 纳米酶催化的模拟酶级联反应示意图[92]

半乳糖血症是由于半乳糖代谢受阻，阻止半乳糖转化为可被机体吸收利用的半乳糖，最终导致过量蓄积，可导致呕吐、尿蛋白、肝功能损伤甚至白内障等症状，因此体内半乳糖的检测也至关重要。传统的检测半乳糖的方法包括干血斑法、高效液相色谱法和激光诱导法等，但这些方法成本高、操作复杂，导致需要探索新的材料来完成半乳糖的检测。与葡萄糖检测原理类似，半乳糖氧化酶可以将半乳糖反应为半乳糖醛酸和 H_2O_2，无色的 TMB 在纳

米酶的 H_2O_2 的协同作用下转化为蓝色的 TMB（oxTMB），基于此级联反应可以构建半乳糖的灵敏检测体系，并且 AuNPs 的纳米酶已经应用于葡萄糖检测[93]，灵敏度较低（检测限 0.3mmol/L)。Zhou 等[94] 通过分离-热解法制备的 Fe SAzymes 可以在半乳糖的比色检测体系中发挥更强的类过氧化物酶活性，结合 H_2O_2 高效催化 TMB 的氧化反应，为半乳糖检测和半乳糖血症的临床诊断提供了更高效、快速、灵敏的平台，检测限低至 10μmol/L。

（2）尿酸和多巴胺检测

尿酸（uric acid，UA）是嘌呤代谢的终产物，最终在尿液中排泄，当尿酸的产生和代谢失衡导致尿酸水平升高时，可引起体液呈酸性，引发痛风和肾脏相关疾病，尿酸的检测还与关节炎、子痫、心血管疾病有关，成为反映机体健康的重要生化指标。虽然已经报道了几种纳米材料用于 UA 的电化学检测，如普鲁士蓝（PB）/氮掺杂碳纳米管（CNTs）和负载在氧化石墨烯（GO）上的金纳米颗粒，但低活性位点的缺陷导致它们的传感性能差，无法实现高灵敏度，而 SAzymes 的高分散活性位点解决了这一问题。Hu 等[95] 报道了一种尿酸生物纳米传感检测系统（A-Co-NG），用钴基设计 SAzymes 的主要反应为：Co 氧化生成 Co^{3+}-OH-UA*。氧化还原反应为电化学传感提供了条件，本实验设计的钴原子密集分布在具有高类酶电子传感活性的 N 掺杂石墨烯本体的 SAzymes 体系（A-Co-NG）中。UA 的宽检测范围（0.4～41950μmol/L）和极低检测限［(33.3±0.024)nmol/L］实现了较好的临床检测，也为仿生检测系统提供了设计思路（图 9-30）。

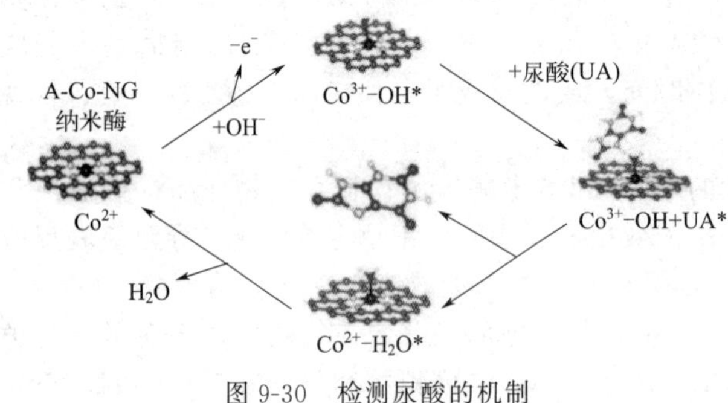

图 9-30　检测尿酸的机制

尽管在尿酸检测方面取得了成功的进展，但与尿酸在结构上非常相似的多巴胺由于氧化还原电位的微小差异而干扰尿酸的检测，且多巴胺也是重要的生化指标，其水平异常还可能导致迟发性运动障碍和神经内分泌紊乱如帕金森病、精神分裂症等，因此两者的同时检测具有挑战和意义。在成功设计 SAzymes 检测尿酸的平台后，2021 年 3 月，Xie 课题组[96] 报道了一种钌单原子生物纳米酶（Ru-Ala-C_3N_4）同时电化学检测多巴胺和尿酸的方案，通过透射电子显微镜和能量色散 X 射线能谱元素分布对合成的纳米酶进行表征，发现 Ru 原子通过 Ru-N 键密集地分散在 C_3N_4 基团上，并且可以通过 180mV 的分离峰电位差同时灵敏地检测尿酸（UA）和多巴胺（DA），具有优异的电催化性能和良好的电子传递能力，可以有效地检测生物血清中的真实 DA 和 UA。

9.1.2.3　核酸检测

核酸的简便检测对人类健康和疾病诊断至关重要。与离子一样，核酸也可以通过筛选 NP 表面的活性位点来改变纳米材料的氧化酶模拟性能。基于此，已经开发出具有类氧化酶活性的纳米材料，用于核酸的超快测定。2013 年，Pautler 等人发现 DNA 分子通过静电吸引或 DNA 中铈离子与磷酸盐主链之间的路易斯酸碱相互作用被纳米二氧化铈吸附[97]。因此，纳米纤维素的氧化酶模拟活性受到抑制，因为 DNA 分子阻止了纳米材料进入底物。受此特征的启发，可以通过底物 TMB 的颜色变化快速分析人血清样品中的 DNA 溶液或 DNA 扩增子，而无需预先纯化。除了 DNA 的检测外，具有氧化酶模拟活性的纳米材料也已被用于分析 DNA 杂交。例如，虽然 AuNPs 能够通过非共价相互作用吸附各种 DNA 分子，但单链 DNA（ss-DNA）对 AuNPs 的亲和力远高于双链 DNA（ds-DNA），因为它们具有不同的静电特性[98]。因此，添加 ss-DNA 极大地抑制了 AuNPs 的氧化酶模拟活性，而相同量的 ds-DNA 对 AuNPs 催化葡萄糖的性能几乎无影响。基于这些发现，Fan 及其同事提出了 DNA 杂交的灵敏检测。

核酸（例如 DNA 和 RNA）检测在人类遗传学、临床诊断、细胞学等领域发挥着至关重要的作用。因此，伴随着纳米酶在核酸检测领域取得的巨大成就，发展了多种纳米酶用于核酸检测（大多数用于 DNA 检测）的方法。目前的方法主要分为两类：①纳米酶作为标记物标记核酸进行信号传递；②通过调节纳米酶的活性进行核酸检测。

对于第一类，各种研究已经证明了通过共轭纳米酶进行信号传导检测目标 DNA。例如，梁东明和同事开发了一种具有过氧化物模拟活性的链霉亲和素功能化的石墨烯负载铁卟啉复合物，用于特异性识别生物素化的分子信标。在目标 DNA 存在的情况下，预固定的发夹结构可以打开，随后通过链霉亲和素和生物素之间的相互作用与链霉亲和素功能化的纳米酶结合。然后，在 H_2O_2 存在下，纳米酶可以催化邻苯二胺氧化成氧化邻苯二胺，进而产生电化学信号用于 DNA 的定量检测。利用该电化学检测平台，可以达到原子水平的检测限[99]。同样，利用过氧化物酶模拟的介孔 Fe_2O_3 成功检测了结直肠癌细胞系中的全基因组 DNA 甲基化[图 9-31(A)]。将从结直肠癌细胞系中提取并变性的 ss-DNA（单链 DNA）吸附在裸丝网印刷的金电极表面。用 5-甲基胞嘧啶抗体修饰的 Fe_2O_3 纳米酶可以特异性识别目标 DNA 上的甲基胞嘧啶基团。因此，在 H_2O_2 存在下，无论是电化学信号还是比色信号都可以通过催化 TMB 的氧化来进行检测。在整体 DNA 甲基化水平上检测到低至 10%的差异[100]。

除 DNA 外，microRNA 检测也有报道。在他们的平台中，Wang 和同事使用了两种纳米酶［Fe_3O_4 和平面 Cu(Ⅱ) 复合物］和杂交链式反应方案进行信号放大。在 microRNA 存在的情况下，杂交链式反应可由 Fe_3O_4NPs 上的发夹捕获探针触发，然后平面 Cu(Ⅱ) 配合物插入形成的 DNA 双链结构中。这种具有双纳米酶［Fe_3O_4 和平面 Cu(Ⅱ)］复合物的物物可以富集在磁性玻碳电极表面。与上面提到的 DNA 检测平台类似，同时产生电化学和比色信号用于传感，检测限低至 33amol/L（用电化学方法）[101]。

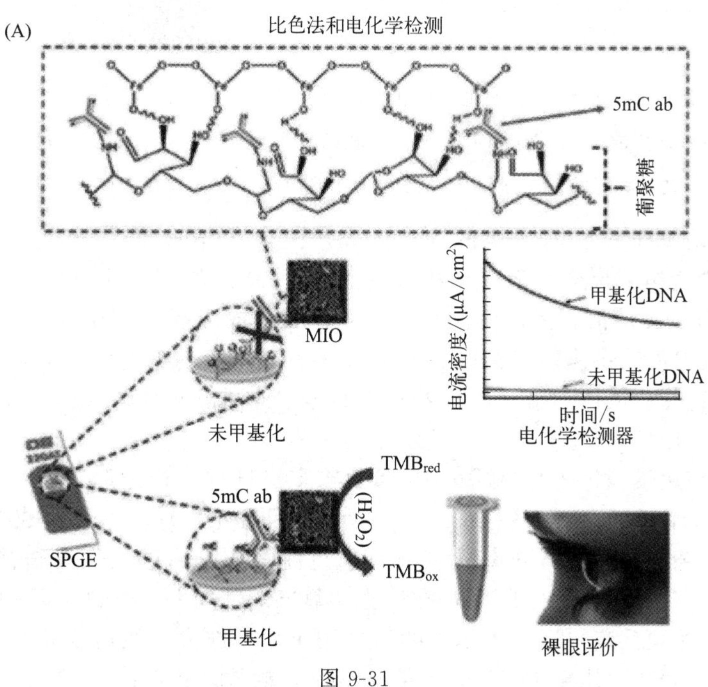

图 9-31

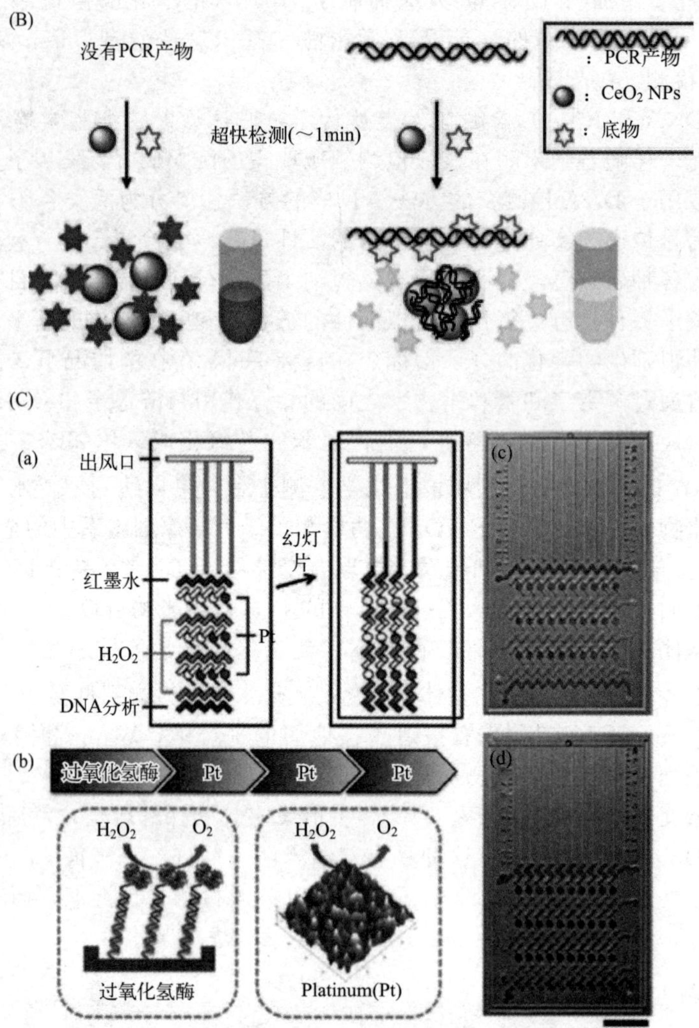

图 9-31 （A）介孔 Fe_2O_3 纳米酶比色和电化学检测全基因组 DNA 甲基化的示意图[99]；（B）将模拟氧化酶的 CeO_2 NPs 与 PCR 技术相结合用于目标 DNA 的比色检测[102]；（C）模拟过氧化氢酶的 Pt 薄膜用于构建灵敏检测 DNA 的多级推进体积条形图芯片[103]

第二类主要是基于核酸的活性调控，例如，Park 等报道了一种通过将模拟氧化酶的 CeO_2 NPs 与聚合酶链式反应（PCR）技术耦合用于 DNA 检测的比色法。如图 9-31(B) 所示，在没有目标 DNA 的情况下，无色底物可以被氧化成深蓝色，在目标 DNA 存在的情况下，通过 PCR 技术可以快速形成扩增的 DNA，屏蔽 CeO_2 纳米酶的表面，从而显著抑制其活性。此外，通过使用人体尿液样本从沙眼衣原体中检测模型目标核酸，成功证明了该传感平台的潜在临床实用性[102]。

此外，通过使用模拟过氧化氢酶的 Pt 薄膜与多级推进体积条形图芯片，报道了另一种用于 DNA 检测的创新概念。如图 9-31(C) 所示，目标 DNA 的存在形成了三明治结构的 DNA 杂交体，该杂交体会诱导过氧化氢酶（值得注意的是，过氧化氢酶被偶联到探针 ss-DNA 上）分解 H_2O_2 产生 O_2。随后，在产生的氧气的辅助下，燃料（即 H_2O_2）将被推进与过氧化氢酶样 Pt 膜反应，以产生额外的氧气用于信号放大。经过 3 轮扩增后，可将红墨水条形图推至较远距离，用于 DNA 的定量检测，检测限低至 20pmol/L[103]。

9.1.2.4　蛋白检测

对于蛋白质检测，一种广泛使用的技术是免疫分析，利用抗体和抗原之间的独特识别作用。在纳米酶的开创性研究中，Yan 等报道了两种有趣的利用过氧化物模拟酶的 Fe_3O_4 磁性纳米颗粒检测蛋白质的免疫分析方法[104]。自此以来，许多免疫分析已经用抗体偶联的纳米酶来开发。在随后的研究中，Yan 等人利用模拟过氧化物酶的 Fe_3O_4 磁性纳米颗粒开发了一种用于埃博拉诊断的纳米酶条[图 9-32(b)]。与标准胶体金试纸条相比，该纳米酶试纸条可以在 H_2O_2 存在下通过催化过氧化物酶底物的氧化来放大信号，使其检测灵敏度显著提高了 100 倍，对埃博拉病毒（EBOV）糖蛋白［图 9-32(c) 和 (d)］的检测限低至 1ng/mL。如果利用 MNPs 的磁分离特性来富集目标物，可以实现另外 10 倍的增强，如图 9-32(e) 所示。此外，临床样本可在 30min 内完成诊断，检测准确性与 ELISA 相当。这些结果表明，纳米酶试纸条可以为埃博拉疫区的感染诊断提供一个更加快速、简便的平台[105]。

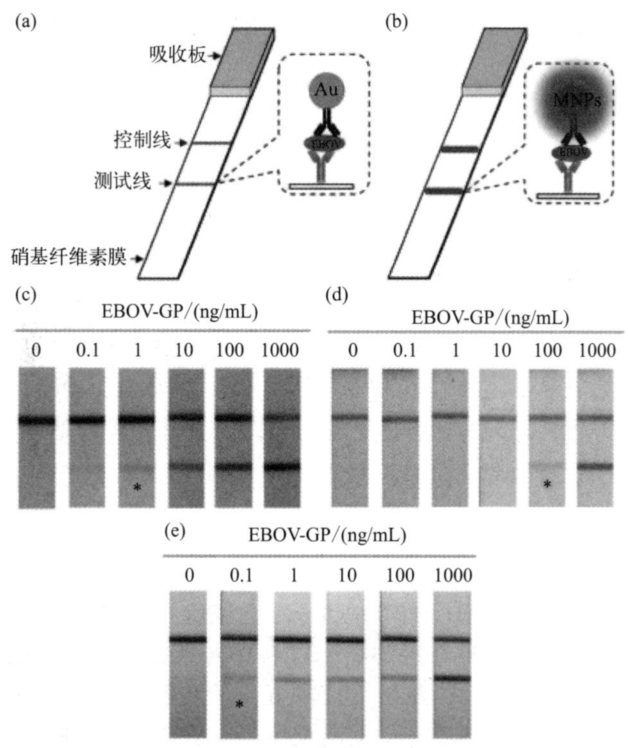

图 9-32 （a）标准 Aunp-Based 条带；（b）使用 Fe_3O_4 磁性纳米颗粒代替 AuNPs 的纳米酶-胶条；（c）纳米酶试纸条；（d）标准胶体金试纸条和（e）纳米酶试纸条结合磁富集用于 EBOV-GP 检测［星号（*）表示试验线条视觉检测的极限］[104-105]

Xia 等人使用具有过氧化物酶活性的 Pd-Ir 立方体代替 Fe_3O_4 磁性纳米颗粒用于人前列腺特异性抗原（PSA）的免疫分析。与传统的免疫检测方法相比，基于 Pd-Ir 纳米酶的 ELISA 方法具有 110 倍的检测下限[106]。为了进一步提高免疫分析方法的检测灵敏度，他们在接下来的研究中开发了金囊泡包裹的 Pd-Ir NPs 作为过氧化物模拟酶。如图 9-33 所示，在加热条件下，大量的 Pd-Ir NPs 可以从金囊泡中释放出来，从而形成用于免疫分析的信号放大平台。该方法对 PSA 的检测限为每毫升毫微克（10～15g），比传统免疫分析法低 3 个数量级[107]。

这种独特的识别不仅可以来自抗原和抗体，也可以来自适配体及其对应的靶标。例如，

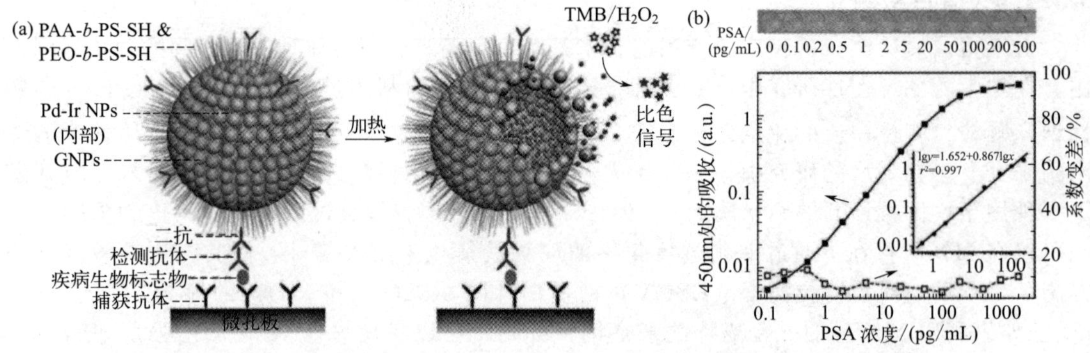

图 9-33 (a) 利用金囊泡包裹的 Pd-Ir NPs 进行信号放大超灵敏检测疾病生物标志物的 ELISA；(b) 基于金囊泡包裹的 Pd-Ir NP ELISA 方法检测 PSA[107]

Zheng 等人开发了一种用于凝血酶检测的无酶比色法。首先通过生物素-链霉亲和素相互作用将一个抗凝血酶适体固定在 96 孔微孔板上。另一个 ss-DNA 包含一部分抗凝血酶适体和另一部分模板 DNA，用于制备 Ag/Pt NC。在目标凝血酶存在的情况下，两个适体将被共轭形成三明治结构。然后，以 DNA 为模板的 Ag/Pt 双金属纳米簇将催化氧化 TMB 变为蓝色 oxTMB，用于比色检测，对凝血酶的检测限为 2.6nmol/L[108]。此外，基于 Zr^{4+} 与磷酸根之间的识别作用，Song 等人合成了 Zr^{4+} 荧光探针 Zr^{4+} 功能化的 Pt/碳点作为过氧化物模拟酶来识别和检测磷酸化蛋白[109]。

此外，比色交叉反应传感器阵列也被报道用于蛋白质识别，其检测原理是蛋白质与纳米酶上的层之间的差异相互作用会不同程度地调节纳米酶的催化活性，从而产生用于蛋白质区分的差异比色信号。阳离子单分子层功能化的 Fe_3O_4 NPs 和 AuNPs-ss-DNA 结合物都被用于构建蛋白质识别的传感器阵列。两种芯片在 50nmol/L 时可区分 10 种蛋白，在 10nmol/L 时可区分 7 种蛋白。在处理未知样品时，基于 Fe_3O_4 NP 和 AuNP 的阵列分别达到了 95%和 100%的准确率[110,111]。

9.1.2.5 细胞（细胞表面的肿瘤标志物）检测

癌症是一种非常常见且致命的疾病，是由于体内细胞发生突变导致其无限分裂，不受机体调控，形成恶性肿瘤。作为一种新兴的纳米材料，将 SAzymes 应用于肿瘤细胞检测是一种高效的解决方案。Wagner 等[112] 随后设计了五配体和四配体 Fe-N-C SAzymes，实验证明五配体 Fe-N-C SAzymes 由于其额外的轴向配体可以实现更高的催化活性，并构建了免疫型癌胚抗原比色传感体系用于癌细胞的灵敏检测。然而，SAzymes 存在两个问题：第一，在溶液中的分散性较低，容易聚集而没有达到较高的催化活性；第二，它们不具备特异性识别生物分子的结构。针对这两个问题，Sun 等[113] 将同样处于科技前沿的 DNA 工程与 Fe-N-C SAzymes 相结合，实现了对癌细胞的有效检测。将两者结合，由于其对腺嘌呤和胸腺嘧啶的高亲和力，提高了 SAzymes 在溶液中的分散性，由于 DNA 的更大可编程性，实现了对癌细胞的靶向结合。本实验将两条 DNA 链与 SAzymes 结合，一条用于多腺茄碱的高吸附结合，一条用于特异性识别作为适配体，并通过实验验证了该 DNA 不会降低原酶的活性，利用 Apt/Fe NC SAzymes 比色检测具有适配体靶向受体的癌细胞，为癌症临床诊断开拓了新的解决方案（图 9-34）。除了可以通过比色法进行癌细胞的检测外，谷胱甘肽还可以作为肿瘤细胞的特征性检验标准。谷胱甘肽（glutathione，GSH）也是维持细胞生物学功能、激活糖、蛋白质、脂肪相关酶、维持机体代谢平衡的重要物质。当体内 GSH 水平异常时，会导致机体代谢紊乱，因此对 GSH 的灵敏检测成为生物医学中越来越热门的研究方向。Fe-N-C 是最常见的 SAzymes，可以完成谷胱甘肽的检测，然而，Cao 课题组[114] 设计了一种灵敏度更高的 GSH 比色法，他们设计了一种一锅水热法制备的 Pt/Ni Co 层状双水滑石纳米复合材料（Pt/Ni Co LDH NCs）。Ni Co LDH NCs 是一种层状双金属氢氧化物，具有较多的活性位点用于 Pt SAzymes 的附着。此外，它具有可调的横向尺寸和厚度以及化学组成，可应用于建立以 TMB 为底物的比色检测平台，实现对 H_2O_2 和 GSH 的检测。

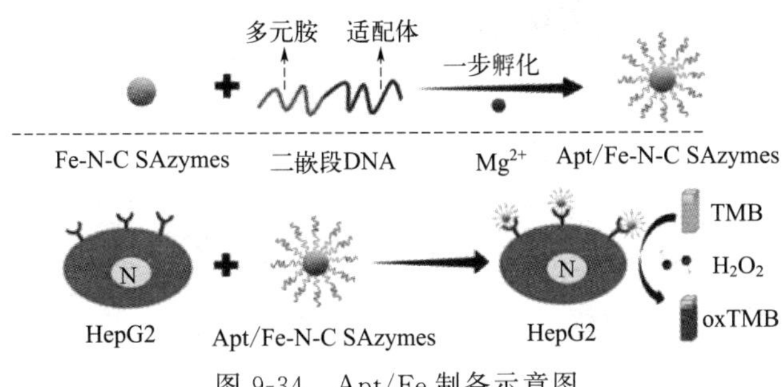

图 9-34　Apt/Fe 制备示意图

细胞表面高表达的蛋白质可作为早期癌症诊断的生物标志物。因此，上述蛋白质的检测方法将为癌细胞的检测提供一个线索。例如，Gao 等人开发了一种灵敏和选择性的纳米探针，用于精确定量人红白血病（HEL）细胞系上整合素 GpⅡb/Ⅲa 的表达水平[图 9-35(A)]。该多肽偶联的 AuNPs 纳米探针可以通过整合素特异性多肽特异性识别整合素，并在 H_2O_2 存在下通过催化 TMB 的氧化产生比色信号。利用纳米酶检测平台，在单个 HEL 细胞上可以检测到约 6.4×10^6 个整合素受体[115]。

Li 和同事用 Fe_3O_4 磁性纳米颗粒建立了循环肿瘤细胞（CTCs）检测平台。通过抗黑色素瘤相关硫酸软骨素蛋白多糖（MCSP）抗体修饰 MNPs，用于识别黑色素瘤 CTCs 上表达的 MCSP。MNPs 表现出双功能性，包括类过氧化物酶活性和磁性。类过氧化物酶活性用于信号传导，而磁性用于 CTC 的分离和富集。基于该检测平台，在 50min 内可成功检测到 13 个/mL 的黑色素瘤 CTCs[116]。同样，MCF-7 CTCs 上过表达的黏蛋白 1（MUC-1）可以被抗 MUC-1 适配体功能化的氧化铜纳米酶或 Fe_3O_4 纳米酶识别。通过信号放大，分别可以成功检测到低至 27 和 6 个细胞/mL[117,118]。

Chen 等开发了叶酸修饰的铂纳米粒子/氧化石墨烯（PtNPs/GO）纳米复合材料用于特异性癌细胞检测[图 9-35(B)]。PtNPs/GO 表现出增强的类过氧化物酶活性，在 H_2O_2 存在的情况下可以催化 TMB 氧化，用于信号传导。当用叶酸修饰后，纳米复合物可以通过细胞膜上过表达的叶酸受体靶向癌细胞。基于过氧化物模拟酶 PtNPs/GO 纳米复合材料的检测平台对癌细胞表现出高灵敏度。肉眼甚至可以检测到 125 个细胞[119]。除了蛋白质受体，其他过表达的分子如聚糖和上皮细胞黏附分子（Ep CAM）也通过与它们的生物识别配体如凝集素和抗 Ep CAM 适体（SYL3C）偶联用于癌细胞检测[120,121]。

高浓度的 H_2O_2 是肿瘤细胞的特征，其分解导致活性氧（ROS）的产生。ROS 作为一种有毒物质，可以通过对细胞造成损伤，引发心血管疾病，从而引起生物体的异常，因此检测 H_2O_2 的重要性不容忽视。自 Jiao 课题组[122] 首次将 Fe-N-C SAzymes 用于 H_2O_2 检测以来，涌现出了几种检测 H_2O_2 的 SAzymes 溶液。钴基 SAzymes Co-MoS_2 由于其特殊的反应机理，具有更高的传感检测水平，可以实现对 H_2O_2 的灵敏检测[123]，线性范围为 1μmol/L～2.5mmol/L。基于 SAzymes 催化生理物质电化学过程的原理，设计的钴基

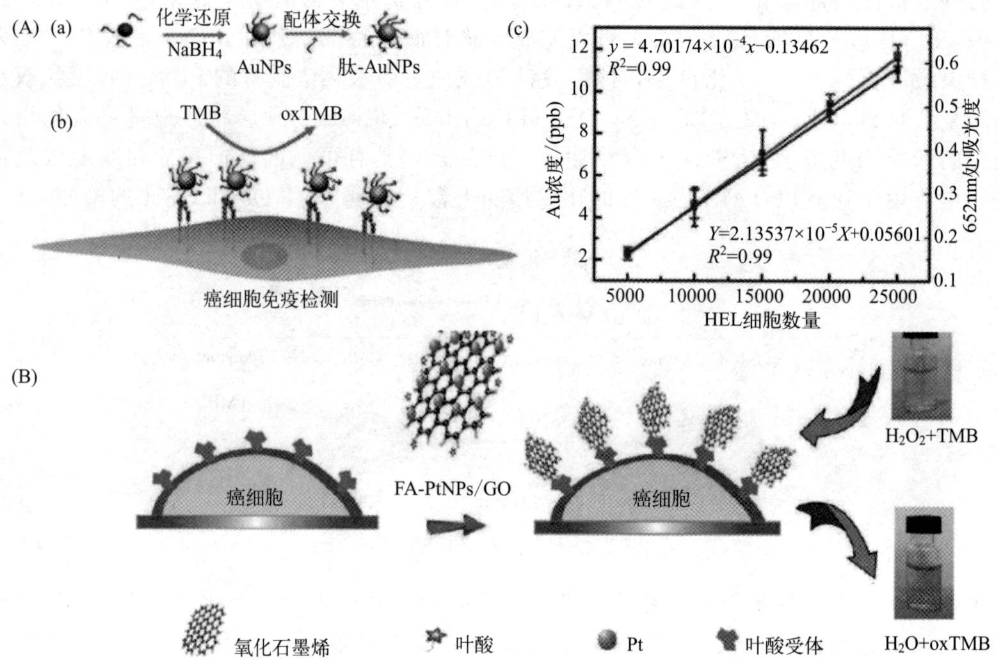

图 9-35 （A）多肽-Au NP 偶联物用于癌细胞免疫检测；（a）通过化学还原和配体交换的方法制备多肽偶联的 AuNPs，（b）在 H_2O_2 存在下，多肽-AuNPs 通过催化 TMB 的氧化介导癌细胞免疫分析，（c）HEL 细胞数与 Au 浓度（红色曲线）和 652nm 处吸光度（蓝色曲线）的线性回归；（B）叶酸功能化的 PtNPs/GO 纳米复合材料比色检测癌细胞的原理[115]

SAzymes 可以在低电位下催化 H_2O_2 的电化学氧化，因此也可以用于 H_2O_2 的灵敏检测[124]。Cheng 等[125] 将 Fe 原子负载在 N 掺杂的 C 纳米管（CNT）上，设计了纳米酶检测试纸，实现了对 H_2O_2 的灵敏检测，并具有良好的选择性、重现性和稳定性。由于原理类似于过氧化氢的测定，该试纸也可以完成葡萄糖和抗坏血酸的检测。例如以 $FeCl_2$、葡萄糖和双氰胺为底物，在高温环境下合成了一种具有高酶活性的 Fe-N-C SAzymes，可有效吸附 H_2O_2 并催化其分解为羟基自由基与 TMB 反应显色，达到灵敏检测过氧化氢的目的，且在较宽的浓度范围（0.5～100mmol/L）内，响应值与浓度呈线性关系。

9.1.2.6 离子检测

离子可以用于调节纳米酶的活性。因此，基于它们对纳米酶活性的抑制或增强作用，Cu^{2+}、Hg^{2+}、Ag^{+} 等几种金属离子被纳米酶检测到。例如，如图 9-36 所示，Xia 和他的同事证明了 PVP 包覆的 Pt 纳米立方体作为过氧化物模拟物可以催化氧化 TMB 产生比色信号。然而，当体系中存在 Ag^{+} 时，Ag^{+} 会吸附在 PtNPs 表面，阻碍催化活性位点的进入，导致 PVP 包覆的 Pt 立方体的活性受到抑制。基于此原理，构建了 Ag^{+} 检测生物传感器。该生物传感器的线性范围为 10^2～10^4nmol/L，检测限为 80pmol/L[125]。Zhao 等也以 PVP 包覆的 Pt 催化纳米棒可以实现 Hg^{2+} 和 Ag^{+} 的同时检测[126]。同样，Chen 等发现 2.5nm 柠檬酸根修饰的 PtNPs 的过氧化物酶活性由于 Hg-Pt 相互作用而受到明显抑制。因此，他们基于这一原理制备了一种对 Hg^{2+} 敏感且具有选择性的生物传感器，该生物传感器的检测限低至 8.5pmol/L[127]。与抑制活性相反，Lu 等报道了 Hg^{2+} 可以显著提高 rGO/PEI/Pd 纳米杂化物的类过氧化物酶活性，因为形成 Pd-Hg 薄汞齐层后改变了 PdNPs 的物理化学性质。根据这一现象，利用 rGO/PEI/Pd 纳米酶设计了一种检测低浓度 Hg^{2+} 的方法。通过基于裸眼的比色法检测废水或血清中低至10nmol/L的Hg^{2+}，展示了其在环境监测、临床诊断等方面的潜在应用。

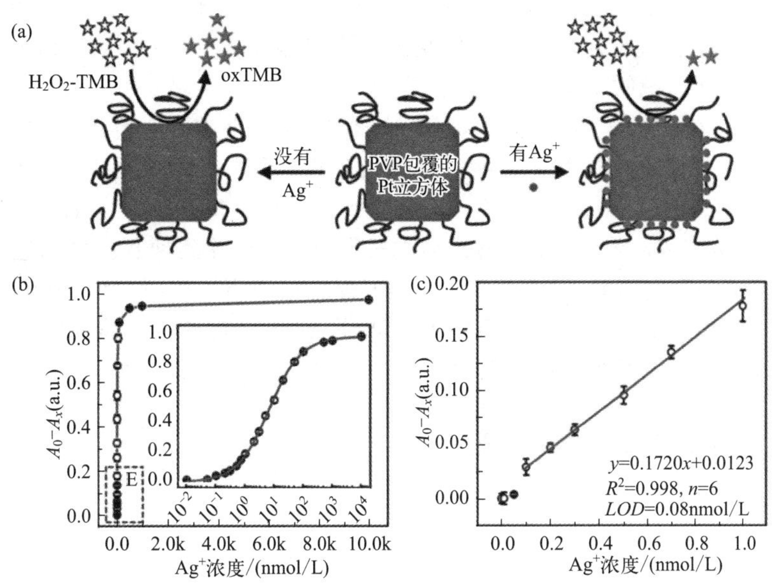

图9-36 PVP包覆的具有类过氧化物酶活性的Pt立方体用于Ag^+检测

(a) 检测原理示意图；(b) 以653nm处吸光度降低值（A_0-A_x）对Ag^+浓度作图得到校准曲线；(c) 面板B所示校准曲线的线性范围[119-121]

利用纳米酶检测到了F^-、S^{2-}和CN^-等几种阴离子。例如，Liu等发现纳米氧化铈在氟化物覆盖后，其类氧化酶活性可以提高两个数量级以上。他们的研究表明，表面电荷调制和促进电子转移是F^-修饰后纳米氧化铈类氧化酶活性增强的原因。基于这一原理，实现了对F^-的灵敏检测，检测限为0.64mmol/L（图9-37）。此外，其他常见阴离子对该比色传感

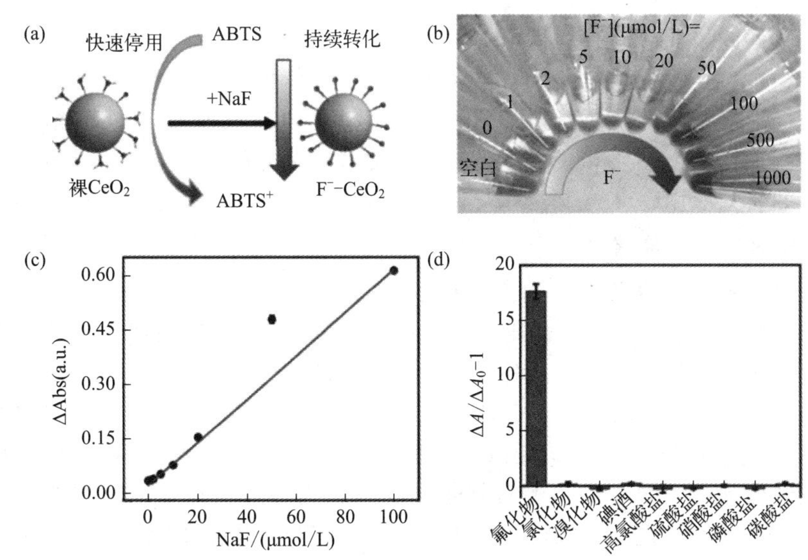

图9-37 通过提高纳米氧化铈的模拟氧化酶活性检测F^-

(a) 通过F^-覆盖提高纳米氧化铈的类氧化酶活性的方案；(b) F^-浓度依赖的传感器颜色变化照片；(c) 通过绘制吸光度的相对变化（DAbs）作为F^-浓度的函数的校准曲线；(d) F^-对各种常见阴离子的选择性检测[128]

器无干扰，可用于 F^- 的选择性检测[128]。Singh 等人证明了基于其对 Pt 纳米酶类过氧化物酶活性的开关效应可以实现 S^{2-} 的检测[129]。Lien 等人的研究表明 CN^- 可以有效抑制氢氧化钴/氧化物修饰的氧化石墨烯（CoOxH-GO）的类过氧化物酶活性，这为构建检测 CN^- 的传感平台提供了可能。此外，通过在尼龙膜上涂覆 CoOxH-GO，构建了基于膜的传感平台，用于检测废水样品中的 CN^-[130]。

另一个关于比色适配体传感器检测 K^+ 的有趣例子是 Chen 等用过氧化物酶模拟的 AuNPs 和 K^+ 特异性结合的适配体。在适配体存在的情况下，由于适配体修饰的 AuNPs 与 TMB 之间的亲和力增强，AuNPs 的类过氧化物酶活性显著提高。目标 K^+ 的存在会使适配体转变为 G-四链体结构，导致 AuNPs 的类过氧化物酶活性受到抑制。该比色适配体传感器可检测低至 0.06nmol/L 的 K^+[131]。最近，Qin 课题组证明了利用二维 MOF 纳米酶传感器阵列可以区分 5 种磷酸盐。更令人鼓舞的是，涉及 ATP 和焦磷酸水解过程的实时生物相关事件可以通过所设计的纳米酶传感器阵列进行检测[132]。

9.2 纳米酶的生物应用

9.2.1 生物成像

9.2.1.1 生物成像及其发展需求

生物医学中通过多种方式对生理过程和疾病早期诊断等进行研究，目前影像技术方面的成像方法主要有光学成像（optical imaging）、光声成像（photoacoustic imaging，PAI）、核磁共振成像（nuclear magnetic resonance imaging，NMRI）、电脑断层成像（computerized tomography，CT）和正电子发射断层扫描（positron emission tomography，PET）等。其中光学成像主要包括扩散光学成像（diffuse optical tomography，DOT）、生物发光色谱成像（bioluminescence imaging，BLI）、荧光成像（fluorescence imaging，FI）等。与其他成像技术相比，基于光学成像具有灵敏度高、快速成像、实时监测、无损探测和操作简便等特点，可以用于疾病的早期诊断和病理研究。而所使用的探针大多具有需要原位激发、光稳定性差、发光寿命短、生物毒性较大、背景荧光干扰以及信噪比低等缺点，严重影响了它们在生物医学方面的应用。而纳米材料不需要原位激发就可以持续发光，具有优越的荧光寿命，可以很好地改善探针的信噪比和灵敏度，有效避免背景荧光的干扰，因此近年来在生物成像领域被人们不断研究应用。

9.2.1.2 纳米酶与生物成像

一些研究已经证明了纳米酶在成像方面的应用。得益于本征特性（例如，Fe 的磁性、Ir 的 X 射线吸收能力、Au 的光学性质等），磁共振成像、计算机断层扫描成像和光学成像可以用于追踪纳米酶的体内行为。此外，利用纳米酶的催化特性，还可以生成几种有色或荧光产物用于成像。Yan 和同事报道了一项开创性的研究（图 9-38）。他们通过将模拟过氧化物酶的 MNPs 包裹在重组人重链铁蛋白壳中制备了磁性铁蛋白纳米颗粒（M-HFn）。HFn 外壳可以通过肿瘤细胞表面过表达的转铁蛋白受体靶向肿瘤组织，而不需要额外的识别配体。同时，氧化铁可催化过氧化物酶底物，并产生有色产物，用于可视化肿瘤组织。在 H_2O_2 和重氮氨基苯存在的情况下，M-HFn 显示出强烈的棕色，用于肿瘤组织的可视化。为了进一步证明基于 M-HFn 的染色平台的高特异性、敏感性和准确性，对来自 9 种癌症患者的 474 份临床标本进行了（注：迄今为止，共有 1400 多个临床标本，包括十种癌症）检测。结果表明，该纳米酶成像平台能够以98%的灵敏度和95%的特异性区分癌细胞和正常细胞。同样，Dong等将Avastin单抗抗体功能化的具有过氧化物酶样活性的Co_3O_4NPs用于免疫组织化学染色，其染色能力与天然HRP相当[133]。

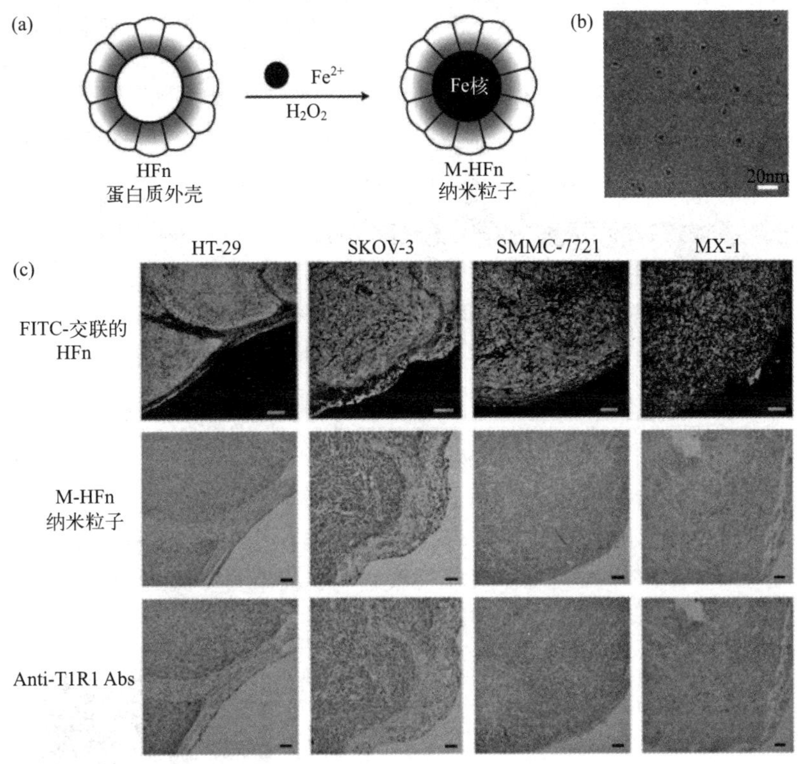

图9-38　肿瘤组织M-HFn染色

(a) M-HFn的合成示意图；(b) M-HFn的TEM照片；(c) M-HFn作为过氧化物模拟酶用于肿瘤组织的靶向和可视化[133]

另一个例子是用生物正交纳米酶来证明的。例如，Gupta和同事通过将过渡金属催化剂封装在pH响应的NPs中，开发了电荷可切换的纳米酶用于特定的生物膜成像。在细菌生物被膜的酸性微环境中，两性离子AuNPs会转变为阳离子状态，导致被生物被膜更高的摄取。通过生物被膜内的纳米酶催化荧光基团（图9-39），可以实现生物被膜的成像[134]。

一些研究也表明纳米酶能够提高成像灵敏度。Ragg和他的同事发现，具有内在SOD活性的氧化锰（MnO）在暴露于$O_2^{\cdot -}$时可以增强其MRI对比度。增强的MRI对比度归因于锰离子在$O_2^{\cdot -}$清除过程中氧化态的暂时变化[135]。在另一项研究中，Zhen和同事发现

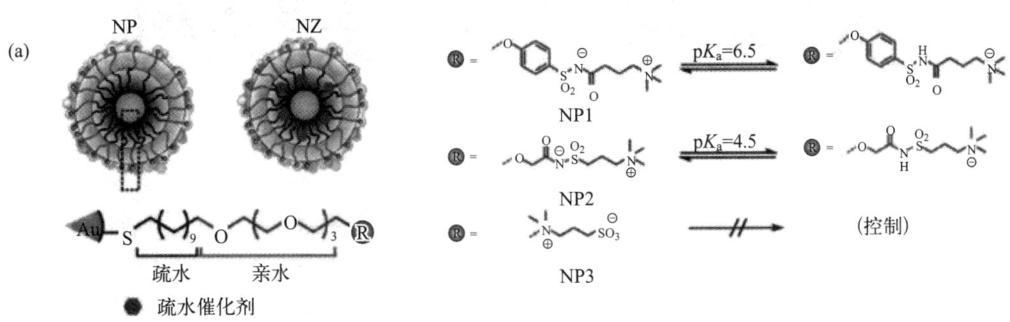

图9-39

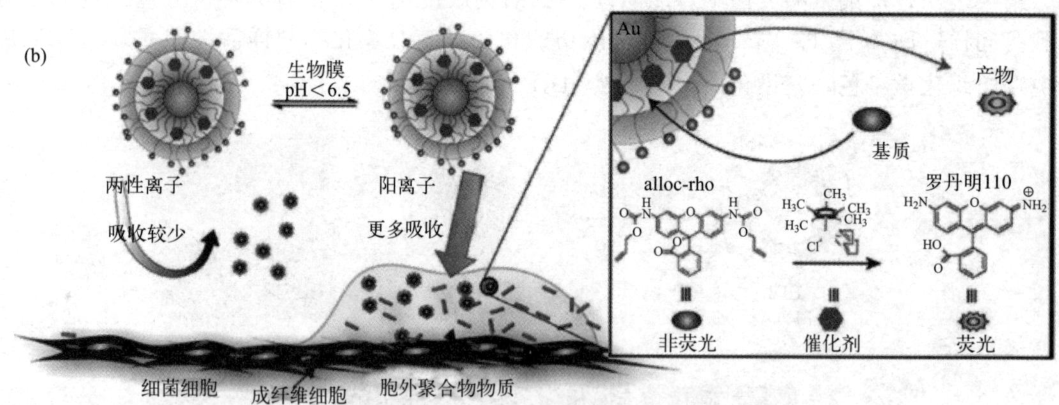

图 9-39 电荷可切换纳米酶用于特异性生物膜成像

（a）AuNPs pH 响应和控制配体的分子结构；（b）具有 pH 响应性的 NPs 选择性靶向生物膜感染的示意图[134]

BSA-IrO_2 NPs 具有过氧化氢酶活性，可以通过氧诱导的空化作用催化 H_2O_2 歧化为 O_2 以增强其光声信号[136]。上述 H_2O_2 传感器基于将荧光基团标记的 DNA 从纳米氧化铈表面置换出来，进一步用于斑马鱼幼鱼伤口诱导 H_2O_2 的荧光成像。

例如，在细胞成像层面，2015 年林文宾教授课题组[137] 构筑了混合配体纳米 MOFs R-UiO，其中金属卟啉（TCPP-Pt）配体对氧气敏感，包覆染料作参比信号，可实现细胞内氧含量的准确检测及精确成像，相关内容如图 9-40 所示。

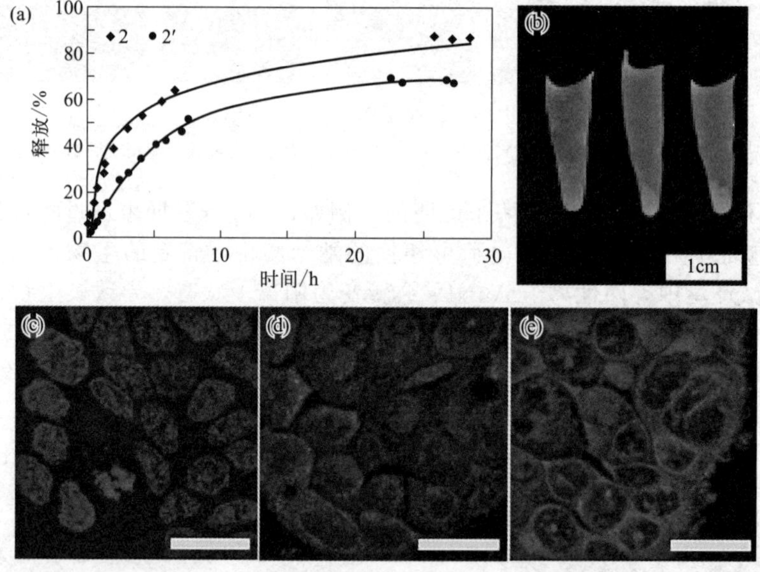

图 9-40 基于 R-UiO 的比率传感及其应用于细胞内氧气浓度检测与成像[137]

9.2.2 治疗药物

生命体中的多酶催化体系直接影响生命代谢系统，而代谢调控又和疾病息息相关。因此利用仿生构建载酶体系来实现疾病的诊疗研究是非常有潜力的。在疾病治疗方面，酶催化纳米体系主要通过对病变部位活性氧的调节及其他代谢产物的清除来调控细胞命运，其光磁等物理响应性赋予了疾病的多模式协同治疗的可能性。

9.2.2.1　神经保护作用

由于羧基富勒烯具有类似 SOD 的活性，Dugan 等人在保护神经细胞免受自由基损伤方面做了一些开创性的工作[138,139]。进一步，他们证明 C_{60}-C_3 可能对家族性肌萎缩侧索硬化（ALS）具有治疗作用。ALS 是一种神经退行性疾病，与多种基因突变有关，如家族性 ALS 的 SOD1 错义突变，如果用 C_{60}-C_3 治疗携带人类疾病基因的家族性 ALS 转基因小鼠，可以观察到症状出现延迟 10 天，生存率提高 8 天[140]。

令人鼓舞的是，C_{60}-C_3 被证明能够治疗非人灵长类动物帕金森病。在研究中，Dugan 和同事进行了系统治疗，在 MPTP 诱导的食蟹猴帕金森病模型中，C_{60}-C_3 用药两个月，（MPTP 为 1-甲基-4-苯基-1,2,3,6-四氢吡啶）。通过①运动功能的体内行为学测量，②纹状体多巴胺的体外定量，③6-［18F］氟代多巴（FD，反映多巴脱羧酶）、［11C］二氢四苯嗪（DTBZ，反映囊泡单胺转运体 2 型）等的正电子发射断层扫描（PET）成像评估治疗效果。这些结果表明 C_{60}-C_3 治疗可以显著减轻纹状体损伤，改善运动功能（图 9-41），值得注意的是，C_{60}-C_3 处理没有表现出任何毒性[141]。

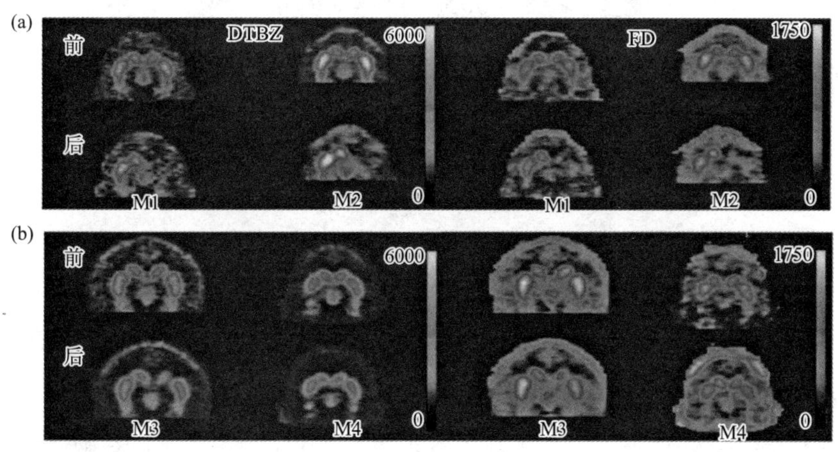

图 9-41　安慰剂治疗（a）和 C_{60}-C_3 治疗（b）猴在 MPTP 诱导前和治疗 2 个月末的 PET 图像，分别用 DTBZ 和 FD 示踪剂进行 PET 显像

注：每个示踪剂的双侧摄取 pre-MPTP，显示所有 4 只猴子双侧的泪滴状黑质。然而，在研究结束时，与 C_{60}-C_3 处理的猴子相比，安慰剂处理的猴子在损伤侧对两种示踪剂的摄取明显较少或者相反，在 C_{60}-C_3 处理的猴子中，DTBZ 和 FD 是保留的[141]

纳米二氧化铈是一种值得信赖的 ROS 清除剂，也被广泛研究用于神经保护。在缺血过程中产生和积累的 ROS 会诱导氧化损伤，导致缺血性损伤和卒中相关的细胞死亡。Kim 等人证实纳米二氧化铈在体内可以清除 ROS 从而保护缺血性脑卒中（图 9-42）。动物实验表明，在 0.5mg/kg 和 0.7mg/kg 的最佳剂量下，纳米二氧化铈可显著减少脑梗死体积[142]。在随后的研究中，三苯基膦标记的纳米二氧化铈（TPP-纳米二氧化铈）被开发为 ROS 清除剂，以保护阿尔茨海默病中的线粒体免受氧化应激。利用 5XFAD 转基因阿尔茨海默病小鼠模型评估 TPP-纳米二氧化铈的治疗效果，其中 TPP-纳米二氧化铈可以靶向线粒体，减少神经元死亡。此外，体内实验表明 TPP-纳米二氧化铈可以缓解反应性胶质增生和线粒体损伤，证明了它们在阿尔茨海默病中保护线粒体免受氧化应激的潜在应用。在另一项关于帕金森病治疗的有趣研究中，制备了 3 种不同类型的纳米二氧化铈，包括纳米二氧化铈、TPP-纳米二氧化铈和簇状纳米二氧化铈，分别用于选择性清除细胞内、线粒体和细胞外的 ROS。通

过清除线粒体和细胞内 ROS，可以抑制帕金森病模型小鼠纹状体中小胶质细胞活化和脂质过氧化，同时增强酪氨酸羟化酶的表达水平。以上结果证明了线粒体和细胞内 ROS 在帕金森病发生发展中的重要作用。因此，可以通过这 3 种类型的纳米二氧化铈来评估 ROS 在一些疾病中不同细胞定位的功能。纳米二氧化铈还可以与多金属氧酸盐结合，有效清除 ROS，降解 β 淀粉样蛋白（Aβ）聚集体。基于蛋白水解和 SOD 活性，纳米二氧化铈/多金属氧酸盐不仅可以抑制 Aβ 触发的 BV2 小胶质细胞活化，还可以促进 PC12 细胞增殖，表明其在治疗 Aβ 神经毒性神经退行性疾病进展中的潜在应用。

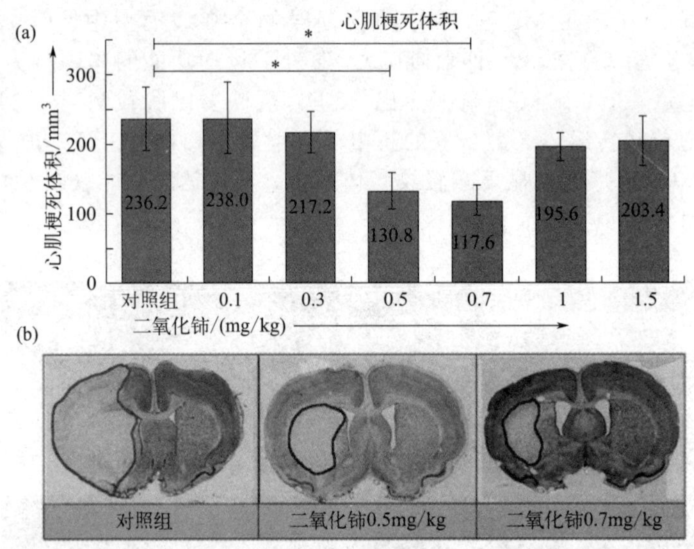

图 9-42　纳米二氧化铈对缺血性脑卒中的保护作用

（a）不同剂量纳米二氧化铈处理的大鼠在卒中过程中的脑梗死体积；（b）对照组和纳米二氧化铈处理组的代表性脑片[142]

尽管纳米二氧化铈在神经保护方面取得了巨大成功，但纳米二氧化铈只能通过靶向血脑屏障（blood brain barrier，BBB）的损伤区域来穿越 BBB，导致 CeO_2 在脑部病变部位的蓄积非常有限。为了应对这一挑战，Shi 等开发了一种基于纳米二氧化铈的神经保护剂（E-A/P-CeO_2），其负载依达拉奉，并进一步用 Angiopep-2 和 PEG 功能化[图 9-43(a)]。由于 Angiopep-2 可以通过受体介导的穿胞作用靶向脑部病变，因此可以观察到有效的 BBB 穿越和更高的 E-A/P-CeO_2 NPs 积累[图 9-43(b)]。结合纳米二氧化铈和依达拉奉的协同 SOD 模拟活性，E-A/P-CeO_2 对脑卒中脑损伤的保护作用最强［图 9-43(c) 和 (d)］[143]。在另一项研究中，Li 和同事破译了纳米二氧化铈神经保护作用的深入机制。他们发现纳米二氧化铈可以将小胶质细胞的极化从促炎表型转变为抗炎表型，这可能是其发挥神经保护作用的原因[144]。

除了羧基富勒烯和纳米二氧化铈外，其他纳米材料也被用于神经保护。具有 ROS/RNS（活性氮物种的 RNS）清除能力的 PEG-MeNPs 可以提供有效的缺血性脑损伤保护，且副作用小。与梗死面积约为 32%的对照组相比，PEG-MeNPs 的处理使梗死面积显著减少了一半（B14%）[145]。Singh 等证明花状 Mn_3O_4 纳米酶模拟了 3 种抗氧化酶，包括 SOD、过氧化氢酶和 GPx。利用帕金森病实验模型证明了 Mn_3O_4 纳米酶的治疗效果。他们的研究结果表明，Mn_3O_4 纳米酶可以为细胞提供神经保护作用，证明了其治疗 ROS 介导的神经退行性疾病的潜力[146]。

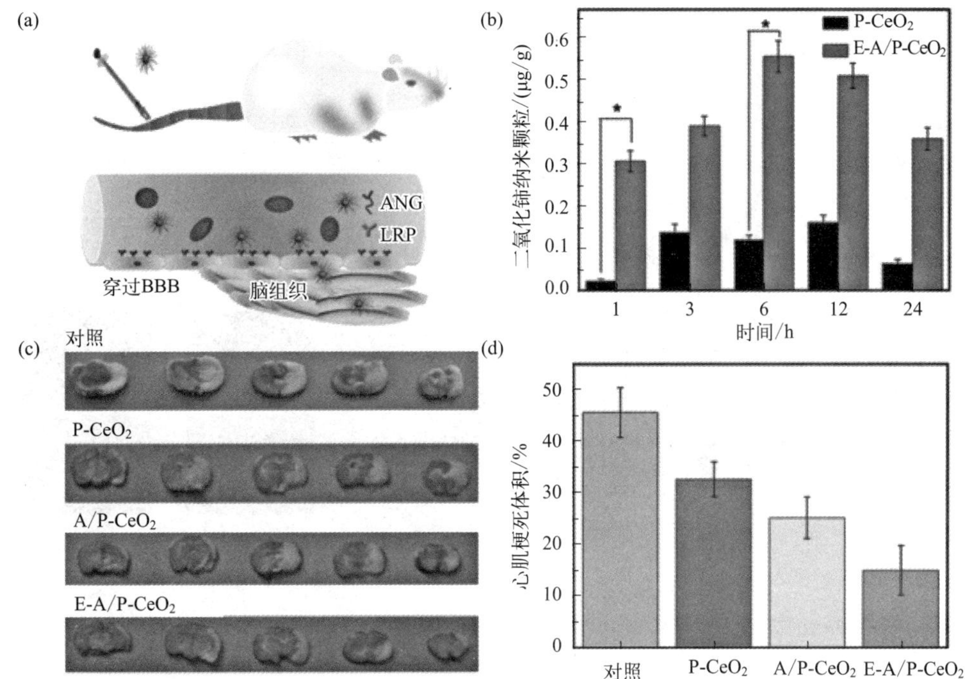

图 9-43　(a) Angiopep-2 (ANG) 靶向脑毛细血管内皮细胞上过表达的脂蛋白受体相关蛋白 (LRP)，促进 E-A/P-CeO_2 通过 BBB 进入脑组织治疗脑卒中的示意图；(b) 纳米二氧化铈 ($^*P<0.05$) 给药 0.5mg/kg 后，正常脑组织中纳米二氧化铈的时间依赖性浓度 (μg Ce/g 脑组织)；(c) 卒中 24h 内各组代表性 2,3,5-氯化三苯基四氮唑染色脑的数码照片；(d) 使用 Image-Pro Plus 分析纳米二氧化铈 0.6mg/kg 在全脑中的体积占比[143]

9.2.2.2　细胞保护作用

最近，多种纳米酶也被证明可以作为抗氧化剂用于细胞保护，例如，Vernekar 等发现 V_2O_5 纳米线表现出有趣的 GPx 样活性，在 GSH 存在下催化 H_2O_2 转化为 H_2O (图 9-44)。因此，V_2O_5 纳米线通过清除 H_2O_2 发挥细胞保护作用。细胞实验表明，V_2O_5 纳米线不仅可以消除外源性 H_2O_2，还可以消除由 $CuSO_4$ 诱导的细胞内源性过氧化物，表明 V_2O_5 纳米线是一种有效的细胞保护抗氧化剂[147]。

另一个有趣的例子是通过矿化直接生长 MnO_2 纳米酶壳，用于酵母细胞的长期细胞保护。由于 MnO_2 纳米酶的 SOD 和过氧化氢酶活性，细胞对有害 H_2O_2 的抵抗能力增强。在与 H_2O_2 孵育 48h 后，超过 65%的酵母细胞@MnO_2 可以存活，而只有 5%的原始细胞存活。坚固的 MnO_2 外壳不仅对 H_2O_2 提供了更好的细胞保护作用，而且对其他应激因子如裂解酶和紫外辐射也提供了更好的保护作用，并且这种保护作用对其他活细胞也是通用的。值得注意的是，这种保护可以被生物降解，从而恢复细胞的功能。然而，在未来的应用中也应考虑释放的 Mn^{2+} 的潜在毒性[148]。

此外，具有类似 GPx 活性的 Se 基纳米酶如 GO-Se 纳米复合材料和 Se@聚多巴胺也被报道可以消除 H_2O_2 发挥细胞保护作用。最近，Xu 等报道了一种通过硒代胱氨酸在 60℃下水热合成荧光 Se 掺杂碳点的方法。进一步研究表明，得到的 Se 掺杂碳点可以有效消除 ·OH，起到细胞保护作用，并且通过共聚焦显微镜成像验证了 Se 掺杂碳点在细胞中的分布，其在细胞核、溶酶体、线粒体和细胞质中呈现随机定位状态[149]。

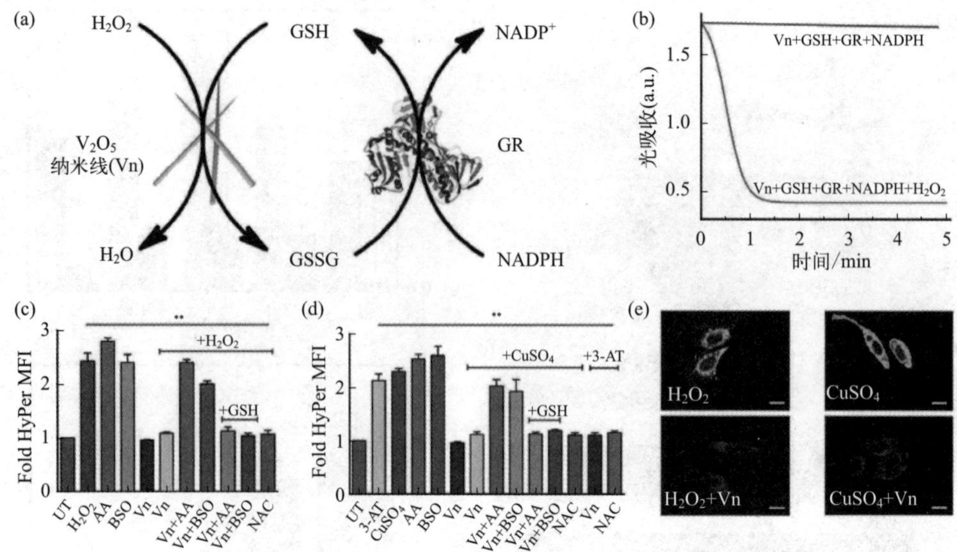

图 9-44　V_2O_5 纳米线作为 GPx 模拟物的细胞保护作用

(a) V_2O_5 纳米线的 GPx 样抗氧化活性和 GR 对 GSH 的循环利用；(b) 在 25℃的磷酸盐缓冲液中，V_2O_5 纳米线、GSH、NADPH、GR 和 H_2O_2 存在时，V_2O_5 纳米线的活性随时间的变化曲线；利用基因编码的 H_2O_2 特异性探针 Hy Per 在 HEK293T 细胞中检测 V_2O_5 纳米线对外源 H_2O_2 (c) 和 $CuSO_4$ 诱导的细胞内源性过氧化物 (d) 的清除能力；(e) 用 V_2O_5 纳米线处理 HeLa 细胞，用 H_2O_2 或 $CuSO_4$ 处理，然后用 15mmol/L DCFH-DA 染料染色[147]

9.2.2.3　抗炎药物

大量研究表明，具有多种酶活性的纳米酶是出色的抗炎剂。例如，具有 SOD 和过氧化氢酶活性的二氧化铈纳米酶由于其自催化特性表现出优异的重复 ROS 清除能力。因此，一些研究报道了生物相容性的纳米二氧化铈用于体外和体内抗炎。为了进一步提高 ROS 的去除效率，选择了掺杂的方法。如 Zr^{4+} 掺杂的纳米二氧化铈（CZ NPs）由于具有更高的 Ce^{3+}/Ce^{4+} 比和更快的从 Ce^{4+} 到 Ce^{3+} 的恢复速率而具有比纳米二氧化铈更高的活性。采用两种具有代表性的脓毒症模型（即 LPS 诱导的内毒素血症大鼠模型和 CLP 诱导的菌血症小鼠模型）来证明 CZ NPs 的体内抗炎作用[图 9-45(A)]。与对照组相比，CZ NPs 给药组的中位生存率提高了 2.5 倍，证明 CZ NPs 是系统性炎症的新型治疗剂[150]。

此外，基于生理条件下 PB 的过氧化氢酶和 SOD 活性，PB 也被用作 ROS 清除剂。RAW264.7 细胞体外炎症模型和大鼠体内肝脏炎症模型提示，具有清除 ROS 能力的 PB 能够保护氧化损伤，减轻炎症反应[151]。另一个 A549 细胞体外炎症模型和香烟烟雾暴露小鼠体内肺部炎症模型成功证明了 SOD 和过氧化氢酶模拟 PtNPs 可作为抗氧化剂抑制肺部炎症[152]。随后，将具有 SOD 模拟活性的甘氨酸功能化氢氧化铜纳米颗粒直接放入香烟滤嘴中，代替鼻腔给药，同样表现出抗氧化能力，保护 A549 细胞免受氧化应激。这样的策略可能是未来吸烟者抗肺部炎症的直接途径。

最近，Yao 等人证明了 Mn_3O_4 NPs 不仅具有清除 $O_2^{\cdot -}$ 和 H_2O_2 的能力，而且具有清除·OH 的能力，因此 Mn_3O_4 NPs 可以作为有前途的抗炎药物[图 9-45(B)]。值得注意的是，与纳米二氧化铈相比，Mn_3O_4 NPs 表现出优越的 ROS 去除效率，并且比天然酶具有更好的稳定性，进一步的体内外实验证明了清除 ROS 的 Mn_3O_4 纳米酶的抗炎治疗作用[153]。

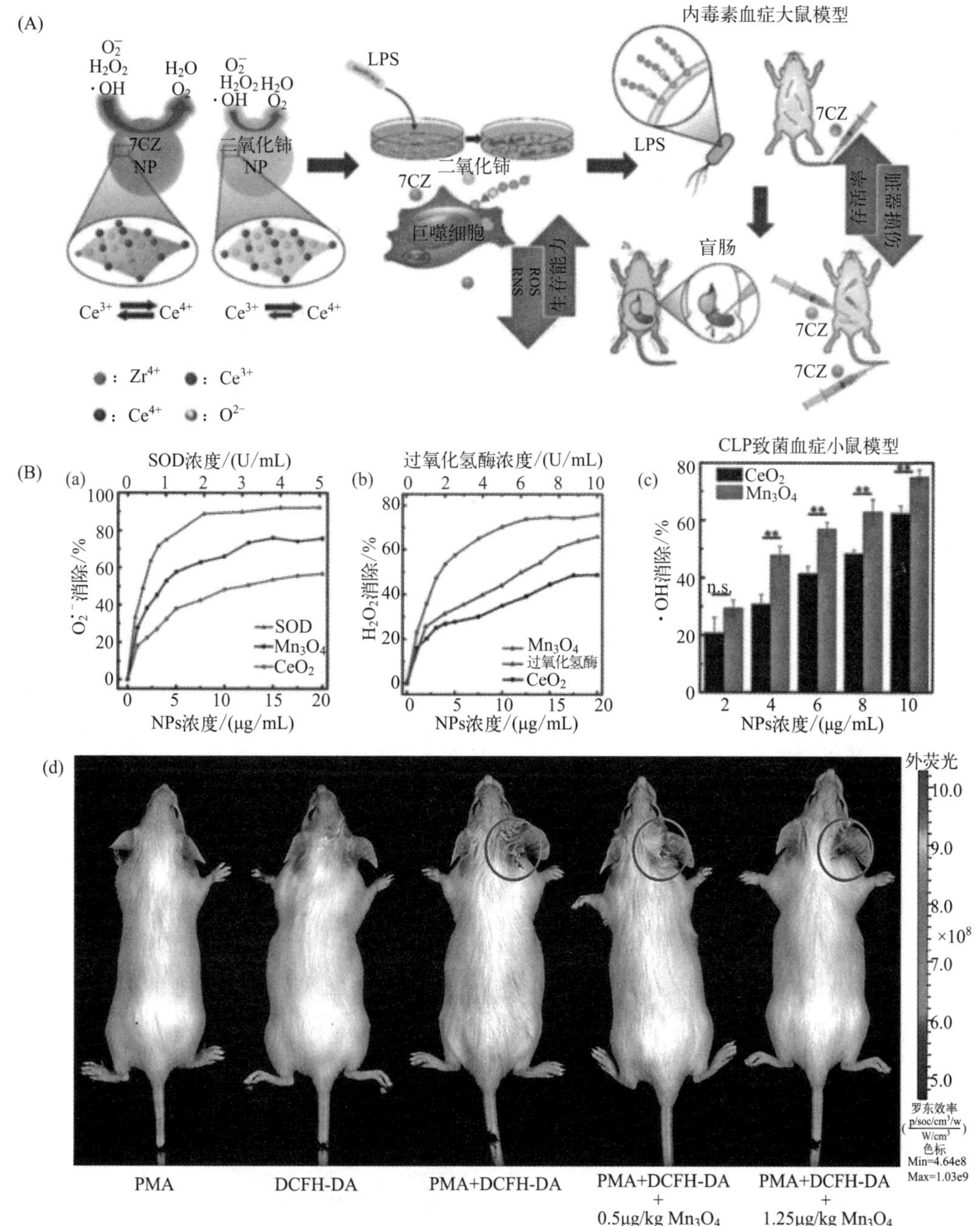

图 9-45 (A) CeO_2 和 CZ NPs 作为治疗性纳米药物在体外炎症和体内脓毒症模型中的示意图[150]；(B) 用于体内抗炎的 Mn_3O_4 纳米酶[153]：(a) $O_2^{\cdot -}$ 和 (b) H_2O_2 的消除与 Mn_3O_4 NPs、CeO_2 NPs 和相应的天然酶的浓度之间的依赖关系；(c) ·OH 的消除与 Mn_3O_4 NPs 和 CeO_2 NPs 浓度的依赖关系；(d) 不同条件（PMA、佛波醇 12-肉豆蔻酸酯 13-乙酸酯）治疗后 PMA 诱导的小鼠耳部炎症的活体荧光成像

另一个创新的例子是开发了一个有趣的多抗氧化酶协同平台（即 V_2O_5@PDA@MnO_2 纳米复合材料；PDA，聚多巴胺）模拟细胞内 SOD、过氧化氢酶和 GPx 参与的抗氧化防御过程。得到的杂化纳米复合材料表现出多重抗氧化酶活性，其中 V_2O_5 作为 GPx 模拟物、MnO_2 作为 SOD 和过氧化氢酶模拟物。即使对于 PDA，也发现了协同高效的抗氧化作用。

在优异的 ROS 清除能力的鼓励下，他们构建了 PMA 诱导的耳部炎症模型，证明了 V_2O_5@PDA@MnO_2 在体内抗炎方面的潜在应用[154]。

除 SOD 和过氧化氢酶模拟物外，产 H_2 的氢化酶样纳米酶也被报道用于抗炎。Wan 和同事制备了一种包含光敏剂叶绿素 a、电子供体抗坏血酸和光还原 AuNPs 作为氢化酶样纳米酶的脂质体复合物，在 660nm 激光的激发下，产生 H_2，将 ·OH 还原为 H_2O，从而减轻组织炎症[155]。

9.2.2.4 肿瘤治疗

肿瘤是一种致死率极高的凶险疾病。对于肿瘤的有效治疗方法的探寻仍旧是相关研究人员的重要任务。相较于具有较大副作用的传统放疗和化疗，肿瘤的光热治疗和光动力学治疗由于无创性受到了与日俱增的关注。除此之外，纳米酶作为新一代纳米医学的重要代表，不仅能直接介导肿瘤催化治疗，而且通过与光热治疗和光动力学治疗相结合能够进一步提高治疗效果。

（1）纳米酶介导的肿瘤催化治疗

ROS 也会对癌细胞造成伤害。根据 ROS 产生方式（机制）的不同，用于癌症治疗的纳米酶大致可分为两类：①作为过氧化物酶或氧化酶模拟物的纳米酶，在催化过程中产生 ROS；②在光敏剂和过氧化氢酶模拟物存在的情况下，光照射下产生 ROS，其中纳米酶的关键作用是产生 O_2 以增强 PDT 效率。

Bu 及合作者提出了一种纳米酶介导的肿瘤的化学动力学疗法，即过渡金属催化剂在肿瘤细胞内发生芬顿或类芬顿反应，催化肿瘤细胞内的 H_2O_2 分解产生 ·OH 等活性氧（ROS）以诱导癌细胞的凋亡[156,157]。例如，Bu 等人构建了一种非晶铁 AFeNPs（图 9-46）负载碳酸酐酶 IX 抑制剂（CAI）用于癌症的化学动力学治疗[158]。该 AFeNPs@CAI 通过响应肿瘤间质的微酸环境将所负载的 CAI 释放，从而对在肿瘤细胞膜上过表达的碳酸酐酶蛋白（CAIX）造成特异性抑制，对癌细胞内的 H^+ 的向外排出有阻止作用，从而使 H^+ 留在细胞内。该策略通过提高癌细胞内的酸性使 AFeNPs 介导的芬顿反应显著地增强，所产生的 ·OH 对癌细胞实现杀伤。

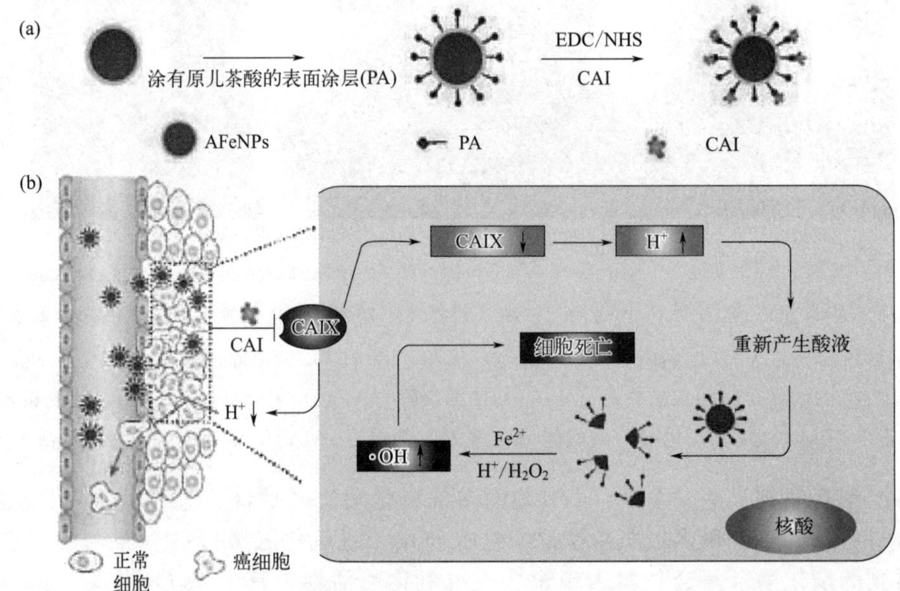

图 9-46 （a）AFe NPs@CAI 的制备过程；（b）通过 AFe NPs@CAI 自增强的化学动力学疗法示意图[158]

虽然肿瘤部位的 H_2O_2 含量高于正常细胞，但是其浓度仍不能对癌细胞造成有效的杀伤。由此，Chen、Shi 及合作者利用可生物降解的大孔枝状 SiO_2 NPs（DMSN）负载天然葡萄糖氧化酶（GOD）和 Fe_3O_4 NPs 合成了连锁纳米催化剂用于肿瘤治疗[图 9-47(a)][159]。该催化剂中的 GOD 消耗肿瘤细胞中的葡萄糖，同时产生大量的 H_2O_2。其后，Fe_3O_4 NPs 通过芬顿反应催化 H_2O_2 生成对肿瘤细胞具有高毒性的·OH，从而杀伤癌细胞[图 9-47(b)]。

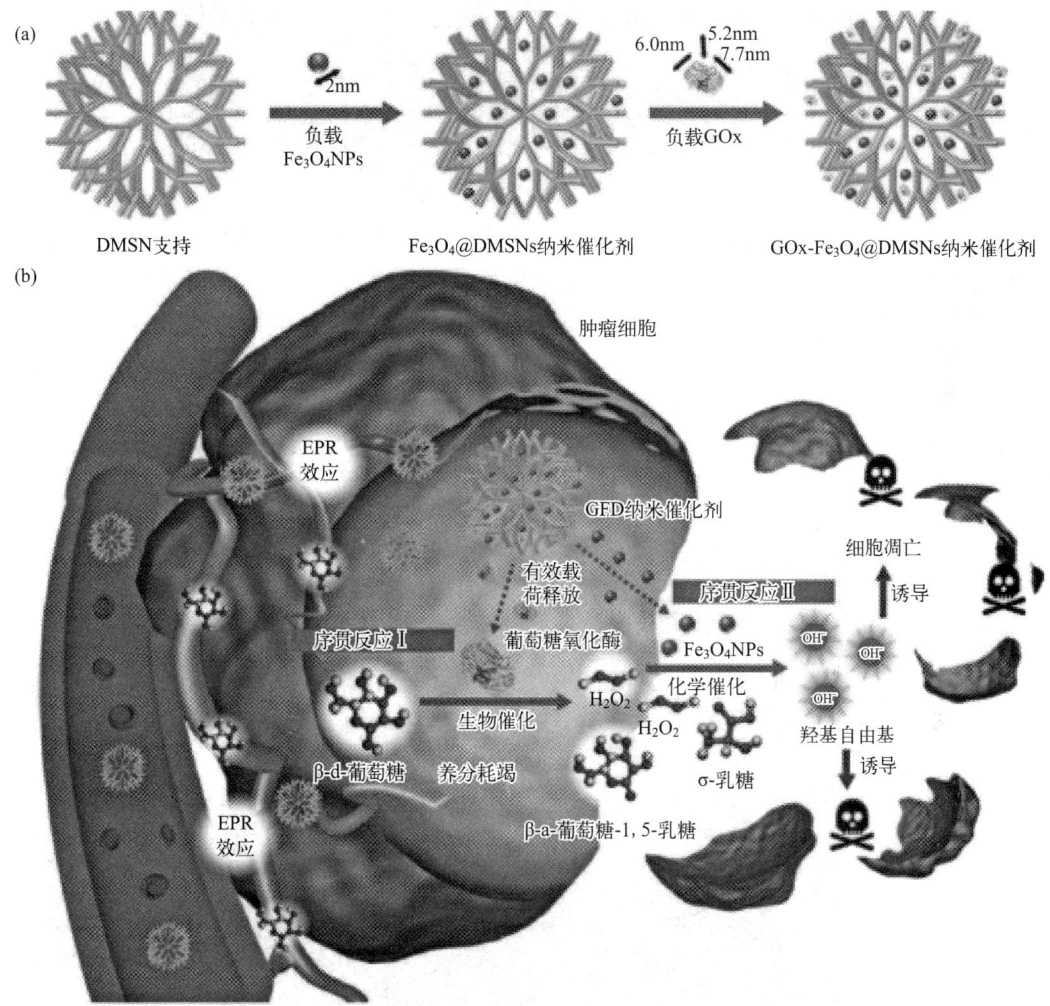

图 9-47　(a) GOD-Fe_3O_4@DMSNs 纳米催化剂的合成过程示意图；
(b) GOD-Fe_3O_4@DMSNs 纳米催化剂的连锁催化反应用于肿瘤治疗的示意图[159]

肿瘤部位大量存在的 GSH 会消耗纳米酶催化 H_2O_2 所生成的·OH，从而降低治疗效果。所以，设计能够消耗 GSH 的纳米酶用于肿瘤治疗是十分有意义的。Yang 和 Cheng 等人设计了一种既能消耗 GSH 又能生成·OH 的 MnO_2 包覆的介孔 SiO_2（MS@MnO_2）NPs[160-161]。如图 9-48 所示，该 NPs 的 MnO_2 外壳能够氧化 GSH 生成氧化型谷胱甘肽（GSSH）和 Mn^{2+}。生成的 Mn^{2+} 在 HCO_3^-/CO_2 存在的条件下能够催化 H_2O_2 产生·OH，以达到杀伤肿瘤细胞的目的。

（2）纳米酶介导的催化治疗协同光热治疗

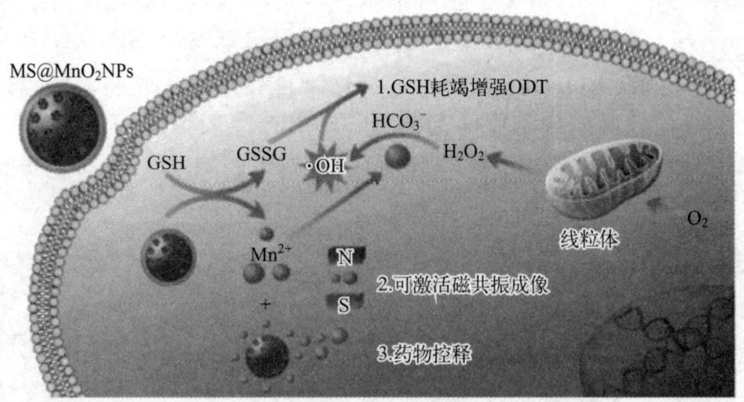

图 9-48　MS@MnO$_2$ NPs 用于肿瘤治疗的示意图[161]

光热治疗是利用光热试剂将光能转换为热能从而杀伤肿瘤的治疗方法。纳米酶介导的催化治疗与光热治疗相结合后能够提高对肿瘤的杀伤效果。例如，Dai、Ding 及合作者设计了具有类过氧化氢酶活性和类过氧化物酶活性的 PtFe@Fe_3O_4 纳米酶可用于高效的肿瘤治疗（图 9-49）[162]。在激光辐照下，PtFe@Fe_3O_4 纳米酶的双重催化活性不仅被提高，而且表现出光热效应。PtFe@Fe_3O_4 纳米酶不仅催化 H_2O_2 产生高毒性的 ·OH，而且产生 O_2，从而解决了肿瘤乏氧的问题。再结合光热效应，PtFe@Fe_3O_4 纳米酶能够有效地杀死肿瘤细胞。

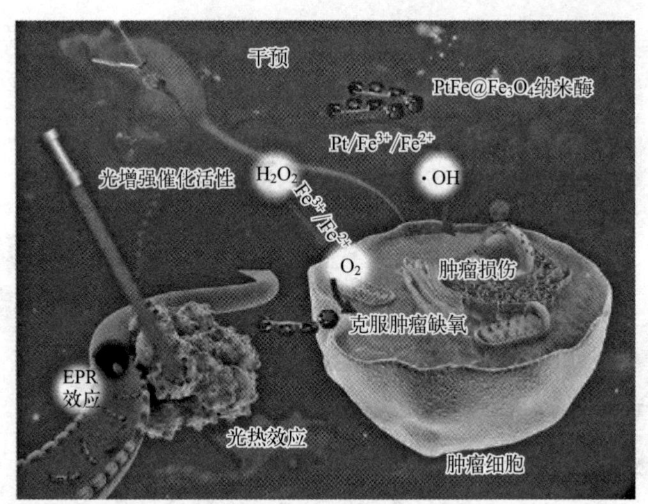

图 9-49　PtFe@Fe_3O_4 纳米酶应用于肿瘤催化治疗和光热治疗[162]

（3）多重酶活协同治疗

最近，Huo 等提出并论证了催化纳米药物的概念。如图 9-50 所示，通过将 GOx 和超小 Fe_3O_4 NPs 封装在树枝状介孔二氧化硅 NPs（DMSNs）中，制备了 GOx-Fe_3O_4@DMSNs 纳米催化剂。该催化剂被癌细胞摄取后，GOx 可以消耗肿瘤细胞中的葡萄糖，这不仅会使癌细胞饿死，而且会产生相当浓度的 H_2O_2 用于下游反应。随后，超小 Fe_3O_4 NPs 通过类芬顿反应原位催化产生大量 H_2O_2，产生毒性·OH，进而诱导肿瘤细胞凋亡。同时研究了 GOx-Fe_3O_4@DMSNs 的生物降解行为和药代动力学。令人鼓舞的是，GOx-Fe_3O_4@DM-SNs 的结构在癌细胞中孵育 7 天就可以被降解，且对昆明小鼠生长无明显影响，证明了

$GOx\text{-}Fe_3O_4$@DMSNs 的高生物安全性。此外，如 $GOx\text{-}Fe_3O_4$@DMSNs 在全血中的分布动力学以及 $GOx\text{-}Fe_3O_4$@DMSNs 在血液中的 2.65h 循环半衰期的体内行为进一步证明了药代动力学的改善。基于 $GOx\text{-}Fe_3O_4$@DMSNs 的生物降解行为和高生物相容性，将其应用于体内肿瘤催化治疗，对 4T1 和 U87 肿瘤移植瘤表现出满意的肿瘤抑制效果[163]。

类似地，Fan 等报道了氮掺杂多孔碳纳米球（N-PCNs）具有氧化酶、过氧化物酶、过氧化氢酶和超氧化物歧化酶四种酶活性，可以在体内调节 ROS。进一步用铁蛋白修饰 N-PCNs 有助于通过受体介导的内吞作用靶向递送到溶酶体。随后，溶酶体的酸性环境促进 N-PCNs 执行过氧化物酶和氧化酶的活性，产生 ROS 并消耗氧气，从而对肿瘤细胞产生毒性和缺氧作用（图 9-50）。动物实验结果表明，N-PCNs 能够有效降低肿瘤体积，提高荷瘤小鼠的生存率[164]。

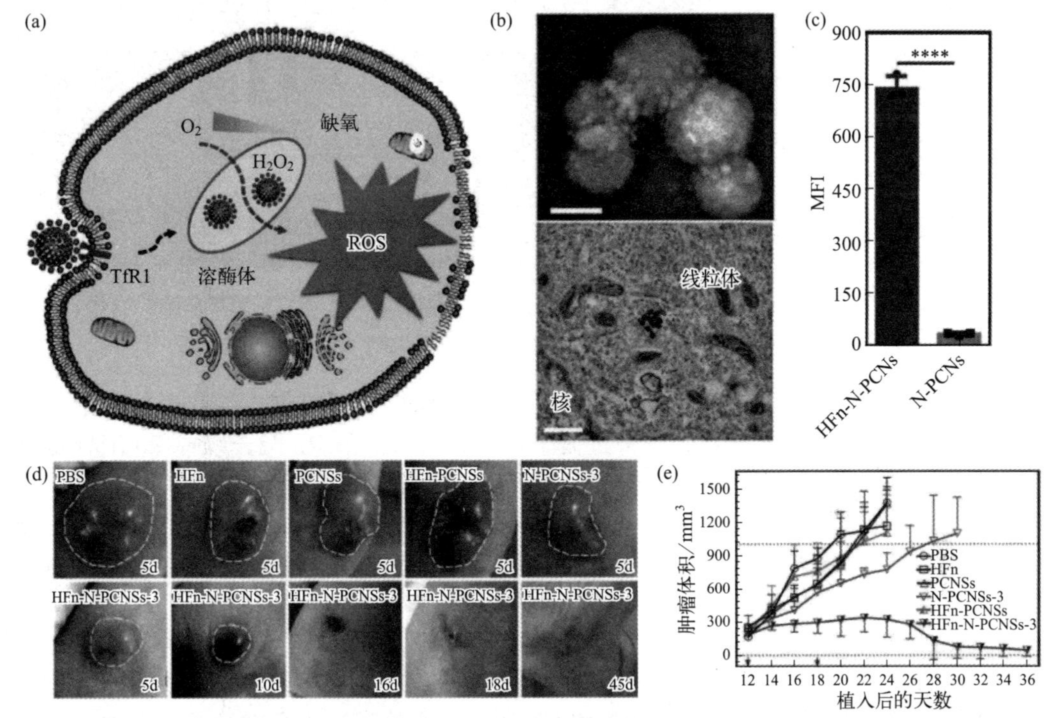

图 9-50　(a) N-PCN 通过铁蛋白介导的特异性递送诱导肿瘤细胞破坏的示意图；(b) 铁蛋白组装在 N-PCNs 和铁蛋白-PCNs 处理的癌细胞的 TEM 照片；(c) 流式细胞术分析（$n=3$）定量铁蛋白增强 N-PCNs 内化；(d) Ferritin-N-PCN 治疗（$n=5$）的肿瘤形态及进展；(e) Ferritin-N-PCNs（$n=5$）瘤内治疗后肿瘤体积[164]

对于第二类，具有类过氧化氢酶活性的纳米酶通常用于产生更多的氧气以增强 PDT 效果。在 PDT 过程中，O_2 会被光激活的光敏剂转化为 ROS。然而，癌细胞的缺氧微环境限制了治疗效果，这就为具有过氧化氢酶样活性的纳米酶提供了机会，因为它们可以原位分解 H_2O_2 为 O_2 和 H_2O。例如，Kim 等人开发了具有生物相容性的铁酸锰纳米粒子锚定的介孔二氧化硅纳米粒子（MFMSNs）来提高 PDT 效率（图 9-51）。MFMSNs 在激光照射下持续产生的 O_2 和 ROS 缓解了缺氧的肿瘤微环境，增强了治疗效果。此外，MFMSNs 作为磁共振成像的造影剂，可以进行体内示踪[165]。

类似地，其他纳米材料（如 Pt 修饰的光敏 MOFs、BSA-IrO_2 等）也被证明可以通过产生 O_2 来提高治疗效果。在某些情况下，几种方法联合应用于癌症治疗。例如，BSA-IrO_2 NPs 由于其优异的光热转换效率和光催化活性，以及计算机断层扫描成像的高 X 射线吸收能力，在癌症诊疗方面具有广阔的应用前景。更重要的是，具有过氧化氢模拟酶活性的 BSA-IrO_2 NPs 不仅可以提供 O_2 克服肿瘤缺氧和增强光声成像，还可以作为自抗炎剂保护正常细胞免受 H_2O_2 诱导的氧化应激[166]。

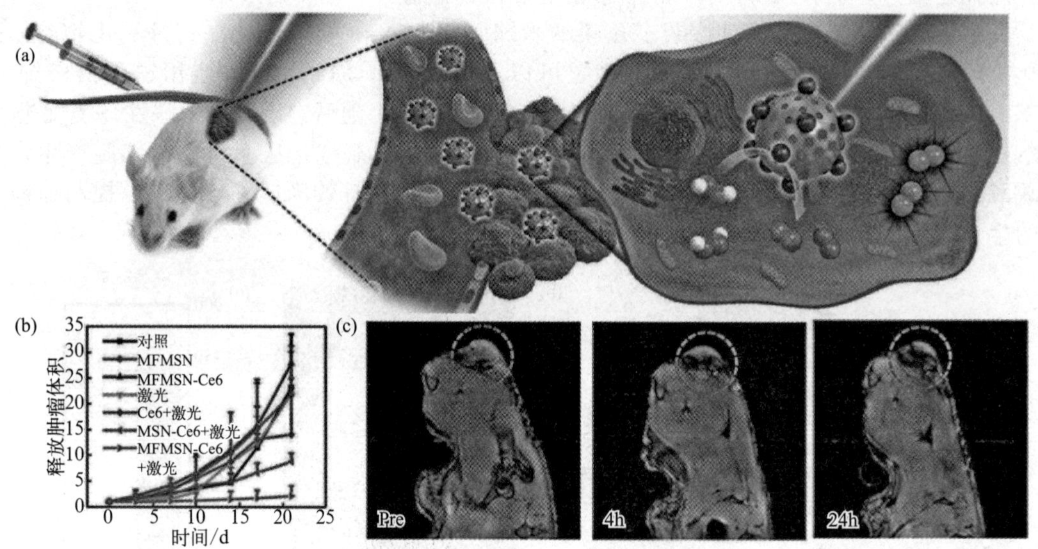

图 9-51 （a）MFMSNs 在乏氧肿瘤中高效 PDT 的示意图；（b）3 周后各组肿瘤体积变化；（c）荷瘤小鼠不同时间段的活体 T2 加权磁共振成像追踪（肿瘤呈虚线环绕）[165]

除了 ROS，在最近的一些研究中，生物正交纳米酶也被用于癌症治疗的前药激活，将前药转化为毒性药物。例如，首先，将过渡金属催化剂（例如 Ru 配合物或 Pd 配合物）非共价封装在 AuNPs 核上的烷硫醇单分子层中。然后，将葫芦脲（CB）额外覆盖在单分子层的头部基团上，可以保护催化剂不被释放，同时阻止催化活性位点的进入，导致生物正交纳米酶的失活。当加入竞争性客体分子［即 1-金刚烷胺（ADA）］时，CB[167] 将从生物正交纳米酶中带走，导致活性位点暴露。因此，生物正交纳米酶的催化活性可以通过 ADA 和 CB 之间的这种超分子相互作用进行可逆调控。Pro-5-FU 的炔丙基只与暴露的活性催化剂裂解产生有毒的 5-FU，这证明了未来的治疗在作用位点的 5-FU 的副作用会最小化[168]。同样，用偶氮苯异构化和环糊精代替 ADA 和 CB 制备了光控生物正交纳米酶。在光诱导偶氮苯结构变化的情况下，环糊精将被释放以激活 Pro-5-FU，显示其在癌症治疗中的潜在应用。此外，为了证明生物正交纳米酶的细胞成像能力，选择了前荧光团，而不是将前药用于癌症治疗。

9.2.3 抗菌-纳米酶

现今抗生素导致的细菌耐药性问题已经成了一个世界性的难题，开发高效杀菌并且可以避免耐药性产生的新型抗菌剂大有必要。由于纳米酶可以调节 ROS 的水平，而活性氧（ROS）可以有效防御病原体对机体的侵袭，这就赋予了纳米酶材料抗菌的功能。由于这些材料对细菌的杀伤作用具有多面性、细菌难以产生有针对性的耐药性，吸引了广大科研工作者的研究兴趣。到目前为止已经有关于贵金属基纳米材料如纳米银、小分子修饰的金纳米颗粒等在抗菌方面应用的报道。Qu 课题组制备出了具有类氧化物酶活性和类过氧化物酶活性的介孔二氧化硅负载的 Au 纳米颗粒，该材料打破了环境 pH 对类酶活性的限制，即使在中性的条件下仍然可以保持较好的类酶催化活性。

与上述消除 ROS 不同，将 O_2 或 H_2O_2 转化为 ROS 的氧化酶或过氧化物酶活性将赋予纳米酶抗菌活性，本章节对纳米酶的抗菌应用进行了综述。在此，我们将讨论一些具有代表性的例子。例如，Qu 等合成了负载在介孔二氧化硅上的具有氧化酶和过氧化物酶活性的金纳米颗粒（MSN-AuNPs），用于对抗细菌。即使在神经 pH 下，MSN-AuNPs 的这些催化活性也可以在较宽的 pH 范围内保持，从而在生理条件下杀死细菌。他们证明 MSN-AuNPs 的过氧化物酶样活性归因于在 H_2O_2 存在下产生的 ·OH，而氧化酶样活性则来自几种 ROS，包括 $^1O_2$、·OH 和 $O_2^{\cdot -}$。因此，MSN-AuNPs 在 O_2 或 H_2O_2 存在下会产生过量的 ROS，从而产生可观的抗菌性能。进一步对革兰氏阳性菌如金黄色葡萄球菌（*S. aureus*）和革兰氏阴性菌如大肠杆菌（*E. coli*）进行抗菌实验。与对照组相比，MSN-AuNPs 对两种细菌的增殖均表现出高效的抑制作用[169]。此外，其他模拟过氧化物酶的纳米材料，如碳纳米管、Pt 空心纳米晶和 AuNPs/g-C_3N_4，也被报道可以有效地产生 ·OH，从而杀死革兰氏阳性菌和阴性菌[170]。

最近，Zhou 和同事发现 Pd 纳米晶晶面对革兰氏阳性菌和阴性菌表现出不同的抗菌活性（图 9-52）。他们的研究表明，Pd 纳米晶的氧化酶和过氧化物酶活性具有晶面依赖性，其中 {100} 晶面的 Pd 立方体比 {111} 晶面的 Pd 八面体具有更高的催化活性。根据之前的报道，对细菌的抗菌活性预期是 Pd 立方体而不是 Pd 八面体。如图 9-52(a) 所示，*S. aureus* 的存活率和扫描电子显微镜（SEM）图像证明了 Pd 立方体比 Pd 八面体具有更高的抗菌活性。另一方面，对于革兰氏阴性菌大肠杆菌，观察到了相反的结果，即更有效的抗菌性能来自 Pd 八面体而不是 Pd 立方体[图 9-52(b)]。进一步的实验和分子动力学模拟表明，Pd 八面体更强的膜穿透性促进了对大肠杆菌的抗菌活性，如图 9-52(c) 和 (d) 所示[171]。

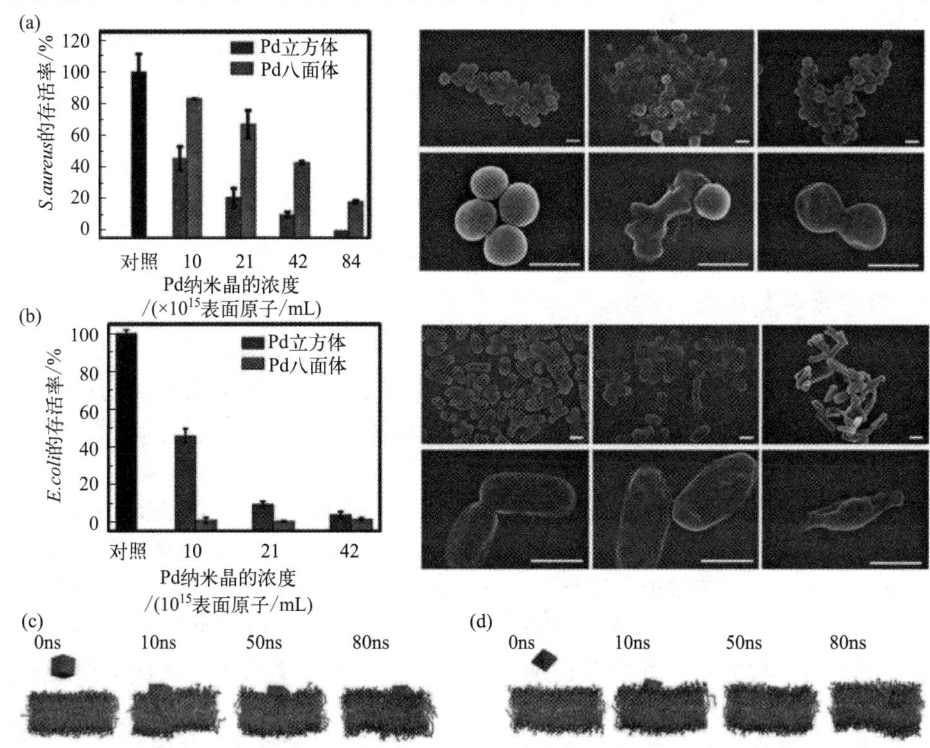

图 9-52　(a) 暴露于不同处理的 Pd 纳米晶的 *S. aureus* 细胞的存活率和典型的 SEM 图像；(b) 暴露于不同处理的 Pd 纳米晶的大肠杆菌细胞的存活率和典型的 SEM 图像；(c) 和 (d) 膜对 Pd 纳米晶的渗透模拟[171]

除此之外，其他疗法（例如光热治疗）也被用于与·OH联合抗细菌，如Zhao等人发现过氧化物酶模拟的PEG-MoS_2纳米花可以通过催化和光热治疗的协同作用快速有效地杀死细菌（如大肠杆菌、枯草芽孢杆菌等）。协同作用过程如下：首先，PEG-MoS_2纳米花会分解H_2O_2产生·OH，破坏细胞壁和细胞膜，使细胞易受热；然后，具有近红外吸收的PEG-MoS_2纳米花可以在808nm照射下引起热疗，用于光热治疗。同时，热疗改善了GSH的氧化，进一步加速了整体的抗菌效果。值得注意的是，催化诱导的细胞损伤可以缩短照射时间，并最大限度地减少光热治疗的副作用[172]。

细菌感染长期以来严重影响着人类健康，特别是耐药菌的广泛存在给传统的抗生素治疗带来了极大的挑战。因此，有必要开发治疗细菌感染的新药物和新方法。纳米酶作为一种基于纳米颗粒的新型人工酶，因其制备简便、成本低、易于规模化生产、稳定性好等优于天然酶和传统人工酶的优点而引起了人们的广泛关注。为了将纳米材料与天然酶、人工酶区分开来，开发了具有内在的类酶活性的纳米材料，并将其定义为“纳米酶”。纳米酶主要有铁基纳米材料、碳点、碳纳米管、氧化石墨烯、氮化碳、富勒烯、聚合物基材料、贵金属和非贵金属及其衍生物几大类，这些材料已被证明能模拟类过氧化物酶、类氧化酶、类漆酶和类超氧化物歧化酶等的催化活性。具有氧化酶类和过氧化物酶类特性的纳米酶可以在生理环境中催化相应的底物产生活性氧（ROS），在抗菌领域具有广阔的应用前景。然而，由于ROS的高活性和在环境中的扩散距离有限，所产生的ROS难以有效作用于细菌，从而影响了纳米酶的抗菌活性和生物安全性。因此，类酶活性和与细菌结合能力的协同是实现纳米酶高效抑菌活性的关键。随着纳米科学和纳米技术的快速发展和认识的深入，纳米酶有望通过模仿天然酶的活性位点直接替代传统天然酶。

本部分介绍了具有氧化酶和过氧化物酶模拟催化活性的典型纳米酶在抗菌领域的研究进展，并重点介绍了抗菌纳米酶领域的最新进展。迄今为止，已经开发了各种策略使用不同的材料来合成纳米酶应用于抗菌。值得注意的是，纳米酶的晶体结构缺陷、组成和表面电荷会影响其抑菌活性。本部分共分为四个内容：第一部分介绍了具有代表性的纳米酶及其抑菌活性。第二部分介绍了纳米酶可能的抑菌机制以及氧化酶类和过氧化物酶类的催化效率。第三部分展示了一系列使用纳米材料作为类酶的抗菌应用。最后，详细讨论了纳米酶在抗菌应用中的未来挑战和前景。旨在为设计和合成新型抗菌药物提供参考。

9.2.3.1 抗生素与耐药性

抗生素被认为是医学史上最伟大的成就之一，为细菌感染的防治奠定了基础。然而，细菌也相应产生了多种耐药机制[173,174]（图9-53)。为了保持长期有效的抗菌药物，防止超级耐药菌的形成，拓宽抗菌药物的开发途径，对细菌耐药机制进行深刻的分析是十分必要的。因此，这里我们简要介绍细菌耐药的主要机制。

基因机制通过基因突变产生耐药性，从而改变细菌的药物靶点，使细菌能够在抗生素治疗下生存。其他菌株可以通过染色体的垂直传递、质粒或转座子的水平传递或整合子获得外源耐药基因来获得这些耐药基因。此外，生物膜内的细菌是治疗细菌感染的一大挑战。生物膜是细菌自生的保护性群落，其胞外聚合物（EPS）基质主要由胞外细菌DNA（eDNA)、胞外多糖、蛋白质和酶组成，并能保护细菌免受新生抗生素的攻击，从而使细菌产生耐药性。此外，随着耐药抗菌机制的深入研究，值得注意的是，耐药代谢物途径的变化也能影响抗生素的易感性，要克服细菌的耐药性，需要非抗生素策略来避免上述问题。

9.2.3.2 生物酶-抗耐药性

传统抗生素的过度使用和滥用导致了世界范围内耐药性的出现。到目前为止，医药企业

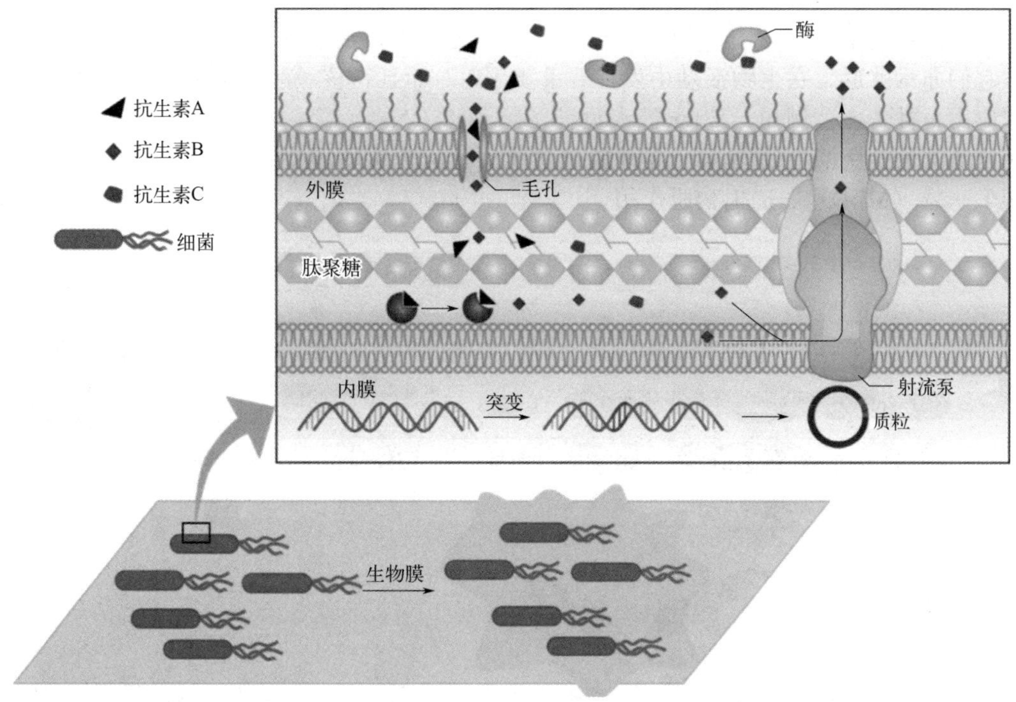

图 9-53　细菌耐药机制

图中给出了本征电阻机制的简要概述。首先，细菌在遗传水平上通过基因突变获得耐药性；突变的基因通过垂直和水平传播，这里以质粒为例。生物化学机制是靶点改变、外排或失活时更常见的抗药方式。此外，生物膜的形成阻止细菌到达抗生素，增强耐药性

还没有新抗生素类的开发。因此，迫切需要开发非抗生素替代品来对抗耐药菌。最近，益生菌代表了一类很有前景的抗生素替代品。益生菌来源于具有抗菌性能的天然酶，通常通过降解细菌的细胞结构来发挥作用。它们的特点是作用方式迅速和独特，如能高度特异性的杀死病原体，降低新的细菌耐药性产生概率。

具有抗菌作用的生物酶主要分为三类：肽聚糖水解酶、蛋白酶和核酸酶（抗菌机理如图 9-54 所示）。第一，肽聚糖水解酶（peptidoglycan hydrolase）是多种酶的总称，它能水解革兰氏阳性菌细胞壁的主要成分肽聚糖，可从多种来源获得，如噬菌体（lysins 或内溶素）和细菌（细菌素和自溶素）[175]。赖氨酸的模块化结构包含一个 N 端酶活性结构域（EAD），通过柔性连接序列连接到 C 端细胞壁结合结构域（CBD）。EAD 在进化上是保守的，负责该酶的肽聚糖裂解活性。溶菌酶作为一种碱性酶，在体内外抗菌活性研究最为深入。溶菌酶通过水解金黄色葡萄球菌肽聚糖的五甘氨酸交联桥，消除浮游菌和静止菌，抑制生物膜中金黄色葡萄球菌的生长。也就是说，溶菌酶能杀灭分裂型、非分裂型和包裹型、未包裹型金黄色葡萄球菌。溶菌酶对革兰氏阴性菌的杀灭效果较差，原因是外膜保护的肽聚糖层较薄[图 9-54(a)][176-177]，附加修饰可以改善它。第二，蛋白酶是一种存在于各种生命形式中的酶，通过催化肽链的水解裂解来降解蛋白质。活生物体内蛋白酶的主要功能是裂解蛋白质，导致受损、误折叠和潜在有害蛋白质降解，从而为细胞提供合成新蛋白质所必需的氨基酸。最近，蛋白酶的药学应用受到关注。从细菌中纯化的蛋白酶，可通过降解菌泥和生物膜等达到对临床病原菌的有效抗菌。其中应用最广泛的蛋白酶是来源于芽孢杆菌的枯草杆菌素。枯草杆菌素是一种非特异性丝氨酸蛋白酶，在疏水性氨基酸残基的羧基侧优先裂解。此

外，几种植物源蛋白酶具有抗菌活性。例如，木瓜蛋白酶和菠萝蛋白酶对多种病原菌具有杀菌和有效的抑制活性[178,179]。第三，核酸酶，顾名思义，是表现降解核酸的酶活性的蛋白质。它们非常普遍，在生物活动中发挥着重要作用。而且，核酸酶在抗菌和抗生物膜领域的潜在应用也被考虑。例如，Eller 等人设计了一种将 RNase 1 与分泌肽 LL-37 结合的策略，显示出非凡的抗菌活性[180]。Banu 等通过靶向假丝酵母生物膜中存在的 eDNA 来研究海洋细菌 DNase（MBD）的抗生物膜作用[181]。

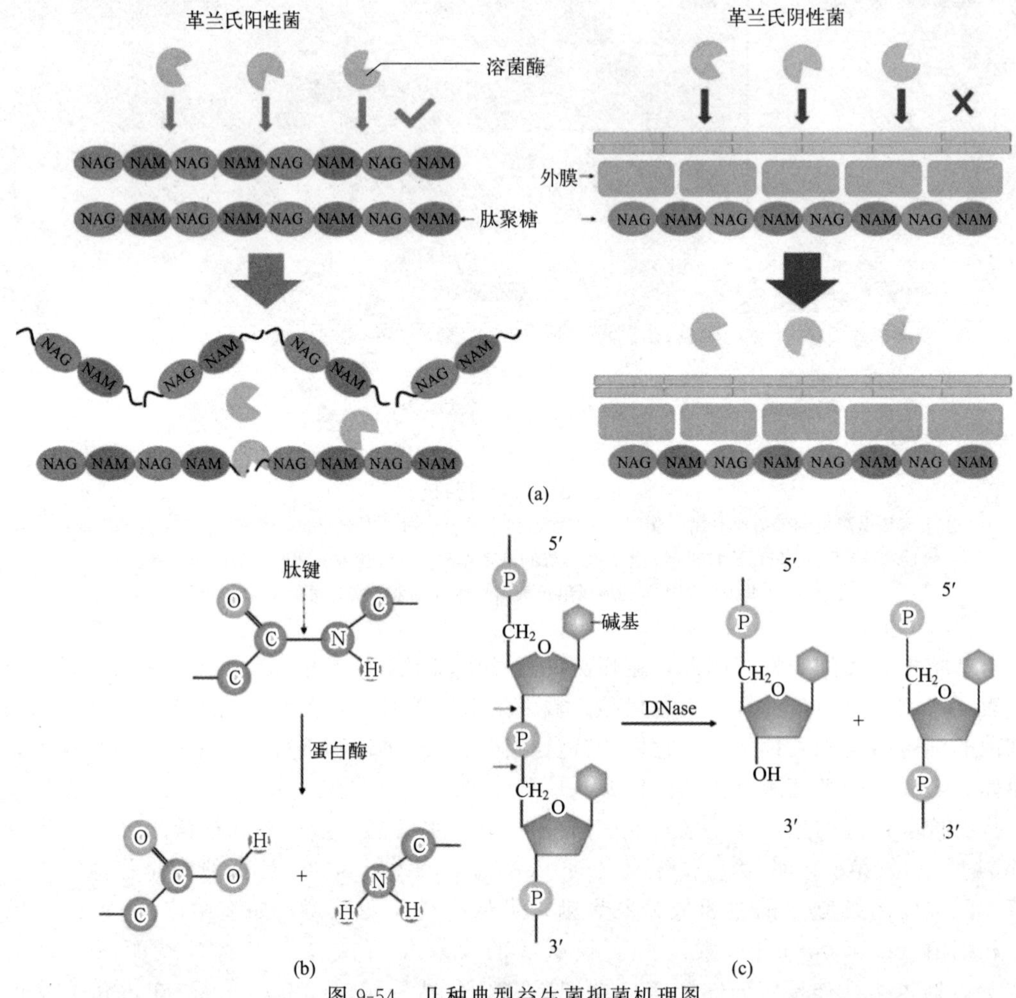

图 9-54　几种典型益生菌抑菌机理图

(a) 溶菌酶对革兰氏阳性菌和革兰氏阴性菌作用图；(b) 蛋白酶可以通过水解肽键来降解蛋白质；(c) 核酸酶主要由 DNase 和 RNase 组成，它们分别降解 DNA 和 RNA，本图以 DNase 水解磷酸二酯结合为例，黑色箭头为 DNase 的水解位点，红色箭头为 RNase（例如，RNase A 家族）的水解位点

酶生物因其快速、独特的作用方式和杀死病原体的特异性而显示出高度的抗菌特性。考虑到酶生物破坏细菌细胞结构的工作特性，酶生物不仅能杀死代谢活跃的细菌，还能杀死处于休眠状态的细菌，即使包埋在生物膜中（图 9-55）。此外，这一特性也确保了酶生物产生细菌耐药性的概率较低。这些优点表明益生菌是非常理想的抗菌剂。然而，酶生物因其蛋白性质，半衰期短，体内中和抗体水平高，严重限制了其临床转化。而且，由于酶在最佳操作条件（pH、温度、盐类、表面活性剂）之外的稳定性差，以及高负荷要求，酶在工业过程中的广泛应用被认为受到了限制。虽然固定化酶和附加修饰可以在一定程度上提高酶生物的

稳定性和抗菌效果，但增加了制备的复杂性和成本。因此，如果解决上述问题，可能会促进催化疗法在抗菌领域的应用。

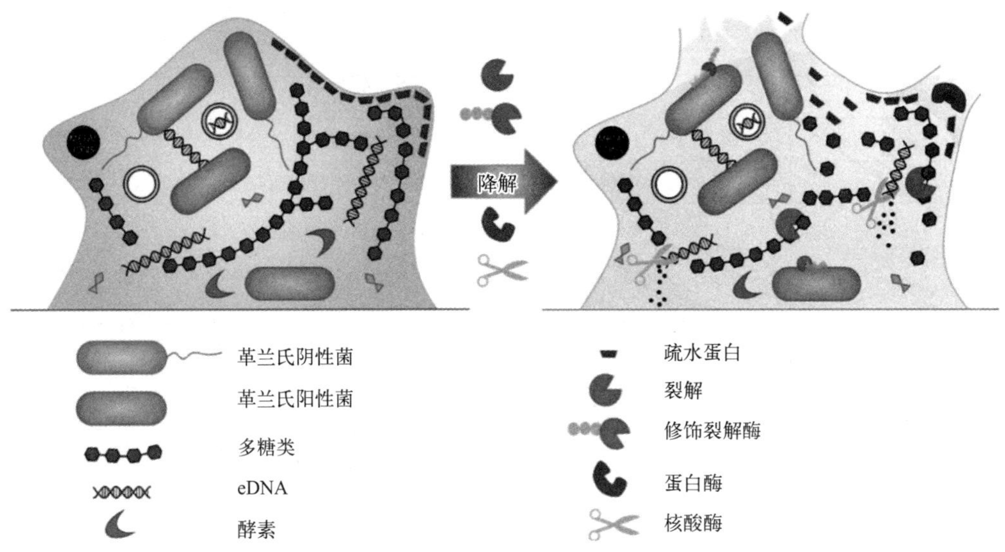

图 9-55　酶生物清除细菌生物膜的机制

生物膜由糖蛋白、碳水化合物、脂类、eDNA 和细菌细胞组成。当用酶生物处理时，不同的酶结合在各自的降解目标上。在这个图中，赖氨酸、蛋白酶和核酸酶分别与生物膜中的多糖、蛋白质和 eDNA 结合并降解，从而促进生物膜的解体。此外，赖氨酸还分解细菌细胞壁重要成分之一的肽聚糖来杀灭细菌，特别是对革兰氏阳性菌群。革兰氏阴性菌的肽聚糖由于外膜的保护而难以降解，而修饰的赖氨酸则可能起作用

9.2.3.3　纳米酶

纳米酶是一类具有独特理化性质和类酶催化活性的新一代人工酶。它们在生理条件下催化天然酶的底物，遵循相似的酶促反应动力学。类酶催化活性来源于纳米酶本身固有的纳米结构，无需引入额外的催化官能团或天然酶。纳米酶最早于 2007 年由 Gao 等人报道[182]，研究发现铁磁性氧化物纳米粒子（Fe_3O_4 纳米颗粒）具有过氧化物酶样的内在活性，能够催化过氧化物酶底物 3,3′,5,5′-四甲基联苯胺（TMB）、邻苯二胺（OPD）和重氮氨基苯(DAB)，从纳米材料的酶学特性角度进行了系统研究，建立了响应测定标准，并将其作为天然过氧化物酶的替代品应用于免疫分析中。与天然酶和其他人工酶相比，纳米酶具有更好的稳定性、更低的成本和可调的催化活性。借鉴天然酶-生物酶作为抗菌试剂的灵感，我们提出用纳米酶来命名具有抗菌活性的纳米酶。与酶生物相比，纳米酶生物具有广谱性和高耐久性，在应对细菌耐药性挑战方面具有优势。而且，已经开发了多种纳米酶生物用于抗菌应用（部分汇总于表 9-2）。因此，本部分系统地介绍了基于多酶类活性模拟的纳米酶的抗菌机理及其应用。

表 9-2　纳米酶作为抗菌药物的概述

纳米酶抗生素	模拟酶活性	病原菌	文献
PMCS	过氧化物酶	铜绿假单胞菌(*P. aeruginosa*)	[183]
2D Cu-TCPP(Fe)	过氧化物酶	大肠杆菌，金黄色葡萄球菌(*E. coli*, *S. aureus*)	[184]
纳米片生物杂化 CARs	过氧化物酶	变异链球菌(*S. mutans*)UA159	[185]

续表

纳米酶抗生素	模拟酶活性	病原菌	文献
MoS_2-凝胶	过氧化物酶	*E. coli*，*S. aureus*	[186]
AA@Ru@HA-MoS_2	过氧化物酶	MDR *S. aureus*，*P. aeruginosa*	[187]
SAF NCs	过氧化物酶	*E. coli*，*S. aureus*	[188]
凝胶基人工酶	过氧化物酶	耐药金黄色葡萄球菌，耐药大肠杆菌	[189]
IONzymes	过氧化物酶	变异链球菌(*S. mutans*)	[190]
Fe_3C/N-C	过氧化物酶	*E. coli*，*S. aureus*	[191]
N-MoS_2，N-WS_2 NSs	过氧化物酶	*E. coli*、内生孢子-成形枯草芽孢杆菌(*B. subtilis*)	[192]
N-SCSs	过氧化物酶	MDR *S. aureus*，*E. coli*	[193]
UsAuNPs/MOFs	过氧化物酶	*S. aureus*，*E. coli*	[194]
FNPs	过氧化物酶	幽门螺杆菌(*H. pylori*)	[195]
$CuMnO_2$ NFs	过氧化物酶	*S. aureus*，*E. coli*	[196]
AIronNPs	过氧化物酶	*S. aureus*，*E. coli*	[197]
NH_2-MIL-88B(Fe)-Ag	过氧化物酶	*S. aureus*，*E. coli*	[198]
IrNPs	过氧化物酶	*E. coli*	[199]
CDs@PtNPs	过氧化物酶	MRSA	[200]
Fe_3O_4@MoS_2-Ag	过氧化物酶	*S. aureus*，*E. coli*，枯草芽孢杆菌(*B. subtili*)、耐甲氧西林金黄色葡萄球菌(MRSA)、白念珠菌(*C. albicans*)	[201]
Au-BNNs，Ag-BNNs	过氧化物酶	*S. aureus*，*E. coli*	[202]
含氧纳米金刚石(O-NDs)	过氧化物酶	核梭杆菌(*F. nucleatum*)，牙龈卟啉单胞菌(*P. gingivalis*)，*S. sanguis*	[203]
Dex-IONP	过氧化物酶	变形链球菌	[204]
MoO_{3-x}NDs	过氧化物酶	MRSA，ESBL-producing *E. coli*	[205]
MTex	过氧化物酶	*S. aureus*，*E. coli*	[206]
Au/$MnFe_2O_4$	过氧化物酶	*S. aureus*，*B. subtilis*，*E. faecalis*，*S. pyogenes*	[207]
AuNPTs	过氧化物酶	MRSA，*E. coli*，*S. aureus*	[208]
rough C-Fe_3O_4	过氧化物酶	MRSA，*E. coli*，*S. aureus*	[209]
Cu-PBG	过氧化物酶	*S. aureus*，*E. coli*	[210]
PdFe/GDY	过氧化物酶	*S. aureus*，*E. coli*	[211]
超小的 TA-Ag 纳米酶	过氧化物酶	*E. coli*，表皮葡萄球菌(*S. epidermal*)	[212]
Cu-SA@BCNW/PNI	过氧化物酶	*S. aureus*，*E. coli*	[213]
CS-Cu-GA NCs	过氧化物酶、过氧化氢酶	*E. coli*，*S. aureus*	[214]
MSPLNP-Au-CB	过氧化物酶、过氧化氢酶	幽门螺杆菌(*H. pylori*)、MRSA	[215]
CSG-M_x	过氧化物酶、过氧化氢酶	*E. coli*，*S. aureus*	[216]
$Cu_{2-x}S$	过氧化物酶、过氧化氢酶	*E. coli*，*S. aureus*	[217]

续表

纳米酶抗生素	模拟酶活性	病原菌	文献
CuO NPs/AA	过氧化物酶、过氧化氢酶	*E. coli*，*S. aureus*	[218]
HvCuO@GOx	过氧化物酶、过氧化氢酶	链霉素抗性(SR-大肠杆菌)	[219]
FePN SAzyme	过氧化物酶、过氧化氢酶	*E. coli*，*S. aureus*	[220]
Au-Au/IrO_2@Cu(PABA)	过氧化物酶，葡萄糖氧化酶(GOx)	*E. coli*，*S. aureus*	[221]
Ti_3C_2 MXene/MoS_2 (MM)2D	过氧化物酶，谷胱甘肽氧化酶	*E. coli*，*S. aureus*	[222]
生物连接 MoS_2/rGO VHS	过氧化物酶、氧化物酶、过氧化氢酶	*E. coli*，*S. aureus*	[223]
Cu-HCSs，CuO-HCSs	过氧化物酶、过氧化氢酶、超氧歧化酶	鼠伤寒杆菌，*E. coli*，铜绿假单胞菌 CuO-HCSs：革兰氏阴性菌(鼠伤寒沙门氏菌、大肠杆菌、铜绿假单胞菌)	[224]
CNT@MoS_2 NSs	过氧化物酶、过氧化氢酶、超氧化物歧化酶	*E. coli*，*S. aureus*	[225]
MoS_2-PDA 纳米酶复合凝胶	过氧化物酶、过氧化氢酶、超氧化物歧化酶	*E. coli*，*S. aureus*	[226]
Tb_4O_7 NPs	氧化物酶	*E. coli*，*S. aureus*	[227]
Pd@Ir 八面体(或立方体)	氧化物酶	*E. coli*，*S. aureus* 枯草芽孢杆菌，肠炎沙门氏菌	[228]
Co_4S_3/$Co(OH)_2$ HNTs	氧化物酶	*E. coli*，铜绿假单胞菌，松鼠葡萄球菌，芽孢杆菌	[229]
Mn/$Ni(OH)_x$ LDHs	氧化物酶	*E. coli*，*S. aureus*	[230]
SPB NCPs	氧化物酶	*S. aureus*，铜绿假单胞菌	[231]
$AgPd_{0.38}$	氧化物酶	MRSA	[232]
PtCo@Graphene	氧化物酶	幽门螺杆菌	[233]
MoS_2/TiO_2 NFs	氧化物酶	*E. coli*，*S. aureus*	[234]
Cu_3/ND@G	氧化物酶	*E. coli*	[235]
Pd@Pt-T790	过氧化氢酶	MRSA	[236]
DMAE	DNase	*S. aureus*	[237]
PIL-Ce	DNase	*E. coli*，*S. aureus*，MRSA	[238]
CeO_{2-x}	卤代过氧化物酶	*E. coli*	[239]
$Ce_{1-x}Bi_xO_{2-\delta}$	卤代过氧化物酶	铜绿假单胞菌，褐杆菌瘿蚊	[240]
Cu-HCSs	核酶/蛋白酶	MRSA	[241]

9.2.3.4　具有抗菌活性的代表性纳米酶

我们知道，天然酶的抑菌作用主要是通过产生 ROS 来实现的。基于此，研究人员更加关注设计人工酶作为天然酶的替代品来抑制细菌。与天然酶不同的是，纳米酶通常易于制备，成本低，稳定性高，催化活性可调。由于具有广谱抗菌活性和无耐药性，纳米酶已成为新一代“抗生素”。具有抗菌作用的纳米酶有金属、金属氧化物、非贵金属衍生物纳米颗粒，碳基纳米颗粒（如碳纳米管、碳点、石墨烯/氧化石墨烯）和阳离子高分子化合物等。一般来说，纳米酶的杀菌作用是通过破坏细胞结构或诱导 ROS 在细胞内积累来实现的。

(1) 金属、金属氧化物或非贵金属衍生物纳米酶

2007年，阎锡蕴团队发现顺磁性四氧化三铁（Fe_3O_4）纳米颗粒具有内在过氧化物酶样活性，其催化性能与辣根过氧化物酶（HRP）[242] 相似。该研究促进了利用 Fe_3O_4 NPs 进行纳米酶相关研究的快速发展。此外，各种纳米材料，如以金属 NPs（如 Au、Pt），金属氧化物 NPs（如 Fe_3O_4、ZnO NPs、CeO_2、CuO）和金属硫化物为代表的纳米酶也具有拟酶活性。

超顺磁 Fe_3O_4 作为金属氧化物被证明是一种特异性治疗耐药性金黄色葡萄球菌的有效抑菌剂。此外，掺杂 Zn 和 Ag 的 Fe_3O_4 表现出比抗生素或金属盐更好的抗菌活性。但是金属氧化物在高浓度时可能具有细胞毒性，这限制了其适用性。然而，这一问题可以通过离子掺杂或聚合物偶联来解决。在一篇研究报道中，氧化铁作为一种人工酶模拟物，表现出良好的内源性过氧化物酶样催化活性和生物膜穿透作用，导致变形链球菌（链球菌）死亡。

Lan 等报道组氨酸（His）修饰的 Pd NPs（His-Pd NPs）比裸 Pd NPs 具有更好的过氧化物酶样活性[243]。可能原因如下：His-Pd NPs 分散性好，体积小，比高，容易与底物发生反应。其次，X 射线光电子能谱（XPS）结果表明，His 的存在改变了 Pd NPs 的表面化学结构。纳米酶表面 Pd^0 含量的增加有利于羟基自由基（·OH）的生成。在贵金属纳米酶的催化机理中，金属 M^0 催化 H_2O_2 的分解。同时，His-Pd 接触角的减小增强了亲水性，促进了纳米酶与底物之间的相互作用。铂金纳米晶体显示出表面依赖性的氧化酶和过氧化物酶的活性，以及对细菌的抗菌作用。此外，与 Ni 结合的 Pd NPs 催化活性比 Ni NPs 或 Pd NPs 都高。

巯基嘧啶偶联金纳米团簇（Au NCs）作为纳米酶，通过破坏细胞结构产生 ROS 来杀死难缠的超级耐药细菌，而不会引起细菌抗药性和明显的细胞毒性。例如，Au NCs 能杀死具有巨噬细胞抗性的耐甲氧西林金黄色葡萄球菌[244]。氧化钒纳米颗粒（VOx NDs）具有过氧化物酶和氧化酶活性，是一种高效抗菌剂。通过协同催化，纳米酶将 O_2 分解生成超氧阴离子自由基（$O_2^{\cdot -}$），也可以通过 H_2O_2 分解生成·OH 发挥抑菌效果。由此可见，在抗菌效果相同的情况下，使用 VOx NDs 明显降低了 H_2O_2 浓度。研究人员报道，葡聚糖包裹的氧化铁 NPs（Dex-NPs）具有过氧化物酶样活性，用于预防严重的龋齿。在酸性条件下，10kDa 的葡聚糖涂层具有最大的催化活性，而氧化铁是材料具有催化活性的主要原因，表面葡聚糖的存在为纳米颗粒提供了稳定性。Pratap 等[245] 报道了纳米酶融入胞外多糖（EPS）的结构中，在生物膜内结合并分解 H_2O_2 进行局部杀菌。葡聚糖包被到氧化铁表面后增强了纳米酶对生物膜的选择性，且显著降低了龋病的发病率和严重程度。Md[246] 揭示光增强 CuO 纳米棒与 H_2O_2 的亲和力，从而调节纳米酶的抗菌活性。在 H_2O_2 浓度较低的条件下，CuO 纳米棒在可见光下也能显著促进 ROS 的产生，从而提高了对革兰氏阴性大肠杆菌（*E. coli*）的抑菌能力。

利用 MoS_2 纳米花和具有过氧化物酶样活性的石墨烯量子点通过 H_2O_2 产生·OH 用于伤口消毒。Niu 等人[247] 设计了一种基于 Gram-selective 细菌的纳米系统，该系统基于电荷可调的 MoS_2 和光酸分子。随着光照时间的改变，纳米酶的表面电荷和体系的 pH 也发生了变化，从而提高了低 H_2O_2 浓度下纳米酶的过氧化物酶活性。由于细胞表面的电荷不同，可以实现电荷选择性的抗菌效果。

在废水处理和电催化应用中，金属碳杂化材料表现出优异的催化活性。金属与碳材料的整合可以阻碍纳米金属的聚集，显著提高纳米金属材料的催化活性。结果表明，该铜/碳纳米酶具有铜价态依赖的模拟酶活性，其抑菌机制可能与铜的价态有关。

(2) 碳基纳米酶

碳基纳米材料，如碳点、氧化石墨烯、碳纳米管、氮化碳和富勒烯等已被广泛发现并用于催化应用。作为一种非金属纳米酶，这些碳纳米材料具有内在氧化酶、过氧化物酶、超氧化物歧化酶、过氧化氢酶和类水解酶活性。

石墨烯基纳米材料具有良好的过氧化物酶样活性。石墨烯基纳米材料的抑菌性能主要取决于本身大小、形状和电子传递特性。石墨烯量子点（GQDs）在低 H_2O_2 水平下产生的 ·OH 可分裂大肠杆菌和金黄色葡萄球菌，对革兰氏阴性和革兰氏阳性病原菌起到抑菌作用。小鼠伤口模型研究结果（图 9-56）还显示，当石墨烯模拟酶用于治疗小鼠感染伤口模型[248] 时，其抗菌活性增强，H_2O_2 浓度降低。

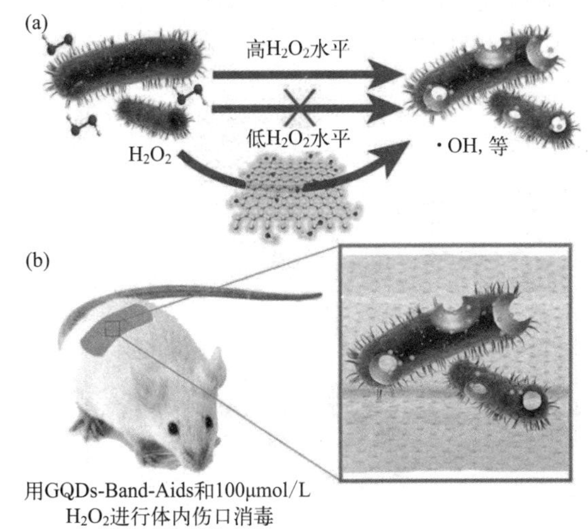

图 9-56　(a) 基于 GQDs 和低水平 H_2O_2 的抗菌应用的设计系统；
(b) 用于体内伤口消毒的 GQDs-Band-Aids[249]

碳基光敏剂因其成本低、稳定性好而引起了许多研究者的关注。但是设计高效的碳基光敏剂仍然是一个巨大挑战。Zhang 等人合成了一系列具有与磷光量子产率相关的光氧化活性的氮掺杂碳点（N-CDs），为设计高效光敏化材料提供了新思路。与其他碳纳米材料和分子光敏剂相比，CDs 作为光驱动纳米酶表现出较高的光敏性和反应速率。反应可以在几秒钟内产生单线态氧，因此它是一个很有前途的模拟氧化酶光动力抗菌化疗手段。

由于 C-dots 的酸化作用，HRP 过氧化物酶可被部分或完全抑制。C-dots 与细胞膜的相互作用会导致 PC3 细胞凋亡。C-dots 导致了 DNA 的损伤，最终促进了三种大肠杆菌（BER、WT 和 NER）的死亡。此外，C-dots 还能引起氧化应激，进而破坏癌细胞 DNA 修复，抑制癌细胞增殖。

Wang 等[250] 通过氧化回流法制备了一系列氧化基团丰富的碳纳米管（o-CNTs），在较宽的 pH 范围内表现出高效的过氧化物酶活性。实验结果和理论计算表明，o-CNTs 表面的—C═O 可以作为活性位点，其中—COOH 和—OH 作为竞争位点。由于—COOH 具有较高的负电荷和固有的氢键相互作用，对催化反应的抑制作用比—OH 更强。考虑到—COOH 对纳米酶的抑制作用，通过灭活—COOH，设计合成了 2-溴-1 苯基乙醇修饰的 o-CNTs（o-CNTs-brpe）。通过减少竞争位点的数量，具有—C═O 基团的 o-CNTs-brpe 可以获得最高的过氧化物酶活性和生物催化效率。此外，体外和体内抗菌实验结果清楚地表明，o-CNTs 作为纳米酶可以有效地促进活性氧的产生，并保护细胞组织免受细菌诱发的水肿和炎症的侵害。

本课题组报道了一种制备 N，Zn 掺杂碳点（N，Zn-CDs）的方法[251]。由于锌的掺杂作用，N，Zn-CDs 在光照条件下对革兰氏阴性菌（*E. coli*）和革兰氏阳性菌（*S. aureus*）表现出良好的杀菌活性。此外，即使在黑暗的条件下，大肠杆菌也能被杀死。本课题组还制备了啤酒酵母衍生的荧光碳点（CDs），CDs 可被可见光激活，对大肠杆菌具有显著的杀菌作用[252]。对于真菌，深共晶溶剂衍生 CDs（N/Cl-CDs）对白色假单胞菌[253] 表现出较强的光催化活性。在可见光照射下（80min），N/Cl-CDs 对白念珠菌的抑菌效果达到 100%。

一种以氨苄西林为前体的新型 CDs 在可见光照射下对金黄色葡萄球菌和单核细胞增生李斯特菌表现出优异抗菌活性，但对大肠杆菌或沙门氏菌没有抗菌活性[254]。如图 9-57 所示，结果表明，选择性抗菌活性可能归因于细胞壁的结构和化学属性的差异。在可见光照射下，CDs 能迅速产生 ROS（·OH 和 $O_2^{\cdot -}$）破坏细菌细胞的完整性。

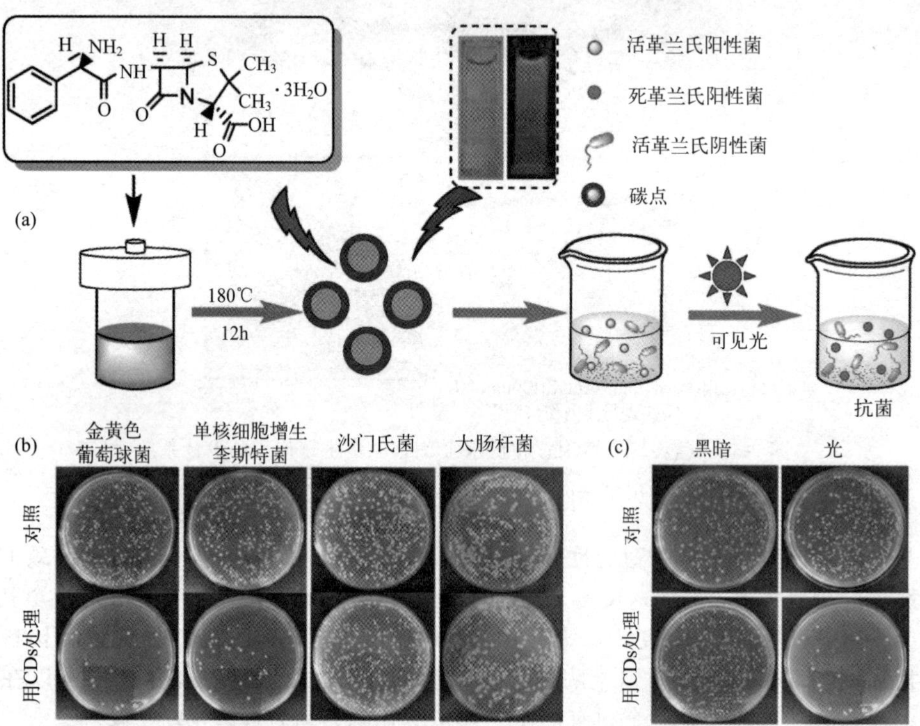

图 9-57 （a）CDs 的制备示意图；（b）CDs 在选择性抗菌作用中的应用；（c）CDs 在黑暗和光照条件下对金黄色葡萄球菌的抗菌效果

（3）聚合物基纳米酶

由天然聚合物和合成聚合物制备的导电聚合物纳米复合材料还可用于制备新型伪酶膜材料。例如，壳聚糖或 *β*-聚赖氨酸作为天然聚合物，可用于合成带正电荷的抗菌纳米材料。聚苯胺（PANI）、聚乙炔（PA）、聚吡咯（PPy）和聚苯乙烯（PPV）等合成聚合物均表现出较弱的过氧化物酶类催化活性。掺杂所合成的聚合物可以提供官能团并增加表面电荷，从而提高聚合物材料的催化效率。由于其官能团众多、表面积大、导电聚合物基纳米复合材料优异的氧化还原性能，已成为一种新型的强效酶模拟材料。

Li 等[255] 合成了一种具有三维互联多孔结构的新型有机聚合物 FePPOPBFPB，比表面积高，表面催化活性位点丰富。FePPOPBFPB 在长波可见光和近红外区（NIR）表现出优异的吸收能力，并在 3,3′,5,5′-四甲基联苯胺（TMB）底物上表现出优异的过氧化物酶样活性。基于 FePPOPBFPB 的特点，Li 建立了一种灵敏度高、稳定性好的金黄色葡萄球菌快速视觉检测方法。通过光-芬顿反应，FePPOPBFPB 可以有效分解低浓度 H_2O_2，生成大量 ·OH，从而避免了高浓度 H_2O_2 的使用。在近红外辐射下，FePPOPBFPB 对金黄色葡萄球菌表现出较好的杀菌效果。

Niu 等[256] 合成了一种柠檬酸酸酐修饰的 PEI-MoS_2（cite-MoS_2），并通过调整 pH 响应性柠檬酸酸酐进行电荷转换。此外，pH 值的降低激活了 MoS_2 过氧化物酶的活性。通过正电荷和激活酶活性的结合，通过改变照射时间，在短时间内实现了选择性杀灭革兰氏阴性菌的可能性。基于表面电荷可调特性，cite-MoS_2 在照射 10min 和 25min 内杀灭金黄色葡萄球菌和大肠杆菌。

Hu 等[257] 使用 CeO_{2-x} 纳米棒（NRs）和聚乙烯醇（PVA）制备了具有氟过氧化物酶活性的自支撑纳米纤维垫。结果表明，在 PVA 纤维包埋后，CcO_{2-x} 的催化活性仍保留在聚合物基体中。抗大肠杆菌污染研究实验表明，嵌入的 CeO_{2-x} NRs 与天然的卤过氧化物酶一样，具有相似的卤过氧化物酶活性，能催化 Br^- 和 H_2O_2 氧化为 HOBr。由于无机活性成分具有持续的防污性能，将该 PVA/CeO_{2-x} 纳米纤维膜材料作为一种新型防污涂料，可应用于生物医药和水净化领域。

9.2.3.5 按酶活种分类

（1）过氧化物酶类纳米酶

过氧化物酶（POD）如辣根过氧化物酶（HRP）是一种催化 H_2O_2 分解的含铁血黄素酶。它在废水处理、环境科学、生物传感和有机合成等方面有许多应用。自 2007 年首次报道 Fe_3O_4 MNPs 的类过氧化物酶活性以来，陆续发现了其他具有此类活性的纳米酶，纳米酶的应用也扩展到包括抗菌处理在内的许多重要领域。

过氧化物酶催化 H_2O_2 分解，产生强氧化的自由基（·OH）。羟基自由基是最具破坏性的反应性氧自由基（ROS）之一。它不仅分解核酸、蛋白质、多糖等细菌生物膜成分，而且破坏细菌的结构完整性，导致其死亡。通常需要高浓度的 H_2O_2（3%或更多）进行杀菌，但较高浓度的 H_2O_2 可能对正常生理组织产生细胞毒性。相比之下，纳米酶的存在需要较低的 H_2O_2 浓度（0.5%或更低）才能达到很好的抑菌效果。迄今为止，许多具有过氧化物酶活性的纳米酶被认为是很有前途的抗菌纳米酶生物。例如，铁氧化物纳米酶（IONzymes）通过其固有的过氧化物酶样活性抑制细胞内肠炎沙门氏菌的存活[258]。

此外，Sun 等研究表明，在低浓度的 H_2O_2 存在下，具有过氧化物酶活性的石墨烯量子点（GQDs）能够产生大量的·OH，有效地杀灭革兰氏阴性大肠杆菌和革兰氏阳性金黄色葡萄球菌。据此，GQDs-Band-Aids 被设计用于预防伤口感染和促进伤口愈合[259]。Li 等人制备了一种高效的过氧化物酶类 Fe_3C/N 掺杂石墨碳纳米材料（Fe_3C/N），该材料能够将 H_2O_2 分解为·OH，具有比单独 H_2O_2 更高的广谱抗菌活性。与 HRP 相比，Fe_3C/N-C 在较宽的 pH（1.0～11.0）和温度（25～70℃）范围内均表现出优异的催化活性。在该模型中，Fe_3C/N-C 纳米酶即使在较低浓度的 H_2O_2（1.0mmol/L）存在下，也赋予了伤口感染在体内高效的抗菌治疗（大肠杆菌和金黄色葡萄球菌）。因此，在不使用高浓度 H_2O_2 的情况下，可以在体内加速伤口愈合。

通过调节酶的模拟能力，纳米生物的抗菌能力与其组成和纳米结构密切相关。Xi 等设计了两种铜/碳纳米酶，包括两种铜态（Cu^0 和 Cu^{2+}）[260]。他们发现铜/碳纳米酶表现出多酶活性，其抗菌机制依赖于 Cu 状态。CuO 纳米酶修饰的空心碳球（HCSs），即 Cu-HCSs 纳米酶释放 Cu^{2+} 时会诱导革兰氏阴性菌（大肠杆菌和铜绿假单胞菌）死亡。而 Cu-HCSs 纳米酶同时杀死革兰氏阳性菌（鼠伤寒沙门氏菌）和革兰氏阴性菌（大肠杆菌和铜绿假单胞菌）是基于负责 ROS 生成的类 POD 活性。

考虑到厌氧发酵过程中产生的大量有机酸导致细菌积累的酸性微环境，Yu 等通过将抗菌配体（赖氨酸碳点，Lys-CDs）与靶向药物（叶酸，FA）共包封，制备了沸石咪唑酸骨架-8（ZIF-8），开发了一种新型酸响应 ROS 发生器用于生物膜的去除[261]。合成的 ZIF-8@Lys-CD@FA 纳米酶在酸性环境中表现出过氧化物酶样活性，并产生极活性的羟基自由基，有效破坏成熟生物膜，从而显著提高了对大肠杆菌和金黄色葡萄球菌的抑菌率。此外，在酸性环境中，金黄色葡萄球菌和大肠杆菌对 ZIF-8@Lys-CD@FA 更敏感，在 pH 为 5.5 时 MIC 值分别为 32μg/mL 和 62.5μg/mL，在 pH 为 6.5 时 MIC 值分别为 62.5μg/mL 和 125μg/mL。此外，纳米酶的 pH 依赖性催化活性可能限制其在中性 pH 下的抗菌应用。因此，以 ATP 为增效剂，发展了 Fe_3O_4NPs 修饰柠檬酸盐的增强催化能力。本工作中，Fe_3O_4NPs 在 ATP 的辅助下，在中性 pH 环境和 H_2O_2 存在下，对大肠杆菌和枯草芽孢杆菌（革兰氏阳性）表现出优越的抗菌性能。

最近，催化纳米生物被证明破坏了生物膜，但缺乏临床应用所需的稳定涂层。葡聚糖包被的铁氧化物纳米酶（Dex-NZM）在酸性 pH 值下表现出强烈的过氧化物酶样活性，靶向生物膜具有高度的特异性，在体内不影响周围口腔组织的情况下可预防严重龋病。Dex-NZM 和 HRP 对 H_2O_2 的 K_m 值分别为 27μmol/L 和 2.5mmol/L。此外，Dex-NZM/H_2O_2 治疗显著降低了龋病病变的发生和严重程度（对照单独使用 Dex-NZM 或 H_2O_2），对牙龈组织和口腔菌群多样性无不良影响。

（2）氧化物酶类纳米酶

氧化酶是催化氧气氧化还原反应的重要酶。在氧化酶催化反应中，分子氧（O_2）被氧化并转化为 H_2O 或 H_2O_2（在某些情况下转化为超氧自由基）（图 9-58）[262]。催化过程中同时产生的活性自由基发挥抗菌活性。由于 H_2O_2 具有很强的反应活性，直接氧化细菌的外层结构，破坏细菌的渗透能力屏障，导致细菌内外物质的电化平衡失衡，导致细菌死亡[263]。同样，O_2 可以直接与核酸、蛋白质等反应，导致细菌死亡。

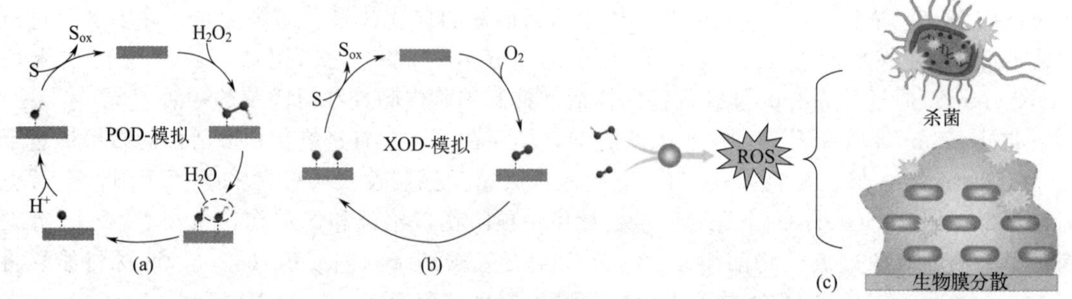

图 9-58 以具有过氧化物酶或氧化酶样酶活性的纳米酶为基础的纳米酶生物的催化反应和抗菌（和抗生物膜）机制

（a）具有过氧化物酶活性的纳米酶催化 H_2O_2 还原生成游离 · OH；（b）具有氧化酶活性的纳米酶催化 O_2 生成 $^1O_2$，甚至是单个氧原子，· OH 和 $^1O_2$ 都是强氧化剂，能将底物（S）氧化成氧化底物（S_{ox}），如膜脂；（c）具有过氧化物酶或氧化酶活性的纳米酶破坏膜结构或降解生物膜基质以杀死

特别是氧化酶和过氧化物酶的活性已被证明是贵金属基纳米酶抗菌效率的主要机制[264]。例如，Tao 等[265] 首先发现了 AuNPs 作为氧化酶模拟物，然后构建了双功能化介孔二氧化硅（MSN）负载的 AuNPs（MSN-AuNPs），实现了类似过氧化物酶和氧化酶的双酶活性。他们发现，MSN-AuNPs 不仅对革兰氏阴性菌（大肠杆菌）和革兰氏阳性菌（金黄

色葡萄球菌）均具有显著的抗菌性能，而且能有效降解现有生物膜，阻止新生物膜的形成。此外，葛芳等人发现钯（Pd）纳米晶具有类似晶面依赖氧化酶和过氧化物酶的活性，赋予其优异的抗菌性能[266]。本工作中活性较高的Pd立方体杀死了革兰氏阳性耐药金黄色葡萄球菌（*S. aureus*）和粪肠球菌，而穿透力较强的Pd八面体对革兰氏阴性大肠杆菌（*E. coli*）和肠炎沙门氏菌具有较高的抗菌活性，Pd基纳米结构也表现出优异的氧化酶样活性。研究表明，Pd@Ir八面体对大肠杆菌和金黄色葡萄球菌均有较强的杀菌活性，这主要归因于氧化副产物的显著增加。虽然贵金属价格昂贵使其应用受到限制，但有研究报道，在酸性pH值下具有氧化酶样活性的氧化铽纳米颗粒（Tb_4O_7NPs）可以很容易地以低成本合成[267]，Tb_4O_7NPs能够快速氧化一系列有机底物，产生羟基自由基。不足为奇的是，Tb_4O_7NPs对金黄色葡萄球菌和大肠杆菌均具有较强的抗菌活性。当Tb_4O_7NPs浓度增加到100μg/mL时，将近90%的金黄色葡萄球菌被杀死。Tb_4O_7NPs抗菌活性的应用也在创伤感染小鼠模型中得到验证。最近，He等合成了竹节状氮掺杂碳纳米管包覆钴纳米颗粒（N-CNTs@Co），其对氧化酶的模拟活性是目前报道最多的CeO_2的12.1倍。他们证明，在酸性条件下，N-CNTs@Co通过催化氧气产生大量ROS，在体内外对革兰氏阳性（金黄色葡萄球菌）和革兰氏阴性（大肠杆菌）菌有很大的抗菌作用。值得注意的是，在抗菌实验中（20天），金黄色葡萄球菌和大肠杆菌都没有对N-CNTs@Co产生耐药性。

以上都表明具有氧化酶样活性的纳米酶生物在抗菌应用领域具有巨大的发展潜力。而且，鉴于氧化酶能生成过氧化氢，是过氧化物酶的底物，也提示酶级联反应可能是对具有多重活性的纳米酶高效抗菌活性的另一种选择。

（3）脱氧核糖核酸酶类纳米酶

死菌产生的耐药基因可以留在环境中，通过水平基因转移传播到其他微生物。耐药基因本质上是DNA，由脱氧核苷酸单元组成的互补双链，由3′,5′-磷酸二酯键连接。DNA作为生命遗传信息的载体，在环境中具有高度稳定性，半衰期为521年。即使采用紫外线、氯气、臭氧等物理方法，DNA的破坏效果也不理想。然而，DNA可被天然核酸酶［如脱氧核糖核酸酶（DNase）］分解，DNase作用于3′,5′-磷酸二酯键。因此，开发具有降解DNA能力的抗菌材料可以防止死菌释放耐药基因的传播（图9-59）。此外，考虑到eDNA是生物膜的重要组成部分，基于类DNase活性的纳米酶的纳米生物也表现出抗生物膜作用。最近，利用过渡金属和稀土元素Cu（Ⅱ）、Cr（Ⅲ）、Zn（Ⅱ）、Ce（Ⅳ）等多核金属配合物，开发了模拟磷酸二酯键水解裂解的人工核酸酶。其中，铈配合物因其催化效率高、生物相容性好而备受关注。

陈和同事设计了一个用于抗生物膜应用的模拟DNA酶（DMAE）。DMAE通过降解金黄色葡萄球菌胞外聚合物（EPS）中的DNA，有效地阻止了90%以上的细菌黏附。此外，咪唑型聚离子液体（PIL）/铈（Ⅳ）离子基电纺纳米纤维膜（PIL-Ce）表现出类DNase活性，PIL-Ce能够切割BNPP的磷酸二酯键，并表现出核酸酶的特性（K_m=0.2656mmol/L）。PIL-Ce的抑菌试验表明，PIL-Ce对细菌的根除和耐药基因的解体具有较高的效率。以MRSA感染小鼠为模型的伤口治疗试验进一步表明，PIL-Ce膜兼具抗菌和DNase-模拟酶特性，可能作为一种新型的“绿色”伤口敷料在临床环境中阻断耐药性传播，具有潜在的应用前景。此外，稀土元素和铈可以被络合成人工核酸酶，其作用与磷酸二酯键有关。当加入一个含Ce的配合物时，相邻的两个Ce离子可以与一个磷酸二酯键相互作用，使磷酸二酯键易受亲核物种的影响。

（4）联合治疗

为了克服微生物的耐药行为，人们开发了各种抗菌替代品，如多肽、金属-硫化物/氧化

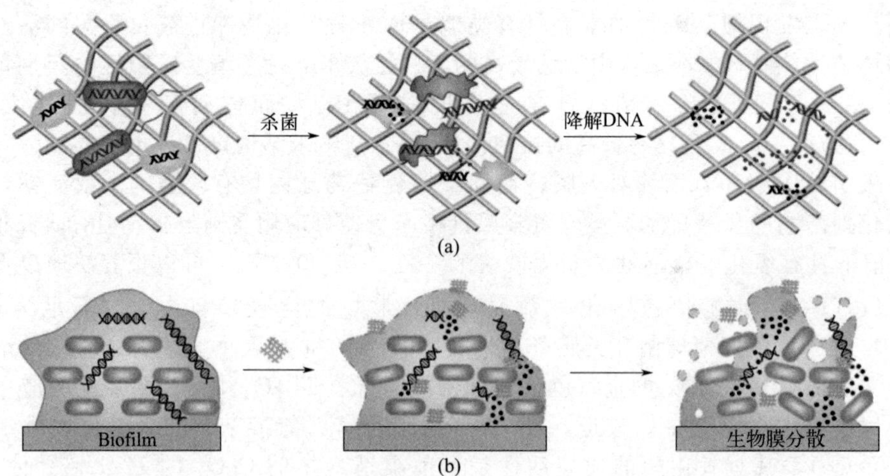

图 9-59　基于具有类脱氧核糖核酸酶活性的纳米酶的抗菌和抗生物膜机理的示意图
(a) 具有脱氧核糖核酸酶活性的纳米酶催化死菌 DNA 的分解，阻止释放的耐药基因的传播；(b) 通过分解生物必需的结构组分 eDNA 来分散生物膜

物和碳基纳米结构等。然而，它们仍然受到生物毒性、高昂的成本、繁琐的制备过程和/或污染的影响。虽然纳米酶生物具有长期储存、稳定性好、催化性能可调等特点，可用于构建一系列抗菌体系，但仍有很大的提升空间。因此，联合治疗似乎有可能成为在尽量减少副作用的同时尽可能提高抗菌效果的更好选择。在各种抗菌药物治疗中，光热疗法（PTT）、光动力疗法（PDT）等光激活策略因其与其他抗菌药物相比具有创伤小、毒副作用低、可控性好等优点而受到广泛关注。联合治疗的抗菌机制更详细总结于图 9-60。

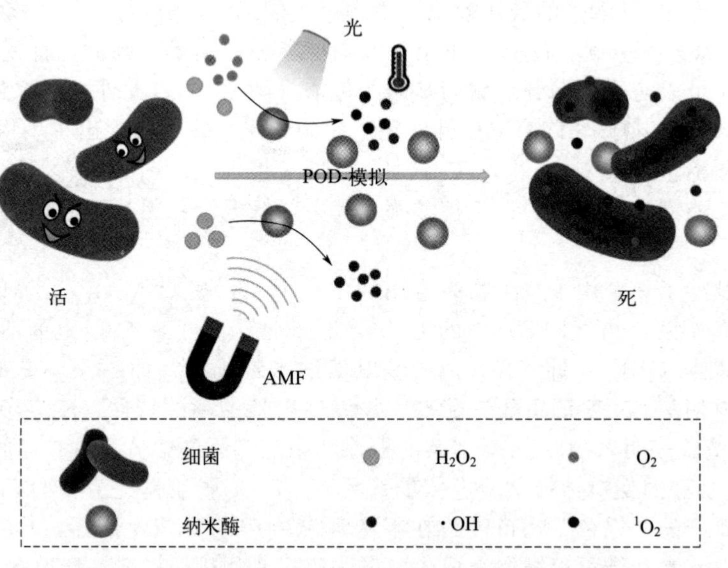

图 9-60　纳米酶生物法联合治疗抗菌机制的图式说明
基于过氧化物酶（POD）类纳米酶可以催化过氧化氢（H_2O_2）分解产生杀菌·OH。随着光的辐射（可见光或近红外光），光激活治疗（PTT 和 PDT）以优异的热疗、单线态氧（$^1O_2$）和产生更多的·OH 而变得活跃。产生的·OH 和 $^1O_2$ 与细菌相互作用，诱导膜过氧化，破坏细胞完整性，使细菌更加脆弱，此外，交变磁场（AMF）暴露也能增强纳米酶的催化活性，生成更多的毒性·OH

最近，Yin 等[268] 报道了聚乙二醇功能化的 MoS_2 纳米花（PEG-MoS_2 NFs）在近红外（NIR）区域具有类过氧化物酶的催化活性和较高的光热转换效率，并将其与 PTT 结合，提供了快速、巨大的抗菌效果。在本研究中，PEG-MoS_2 纳米纤维在低浓度 H_2O_2 和 808nm 的辐射下，既能清除革兰氏阴性氨苄西林抗性大肠杆菌（大肠杆菌），又能清除革兰氏阳性芽孢杆菌（*B. subtilis*）。这样的组合不仅改善了·OH 诱导的细胞壁损伤，而且使 PTT 的副作用大大缩短了处理时间。

Zhang 等[269] 利用氧空位的三氧化钼纳米点（MoO_{3-x} NDs）结合光动力、光热和过氧化物酶等酶活性来最大化抗菌效率。多种疗法的协同组合使 MoO_{3-x} NDs 与其他过氧化物酶模拟物相比具有更低的 K_m 值和更高的 V_{max} 值。体外抗菌试验表明，MoO_{3-x} NDs/H_2O_2/808nm NIR 通过破坏细菌细胞表面，降低 MRSA 和产 ESBL 大肠杆菌的存活率，特别是在低浓度（100μm）的 H_2O_2 作用下，经 NIR 照射后，MoO_{3-x} NDs 被加热到过氧化物酶样活性的最适酶解温度，通过固有的光热效应释放出最大的·OH，达到杀灭细菌、加速伤口愈合的目的。

Sun 等[270] 将声动力学疗法与 Pd@Pt 纳米酶的类过氧化氢酶活性相结合，发展了一种抗菌策略。声动力学疗法（SDT）利用超声激活声敏剂并触发 ROS 产生抗菌作用，具有无创模式和良好的组织穿透性等优点。将 Pd@Pt 纳米片与有机声敏剂 meso-四（4-羧基苯基）卟啉（T790）桥联，构建了纳米平台（Pd@Pt-T790）。将 T790 修饰到 Pd@Pt 上，可以赋予 Pd@Pt-T790“阻断和激活”类酶活性，即在 US 辐照下，纳米酶活性被有效恢复，催化内源性 H_2O_2 分解为 O_2。这一精细策略有助于降低纳米酶对正常组织的潜在毒性和副作用，具有实现活性、可控和病位特异性纳米酶催化行为的潜力。此外，基于 Pd@Pt-T790 的 SDT 纳米系统的抗菌试验显示了根除耐甲氧西林金黄色葡萄球菌（MRSA）诱导的肌炎的治疗作用。

总体而言，与益生菌相比，纳米益生菌具有更大、更广阔的应用前景，可以克服天然酶的局限性，很容易结合其他抗菌策略（表 9-3）。此外，纳米生物具有更稳定、经济、实用的特点，更适合在工业过程中广泛应用。但值得注意的是，与天然酶相比，纳米酶的催化效率仍然不是很高，酶活的种类也较少。此外，有趣的是，酶生物通常通过直接催化细菌细胞结构的破坏来杀死细菌，而纳米酶生物则通过产生有毒的 ROS 来破坏细胞结构来实现抗菌作用。由此可见，要提高纳米酶生物的抗菌性能，开发新的催化活性，增强抗菌靶向性是今后研究的必要。

表 9-3 生物酶与纳米生物酶抗菌应用的比较

项目	益生菌	纳米生物
衍生物	天然酶	纳米酶(纳米材料)
催化活性	肽聚糖水解酶、蛋白酶和核酸酶	过氧化物酶、氧化酶、过氧化氢酶、脱氧核糖核酸酶
主要抗菌机制	破坏细菌细胞结构	催化 ROS 的产生
应用优势	快速独特的作用方式，杀死病原菌的特异性高，对细菌耐药发展的概率低且具有蛋白质性质	经济、稳定，具有催化功能而无需额外修饰，易于集成多种抗菌策略
应用弊端	环境敏感且不稳定，成本高，蛋白质半衰期短，具有免疫原性	酶活性低，酶催化类型有限，毒理学轮廓复杂

作为一种抗菌策略，纳米生物的最终目标是体内应用和临床转化。但目前的研究主要集中在体外生物学实验或皮肤表面伤口感染模型，对纳米生物在体内抗菌应用的研究还仅有少

数。例如，一些纳米酶生物被设计为通过 pH 响应的过氧化物酶和氧化酶样活性在体内对幽门螺杆菌（*H. pylori*）的根除发挥出极好的作用。Zhu 等构建了一种阳离子壳聚糖包覆的二氧化钌纳米酶（QCS-RuO_2@RBT，SRT NSs）用于生物膜相关感染的治疗，包括慢性肺部感染[271]。尽管纳米酶具有生物酶活性，在体内疾病的一些动物模型中已显示出极好的治疗效果，但大多数纳米酶是无机纳米材料。由于纳米材料的性质或功能随尺寸、组成、形貌和形状、表面修饰和表面电荷的不同而变化，生物安全性和毒理学研究十分复杂，特别是在临床应用中，需要给予更多的特别关注和努力。此外，它也是未来纳米生物领域的一个重要研究方向。

9.2.3.6 纳米酶的抗菌机制

（1）自由基

作为纳米酶，人们已经发现了多种不同成分和结构的纳米材料，如金属、金属氧化物、碳纳米材料等。虽然纳米酶的种类很多，但大多数纳米酶的抑菌活性是通过调控 ROS（如 ·OH 和 $O_2^{\cdot-}$）水平来实现的。生物膜由许多成分组成，可以防止抗菌剂渗透到细胞基质中。ROS 作为强氧化剂，具有彻底破坏整个生物膜的能力。

由于 ROS 具有较高的氧化能力，在防御病原体方面发挥着重要的生物学作用。在免疫系统中，细菌被中性粒细胞吞噬，然后过氧化物酶催化 H_2O_2 转化为 ROS，从而攻击微生物的细胞膜。通过攻击细菌生物膜，ROS 使许多生物分子（如核酸、蛋白质、多糖和脂类）的功能失活，最终导致细菌死亡。此外，ROS 水平的增加会对细菌膜造成损伤，因此难以对药物产生耐药性。在生理条件下，ROS 水平保持稳态平衡。然而，一旦 ROS 水平不平衡，往往会导致疾病的发生。

H_2O_2 作为一种常见的商业产品，可以单独作为抗菌剂使用。为了提高抗菌效果，通常需要较高的 H_2O_2 水平（0.5%～3%），但它会严重损害机体健康。幸运的是，过氧化物酶类纳米酶的应用可以将低浓度的 H_2O_2 分解为高氧化性的 ·OH，从而达到更高的抗菌效果。通常，·OH 水平取决于纳米酶的类型，如氧化酶（OXD）、过氧化物酶（POD）、超氧化物歧化酶（SOD）和过氧化氢酶（CAT）类纳米酶（图 9-61）。在酸性条件下，POD

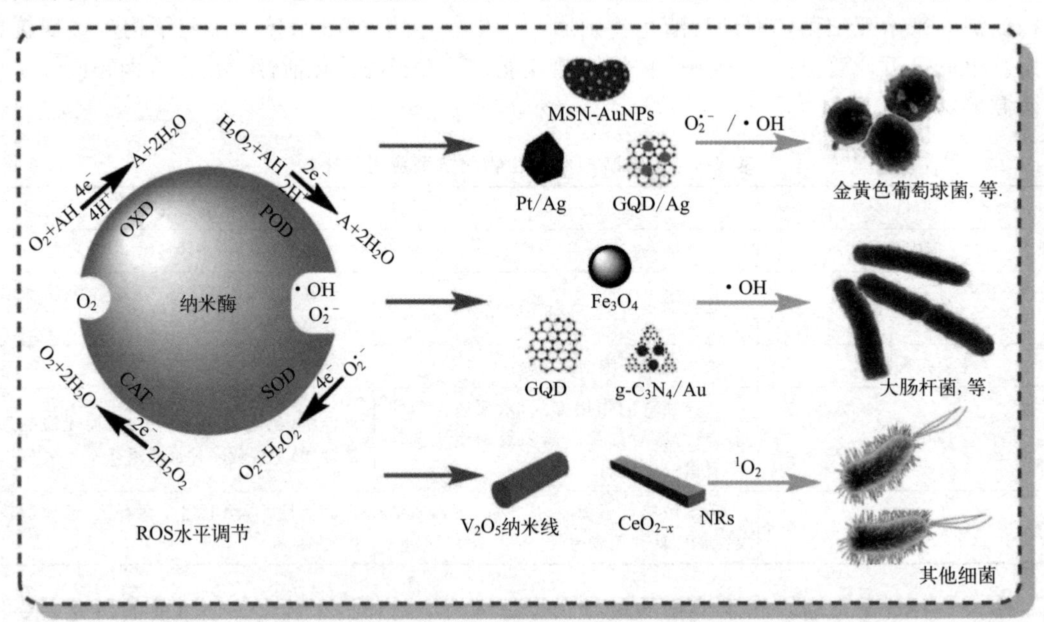

图 9-61 纳米酶调节 ROS 水平及其抗菌活性示意图

和 OXD 可以直接催化氧气产生・OH。在中性条件下，CAT 将过氧化氢分解成氧气和水。SOD 在中性或碱性条件下将 $O_2^{\cdot -}$ 氧化为氧气或 H_2O_2。OXD 和 POD 催化自由基生成，表现为提高 ROS 水平，CAT 和 SOD 清除自由基，表现为降低 ROS 水平。因此，纳米酶具有调节 ROS 水平的能力。

一些纳米酶还通过破坏生物膜的成分而表现出抗菌作用。CeO_{2-x} 纳米棒和 V_2O_5 纳米线表现出类似卤过氧化物酶的活性，并生成次卤酸，用于处理细菌生物膜。为了完成对生物膜的破坏，两种不同的纳米酶的组合可以显示出很好的抗菌效果。如图 9-62 所示，具有脱氧核糖核酸酶样活性的铈（Ⅳ）配合物具有水解 eDNA 和破坏生物膜的能力。同时，具有过氧化物酶样活性的 MOFs 可以杀死分散在生物膜中的细菌。

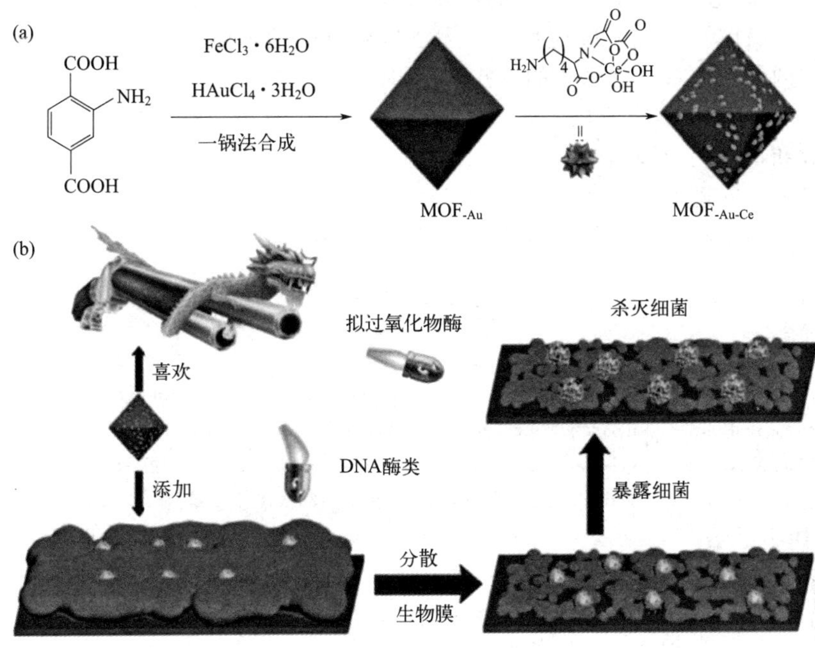

图 9-62　用于抗生物膜的 MOF-Au-Ce 的示意图

(a) 通过将 Ce 复合物附着在 MOF-Au 的表面来合成 MOF-Au-Ce；(b) 具有双重酶类活性的纳米酶的示意图（以破坏生物膜并杀死细菌，集成的纳米酶模拟了一把双管猎枪，实现一举两得）

(2) 清除生物膜

生物膜为微生物提供保护屏障，由多种成分如核酸、蛋白质和多糖组成。许多疾病都是由生物膜引起的。一些研究人员认为，由于生物膜的存在，抗菌剂无法渗透到基质中。也有报道称，通过细胞通信，微生物可以快速反应并调节代谢，显著提高了微生物的抗性和环境适应性。因此，开发新型高效的生物膜抗菌剂已迫在眉睫。

在 H_2O_2 存在的情况下，活性氧（ROS）的产生可以促进生物膜组分的氧化裂解（如 H_2O_2、蛋白质、低聚糖）等，以提高 H_2O_2 对微生物的抑菌效果。ROS 对生物分子的氧化裂解使纳米酶能够破坏生物膜并阻碍其再生。为了实现这一目标，我们设计并制备了 Fe_3O_4 (CAT-NPs)、MOF-2.5 Au-Ce、V_2O_5 纳米线和 MOF/Ce 基纳米酶等催化纳米颗粒来对抗生物膜。一些研究人员使用具有卤过氧化物酶样活性的纳米酶（DNase）干扰群体感应，以影响生物膜活性[272]。基于这些特性，纳米酶有可能成为破坏生物膜的抗菌剂。

新一代的酶模拟物主要包括过氧化物酶、氧化酶、过氧化氢酶、卤代过氧化物酶和类核酸酶模拟物。此处，我们强调了纳米酶在抗菌剂中的应用。纳米酶的抗菌效果受到不同纳米材料的影响，如金属、金属氧化物、非贵金属衍生物纳米颗粒、碳基纳米颗粒和聚合物基纳米材料。随着对催化机制认识的不断深入，纳米酶也可以在抗细胞内细菌、生物医学应用和抗病毒研究中得到应用发展。然而，纳米酶的进一步发展及其在抗菌方面的应用研究仍然需要解决一些问题。

① 每种纳米酶的精确抑菌/抗生素膜机制仍未完全了解。不同纳米酶的具体抑菌机制仍不完全清楚。更全面和深入的研究将有助于开发更有效的抗菌剂。

② 在应用于生物医学领域之前，应系统研究酶对人类、其他生物系统、环境的潜在毒性，以及纳米酶的最终命运。

③ 纳米酶类抗生素的耐药性有待进一步研究。

④ 纳米酶的催化活性取决于材料的内在性质（如表面形态、掺杂元素等）和外部环境因素（如温度、pH 等）。在实际应用中，无法准确判断纳米酶的催化活性、抗菌效果和生物安全性之间的复杂关系。纳米酶的一些副作用也需要进一步研究。

⑤ 对于未来可能的实际应用，研究方向应是在毒性最小、耐药性可忽略的情况下，达到最大的疗效和特异性的抑菌剂。

纳米酶目前发展迅速，在生物、生物医学和环境应用方面显示出取代天然酶的巨大潜力。我们相信，纳米酶在抗菌等领域的应用将继续蓬勃发展。

参考文献

[1] Yi X L，Dong W F，Zhang X D，et al. MIL-53（Fe）MOF-mediated catalytic chemil uminescence for sensitive detection of glucose. Analytical and bioanalytical chemistry，2016，408：8805-8812.

[2] Liu Y L，Zhao X J，Yang X X，et al. A nanosized metal-organic framework of Fe-MIL-88NH_2 as a novel peroxidase mimic used for colorimetric detection of glucose. Analyst，2013，138（16）：4526-4531.

[3] Liu F F，He J，Zeng M L，et al. Cu-hemin metal-organic frameworks with peroxidase-like activity as peroxidase mimics for colorimetric sensing of glucose. Journal of Nanoparticle Research，2016，18：106.

[4] Xiong Y H，Chen S H，Ye F G，et al. Synthesis of a mixed valence state Ce-MOF as an oxidase mimetic for the colorimetric detection of biothiols. Chemical Communications，2015，22：4635-4638.

[5] Zheng H Q，Liu C Y，Zeng X Y，et al. MOF-808：A metal-organic framework with intrinsic peroxidase-like catalytic activity at neutral ph for colorimetric biosensing. Inorganic Chemistry，2018，57（15）：9096-9104.

[6] Zhao Z H，Pang J H，Liu W R，et al. A bifunctional metal organic framework of type Fe（Ⅲ）-BTC for cascade（enzymatic and enzyme-mimicking）colorimetric determination of glucose. Microchimica Acta，2019，186：295.

[7] Pan Y D，Pang Y J，Shi Y，et al. One-pot synthesis of a composite consisting of the enzyme ficin and a zinc（Ⅱ）-2-methylimidazole metal organic framework with enhanced peroxidase activity for colorimetric detection for glucose. Microchimica Acta，2019，186：213.

[8] Wang J N，Bao M Y，Wei T X，et al. Bimetallic metal-organic framework for enzyme immobilization by biomimetic mineralization：Constructing a mimic enzyme and simultaneously immobilizing natural enzymes. Analytica Chimica Acta，2020，1089（15）：148-154.

[9] Lu Z W，Dang Y，Dai C L，et al. Hollow MnFeO oxide derived from MOF@ MOF with multiple enzyme-like activities for multifunction colorimetric assay of biomolecules and Hg^{2+}. Journal of Hazardous Materials，2021，403：123979.

[10] Adegoke O，Zolotovskaya S，Abdolvand A. et al. Rapid and highly selective colorimetric detection of nitrite based on the catalytic-enhanced reaction of mimetic Au nanoparticle-CeO_2 nanoparticle-graphene oxide hybrid nanozyme. Talanta，2021，224（1）：121875.

[11] Shams S，Ahmad W，Memon A H，et al. Facile synthesis of laccase mimic Cu/H_3BTC MOF for efficient dye degradation and detection of phenolic pollutants. RSC Advances，2019，9（70）：40845-40854.

[12] Hu C Y，Jiang Z W，Huang C Z，et al. Cu^{2+}-modified MOF as laccase-mimicking material for colorimetric determination and discrimination of phenolic compounds with 4-aminoantipyrine. Microchimica Acta，2021，188：272.

[13] Boruah P K ，Das M R . Dual responsive magnetic Fe_3O_4-TiO_2/graphene nanocomposite as an artificial nanozyme for the colorimetric detection and photodegradation of pesticide in an aqueous medium. Journal of Hazardous Materials，2020，385（5），121516.

[14] Liu B，Xue Y T，Gao Z Y，et al. Antioxidant identification using a colorimetric sensor array based on Co-N-C nanozyme. Colloids and Surfaces B：Biointerfaces，2021，208：112060.

[15] Qi Z W，Wang L，You Q，et al. PA-Tb-Cu MOF as luminescent nanoenzyme for catalytic assay of hydrogen peroxide. Biosens Bioelectron，2017，96：227-232.

[16] Henning D F，Merkl P，Yun C，et al. Luminescent CeO_2：Eu^{3+} nanocrystals for robust in situ H_2O_2 real-time detection in bacterial cell cultures. Biosensors and Bioelectronics，2019，132：286-293.

[17] Wang X Y，Qin L，Lin M J，et al. Fluorescent graphitic carbon nitride-based nanozymes with peroxidase-like activities for ratiometric biosensing. Analytical Chemistry，2019，91（16）：10648-10656.

[18] Cai Q，Lu S K，Liao F，et al. Catalytic degradation of dye molecules and in situ SERS monitoring by peroxidase-like Au/CuS composite. Nanoscale，2014，6：8117-8123.

[19] Ma X W，Liu H，Wen S S，et al. Ultra-sensitive SERS detection，rapid selective adsorption and degradation of cationic dyes on multifunctional magnetic metal-organic framework-based composite. Nanotechnology，2020，31（31）：315501.

[20] McKeating K S，Sloan-Dennison S，Graham D，et al. An investigation into the simultaneous enzymatic and SERRS properties of silver nanoparticles. Analyst，2013，138：6347-6353.

[21] Garcia-Leis A，Jancura D，Antalik M，et al. Catalytic effects of silver plasmonic nanoparticles on the redox reaction leading to ABTS+formation studied using UV-visible and Raman spectroscopy. Physical Chemistry Chemical Physics，2016，18：26562-26571.

[22] Gu X，Wang H，Schultz Z D，et al. Sensing glucose in urine and serum and hydrogen peroxide in living cells by use of a novel boronate nanoprobe based on surface-enhanced raman spectroscopy. Analytical Chemistry，2016，88（14）：7191-7197.

[23] Weng G J，Feng Y，Zhao J，et al. Sensitive detection of choline in infant formulas by SERS marker transformation occurring on a filter-based flexible substrate. Sensors and Actuators B：Chemical，2020，308：127754.

[24] Yu Z，Park Y J，Chen L，et al. Preparation of a superhydrophobic and peroxidase-like activity array chip for H_2O_2 sensing by SERS. ACS Applied Materials & Interfaces，2015，7（42）：23472-23480.

[25] Yu Z，Chen L，Park Y J，et al. The mechanism of an enzymatic reaction-induced SERS transformation for the study of enzyme-molecule interfacial interactions. Physical Chemistry Chemical Physics，2016，18（46）：31787-31795.

[26] Wu X Q，Li Y F，Wang J H，et al. Click-reaction-triggered SERS signals for specific detection of monoamine oxidase B activity. Analytical Chemistry，2020，92（22）：15050-15058.

[27] Su Y，Zhang Q，Miao X R，et al. Spatially engineered janus hybrid nanozyme toward SERS liquid biopsy at nano/microscales. ACS Applied Materials & Interfaces，2019，11（45）：41979-41987.

[28] Ma J，Feng G G，Ying Y，et al. An overview on molecular imprinted polymers combined with surface-enhanced Raman spectroscopy chemical sensors toward analytical applications. Analyst，2021，146（3）：956-963.

[29] Song C Y，Li J X，Sun Y Z，et al. Colorimetric/SERS dual-mode detection of mercury ion via SERS-Active peroxidase-like Au@AgPt NPs. Sensors and Actuators B：Chemical，2020，310（1）：127849.

[30] Wen S S，Ma X W，Liu H，et al. Accurate monitoring platform for the surface catalysis of nanozyme validated by surface-enhanced raman-kinetics model. Analytical Chemistry，2020，92（17）：11763-11770.

[31] Wen S，Zhang Z W，Zhang Y P，et al. Ultrasensitive stimulation effect of fluoride ions on a novel nanozyme-SERS system. ACS Sustainable Chemistry & Engineering，2020，8（32）：11906-11913.

[32] Can Z Y，Üzer A，Türkekul K，et al. Determination of triacetone triperoxide with a *N*，*N*-dimethyl-p-phenylenediamine sensor on nafion using Fe_3O_4 magnetic nanoparticles. Analytical Chemistry，2015，87（19）：9589-9594.

[33] Jin J，Zhu S J，Song Y B，et al. Precisely controllable core-shell Ag@Carbon dots nanoparticles：application to in

situ super-sensitive monitoring of catalytic reactions. ACS Applied Materials & Interfaces, 2016, 8 (41): 27956-27965.

[34] Gan H, Han W Z, Fu Z D, et al. The chain-like Au/carbon dots nanocomposites with peroxidase-like activity and their application for glucose detection. Colloids and Surfaces B: Biointerfaces, 2021, 199: 111553.

[35] Hu Y H, Cheng H J, Zhao X Z, et al. Surface-enhanced Raman scattering active gold nanoparticles with enzyme-mimicking activities for measuring glucose and lactate in living tissues. ACS Applied Nano Materials, 2017, 11 (6): 5558-5566.

[36] Ma X W, Wen S S, Xue X X, et al. Controllable synthesis of SERS-active magnetic metal-organic framework-based nanocatalysts and their application in photoinduced enhanced catalytic oxidation. ACS Applied Materials & Interfaces, 2018, 10 (30): 25726-25736.

[37] Ma X W, Liu H, Wen S S, et al. Ultra-sensitive SERS detection, rapid selective adsorption and degradation of cationic dyes on multifunctional magnetic metal-organic framework-based composite. Nanotechnology, 2020, 31 (31): 315501.

[38] Jiang G H, Wang Z Y, Zong S F, et al. Peroxidase-like recyclable SERS probe for the detection and elimination of cationic dyes in pond water. Journal of Hazardous Materials, 2021, 15 (408): 124426.

[39] Wang Q Q, Wei H, Zhang Z Q, et al. Nanozyme: an emerging alternative to natural enzyme for biosensing and immunoassay. Trends in Analytical Chemistry, 2018, 105: 218-224.

[40] Cheng X L, Jiang J S, Jiang D M, et al. Synthesis of rhombic dodecahedral Fe_3O_4 nanocrystals with exposed high-energy {110} facets and their peroxidase-like activity and lithium storage properties. The Journal of Physical Chemistry C, 2014, 118 (24): 12588-12598.

[41] Sun D, Qi G, Ma K, et al. Tumor microenvironment-activated degradable multifunctional nanoreactor for synergistic cancer therapy and glucose SERS feedback. IScience, 2020, 23 (7): 101274.

[42] Qu J Y, Dong Y, Yong W, et al. A novel nanofilm sensor based on poly- (alizarin red) /Fe_3O_4 magnetic nanoparticles-multiwalled carbon nanotubes composite material for determination of nitrite. Micro & Nano Letters, 2016, 16 (3): 2731-2736.

[43] Liu H, Guo Y, Wang Y X, et al. A nanozyme-based enhanced system for total removal of organic mercury and SERS sensing. Journal of Hazardous Materials, 2021, 405: 124642.

[44] Song W, Chi M Q, Gao M, et al. Self-assembly directed synthesis of Au nanorices induced by polyaniline and their enhanced peroxidase-like catalytic properties. Journal of Materials Chemistry C, 2017, 5 (30): 7465-7471.

[45] Tang R Y, Lei Z, Weng Y J, et al. Self-assembly synthesis of Ag@PANI nanocomposites as a tandem enzyme utilizing a highly efficient label-free SERS method to detect saccharides. New Journal of Chemistry, 2020, 44 (38): 16384-16389.

[46] Wu J, Qin K, Yuan D, et al. Rational design of Au@Pt multibranched nanostructures as bifunctional nanozymes. ACS applied materials & interfaces, 2018, 10 (15): 12954-12959.

[47] Ma X W, Wen S S, Xue X X, et al. Controllable synthesis of SERS-active magnetic metal-organic framework-based nanocatalysts and their application in photoinduced enhanced catalytic oxidation. ACS applied materials & interfaces, 2018, 10 (30): 25726-25736.

[48] Li L J, Jin J, Liu J J, et al. Accurate SERS monitoring of the plasmon mediated UV/visible/NIR photocatalytic and photothermal catalytic process involving Ag@ carbon dots. Nanoscale, 2021, 13 (2): 1006-1015.

[49] Nasir M, Nawaz M H, Latif U, et al. An overview on enzyme-mimicking nanomaterials for use in electrochemical and optical assays. Microchimica Acta, 2017, 184: 323-342.

[50] Xia X M, Weng Y J, Zhang L, et al. A facile SERS strategy to detect glucose utilizing tandem enzyme activities of Au@Ag nanoparticles. Spectrochimica Acta Part A: Molecular and Biomolecular Spectroscopy, 2021, 259: 119889.

[51] Gu X, Wang H, Schultz Z D, et al. Sensing glucose in urine and serum and hydrogen peroxide in living cells by use of a novel boronate nanoprobe based on surface-enhanced Raman spectroscopy. Anal Chem, 2016, 88 (14): 7191-7197.

[52] Wu J J, Li S R, Wei H. Multifunctional nanozymes: enzyme-like catalytic activity combined with magnetism and

surface plasmon resonance. Nanoscale Horizons，2018，3 (4)：367-382.

[53] Wu Y H，Chu L，Liu W，et al. The screening of metal ion inhibitors for glucose oxidase based on the peroxidase-like activity of nano-Fe_3O_4. RSC Advances，2017，7 (75)：47309-47315.

[54] Guo Y，Wang H，Ma X W，et al. Fabrication of Ag-Cu_2O/reduced graphene oxide nanocomposites as surfaceenhanced Raman scattering substrates for in situ monitoring of peroxidaselike catalytic reaction and biosensing. ACS Appl Mater Interfaces，2017，9 (22)：19074.

[55] Hu Y H，Cheng H J，Zhao X Z，et al. Surface-enhanced Raman scattering active Gold nanoparticles with enzyme-mimicking activities for measuring glucose and lactate in living tissues. ACS Nano，2017，11 (6)：5558.

[56] Wang A L，Guan C，Shan G Y，et al. A nanocomposite prepared from silver nanoparticles and carbon dots with peroxidase mimicking activity for colorimetric and SERS-based determination of uric acid. Microchimica Acta，2019，186：1-8.

[57] Jiang X，Tan Z Y，Lin L，et al. Surface-Enhanced Raman nanoprobes with embedded standards for quantitative cholesterol detection. Small Methods，2018，2 (11)：1800182.

[58] Li C N，Qin Y N，Li D，et al. A highly sensitive enzyme catalytic SERS quantitative analysis method for ethanol with Victoria blue B molecular probe in the stable nanosilver sol substrate. Sensors and Actuators B：Chemical，2018，255：3464-3471.

[59] 王海波，覃文霞，余婉松，等 . Au@Ag NPs 表面增强拉曼快速测定奶粉中的三聚氰胺 . 食品研究与开发，2019，40 (12)：6.

[60] Xu Z，Wang R，Mei B，et al. A surface-enhanced Raman scattering active core/shell structure based on enzyme-guided crystal growth for bisphenol A detection. Analytical Methods，2018，10 (31)：3878-3883.

[61] Yang L，Gao M X，Zou H Y，et al. Plasmonic $Cu_{2-x}S_ySe_{1-y}$ nanoparticles catalyzed click chemistry reaction for SERS immunoassay of cancer biomarker. Anal Chem，2018，90：11728.

[62] Xu W，Zhao A，Zuo F，et al. A highly sensitive DNAzyme-based SERS biosensor for quantitative detection of lead ions in human serum. Analytical and Bioanalytical Chemistry，2020，412 (13)：4565-4574.

[63] Li J R，Koo K M，Wang Y L，et al. Native MicroRNA Targets Trigger Self-Assembly of Nanozyme-Patterned Hollowed Nanocuboids with Optimal Interparticle Gaps for Plasmonic-Activated Cancer Detection. Small，2019，15 (50)：1904689.

[64] Lin S，Wu J J，Yao J，et al. Chapter 7-Nanozymes for biomedical sensing applications：from in vitro to living systems. Biomedical Applications of Functionalized Nanomaterials，2018：171-209.

[65] Song C，Li J，Sun Y，et al. Colorimetric/SERS dual-mode detection of mercury ion via SERS-Active peroxidase-like Au@AgPt NPs. Sensors and Actuators，2020，310 (May)：127849. 1-127849. 8.

[66] Nasir M，Nawaz M H，Latif U，et al. An overview on enzyme-mimicking nanomaterials for use in electrochemical and optical assays. Microchimica Acta，2017，184：323-342.

[67] Zhang T B，Lu Y C，Luo G S. Iron phosphate prepared by coupling precipitation and aging：morphology，crystal structure，and Cr (Ⅲ) adsorption. ACS Applied Materials & Interfaces，2013，13 (2)：1099-1109.

[68] Wan L B，Chen Z L，Huang C X，et al. Core-shell molecularly imprinted particles. TrAC Trends in Analytical Chemistry，2017，95：110-121.

[69] Huang H，Bai J，Li J，et al. Fluorescence detection of dopamine based on the polyphenol oxidase-mimicking enzyme. Analytical and Bioanalytical Chemistry，2020，412：5291-5297.

[70] Liu C，Cai Y，Wang J，et al. Facile preparation of homogeneous copper nanoclusters exhibiting excellent tetraenzyme mimetic activities for colorimetric glutathione sensing and fluorimetric ascorbic acid sensing. ACS Applied Materials & Interfaces，2020，12 (38)：42521-42530.

[71] Alizadeh N，Ghasemi S，Salimi A，et al. CuO nanorods as a laccase mimicking enzyme for highly sensitive colorimetric and electrochemical dual biosensor：Application in living cell epinephrine analysis. Colloids and Surfaces B：Biointerfaces，2020，195：111228.

[72] Shen Y，Wei Y，Liu Z，et al. Engineering of 2D artificial nanozyme-based blocking effect-triggered colorimetric sensor for onsite visual assay of residual tetracycline in milk. Microchimica Acta，2022，189 (6)：233.

[73] Xu R，Tan X，Li T，et al. Norepinephrine-induced AuPd aerogels with peroxidase-and glucose oxidase-like activity for colorimetric determination of glucose. Microchimica Acta，2021，188：1-9.

[74] Liu X，Yang J，Cheng J，et al. Facile preparation of four-in-one nanozyme catalytic platform and the application in selective detection of catechol and hydroquinone. Sensors and Actuators B：Chemical，2021，337：129763.

[75] Guo X，Yang F. In-situ generation of highly active and four-in-one $CoFe_2O_4$/H2PPOP nanozyme：Mechanism and its application for fast colorimetric detection of Cr（Ⅵ）. Journal of Hazardous Materials，2022，431：128621.

[76] Sun M，He M，Jiang S，et al. Multi-enzyme activity of three layers FeO_x@ $ZnMnFeO_y$@ Fe-Mn organogel for colorimetric detection of antioxidants and norfloxacin with smartphone. Chemical Engineering Journal，2021，425：131823.

[77] Chen J，Wu W，Huang L，et al. Self-indicative gold nanozyme for H_2O_2 and glucose sensing. Chemistry-A European Journal，2019，25（51）：11940-11944.

[78] Cheng H J，Zhang L，He J，Guo W J，et al. Integrated nanozymes with nanoscale proximity for in vivo neurochemical monitoring in living brains. Analytical chemistry，2016，88（10）：5489-5497.

[79] Hu Y H，Cheng H J，Zhao X Z，et al. Surface-enhanced Raman scattering active gold nanoparticles with enzyme-mimicking activities for measuring glucose and lactate in living tissues. ACS Nano，2017，6（11）：5558-5566.

[80] Cheng H J，Liu Y F，Hu Y H，et al. Monitoring of heparin activity in live rats using metal-organic framework nanosheets as peroxidase mimics. Analytical chemistry，2017，89（21）：11552-11559.

[81] Wei H，Wang E. Nanomaterials with enzyme-like characteristics（nanozymes）：next-generation artificial enzymes. Chemical Society Reviews，2013，42（14）：6060-6093.

[82] Sardesai N P，Ganesana M，Karimi A，et al. Platinum-doped ceria based biosensor for in vitro and in vivo monitoring of lactate during hypoxia. Analytical Chemistry，2015，87（5）：2996-3003.

[83] Wang X Y，Hu Y H，Wei H. Nanozymes inbionanotechnology：from sensing to therapeutics and beyond. Inorganic Chemistry Frontiers，2016，3，41-60.

[84] Qi Z W，Wang L，Chen Y. PA-Tb-Cu MOF as luminescent nanoenzyme for catalytic assay of hydrogen peroxide. Biosensors and Bioelectronics，2017，96：227-232.

[85] Liu B W，Sun Z Y，Huang P J J，et al. Hydrogen peroxide displacing DNA from nanoceria：mechanism and detection of glucose in serum. Journal of the American Chemical Society，2015，137（3）：1290-1295.

[86] Pratsinis A，Kelesidis G A，Zuercher S，et al. Enzyme-mimetic antioxidant luminescent nanoparticles for highly sensitive hydrogen peroxide biosensing. ACS Nano，2017，11（12）：12210-12218.

[87] Lin Y，Li Z，Chen Z，et al. Mesoporous silica-encapsulated gold nanoparticles as artificial enzymes for self-activated cascade catalysis. Biomaterials，2013，34（11）：2600-2610.

[88] Hu S，Jiang Y，Wu Y，et al. Enzyme-free tandem reaction strategy for surface-enhanced Raman scattering detection of glucose by using the composite of Au nanoparticles and porphyrin-based metal-organic framework. ACS Applied Materials & Interfaces，2020，12（49）：55324-55330.

[89] Chen M，Zhou H，Liu X，et al. Single iron site nanozyme for ultrasensitive glucose detection. Small，2020，16（31）：2002343.

[90] Wei H，Wang E. Nanomaterials with enzyme-like characteristics（nanozymes）：next-generation artificial enzymes. Chemical Society Reviews，2013，42（14）：6060-6093.

[91] Hu S，Jiang Y，Wu Y，et al. Enzyme-Free Tandem Reaction Strategy for Surface-Enhanced Raman Scattering Detection of Glucose by Using the Composite of Au Nanoparticles and Porphyrin-Based Metal-Organic Framework. ACS applied materials & interfaces，2020，12（49）：55324-55330.

[92] Zhao Y，Huang Y C，Zhu Hu，et al. Three-in-one：sensing，self-assembly，and cascade catalysis of cyclodextrin modified gold nanoparticles. Journal of the American Chemical Society，2016，138（51）：16645-16654.

[93] Hu J T，Ni P J，Dai H C，et al. Aptamer-based colorimetric biosensing of abrin using catalytic gold nanoparticles. Analyst，2015，10（140）：3581-3586.

[94] Zhou X，Wang M，Chen J，et al. Peroxidase-like activity of Fe-N-C single-atom nanozyme based colorimetric detection of galactose. Analytica Chimica Acta，2020，1128：72-79.

[95] Hu F X, Hu T, Chen S, et al. Single-atom cobalt-based electrochemical biomimetic uric acid sensor with wide linear range and ultralow detection limit. Nano-micro letters, 2021, 13: 1-13.

[96] Xie X L, Wang D P, Guo C, et al. Single-atom ruthenium biomimetic enzyme for simultaneous electrochemical detection of dopamine and uric acid. Analytical Chemistry, 2021, 93 (11): 4916-4923.

[97] Pautler R, Kelly E Y, Huang P J J, et al. Attaching DNA to nanoceria: regulating oxidase activity and fluorescence quenching. ACS Applied Materials & Interfaces, 2013, 5 (15): 6820-6825.

[98] Zheng X X, Liu Q, Jing C, et al. Catalytic gold nanoparticles for nanoplasmonic detection of DNA hybridization. Angewandte Chemie International Edition, 2011, 50 (50): 11994-11998.

[99] 梁东明 . 基于切刻内切酶的核酸信号放大技术用于蛋白及 DNA 修饰酶的荧光检测 . 长沙: 湖南大学, 2023.

[100] Bhattacharjee R, Tanaka S, Moriam S, et al. Porous nanozymes: the peroxidase-mimetic activity of mesoporous iron oxide for the colorimetric and electrochemical detection of global DNA methylation. Journal of Materials Chemistry B, 2018, 6 (29): 4783-4791.

[101] Tian L, Qi J X, Olayinka O, et al. Planar intercalated copper (Ⅱ) complex molecule as small molecule enzyme mimic combined with Fe_3O_4 nanozyme for bienzyme synergistic catalysis applied to the microRNA biosensor. Biosensors and Bioelectronics, 2018, 110: 110-117.

[102] Kim M I, Parka K S, Park H G. Ultrafast colorimetric detection of nucleic acids based on the inhibition of the oxidase activity of cerium oxide nanoparticles. Chemical Communications, 2014, 50 (67): 9577-9580.

[103] Song Y J, Wang Y C, Qin L D. A multistage volumetric bar chart chip for visualized quantification of DNA. Journal of the American Chemical Society, 2013, 135 (45): 16785-16788.

[104] Gao L Z, Zhuang J, Nie L, et al. Intrinsic peroxidase-like activity of ferromagnetic nanoparticles. Nature Nanotechnology, 2007, 2 (9): 577-583.

[105] Duan D, Fan K L, Zhang D X, et al. Nanozyme-strip for rapid local diagnosis of Ebola. Biosensors and Bioelectronics, 2015, 74: 134-141.

[106] Xia X H, Zhang J T, Lu N, et al. Pd-Ir core-shell nanocubes: a type of highly efficient and versatile peroxidase mimic. ACS Nano, 2015, 9 (10): 9994-10004.

[107] Ye H H, Yang K K, Tao J, et al. An enzyme-free signal amplification technique for ultrasensitive colorimetric assay of disease biomarkers. ACS Nano, 2017, 2 (11): 2052-2059.

[108] Zheng C, Zheng A X, Liu B, et al. One-pot synthesized DNA-templated Ag/Pt bimetallic nanoclusters as peroxidase mimics for colorimetric detection of thrombin. Chemical Communications, 2014, 50 (86): 13103-13106.

[109] Wang Y Z, Qi W J, Song Y J. Antibody-free detection of protein phosphorylation using intrinsic peroxidase-like activity of platinum/carbon dot hybrid nanoparticles. Chemical Communications, 2016, 52 (51): 7994-7997.

[110] Li X N, Wen F, Creran B, et al. Colorimetric protein sensing using catalytically amplified sensor arrays. Small, 2012, 8 (23): 3589-3592.

[111] Yang J E, Lu Y X, Ao L, et al. Colorimetric sensor array for proteins discrimination based on the tunable peroxidase-like activity of AuNPs-DNA conjugates. Sensors and Actuators B: Chemical B, 2017, 245: 66-73.

[112] Wagner S, Auerbach H, Tait C E, et al. Elucidating the Structural Composition of an Fe-N-C Catalyst by Nuclear-and Electron-Resonance Techniques. Angewandte Chemie International Edition, 2019, 58 (31): 10486-10492.

[113] Sun L, Li C, Yan Y, et al. Engineering DNA/Fe-N-C single-atom nanozymes interface for colorimetric biosensing of cancer cells. Analytica Chimica Acta, 2021, 1180: 338856.

[114] Cao X, Yang H, Wei Q, et al. Fast colorimetric sensing of H_2O_2 and glutathione based on Pt deposited on NiCo layered double hydroxide with double peroxidase-/oxidase-like activity. Inorganic Chemistry Communications, 2021, 123: 108331.

[115] Gao L, Liu M Q, Ma G F, et al. Peptide-conjugated gold nanoprobe: Intrinsic nanozyme-linked immunsorbant assay of integrin expression level on cell membrane. ACS Nano, 2015, 9 (11): 10979-10990.

[116] Li J, Wang J, Wang Y L, et al. Simple and rapid colorimetric detection of melanoma circulating tumor cells using bifunctional magnetic nanoparticles. Analyst, 2017, 142 (24): 4788-4793.

[117] Tian L, Wang X J, Qi X, et al. Improvement of the surface wettability of silicone hydrogel films by self-assembled

hydroxypropyltrimethyl ammonium chloride chitosan mixed colloids. Colloids and Surfaces A Physicochemical and Engineering Aspects, 2018, 588: 422-428.

[118] Tian L, Qi J X, Qian K, et al. An ultrasensitive electrochemical cytosensor based on the magnetic field assisted bi-nanozymes synergistic catalysis of Fe_3O_4 nanozyme and reduced graphene oxide/molybdenum disulfide nanozyme. Sensors and Actuators B: Chemical, 2018, 260 (1): 676-684.

[119] Zhang L N, Deng H H, Lin F L, et al. In situ growth of porous platinum nanoparticles on graphene oxide for colorimetric detection of cancer cells. Analytical chemistry, 2014, 86 (5): 2711-2718.

[120] Liu J, Xin X Y, Zhou H, et al. A ternary composite based on graphene, hemin, and gold nanorods with high catalytic activity for the detection of cell-surface glycan expression. Chemistry-A European Journal, 2015, 21 (5): 1908-1914.

[121] Zheng T T, Zhang Q F, Feng S, et al. Robust nonenzymatic hybrid nanoelectrocatalysts for signal amplification toward ultrasensitive electrochemical cytosensing. Journal of the American Chemical Society, 2014, 136 (6): 2288-2291.

[122] Jiao L, Xu W, Yan H, et al. Fe-N-C single-atom nanozymes for the intracellular hydrogen peroxide detection. Analytical Chemistry, 2019, 91 (18): 11994-11999.

[123] Ge S G, Liu F, Liu W Y, et al. Colorimetric assay of K-562 cells based on folic acid-conjugated porous bimetallic Pd@Au nanoparticles for point-of-care testing. Chemical Communications, 2014, 50 (4): 475-477.

[124] Hu X N, Saran A, Hou S, et al. Rod-shaped Au@PtCu nanostructures with enhanced peroxidase-like activity and their ELISA application. Chinese Science Bulletin, 2014, 59 (21): 2588-2596.

[125] Cheng N, Li J C, Liu D, et al. Single-atom nanozyme based on nanoengineered Fe-N-C catalyst with superior peroxidase-like activity for ultrasensitive bioassays. Small, 2019, 15 (48): 1901485.

[126] Zhao Y, Yang X, Cui L Y, et al. PVP-capped Pt NPs-depended catalytic nanoprobe for the simultaneous detection of Hg^{2+} and Ag^{+}. Dyes and Pigments, 2018, 150: 21-26.

[127] Wu G W, He S B, Peng H P, et al. Citrate-capped platinum nanoparticle as a smart probe for ultrasensitive mercury sensing. Analytical Chemistry, 2014, 86 (21): 10955-10960.

[128] Liu B W, Huang Z C, Liu J W. Boosting the oxidase mimicking activity of nanoceria by fluoride capping: rivaling protein enzymes and ultrasensitive F-detection. Nanoscale, 2016, 8 (28): 13562-13567.

[129] Singh S, Mitra K, Shukla A, et al. Brominated graphene as mimetic peroxidase for sulfide ion recognition. Analytical Chemistry, 2017, 89 (1): 783-791.

[130] Lien C, Unnikrishnan B, Harroun S G, et al. Visual detection of cyanide ions by membrane-based nanozyme assay. Biosensors and Bioelectronics; 2018, 102 (15): 510-517.

[131] Chen Z B, Tan L L, Wang S X, et al. Sensitive colorimetric detection of K (I) using catalytically active gold nanoparticles triggered signal amplification. Biosensors and Bioelectronics, 2016, 79 (15): 749-757.

[132] Qin L, Wang X Y, Liu Y F, et al. 2D-metal-organic-framework-nanozyme sensor arrays for probing phosphates and their enzymatic hydrolysis. Analytical Chemistry, 2018, 90 (16): 9983-9989.

[133] Dong J L, Song L N, Yin J J, et al. Co_3O_4 nanoparticles with multi-enzyme activities and their application in immunohistochemical assay. ACS Applied Materials & Interfaces, 2014, 6 (3): 1959-1970.

[134] Gupta A, Das R, Yesilbag Tonga G, et al. Charge-switchable nanozymes for bioorthogonal imaging of biofilm-associated infections. ACS nano, 2018, 12 (1): 89-94.

[135] Ragg R, Schilmann A M, Korschelt K, et al. Intrinsic superoxide dismutase activity of MnO nanoparticles enhances the magnetic resonance imaging contrast. Journal of Materials Chemistry B, 2016, 4 (46): 7423-7428.

[136] Zhen W, Liu Y, Lin L, et al. BSA-IrO_2: Catalase-like nanoparticles with high photothermal conversion efficiency and a high X-ray absorption coefficient for anti-inflammation and antitumor theranostics. Angewandte Chemie, 2018, 130 (32): 10466-10470.

[137] Xu R Y, Wang Y F, Duan X P, et al. Nanoscale metal-organic frameworks for ratiometric oxygen sensing in live cells. Journal of the American Chemical Society, 2016, 138 (7): 2158-2161.

[138] Dugan L L, Gabrielsen J K, Yu S P, et al. Buckminsterfullerenol Free Radical Scavengers Reduce Excitotoxic and

Apoptotic Death of Cultured Cortical Neurons. Neurobiology of Disease, 1996, 3 (2): 129-135.

[139] Dugan L L, Lovett E G, Quick K L, et al. Fullerene-based antioxidants and neurodegenerative disorders. Parkinsonism& Related Disorders, 2001, 7 (3): 243-246.

[140] Dugan L L, Turetsky D M, Du C, et al. Carboxyfullerenes as neuroprotective agents. Proceedings of The National Academy of Sciences of The United States of America, 1997, 94 (17): 9434-9439.

[141] Dugan L L, Tian L L, Quick K L, et al. Carboxyfullerene neuroprotection postinjury in parkinsonian nonhuman primates. Annals of Neurology, 2014, 76 (3): 393-402.

[142] Kim C K, Kim T, Choi I Y, et al. Ceria nanoparticles that can protect against ischemic stroke. Angewandte Chemie International Edition, 2012, 51 (44): 11039-11043.

[143] Bao Q Q, Hu P, Xu Y Y, et al. Simultaneous blood-brain barrier crossing and protection for stroke treatment based on edaravone-loaded ceria nanoparticles. ACS Nano, 2018, 12 (7): 6794-6805.

[144] Zeng F, Wu Y W, Li X W, et al. Custom-made ceria nanoparticles show a neuroprotective effect by modulating phenotypic polarization of the microglia. Angewandte Chemie Internation Editon, 2018, 57 (20): 5808-5812.

[145] Liu Y L, Ai K L, Ji X Y, et al. Comprehensive insights into the multi-antioxidative mechanisms of melanin nanoparticles and their application to protect brain from injury in ischemic stroke. Journal of the American Chemical Society, 2017, 139 (2): 856-862.

[146] Singh N, Savanur M A, Srivastava S, et al. A redox modulatory Mn_3O_4 nanozyme with multi-enzyme activity provides efficient cytoprotection to human cells in a Parkinson's disease model. Angewandte Chemie Internation Editon, 2017, 56 (45): 14267-14271.

[147] Vernekar A A, Sinha D, Srivastava S, et al. An antioxidant nanozyme that uncovers the cytoprotective potential of vanadia nanowires. Nature Communications, 2014, 5, 5301.

[148] Li W, Liu Z, Liu C Q, et al. Manganese dioxide nanozymes as responsive cytoprotective shells for individual living cell encapsulation. Angewandte Chemie Internation Editon, 2017, 56 (44): 13661-13665.

[149] Li F, Li T Y, Sun C X, et al. Selenium-doped carbon quantum dots for free-radical scavenging. Angewandte Chemie Internation Editon, 2017, 56 (33): 9910-9914.

[150] Soh M, Kang D W, Jeong H G, et al. Ceria-zirconia nanoparticles as an enhanced multi-antioxidant for sepsis treatment. Angewandte Chemie Internation Editon, 2017, 56 (38): 11399-11403.

[151] Zhang W, Hu S L, Yin J J, et al. Prussian blue nanoparticles as multienzyme mimetics and reactive oxygen species scavengers. Journal of the American Chemical Society, 2016, 138 (18): 5860-5865.

[152] Onizawa S, Aoshiba K, Kajita M, et al. Platinum nanoparticle antioxidants inhibit pulmonary inflammation in mice exposed to cigarette smoke. Pulmonary Pharmacology & Therapeutics, 2009, 22 (4): 340-349.

[153] Yao J, Cheng Y, Zhou M, et al. ROS scavenging Mn_3O_4 nanozymes for in vivo anti-inflammation. Chemical Sciences, 2018, 9 (11): 2927-2933.

[154] Singh N, Sherin G R, Mugesh G. Antioxidant and prooxidant nanozymes: From cellular redox regulation to next-generation therapeutics. Angewandte Chemie, 2023, 135 (33): e202301232.

[155] Wan W L, Lin Y J, Chen H L, et al. In situ nanoreactor for photosynthesizing H_2 gas to mitigate oxidative stress in tissue inflammation. Journal of the american chemical society, 2017, 139 (37): 12923-12926.

[156] Zhang C, Bu W B, Ni D L, et al. Synthesis of iron nanometallic glasses and their application in cancer therapy by a localized fenton reaction. Angewandte Chemie Internation Editon, 2016, 55 (6): 2101-2106.

[157] Tang Z M, Liu Y Y, He M Y, et al. Chemodynamic therapy: Tumour microenvironment-mediated fenton and fenton-like reactions. Angewandte Chemie Internation Editon, 2019, 58 (4): 946-956.

[158] Chen X Y, Zhang H L, Zhang M, et al. Amorphous Fe-based nanoagents for self-enhanced chemodynamic therapy by re-establishing tumor acidosis. Advanced Functional Materials, 2019, 30 (6), 1908365.

[159] Huo M F, Wang L Y, ChenY , et al. Tumor-selective catalytic nanomedicine by nanocatalyst delivery. Nature Communications, 2017, 8, 357.

[160] Tian Q W, Xue F F, Wang Y R, Y et al. Recent advances in enhanced chemodynamic therapy strategies. Nano Today, 2021, 39: 101162.

[161] Lei H, Pei Z, Jiang C, et al. Recent progress of metal-based nanomaterials with anti-tumor biological effects for enhanced cancer therapy [C] //Exploration. 2023: 20220001.

[162] Dai Y J, Ding Y M, Li L L. Nanozymes for regulation of reactive oxygen species and disease therapy. Chinese Chemical Letters, 2021, 32 (9): 2715-2728.

[163] Huo M F, Wang L Y, Chen Y, et al. Tumor-selective catalytic nanomedicine by nanocatalyst delivery. Nature Communications, 2017, 8, 357.

[164] Fan K L, Xi J Q, Fan L, et al. In vivo guiding nitrogen-doped carbon nanozyme for tumor catalytic therapy. Nature Communications, 2018, 9, 1440.

[165] Kim J, Cho H R, Jeon H J, et al. Continuous O_2-evolving $MnFe_2O_4$ nanoparticle-anchored mesoporous silica nanoparticles for efficient photodynamic therapy in hypoxic cancer. Journal of the American Chemical Society, 2017, 139 (32): 10992-10995.

[166] Zhen W Y, Liu Y, Lin L, et al. BSA-IrO_2: Catalase-like nanoparticles with high photothermal conversion efficiency and a high X-ray absorption coefficient for anti-inflammation and antitumor theranostics. Angewandte Chemie Internation Editon, 2018, 57 (32): 10309-10313.

[167] Rossi L M, Costa N J S, Silva F P, et al. Magnetic nanocatalysts: supported metal nanoparticles for catalytic applications. Nanotechnology Reviews, 2013, 2 (5): 597-614.

[168] Taylor H E, Sloan K B. 1-Alkylcarbonyloxymethyl prodrugs of 5-fluorouracil (5-FU): synthesis, physicochemical properties, and topical delivery of 5-FU. Journal of pharmaceutical sciences, 1998, 87 (1): 15-20.

[169] Tao Y, Ju E, Ren J S, et al. Bifunctionalized mesoporous silica-supported gold nanoparticles: intrinsic oxidase and peroxidase catalytic activities for antibacterial applications. Advanced Materials, 2015, 27 (6): 1097-1104.

[170] Wu L, Hu Y, Sha Y, et al. An "in-electrode" -type immunosensing strategy for the detection of squamous cell carcinoma antigen based on electrochemiluminescent AuNPs/g-C_3N_4 nanocomposites. Talanta, 2016, 160: 247-255.

[171] Fang G, Li W F, Shen X M, et al. Differential Pd-nanocrystal facets demonstrate distinct antibacterial activity against Gram-positive and Gram-negative bacteria. Nature Communications, 2018, 9: 129.

[172] Yin W Y, Yu J, Lv F T, et al. Functionalized nano-MoS_2 with peroxidase catalytic and near-infrared photothermal activities for safe and synergetic wound antibacterial applications. ACS Nano, 2016, 10 (12): 11000-11011.

[173] Blair J M A, Webber M A, Baylay A J, et al. Molecular mechanisms of antibiotic resistance. Nature Reviews Microbiology, 2015, 13: 42-51.

[174] Hall R M, Collis H M. Mobile gene cassettes and integrons: capture and spread of genes by site-specific recombination. Molecular Microbiology, 1995, 15 (4): 593-600.

[175] Jan B, Górski A. Enzybiotics and their potential applications in medicine. John Wiley & Sons, Inc, 2009.

[176] Primo E D, Otero L H, Ruiz F, et al. The disruptive effect of lysozyme on the bacterial cell wall explored by an in-silico structural outlook. Biochemistry and Molecular Biology Education, 2018, 46 (1): 83-90.

[177] Saito H, Sakakibara Y, Sakata A, et al. Antibacterial activity of lysozyme-chitosan oligosaccharide conjugates (LYZOX) against Pseudomonas aeruginosa. Acinetobacter baumannii and Methicillin-resistant Staphylococcus aureus, Plos One, 2019, 14 (5): e0217504.

[178] Eshamah H, Han I, Naas H, et al. Antibacterial effects of natural tenderizing enzymes on different strains of Escherichia coli O157: H7 and Listeria monocytogenes on beef. Meat Science, 2014, 96 (4): 1494-1500.

[179] Praveen N C, Rajesh A, Madan M, et al. In vitro evaluation of antibacterial efficacy of pineapple extract (bromelain) on periodontal pathogens. Journal of International Oral Health, 2014, 6 (5): 96-98.

[180] Eller C H, Raines R T. Antimicrobial synergy of a ribonuclease and a peptide secreted by human cells. ACS Infectious Diseases, 2020, 6 (11): 3083-3088.

[181] Banu S F, Thamotharan S, Gowrishankar S, et al. Marine bacterial DNase curtails virulence and disrupts biofilms of Candida albicans and non - albicans Candida species. Biofouling, 2019, 35 (9): 975-985.

[182] Gao L Z, Zhuang J, Nie L, et al. Intrinsic peroxidase-like activity of ferromagnetic nanoparticles. Nature Nanotechnology, 2007, 2 (9): 577-583.

[183] Xu B L，Wang H，Wang W W，et al. A single-atom nanozyme for wound disinfection applications. Angewandte Chemie Internation Editon，2019，58 (15)：4911-4916.

[184] Liu X P，Yan Z Q，Zhang Y，et al. Two-dimensional metal-organic framework/enzyme hybrid nanocatalyst as a benign and self-activated cascade reagent for in vivo wound healing. ACS Nano，2019，13 (5)：5222-5230.

[185] Hwang G，Paula A，Hunter E E，et al. Catalytic antimicrobial robots for biofilm eradication. Science Robotics，2019，4 (29)：eaaw2388.

[186] Sang Y J，Li W，Liu H，et al. Construction of nanozyme-hydrogel for enhanced capture and elimination of bacteria. Advanced Functional Materials，2021，31 (51)，2110449.

[187] Liu Y N，Lin A G，Liu J W，et al. Enzyme-responsive mesoporous ruthenium for combined chemo-photothermal therapy of drug-resistant bacteria. ACS Applied Materials & Interfaces，2019，11 (30)：26590-26606.

[188] Huo M F，Wang L Y，Zhang H X，et al. Construction of single-iron-atom nanocatalysts for highly efficient catalytic antibiotics. Small，2019，15 (31)：e1901834.

[189] Qiu H，Pu F，Liu Z W，et al. Hydrogel-based artificial enzyme for combating bacteria and accelerating wound healing. Nano Research，2020，13：496-502.

[190] Wang Y Q，Shen X Y，Ma S，et al. Oral biofilm elimination by combining iron-based nanozymes and hydrogen peroxide-producing bacteria. Biomaterials Science，2020，8：2447-2458.

[191] Li Y，Ma W S，Sun J，et al. Electrochemical generation of Fe3C/N-doped graphitic carbon nanozyme for efficient wound healing in vivo. Carbon，2020，159 (15)：149-160.

[192] Wang T，Zhang X，Mei L Q，et al. A two-step gas/liquid strategy for the production of N-doped defect-rich transition metal dichalcogenide nanosheets and their antibacterial applications. Nanoscale，2020，12：8415-8424.

[193] Xi J Q，Wei G，Wu Q W，et al. Light-enhanced sponge-like carbon nanozyme used for synergetic antibacterial therapy. Biomaterials Science，2019，7：4131-4141.

[194] Hu W C，Younis M R，Zhou Y，et al. In situ fabrication of ultrasmall gold nanoparticles/2D MOFs hybrid as nanozyme for antibacterial therapy. Small，2020，16 (23)：e2000553.

[195] Zhang J X，Chen Z T，Chen J L，et al. Fullerenol nanoparticles eradicate helicobacter pylori via pH-responsive peroxidase activity. ACS Applied Materials & Interfaces，2020，12 (26)：29013-29023.

[196] Guo Z R，Liu Y N，Zhang Y L，et al. A bifunctional nanoplatform based on copper manganate nanoflakes for bacterial elimination via a catalytic and photothermal synergistic effect. Biomaterials Science，2020，8：4266-4274.

[197] Gao F，Li X L，Zhang T B，et al. Iron nanoparticles augmented chemodynamic effect by alternative magnetic field for wound disinfection and healing. Journal of Controlled Release，2020，324：598-609.

[198] Zhang W T，Ren X Y，Shi S，et al. Ionic silver-infused peroxidase-like metal-organic frameworks as versatile "antibiotic" for enhanced bacterial elimination. Nanoscale，2020，12：16330-16338.

[199] Yim G，Kim C Y，Kang S，et al. Intrinsic peroxidase-mimicking Ir nanoplates for nanozymatic anticancer and antibacterial treatment. ACS Applied Materials & Interfaces，2020，12 (37)：41062-41070.

[200] Liang M J，Wang Y B，Ma K，et al. Engineering inorganic nanoflares with elaborate enzymatic specificity and efficiency for versatile biofilm eradication. Small，2020，16 (41)：2002348.

[201] Wei F，Cui X Y，Wang Z，et al. Recoverable peroxidase-like Fe_3O_4@MoS_2-Ag nanozyme with enhanced antibacterial ability. Chemical Engineering Journal，2021，408 (15)：127240.

[202] Deshmukh A R，Aloui H，Kim B S. In situ growth of gold and silver nanoparticles onto phyto-functionalized boron nitride nanosheets：Catalytic，peroxidase mimicking，and antimicrobial activity. Journal of Cleaner Production，2020，270 (10)：122339.

[203] Fang J，Wang H，Bao X F，et al. Nanodiamond as efficient peroxidase mimic against periodontal bacterial infection. Carbon，2020，169：370-381.

[204] Huang Y，Liu Y，Shah S，et al. Precision targeting of bacterial pathogen via bi-functional nanozyme activated by biofilm microenvironment. Biomaterials，2021，268：120581.

[205] Zhang Y，Li D X，Tan J S，et al. Near-Infrared regulated nanozymatic/photothermal/photodynamic triple-therapy for combating multidrug-resistant bacterial infections via oxygen-vacancy molybdenum trioxide nanodots. Small，

2021, 17 (1): e2005739.

[206] Kumari N, Kumar S, Karmacharya M, et al. Surface-textured mixed-metal-oxide nanocrystals as efficient catalysts for ROS production and biofilm eradication. Nano Letters, 2020, 21 (1): 279-287.

[207] Hou S, Mahadevegowda S H, Lu D R, et al. Metabolic labeling mediated targeting and thermal killing of gram-positive bacteria by self-reporting janus magnetic nanoparticles. Small, 2021, 17 (2): e2006357.

[208] Yan L, Mu J, Ma P X, et al. Gold nanoplates with superb photothermal efficiency and peroxidase-like activity for rapid and synergistic antibacterial therapy. Chemical Communications, 2020, 57: 1133-1136.

[209] Liu Z, Zhao X, Yu B, et al. Rough carbon-iron oxide nanohybrids for near-infrared-II light-responsive synergistic antibacterial therapy. ACS nano, 2021, 15 (4): 7482-7490.

[210] Liu Y F, Nie N, Tang H F, et al. Effective antibacterial activity of degradable copper-doped phosphate-based glass nanozymes. ACS Applied Materials & Interfaces, 2021, 13 (10): 11631-11645.

[211] Wang T, Bai Q, Zhu Z L, et al. Graphdiyne-supported palladium-iron nanosheets: A dual-functional peroxidase mimetic nanozyme for glutathione detection and antibacterial application. Chemical Engineering Journal, 2021, 413: 127537.

[212] Jia Z R, Lv X H, Hou Y, et al. Mussel-inspired nanozyme catalyzed conductive and self-setting hydrogel for adhesive and antibacterial bioelectronics. Bioactive Materials, 2021, 6 (9): 2676-2687.

[213] Zhang S, Hao J C, Ding F, et al. Nanocatalyst doped bacterial cellulose-based thermosensitive nanogel with biocatalytic function for antibacterial application. International Journal of Biological Macromolecules, 2021, 195 (15): 294-301.

[214] Sun X, Dong M, Guo Z, et al. Multifunctional chitosan-copper-gallic acid based antibacterial nanocomposite wound dressing. International Journal of Biological Macromolecules, 2021, 167: 10-22.

[215] Yan L X, Wang B B, Zhao X, et al. A ph-responsive persistent luminescence nanozyme for selective imaging and killing of helicobacter pylori and common resistant bacteria. ACS Applied Materials & Interfaces, 2021, 13 (51): 60955-60965.

[216] Li Y, Wang D, Wen J, et al. Chemically grafted nanozyme composite cryogels to enhance antibacterial and biocompatible performance for bioliquid regulation and adaptive bacteria trap. ACS nano, 2021, 15 (12): 19672-19683.

[217] Ren Q, Yu N, Zou P, et al. Reusable Cu2-xS-modified masks with infrared lamp-driven antibacterial and antiviral activity for real-time personal protection. Chemical Engineering Journal, 2022, 441: 136043.

[218] Zhuang Q Q, Deng Q, He S B, et al. Bifunctional cupric oxide nanoparticle-catalyzed self-cascade oxidation reactions of ascorbic acid for bacterial killing and wound disinfection. Composites Part B: Engineering, 2021, 222: 109074.

[219] Wang P Y, Peng L L, Lin J Y, et al. Enzyme hybrid virus-like hollow mesoporous CuO adhesive hydrogel spray through glucose-activated cascade reaction to efficiently promote diabetic wound healing. Chemical Engineering Journal, 2021, 415 (1): 128901.

[220] Xu Q, Hua Y, Zhang Y, et al. A Biofilm Microenvironment-Activated Single-Atom Iron Nanozyme with NIR-Controllable Nanocatalytic Activities for Synergetic Bacteria-Infected Wound Therapy. Advanced Healthcare Materials, 2021, 10 (22): 2101374.

[221] Zhong Y, Wang T, Lao Z, et al. Au-Au/IrO_2@ Cu (PABA) reactor with tandem enzyme-mimicking catalytic activity for organic dye degradation and antibacterial application. ACS Applied Materials & Interfaces, 2021, 13 (18): 21680-21692.

[222] Yang Z, Fu X, Ma D, et al. Growth Factor-Decorated Ti_3C_2 MXene/MoS_2 2D Bio-Heterojunctions with Quad-Channel Photonic Disinfection for Effective Regeneration of Bacteria-Invaded Cutaneous Tissue. Small, 2021, 17 (50): 2103993.

[223] Wang L, Gao F, Wang A, et al. Defect-rich adhesive molybdenum disulfide/rGO vertical heterostructures with enhanced nanozyme activity for smart bacterial killing application. Advanced Materials, 2020, 32 (48): 2005423.

[224] Karim N, Singh M, Weerathunge P, et al. Visible-light-triggered reactive-oxygen-species-mediated antibacterial activity of peroxidase-mimic CuO nanorods. ACS Applied Nano Materials, 2018, 1 (4): 1694-1704.

[225] Sun T, Liu X, Li Z, et al. Graphene-wrapped CNT@MoS_2 hierarchical structure: synthesis, characterization and electrochemical application in supercapacitors. New Journal of Chemistry, 2017, 41 (15): 7142-7150.

[226] Zeng G, Huang L, Huang Q, et al. Rapid synthesis of MoS_2-PDA-Ag nanocomposites as heterogeneous catalysts and antimicrobial agents via microwave irradiation. Applied Surface Science, 2018, 459: 588-595.

[227] Li C, Sun Y, Li X, et al. Bactericidal effects and accelerated wound healing using Tb_4O_7 nanoparticles with intrinsic oxidase-like activity. Journal of Nanobiotechnology, 2019, 17 (1): 1-10.

[228] Cai T, Fang G, Tian X, et al. Optimization of antibacterial efficacy of noble-metal-based core-shell nanostructures and effect of natural organic matter. ACS nano, 2019, 13 (11): 12694-12702.

[229] Wang J, Wang Y, Zhang D, et al. Intrinsic oxidase-like nanoenzyme $Co_4S_3/Co(OH)_2$ hybrid nanotubes with broad-spectrum antibacterial activity. ACS applied materials & interfaces, 2020, 12 (26): 29614-29624.

[230] Zhang W, Zhao Y, Wang W, et al. Colloidal surface engineering: Growth of layered double hydroxides with intrinsic oxidase-mimicking activities to fight against bacterial infection in wound healing. Advanced Healthcare Materials, 2020, 9 (17): 2000092.

[231] Sharma S, Chakraborty N, Jha D, et al. Robust dual modality antibacterial action using silver-Prussian blue nanoscale coordination polymer. Materials Science and Engineering: C, 2020, 113: 110982.

[232] Gao F, Shao T, Yu Y, et al. Surface-bound reactive oxygen species generating nanozymes for selective antibacterial action. Nature communications, 2021, 12 (1): 745.

[233] Zhang L, Zhang L, Deng H, et al. In vivo activation of pH-responsive oxidase-like graphitic nanozymes for selective killing of Helicobacter pylori. Nature Communications, 2021, 12 (1): 2002.

[234] Cao H, Jia C, Zhang H, et al. Preparation of a highly active MoS_2/TiO_2 composite for photocatalytic oxidation of nitrite under solar irradiation. New Journal of Chemistry, 2021, 45 (24): 10608-10617.

[235] Meng F C, Peng M, Chen Y, et al. Defect-rich graphene stabilized atomically dispersed Cu3 clusters with enhanced oxidase-like activity for antibacterial applications. Applied Catalysis B: Environmental, 2022, 301: 120826.

[236] Sun D, Pang X, Cheng Y, et al. Ultrasound-switchable nanozyme augments sonodynamic therapy against multidrug-resistant bacterial infection. ACS nano, 2020, 14 (2): 2063-2076.

[237] Chen Z, Ji H, Liu C, et al. A multinuclear metal complex based DNase-mimetic artificial enzyme: matrix cleavage for combating bacterial biofilms. Angewandte Chemie, 2016, 128 (36): 10890-10894.

[238] Luo Z, Cui H, Guo J, et al. Poly (ionic liquid) /Ce-Based Antimicrobial Nanofibrous Membrane for Blocking Drug-Resistance Dissemination from MRSA-Infected Wounds. Advanced Functional Materials, 2021, 31 (23): 2100336.

[239] Hu M, Korschelt K, Viel M, et al. Nanozymes in nanofibrous mats with haloperoxidase-like activity to combat biofouling. ACS applied materials & interfaces, 2018, 10 (51): 44722-44730.

[240] Zhong Y Y, Wang T T, Lao Z T, et al. Au-Au/IrO_2@Cu(PABA) reactor with tandem enzyme-mimicking catalytic activity for organic dye degradation and antibacterial application. ACS Applied Materials & Interfaces, 2021, 13 (18): 21680-21692.

[241] Xi J Q, An L F, Wei G, et al. Photolysis of methicillin-resistant Staphylococcus aureus using Cu-doped carbon spheres. Biomaterials Science, 2020, 8 (22): 6225-6234.

[242] Gao L Z, Zhuang J, Nie L, et al. Intrinsic peroxidase-like activity of ferromagnetic nanoparticles. Nature Nanotechnology, 2007, 2 (9): 577-583.

[243] Zhang W, Niu X, Meng S, et al. Histidine-mediated tunable peroxidase-like activity of nanosized Pd for photometric sensing of Ag^+. Sensors and Actuators B: Chemical, 2018, 273: 400-407.

[244] Zheng Y K, Liu K K, Qin, Z J et al. Mercaptopyrimidine-conjugated gold nanoclusters as nanoantibiotics for combating multidrug-resistant superbugs. Bioconjugate Chemistry, 2018, 29 (9): 3094-3103.

[245] Naha P C, Liu Y, Hwang G, et al. Dextran-coated iron oxide nanoparticles as biomimetic catalysts for localized and pH-activated biofilm disruption. ACS Nano, 2019, 13 (5): 4960-4971.

[246] Karim N, Singh M, Weerathunge P, et al. Visible-light-triggered reactive-oxygen-species-mediated antibacterial activity of peroxidase-mimic CuO nanorods. ACS Applied Nano Materials, 2018, 1 (4): 1694-1704.

[247] Niu J S, Sun Y H, WangF M, et al. Photomodulated nanozyme used for a gram-selective antimicrobial. Chemistry of Materials, 2018, 30 (20): 7027-7033.

[248] Sun H J, Gao N, Dong K, et al. Graphene quantum dots-band-aids used for wound disinfection. ACS Nano, 2014, 8 (6): 6202-6210.

[249] Gao Z, Yang D Z, Yang W, et al. One-step synthesis of carbon dots for selective bacterial inactivation and bacterial differentiation. Analytical and Bioanalytical Chemistry, 2020, 412 (4): 871-880.

[250] Wang H, Li P H, Yu D Q, et al. Unraveling the enzymatic activity of oxygenated carbon nanotubes and their application in the treatment of bacterial infections. Nano Letters, 2018, 18 (6): 3344-3351.

[251] Tammina S K, Yang W, Li Y Y, et al. Synthesis of N, Zn-doped carbon dots for the detection of Fe^{3+} ions and bactericidal activity against Escherichia coli and Staphylococcus aureus. Journal of Photochemistry and Photobiology B: Biology, 2020, (202): 111734.

[252] Gao Z, Zhao C X, Li Y Y, et al. Beer yeast-derived fluorescent carbon dots for photoinduced bactericidal functions and multicolor imaging of bacteria. Applied Microbiology and Biotechnology, 2019, 103 (11): 4585-4593.

[253] Gao Z, Li X, Shi L Y, et al. Deep eutectic solvents-derived carbon dots for detection of mercury (Ⅱ), photocatalytic antifungal activity and fluorescent labeling for C. albicans. Spectrochimica Acta Part A: Molecular and Biomolecular Spectroscopy, 2019, 220 (5): 117080.

[254] Gao Z, Yang D Z, Yang W, et al. One-step synthesis of carbon dots for selective bacterial inactivation and bacterial differentiation. Analytical and Bioanalytical Chemistry, 2020, 412 (4): 871-880.

[255] Li D K, Fang Y S, Zhang X M, Bacterial detection and elimination using a dual-functional porphyrin-based porous organic polymer with peroxidase-like and high near-infrared-light-enhanced antibacterial activity. ACS Applied Materials & Interfaces, 2020, 12 (8): 8989-8999.

[256] Niu J S, Sun Y H, Wang F M, et al. Photomodulated nanozyme used for a gram-selective antimicrobial. Chemistry of Materials, 2018, 30 (20): 7027-7033.

[257] Hu M H, Korschelt K, Viel M, et al. Nanozymes in nanofibrous mats with haloperoxidase-like activity to combat biofouling. ACS Applied Materials & Interfaces, 2018, 10 (51): 44722-44730.

[258] Shi S, Wu S, Shen Y, et al. Iron oxide nanozyme suppresses intracellular Salmonella Enteritidis growth and alleviates infection in vivo. Theranostics, 2018, 8 (22): 6149.

[259] Sun H, Gao N, Dong K, et al. Graphene quantum dots-band-aids used for wound disinfection. ACS nano, 2014, 8 (6): 6202-6210.

[260] Xi J Q, An L F, Wei G, et al. Photolysis of methicillin-resistant Staphylococcus aureus using Cu-doped carbon spheres. Biomaterials Science, 2020, 8 (22): 6225-6234.

[261] Yu M, Zhang G, Li P, et al. Acid-activated ROS generator with folic acid targeting for bacterial biofilm elimination. Materials Science and Engineering: C, 2021, 127: 112225.

[262] Zhuang Q Q, Deng Q, He S B, et al. Bifunctional cupric oxide nanoparticle-catalyzed self-cascade oxidation reactions of ascorbic acid for bacterial killing and wound disinfection. Composites Part B: Engineering, 2021, 222: 109074.

[263] Tao Y, Ju E, Ren J, et al. Bifunctionalized mesoporous silica-supported gold nanoparticles: intrinsic oxidase and peroxidase catalytic activities for antibacterial applications. Advanced Materials (Deerfield Beach, Fla.), 2014, 27 (6): 1097-1104.

[264] Cai T, Fang G, Tian X, et al. Optimization of antibacterial efficacy of noble-metal-based core-shell nanostructures and effect of natural organic matter. ACS nano, 2019, 13 (11): 12694-12702.

[265] Tao Y, Ju E, Ren J, et al. Bifunctionalized mesoporous silica-supported gold nanoparticles: intrinsic oxidase and peroxidase catalytic activities for antibacterial applications. Advanced Materials (Deerfield Beach, Fla.), 2014, 27 (6): 1097-1104.

[266] Fang G, Li W, Shen X, et al. Differential Pd-nanocrystal facets demonstrate distinct antibacterial activity against Gram-positive and Gram-negative bacteria. Nature communications, 2018, 9 (1): 129.

[267] Li C, Sun Y, Li X, et al. Bactericidal effects and accelerated wound healing using Tb_4O_7 nanoparticles with intrin-

sic oxidase-like activity. Journal of Nanobiotechnology，2019，17（1）：1-10.

[268] Yin W Y，Yu J，Lv F T，et al. Functionalized Nano-MoS_2 with Peroxidase Catalytic and Near-Infrared Photothermal Activities for Safe and Synergetic Wound Antibacterial Applications. Acs Nano，2016：11000-11011.

[269] Zhang Y，Li D，Tan J，et al. Near-infrared regulated nanozymatic/photothermal/photodynamic triple-therapy for combating multidrug-resistant bacterial infections via oxygen-vacancy molybdenum trioxide nanodots. Small，2021，17（1）：2005739.

[270] Sun D，Pang X，Cheng Y，et al. Ultrasound-switchable nanozyme augments sonodynamic therapy against multi-drug-resistant bacterial infection. ACS nano，2020，14（2）：2063-2076.

[271] Zhu X，Chen X，Jia Z，et al. Cationic chitosan@ Ruthenium dioxide hybrid nanozymes for photothermal therapy enhancing ROS-mediated eradicating multidrug resistant bacterial infection. Journal of Colloid and Interface Science，2021，603：615-632.

[272] Sharma K，Pagedar Singh A. Antibiofilm effect of DNase against single and mixed species biofilm. Foods，2018，7（3）：42.

第 10 章

结论、挑战与展望

10.1 抗菌领域

（1）纳米酶抗菌剂现存问题

纳米酶在耐药性细菌的抗菌方面展示了巨大的应用潜力。由于其较大的表面积、规整可调的孔径、表面可控、形貌可调等特点，在作为抗菌药物载体方面展现出良好的前景；研究比较多的是类氧化还原酶的纳米酶，这类模拟酶可以通过活化分子氧或者过氧化氢生成ROS，利用产生的超强自由基风暴杀灭多种耐药菌，并清除生物膜。可以通过调控其尺寸、表面性质、结构和组成等物理性质提高纳米酶活性、抗菌性和生物安全性，有望在伤口抗感染治疗、龋齿防治和环境防污等方面广泛应用。但是，纳米酶抗菌在疾病治疗中的应用研究刚刚起步，其相关机理和实际应用需要进一步深入研究，主要包括以下几个方面的问题[1]：

① 广谱抗菌性能有待提高。虽然大多数报道表明纳米酶具有广谱抗菌性能，但是目前文献研究中主要以模型菌，如大肠杆菌、金黄色葡萄球菌为主要抗菌模型，对真正能够给人类生命造成威胁的耐药性细菌抗菌效果的研究还有待开展。

② 纳米酶抗菌机制有待完善。抗生素的过度使用导致的耐药性问题是全球关注的难题，相关抗菌机理及其耐药性机制的研究非常广泛而且深入。但是，目前关于纳米酶的抗菌机制主要认为是模仿过氧化物酶或者氧化酶产生活性氧自由基进行抗菌或者模拟水解酶破坏细胞上的糖肽或者DNA，其机理还有待深入研究，而且纳米酶是否能够引发新的耐药性需要进一步研究。

③ 纳米酶抗菌的特异性问题尚待解决。抗生素可以抑制特定细菌内蛋白质或酶的活性，因此传统抗生素杀菌具有特定的抗菌谱。但是，目前认为纳米酶的ROS抗菌机制主要是破坏细胞膜和细胞内的生物大分子，抗菌机制比较复杂，选择性较差。

④ 纳米酶生物安全性有待进一步验证。众多的实验室研究结果证实，纳米酶可以高效杀菌，但是这方面的研究还停留在实验室阶段，主要以小鼠皮肤表面的伤口抗感染治疗为主，用于体内感染治疗的报道较少。如果要进行体内疾病的治疗，纳米酶在体内环境下的杀菌效率和生物安全性需要进行评估。

（2）未来发展

纳米酶抗菌是一个有前景但又充满挑战的纳米生物交叉领域。未来可以通过多种抗菌机制协同抗菌，如提高细菌黏附能力，保证抗菌剂的持续释放，如利用光热催化反应、酶促级联反应、纳米催化和金属离子协同抗菌等协同抗菌策略，提高抗菌能力和选择性，并降低生物毒性。而且，在未来的研究中，我们可以结合关于药物靶点筛选的研究工作，在纳米材料上组装抗体和适配体等靶向分子，实现病原菌的富集、检测和杀灭一体化。纳米技术的迅速发展以及与生物技术的交叉融合，必将推动纳米抗菌剂的快速发展。在不久的未来，纳米抗菌剂很可能会成为传统抗菌剂的替代物之一，在耐药性细菌感染疾病的临床治疗中占据重要地位，从而在保护人类的健康生活和促进经济发展中发挥重要作用。

10.2　传感领域

纳米酶传感器已经广泛用于生物医学、食品安全、环境监测、细菌检测等领域。但是目前纳米酶传感器在实际应用中仍存在不足，在以下几个方面仍需发展和完善[2]：

① 目前发现的纳米酶材料多具有氧化还原活性，探究如何开发新的纳米酶活性种类实现更多物质的特异性检测仍有很大的发展空间；

② 纳米酶还存在着一些短板，比如酶活性的多样性还有待进一步拓展、在催化效率方面与天然酶存在一定差距等；

③ 由于纳米材料的晶化结构和表面构型多样性，纳米酶通常表现出低稳定性，需进一步寻求新的技术实现纳米酶的高稳定性；

④ 尽管纳米酶传感器已应用于多个领域，但在人体基因检测方面尚未广泛开展，仍需努力开发此类传感技术。

10.3　医学领域

尽管纳米酶在疾病治疗方面得到了长足的发展，但其仍存在免疫原性、临床毒性和药代动力学差等问题。因此，对 MOFs 衍生纳米酶在给药后的药代动力学、生物降解和生理指标进行系统研究和实时监测，进而评估长期毒性以便进一步临床转化是未来需要关注的重点，其仍面临着诸多挑战[3]：

① 酶学理论尚不完善。天然酶的催化机制已被广泛研究，但很多模拟酶的催化机制、电子转移等并未深入探讨，目前也未形成一个完整的理论体系。

② 酶与纳米载体的构效关系尚不明确。目前的研究多关注于材料的构建和功能表现，而酶纳米系统的研究是个“黑盒”，内部成分互相作用的客观规律有待进一步探究。

③ 酶纳米系统的生物效应仍待进一步评估。该类体系进入动物体内的稳定性和生物安全性需要进一步研究，尤其是涉及模拟多酶的体系，如何进行材料设计调控酶的活性，使其得到特异性表达。

参考文献

[1]　张欣，莫巧弥，邵文惠，等．纳米酶的抗菌作用及其机制研究进展．微生物学通报，2021，48（09）：3083-3094.

[2]　杭永正，江兰，邹立娜，等．纳米酶传感器在分析检测领域的应用进展．当代化工研究，2022，120（19）：60-62.

[3]　覃丽婷，孙芸，徐柏龙，等．MOFs 衍生纳米酶在肿瘤治疗中的研究进展．中国材料进展，2022，41（09）：706-717.

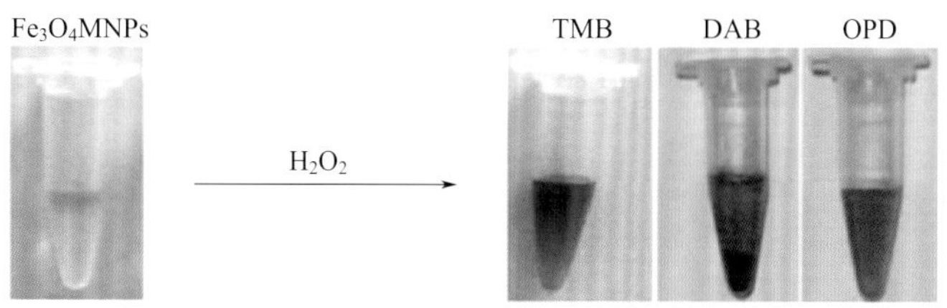

图 2-1 Fe_3O_4 MNPs 在 H_2O_2 作用下催化不同过氧化氢酶底物产生不同颜色

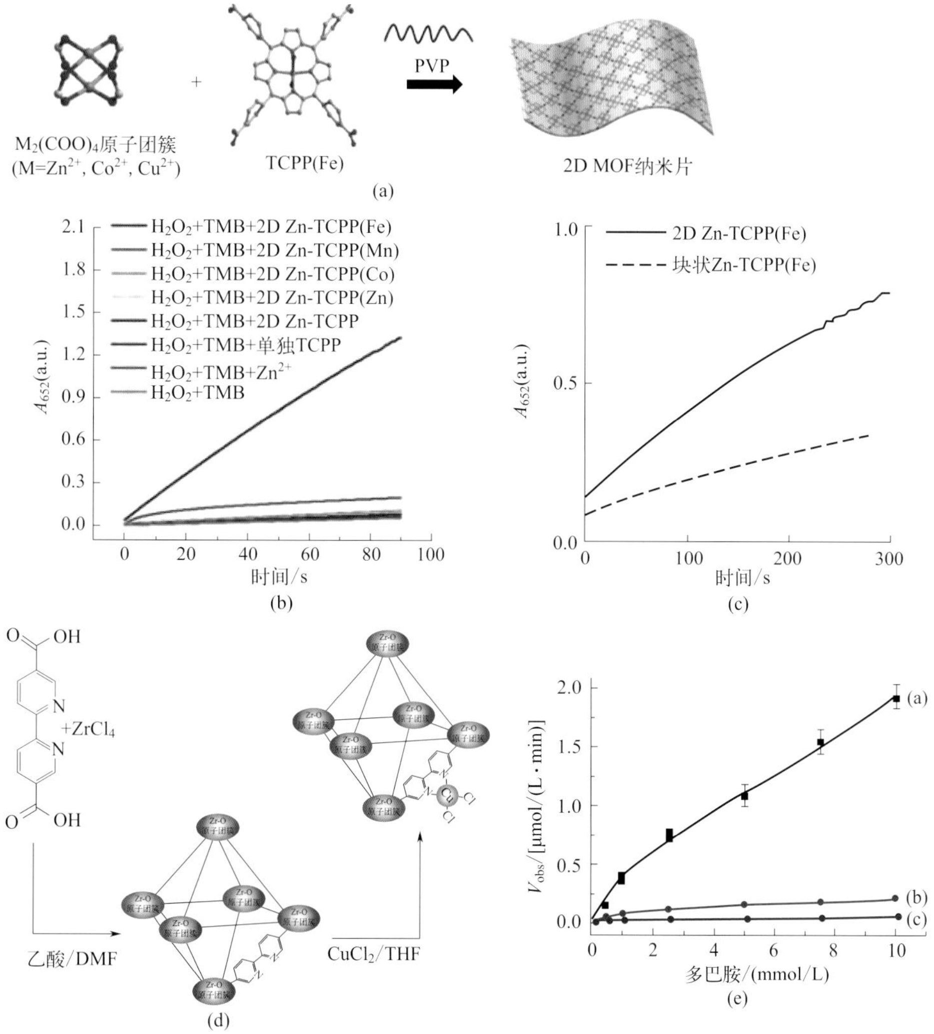

图 2-7 (a)表面活性剂辅助自下而上合成二维 MOF 纳米片的示意图;(b)不同二维 MOFs 催化的反应在 652nm 处的吸光度随时间变化的动力学曲线;(c)绘制了 2D 和 3D 块状 Zn-TCPP(Fe)MOFs 催化反应在 652nm 处随时间变化的紫外-可见吸收动力学曲线，显示了不同的催化性能;(d) NPS 的 Cu^{2+} 功能化 Zr^{4+}-5,50-联吡啶羧酸桥连 M 的合成;(e) Cu^{2+}-NMOFs 和各自控制系统对多巴胺氧化为氨基铬的速率随多巴胺浓度的变化

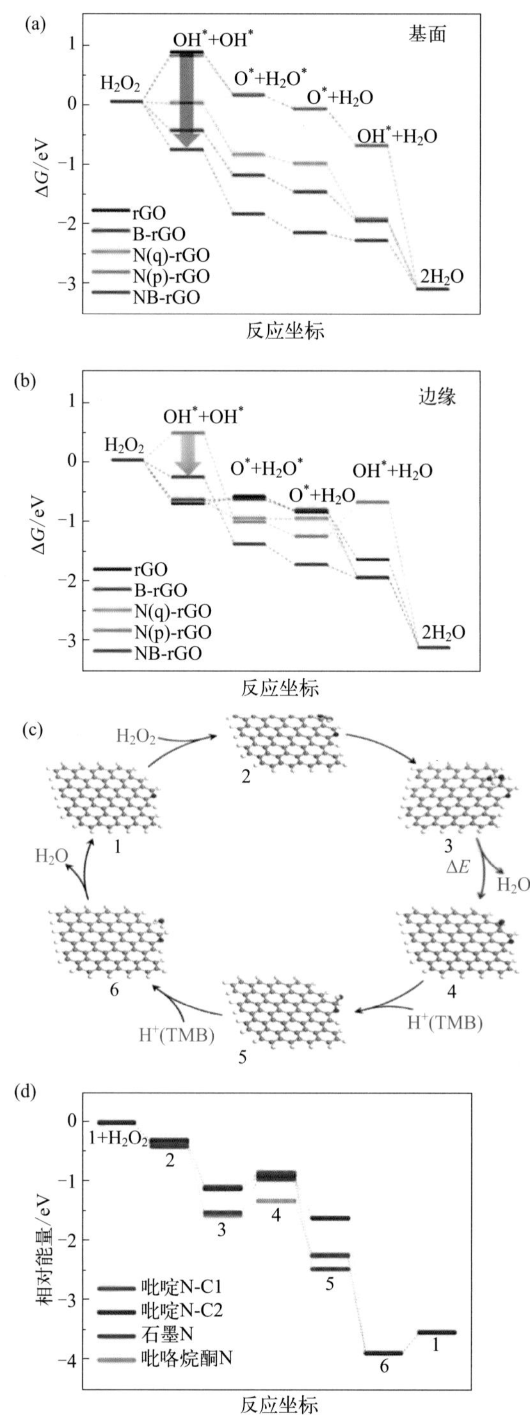

图 2-11 不同异原子掺杂碳纳米酶在（a）平面上和（b）边缘上的类 POD 反应吉布斯自由能图；（c）吡啶 N 掺杂石墨烯模型类 POD 活性催化反应路径和（d）能量分布

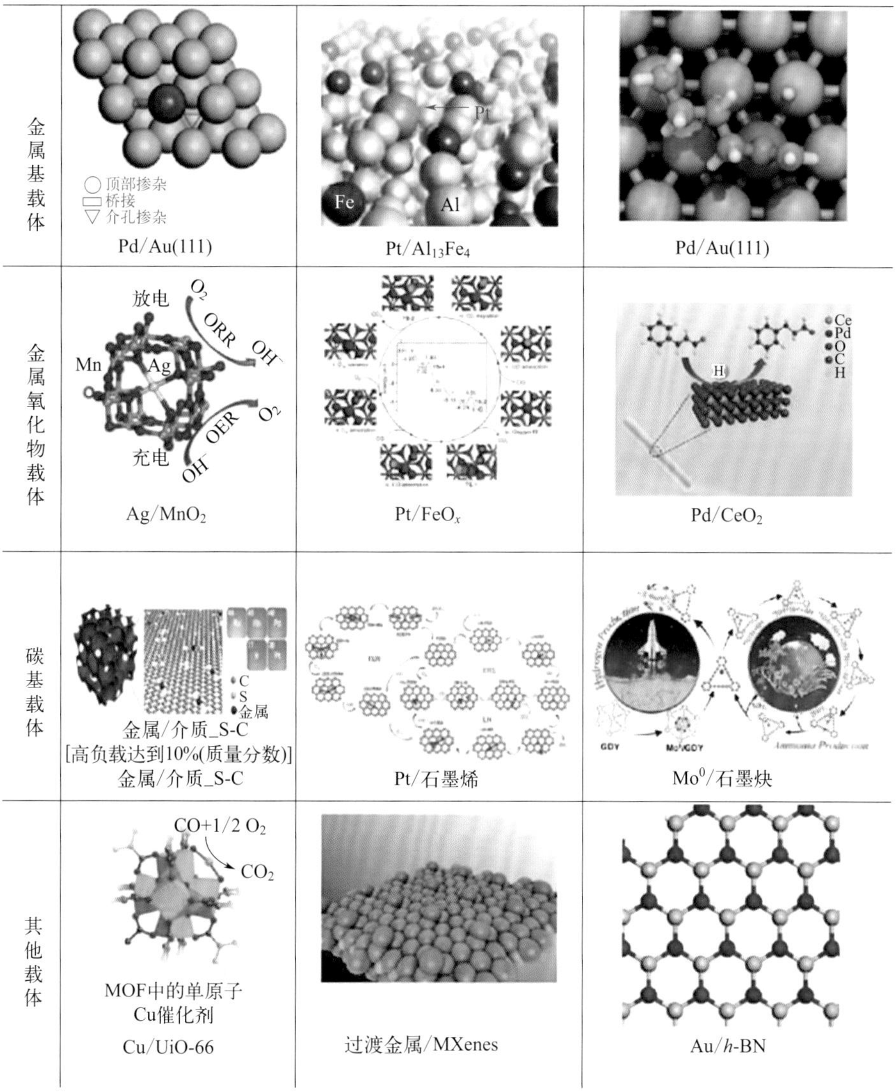

载体			
金属基载体	○ 顶部掺杂 ▭ 桥接 ▽ 介孔掺杂 Pd/Au(111)	Pt Fe Al $Pt/Al_{13}Fe_4$	Pd/Au(111)
金属氧化物载体	放电 O_2 ORR OH^- Mn Ag OER O_2 充电 OH^- Ag/MnO_2	Pt/FeO_x	Ce Pd O C H Pd/CeO_2
碳基载体	C S 金属 金属/介质_S-C [高负载达到10%(质量分数)] 金属/介质_S-C	Pt/石墨烯	GDY Mo/GDY Mo^0/石墨炔
其他载体	$CO+1/2\ O_2$ CO_2 MOF中的单原子Cu催化剂 Cu/UiO-66	过渡金属/MXenes	Au/*h*-BN

图 2-20　单原子催化剂的分类

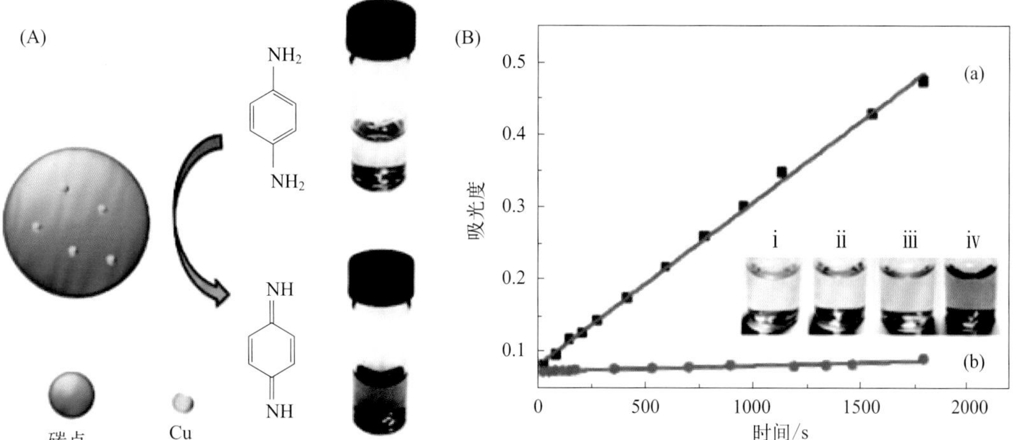

图 5-1

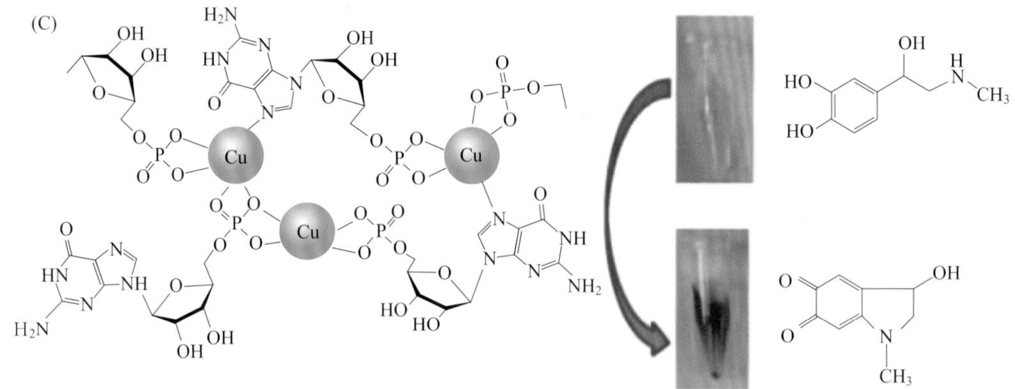

图 5-1 （A）Cu-CDs 与底物 PPD 的类漆酶催化显色反应示意图；（B）PPD 在 Cu-CDs（a）或 CDs（b）溶液中 495nm 处吸光度随时间的变化；[插图：PPD 氧化反应图像，从左到右依次为 Cu-CDs 溶液（ⅰ）、10mmol/L PPD 溶液（ⅱ）、10mmol/L PPD+CDs 溶液（ⅲ）和 10mmol/L PPD+Cu-CDs 溶液（ⅳ）]；（C）Cu^{2+} 与 GMP 反应形成漆酶模拟物的方案

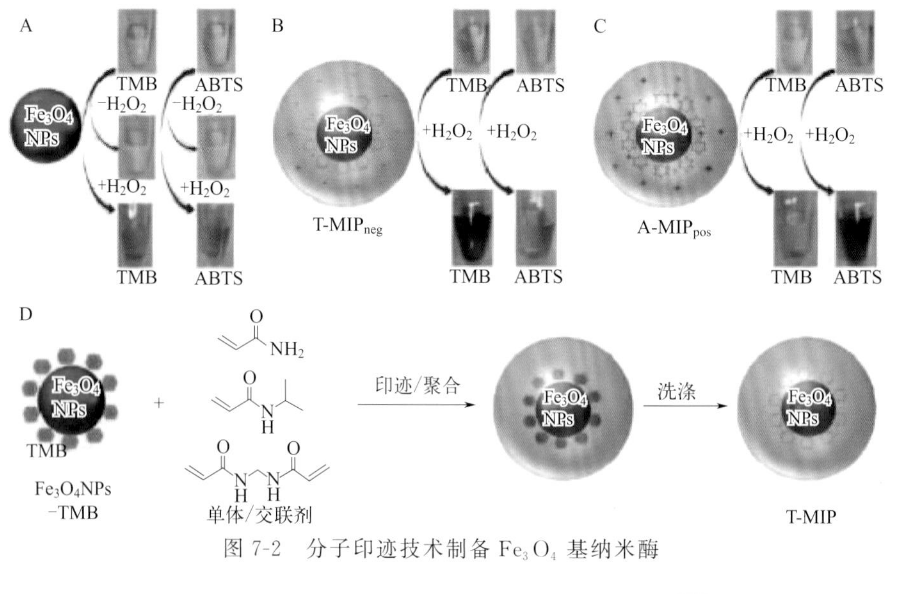

图 7-2 分子印迹技术制备 Fe_3O_4 基纳米酶

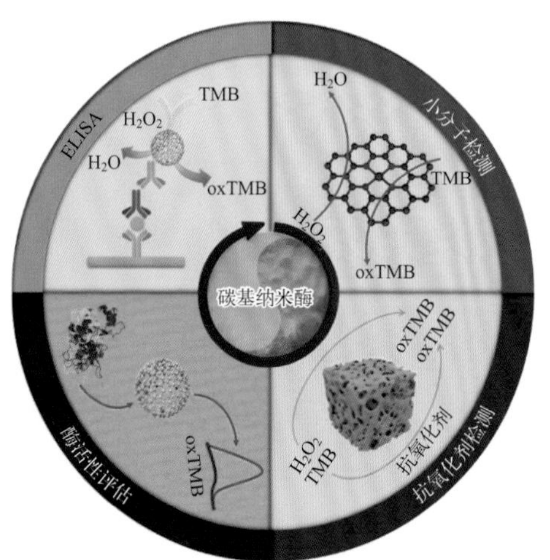

图 7-15 碳基纳米酶在生物传感中的应用

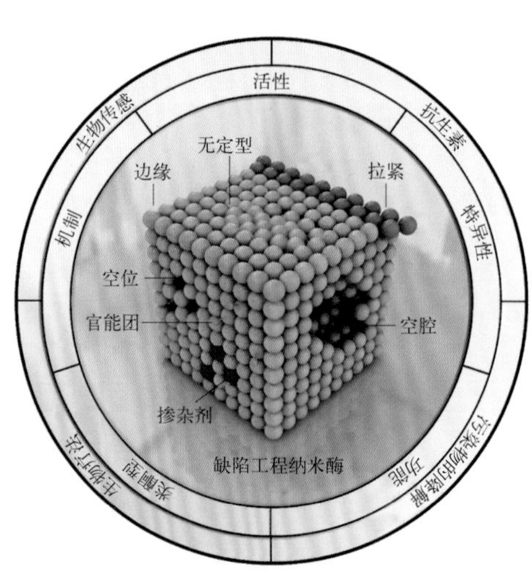

图 8-14 纳米材料中常见的缺陷

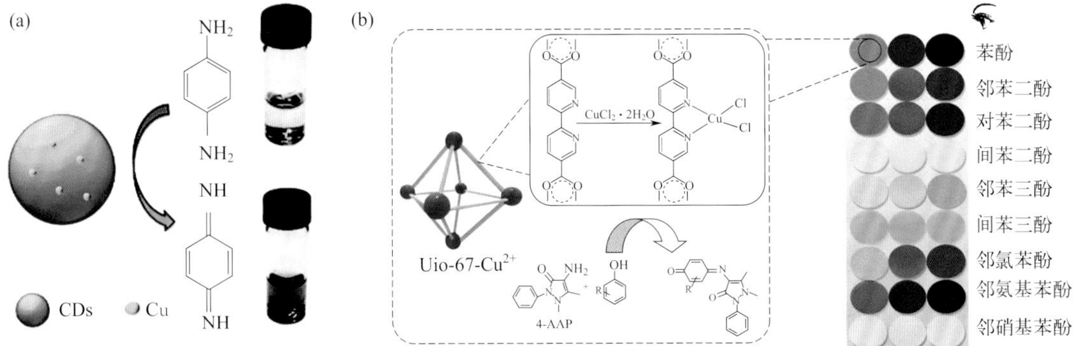

图 9-4 (a) Cu-CDs 的仿漆酶活性催化底物对苯二胺的比色反应示意图；(b) 基于 Uio-67-Cu^{2+} 类漆酶活性的酚类化合物比色鉴定方法示意图

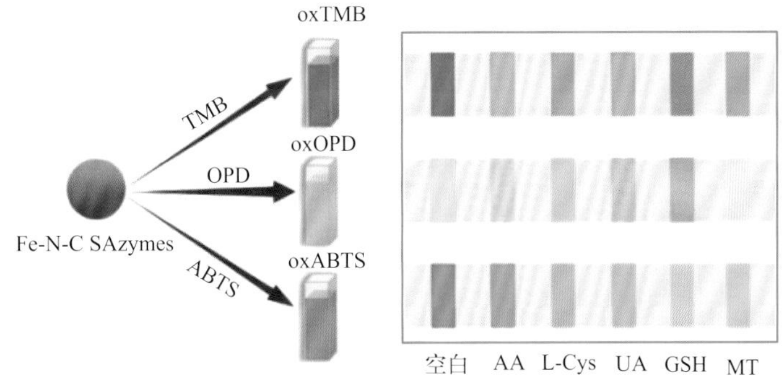

图 9-6 基于 Fe-N-C SAzymes 三通道比色传感器阵列的插图

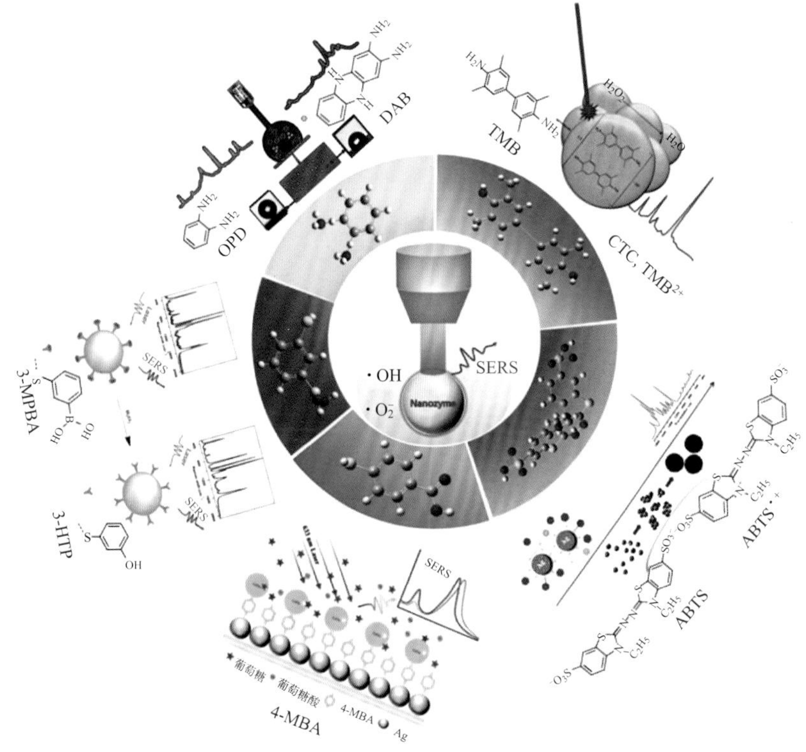

图 9-10 SERS 常见底物

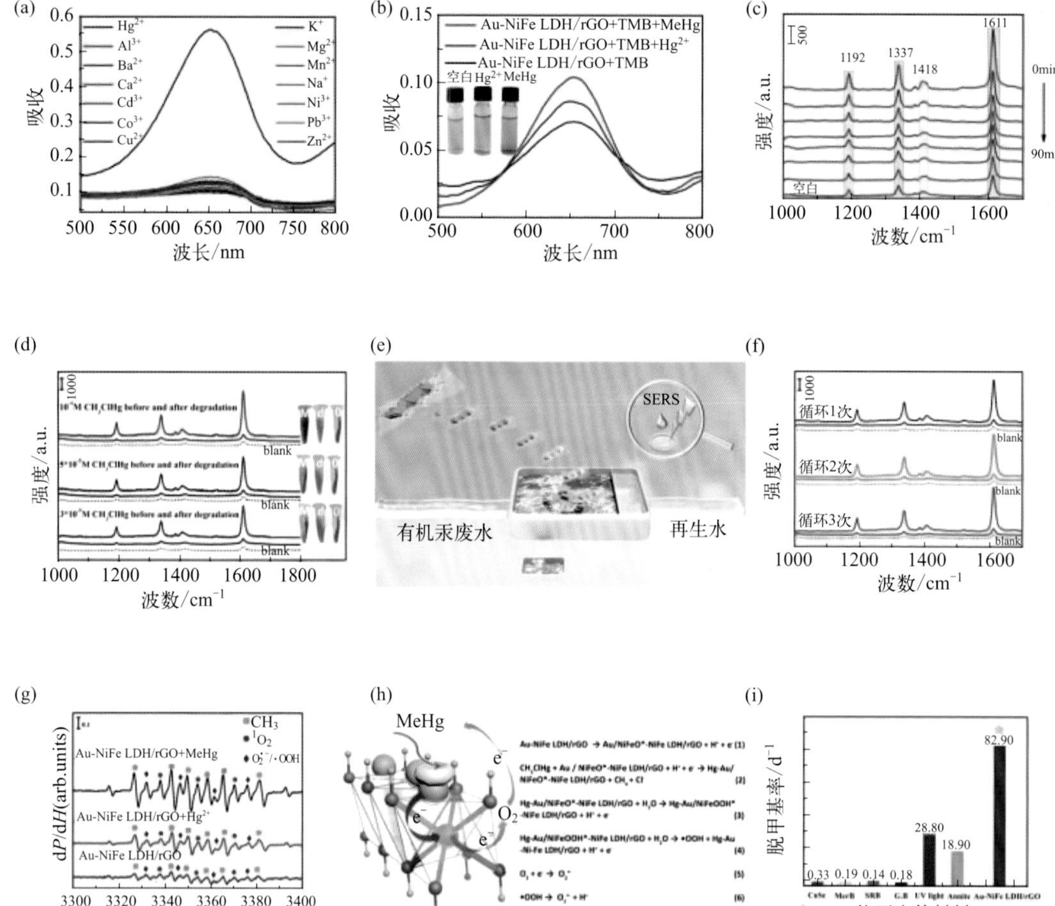

图 9-14 TMB＋Au-NiFeLDH/rGO 溶液在 0.1mmol/L Hg^{2+} 或 1mmol/L 其他类型干涉离子存在下的（a）Vis 吸收光谱，在 TMB Au-NiFe LDH/rGO 溶液中加入 10^{-7}mol/L 甲基汞和 10^{-7}mol/L Hg^{2+} 后的（b）Vis 吸收光谱；（c）甲基汞（终浓度为 10^{-7}mol/L）和 Au-NiFe LDH/rGO 纳米复合材料离心上清后氧化 TMB 的时间依赖性 SERS 光谱变化；（d）从上到下的红线：TMB＋Au-NiFeLDH/rGO 加入 1×10^{-4}、5×10^{-5} 和 3×10^{-5}mol/L MeHg 的 SERS 光谱；（e）对有机汞的彻底纳米酶降解和原位监测的策略说明；（f）Au-NiFe LDH/rGO 纳米复合材料的重复性利用效果；（g）Au-NiFe LDH/rGO 反应体系没有或添加 Hg^{2+} 和甲基汞时的 EPR 光谱图；（h）基于 Au-NiFe LDH/rGO 催化剂的甲基汞刺激的类氧化酶降解反应机理示意图；（i）有机汞与各种材料去除时间的比较

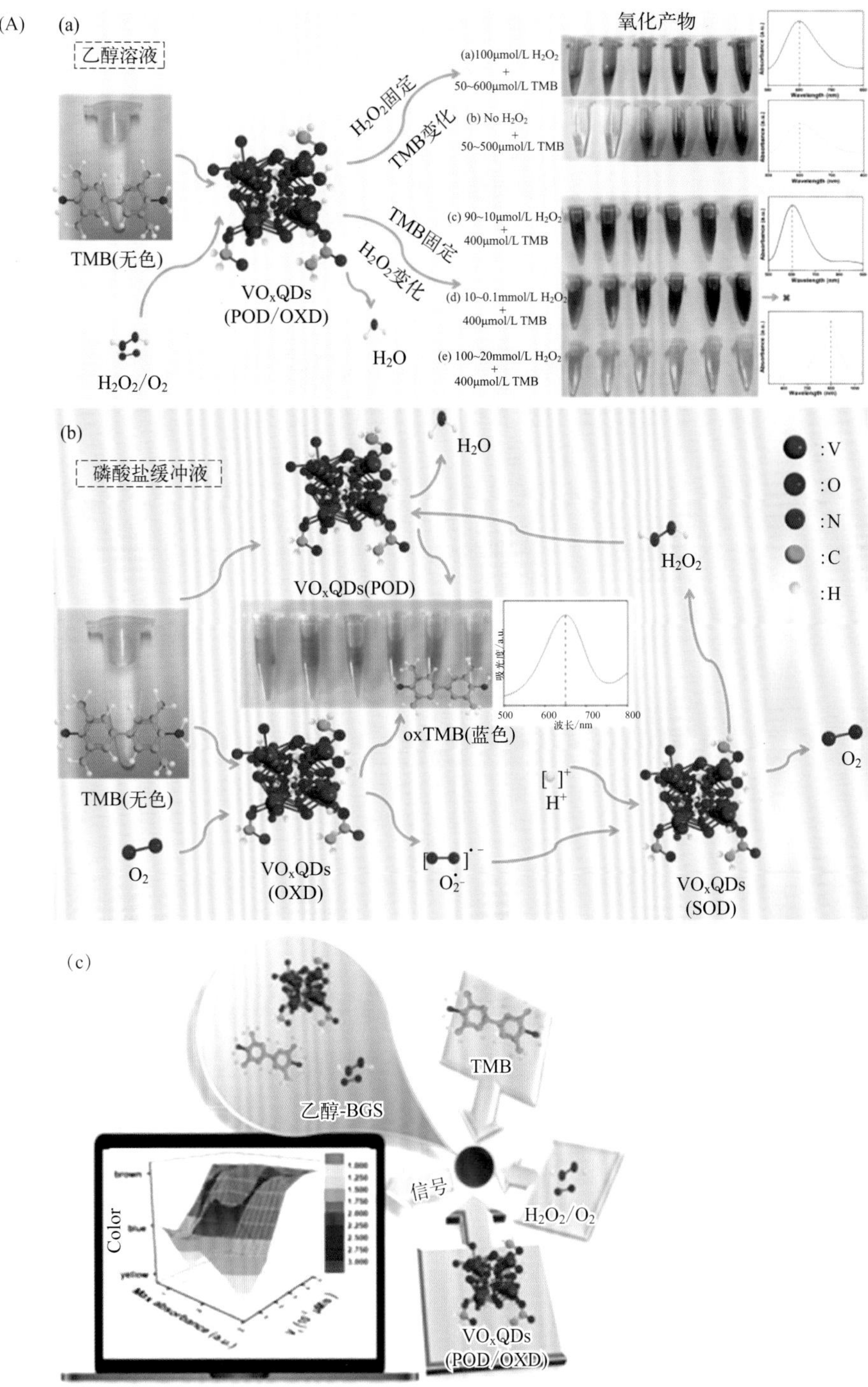
(A)
(a)
乙醇溶液
氧化产物
(a)100μmol/L H_2O_2 + 50~600μmol/L TMB
(b) No H_2O_2 + 50~500μmol/L TMB
H_2O_2固定
TMB变化
TMB固定
H_2O_2变化
(c) 90~10μmol/L H_2O_2 + 400μmol/L TMB
(d) 10~0.1mmol/L H_2O_2 + 400μmol/L TMB
(e) 100~20mmol/L H_2O_2 + 400μmol/L TMB
TMB(无色)
VO_xQDs (POD/OXD)
H_2O
H_2O_2/O_2
(b)
磷酸盐缓冲液
H_2O
VO_xQDs(POD)
H_2O_2
:V
:O
:N
:C
:H
吸光度/a.u.
波长/nm
oxTMB(蓝色)
TMB(无色)
O_2
VO_xQDs (OXD)
$O_2^{\cdot-}$
H^+
VO_xQDs (SOD)
O_2
(c)
乙醇-BGS
TMB
信号
H_2O_2/O_2
Color
brown
blue
yellow
VO_xQDs (POD/OXD)
3D-CS用于H_2O_2检测

图 9-23

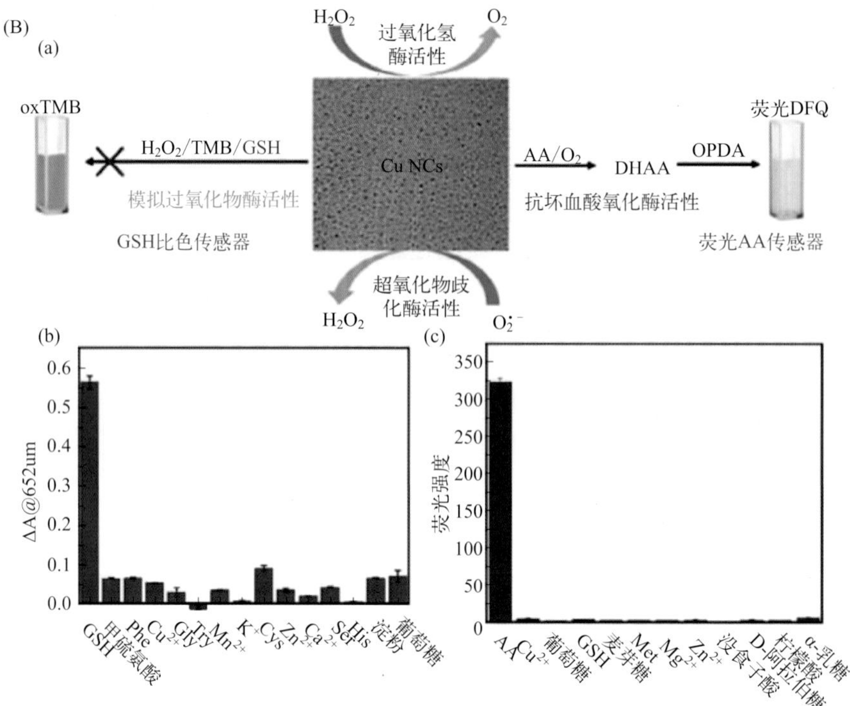

图 9-23 （A）VO_x QDs 在 PBS 和乙醇中检测 H_2O_2 的（a，b）示意图，（c）3D-CS 检测 H_2O_2；（B）（a）Cu NCs 四种酶活性的机理图及 GSH 和 AA 的检测，（b）比色 GSH 传感器，（c）荧光 AA 传感器